普通高等教育理学类专业教材

数值计算方法

蔺小林　郭改慧　刘海峰　编著

SHUZHI JISUAN FANGFA

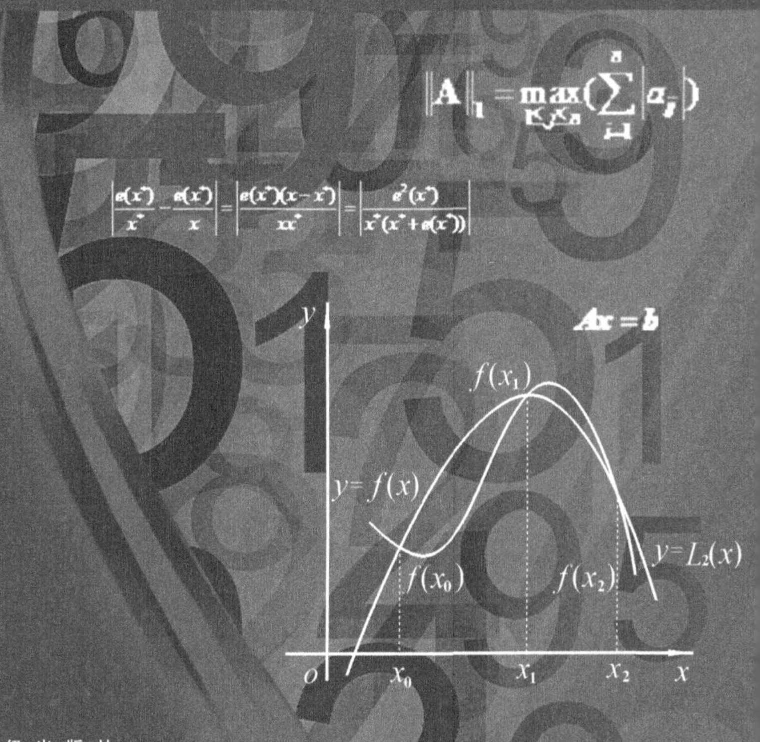

西安交通大学出版社
XI'AN JIAOTONG UNIVERSITY PRESS
国家一级出版社
全国百佳图书出版单位

内容简介

本书主要介绍了数值计算方法的基本内容，主要包括引论、线性方程组数值方法、非线性方程(组)数值方法、函数插值、函数逼近、矩阵特征值与特征向量的数值方法、数值积分及数值微分、常微分方程的数值方法等，在每章内容中都附有一些思考问题，激发学生对本章相关内容进行思考。本书内容比较全面，系统性较强，基本概念清晰准确，语言叙述通俗易懂，理论分析科学严谨，结构编排由浅入深，注重启发性，易于教学。每章后面都附有一定数量的习题，供读者学习时进行练习。

本书可作为高等院校数学与应用数学、信息与计算科学、计算机科学等高年级本科生教材或参考用书，也可供从事科学与工程计算的科技工作者参考。

图书在版编目(CIP)数据

数值计算方法/蔺小林，郭改慧，刘海峰编著. —西安：西安交通大学出版社，2021.1

ISBN 978-7-5693-1877-7

Ⅰ.①数… Ⅱ.①蔺…②郭…③刘… Ⅲ.①数值计算-计算方法-高等学校-教材 Ⅳ.①O241

中国版本图书馆 CIP 数据核字(2020)第 233057 号

书　　名 数值计算方法
编　　著 蔺小林　郭改慧　刘海峰
责任编辑 郭鹏飞
责任校对 曹　昳

出版发行 西安交通大学出版社
(西安市兴庆南路 1 号 邮政编码 710048)
网　　址 http://www.xjtupress.com
电　　话 (029)82668357 82667874(发行中心)
(029)82668315(总编办)
传　　真 (029)82668280
印　　刷 西安日报社印务中心

开　　本 787 mm×1092 mm　1/16　**印张** 16.875　**字数** 414 千字
版次印次 2021 年 1 月第 1 版　2021 年 1 月第 1 次印刷
书　　号 ISBN 978-7-5693-1877-7
定　　价 45.00 元

如发现印装质量问题，请与本社发行中心联系调换。
订购热线：(029)82665248　(029)82665249
投稿热线：(029)82669097　QQ：8377981
读者信箱：lg_book@163.com

前　言

计算机技术的飞速发展，高速新算法的创造，给用计算机解决一些困难的科学与工程问题提供了重要基础。作为科学与工程计算的数学工具，数值计算方法已成为各高等院校数学与应用数学、信息与计算科学、计算机科学等本科专业的基础课。

本书系统地介绍了现代科学与工程计算中常用的数值计算方法，对这些数值计算方法的基本理论、计算效果、稳定性、收敛效果、适用范围以及优劣性与特点等进行了比较详细的分析。本书基本内容包括引论、线性方程组数值方法、非线性方程(组)数值方法、函数插值、函数逼近、矩阵特征值与特征向量的数值方法、数值积分及数值微分以及常微分方程的数值方法等。

本书内容比较全面，系统性较强。各章内容既相互联系，也有一定的独立性，教学过程中对内容的选择具有一定的灵活性，易于教学。

本书基本概念清晰准确，语言叙述通俗易懂。作者长期从事数值计算方法的教学与研究工作，具有比较丰富的教学经验，对学生的知识层次和学习数值计算方法中会遇到的困难比较了解，在编写的过程中，尽量从涉及数学分析和高等代数的相关内容出发，在对问题的叙述和分析时，尽量使语言简单明了，通俗易懂。

本书理论分析科学严谨，结构合理。对传统的数值计算方法，在理论分析时注重启发性和科学严谨性，结合金课建设和对创新人才培养的要求，每章都附有一些思考问题，激发学生对本章相关内容进行思考。在内容选择与安排上由浅入深，易于学生学习，例题选择具有针对性，注重实际应用效果。每章都附有一定数量的习题，供读者学习时进行练习，书后附有部分习题参考答案。

本书第1章至第5章和第8章由蔺小林执笔，第6章由郭改慧执笔，第7章由刘海峰执笔，最后由蔺小林统一定稿。本书内容全部讲完需要60学时左右，教师可根据学习者的情况及实际学时，有选择地讲解部分内容。

本书在编写过程中受到陕西科技大学教务处教材建设项目支持，在此深表谢意。由于我们水平有限，疏漏和不足之处在所难免，敬请各位同仁批评指正。

作　者

2020年9月

目　录

第1章　引　论

1.1　数值计算方法的研究内容

随着计算机的快速发展,算法的不断优化和创新,过去很多复杂问题在今天都在逐步得到解决,在这些问题的解决过程中,数值计算方法起到了非常重要的作用。

在自然科学、工程技术、经济、医学和社会科学各个领域中产生的许多实际问题都可以通过数学语言描述为相关的数学问题,也就是说由实际问题建立数学模型,然后应用各种数学方法和计算机软件来求解,最后把结果反馈到实际应用中去进行检验。我们知道,有许多数学问题是得不到精确解的,此时就需要寻求解决这些问题近似解的计算方法,我们把这样的计算方法称为数值计算方法或数值分析方法。

数值计算方法是计算数学的一个主要部分,而计算数学则是数学学科的一大分支,它研究如何借助于数学基本理论和计算机求解各类数值问题。应用计算机求解各类数值问题需要经历以下几个主要过程:

(1)实际问题　在自然界的各个领域都有许多实际应用问题,要解决这些实际问题就需要这些不同领域的专家提出具有明确意义的问题,并给出该问题符合本领域所固有的规则或自然法则。

(2)数学模型　对不同领域专家提出的实际问题,用辨证唯物主义的思想方法进行分析,在抓住事物主要因素以及在合理假设下,运用该领域中的规律或法则,结合数学理论、方法和工具,建立问题中各种量之间的相互联系,从而得到完备的数学模型。

(3)数值分析　对数学模型先从数学理论上进行分析,研究解的存在性、唯一性。只有在满足解的存在唯一性条件下,才能进行数据计算,有些问题可以给出解析解,但在大多数情况下,要对数学模型进行数值计算。把连续模型如何离散化,用什么样的方法进行计算,算法的相容性、收敛性、稳定性等等,这些都是数值分析的研究内容。

(4)算法设计　算法设计在应用计算机进行科学计算过程中起着非常重要的作用,一个收敛快、精度好的算法,有时比飞速发展的计算机硬件更具有使用价值。

例如,在很多科学技术与工程问题中都要求解线性方程组,在线性代数课程中介绍了求解线性方程组的理论和精确解求法,例如用克莱姆法则可以十分整齐简洁地给出一个非奇异线性方程组的解的表达式。若要在计算机上按克莱姆法则求解一个含有 n 个未知量 n 个方程的非齐次线性方程组,需要计算 $n+1$ 个 n 阶行列式的值,若按照行列式的定义来计算这 $n+1$ 个 n 阶行列式的值,在不计加减运算及符号判定情况下,总共要进行 $(n-1)n!(n+1)$

次乘法运算,其计算量是非常惊人的。例如 $n=20$,则有 $19\times20!\times21\approx9.7\times10^{20}$ 次乘法运算,即使使用每秒运算1亿次的计算机也需要大约30万年的时间。而用我们在第2章介绍的高斯消去法进行计算,大约需要3440次乘除法运算,并且 n 越大,相差就越大。这个例子表明,算法的好坏对提高计算能力起着非常重要的作用。

从程序设计的观点来看,算法是由一个或多个进程组成,每个进程精确地描述了按一定顺序执行的有限序列,所有进程能够同时执行并且协调地在有限个步骤内完成一个给定问题的求解。若算法含有一个进程,则称其为串行算法,否则称为并行算法。若算法在算术运算(加减乘除)过程中占据了总时间的绝大部分,这种算法就称为数值型算法,否则称为非数值型算法。

算法在保证可靠性的前提下有优劣之分。算法的可靠性主要包括:收敛性、稳定性、误差估计等。算法的优劣主要考虑时间复杂度(计算机运行时间)、空间复杂度(占据计算机储存空间)以及逻辑复杂度(影响程序开发的周期以及维护的难易程度)等因素。

(5)计算求解 在计算机上求出所要的数值结果。目前已有的数学软件可以帮助我们实现上机计算,如Matlab、Maple、Mathematica等,基本上已经将数值计算的主要内容设计成简单的函数,只要调用这些函数进行运算便可得到数值结果。

在实际工作中,由于面临的问题具有明确的特征,其复杂性有时已经超出书本所述例证范围,因而有必要深入掌握计算方法的基本思想和具体内容。

数值计算方法的内容包括线性方程组求解、非线性方程(组)求解,矩阵的特征值与特征值向量的计算、函数插值、函数逼近、数值积分与数值微分以及微分方程数值解法。

1.2 误差基础知识

对数学问题进行数值求解,求得的结果一般情况下都含有误差,即所得结果多数情况下都是近似解。对这些结果的误差进行分析和估计是数值计算方法的主要内容。通过对它们的研究可以确切地知道误差的性态和误差的范围。

1.2.1 误差来源与分类

在数值计算方法中的数可以分为两类:一类是精确数值,即它精确地反映了实际情况。例如某班有学生51人,数字51就是精确数值。另一类是近似值,它只能近似地反映实际情况。例如今天早晨温度是16℃,数字16就仅仅是一个测量所得的近似值。数的精确值与其近似值之差称为误差。在数值计算中误差是不可避免的,大多数情况下不存在严格的精确数值,因此,分析误差产生的原因,把误差限制在允许的范围内是非常有必要的。

一般来说,可以把误差分为两大类:固有误差和计算误差。固有误差包括模型误差和观测误差,而计算误差包括截断误差和舍入误差。

(1)模型误差 对实际问题建立数学模型时存在不可避免的误差,在定量分析客观事物时,总是要抓住主要矛盾,忽略次要矛盾,因此建立起来的数学模型与实际客观事物之间存在一定差距,这种差距在数学上就称为模型误差。

(2)观测误差 在解决实际问题时,有时需要从实验或观测中得到各种数据,而由于观测手段的限制,得到的数据必然存在一定误差,这种数据误差就称为观测误差。观测误差又称为测量误差或参数误差。观测值的精确程度取决于测量仪器的精密程度和操作人员的测量方法等因素。

(3)截断误差 数学模型的精确值与用数值计算方法求得的近似值的差距就称为截断误差。截断误差又称为方法误差。这种误差常常是在用有限过程来逼近无限过程时产生的。

例如 用 e^x 的幂级数表达式

$$e^x = 1 + x + \frac{1}{2!}x^2 + \frac{1}{3!}x^3 + \cdots = \sum_{n=0}^{\infty} \frac{1}{n!}x^n \tag{1.1}$$

计算 e^x 的值时,常常取级数的前几项的部分和作为近似公式,如取

$$e^x \approx 1 + x + \frac{1}{2!}x^2 + \frac{1}{3!}x^3 + \frac{1}{4!}x^4 + \frac{1}{5!}x^5 = \sum_{n=0}^{5} \frac{1}{n!}x^n \tag{1.2}$$

这样,用式(1.2)代替式(1.1)计算 e^x 的近似值与精确值之间的误差是由于截去式(1.1)后无穷多项产生的,故称为截断误差,其截断误差为 $\sum_{n=6}^{\infty} \frac{1}{n!}x^n$ 。

(4)舍入误差 计算机中参加运算的数据与原始数据之间的差距称为舍入误差。由于计算机的字长是有限的,参加运算的数据只能具有有限位,因此原始数据在计算机中表示时可能会产生误差,当然每次运算后又会产生新的误差,这些误差都是舍入误差。

例如 $\frac{1}{3}=0.3333333\cdots$,$e=2.7182818284590\cdots$,$\pi=3.1415926535897932\cdots$等都不可能用全部小数位参加计算机运算,在参加计算机计算过程中都取这些数的近似值进行运算,那么由此得到的近似值与精确值之间的误差就是舍入误差。

应当注意以下两点:

①在数值计算方法中,通常至少有上述一种误差出现,而事实上在大多数数值计算方法中,会有上述多种误差同时出现。

②在数值计算方法中,我们要研究的是计算误差而不是固有误差。

1.2.2 绝对误差和相对误差

有两种衡量误差大小的方法:一是绝对误差;二是相对误差。

设某一个量的精确值是 x,其近似值为 x^*,则 x 与 x^* 之差

$$e(x^*) = x - x^* \tag{1.3}$$

称为近似值 x^* 的**绝对误差**,简称**误差**。式(1.3)也可以写成

$$x = e(x^*) + x^* \tag{1.4}$$

注意,$e(x^*)$可正也可负,也与量纲有关。当 $e(x^*)>0$ 时,x^* 称为 x 的弱(不足)近似值;当 $e(x^*)<0$ 时,x^* 称为 x 的强(过剩)近似值。$|e(x^*)|$ 的大小标志着 x^* 的精确度,一般地,对同一个量的不同近似值,$|e(x^*)|$ 越小,x^* 的精确度就越高。

实际上,一般情况下不能得到精确值 x,只能知道近似值 x^*,但可以根据测量与计算的情况,对绝对误差的大小范围做出估计,也就是说,可以指出一个正数 ε,使

$$|e(x^*)| = |x - x^*| \leqslant \varepsilon \tag{1.5}$$

称 ε 为近似值 x^* 的一个绝对误差界,简称误差界。

式(1.5)还可以写成

$$x^* - \varepsilon \leqslant x \leqslant x^* + \varepsilon \tag{1.6}$$

这表明精确值 x 在区间 $[x^*-\varepsilon, x^*+\varepsilon]$ 内。

例如 $\pi=3.1415926535897932\cdots$，取 $\pi^*=3.141$，则

$$|e(\pi^*)| = |\pi - \pi^*| < 0.0006$$

那么 0.0006 就是 π^* 的绝对误差界。

在许多情况下，绝对误差的大小是不能完全刻画近似值的精确程度。

例如 $x=10(\text{cm})$，$x^*=9.9(\text{cm})$，则 $e(x^*)=0.1(\text{cm})$；而 $y=1000000(\text{cm})$，$y^*=999900(\text{cm})$，则 $e(y^*)=100(\text{cm})$。从表面上看后者的绝对误差是前者的 1000 倍。但是，前者每 1cm 长度产生了 0.01cm 的误差，而后者每 1cm 长度仅产生 0.0001cm 的误差。看来，后者要比前者精确度高得多。因此，要确定一个量的近似值的精确程度，除了要看误差的大小外，往往还应该考虑该量本身的大小。

定义

$$e_r(x^*) = \frac{e(x^*)}{x} = \frac{x - x^*}{x} \tag{1.7}$$

称为近似值 x^* 的**相对误差**。

相对误差说明了近似值 x^* 的绝对误差 $e(x^*)$ 与 x 本身比较时所占的比例，它反映了一个近似数的精确程度，相对误差越小，精确度就越高，相对误差是用百分数表示的，是一个没有量纲的量。事实上，因为一个量的精确值 x 往往是不知道的，因此还常常将 x^* 的相对误差 $e_r(x^*)$ 定义为

$$e_r(x^*) = \frac{e(x^*)}{x^*} = \frac{x - x^*}{x^*} \tag{1.8}$$

这是因为当 $e_r(x^*)=\frac{e(x^*)}{x^*}$ 较小，比如 $|e_r(x^*)|=\left|\frac{e(x^*)}{x^*}\right|<\frac{1}{2}$ 时，有

$$\left|1+\frac{e(x^*)}{x^*}\right| \geqslant 1-\left|\frac{e(x^*)}{x^*}\right| \geqslant \frac{1}{2}$$

从而

$$\left|\frac{e(x^*)}{x^*}-\frac{e(x^*)}{x}\right| = \left|\frac{e(x^*)(x-x^*)}{xx^*}\right| = \left|\frac{e^2(x^*)}{x^*(x^*+e(x^*))}\right| = \left|\frac{\left(\frac{e(x^*)}{x^*}\right)^2}{1+\frac{e(x^*)}{x^*}}\right| < 2\left|\frac{e(x^*)}{x^*}\right|^2$$

当 $\left|\frac{e(x^*)}{x^*}\right|$ 很小时，$\frac{e(x^*)}{x^*}-\frac{e(x^*)}{x}$ 是 $\frac{e(x^*)}{x^*}$ 的平方数量级，故可忽略不计。

一般来说，计算出相对误差是比较困难的，然而，像绝对误差那样，可以估计它的大小范围，即可以指出一个正数 ε_r，使得

$$|e_r(x^*)| \leqslant \varepsilon_r \tag{1.9}$$

称 ε_r 为 x^* 的一个相对误差界。

根据以上定义，上例中 $e_r(x^*)=1\%$ 与 $e_r(y^*)=0.01\%$ 分别是 x^* 与 y^* 的相对误差，由此可见，y 的近似值 y^* 远比 x 的近似值 x^* 的精确程度要高。

1.2.3 有效数字

设 x 是一个实数，一般来说，它具有无限的十进制表达式。由于在计算机上只能处理

一定位数的数，因此有必要引入舍入原则。

我们在表示一个近似值时，为了能反映它的精确程度，经常用到"有效数字"的概念。

设一个实数 x，其十进制规范化表达式是

$$x=\pm 0.a_1a_2\cdots a_na_{n+1}\cdots\times 10^m$$

其中 $a_i(i=1,2,\cdots,n,n+1,\cdots)$ 是 0～9 的任一个数，但 $a_1\neq 0$，n 为正整数，m 为整数。人们规定 x 的保留 n 位的近似值 x^* 为

$$x^*=\begin{cases}\pm 0.a_1a_2\cdots a_n\times 10^m & a_{n+1}\leqslant 4\\ \pm 0.a_1a_2\cdots(a_n+1)\times 10^m & a_{n+1}\geqslant 5\end{cases}$$

这个原则即为"四舍五入"。

对"四舍五入"原则有一个补充，即如果 $|e(x^*)|=|x-x^*|=\frac{1}{2}\times 10^{m-n}$ 时，按上述原则都应进入，实际上既可"舍"也可"入"，在一个冗长的计算过程中，为了避免舍入误差过大，常常规定舍入使得最后一位数的数字为偶数。例如 $x=0.2665501\cdots$，保留四位的近似值为 $x^*=0.2666$，而 $x=132.02511\cdots$ 保留五位的近似值为 $x^*=132.02$。

若 x 的某一近似值 x^* 的绝对误差界是某一位的半个单位，则从这一位直到左边第一个非零数字为止的所有数字都称为 x^* 的**有效数字**。

具体地说，对于数 x 经四舍五入后得到它的近似值 x^* 为

$$x^*=\pm 0.x_1x_2\cdots x_n\times 10^m$$

其中 $x_i(i=1,2,\cdots,n)$ 是 0～9 的任一个数，但 $x_1\neq 0$，n 为正整数，m 为整数，若 $|x-x^*|\leqslant\frac{1}{2}\times 10^{m-n}$，则 x^* 是 x 具有 n 位有效数字的近似值，或称 x^* 精确到第 n 位，$x_1,x_2,\cdots,x_n$ 都是 x 的有效数字。

例如　$\pi=3.14159265\cdots$，取 $\pi_1^*=3.142$ 作为 π 的近似值时，

$$|e(\pi_1^*)|=|\pi-3.142|=0.00040735\cdots<0.0005=\frac{1}{2}\times 10^{-3}$$

即 $m-n=-3$，$m=1$，$n=4$，所以 3.142 作为 π 的近似值有四位有效数字。

当取 $\pi_2^*=3.141$ 作为 π 的近似值时，

$$|e(\pi_2^*)|=|\pi-3.141|=0.00059265\cdots<0.005=\frac{1}{2}\times 10^{-2}$$

即 $m-n=-2$，$m=1$，$n=3$。所以 3.141 作为 π 的近似值有三位有效数字。

综上可知，若近似值 x^* 的绝对误差的绝对值小于某一位的半个单位，而由该位到 x^* 的第一位非零数字一共有几位，那么 x^* 就有几位有效数字。

关于有效数字，我们还要注意以下几点：

①若用四舍五入法取准确值 x 的前 n 位作为近似值 x^*，则 x^* 必有 n 位有效数字。但是，若 x^* 仅准确到某位数字，而将这位数字以后的数字进行四舍五入则得到的不一定是有效数字。

例如，$x=5.01445$，$x_1^*=5.01$，$x_2^*=5.015$，x_1^*、x_2^* 分别是 x 的不同近似值，由上可知，x_1^* 有三位有效数字，而 x_2^* 也仅有三位有效数字，其中由四舍五入得到 x_2^* 的千分位上的 5 就不是有效数字。

②有效数字位数相同的两个近似数，绝对误差界不一定相同。

例如，假设已知 $x_1^*=10706$，$x_2^*=11.104$ 二者都有五位有效数字，那么，x_1^* 的绝对误差界 $\frac{1}{2}\times10^0$，x_2^* 的绝对误差界为 $\frac{1}{2}\times10^{-3}$，显然不同。

③把任何数字乘 $10^p(p=0,\pm1,\pm2\cdots)$ 等于移动该数的小数点，它并不影响其有效数字的位数。

例如，$g=9.80\text{m/s}^2$ 具有三位有效数字，而 $g=0.00980\times10^3\text{m/s}^2$ 也同样具有三位有效数字。但是 9.8m/s^2 与 9.80m/s^2 的有效数字是不同的，9.8m/s^2 有两位有效数字，9.80m/s^2 有三位有效数字。同理 0.1、0.10、0.100 等含义也是不同的。

如果整数并非全是有效数字，则可以用浮点数表示。如 6000000 的绝对误差限不超过 500 即 $\frac{1}{2}\times10^3$，则应把 6000000 表示为 $x^*=6000\times10^3$ 或 0.6000×10^7。若记为 $x^*=6000000$，则表示其绝对误差限不超过 $\frac{1}{2}\times10^0$。

例 1.1 某地粮食产量为 666 万吨，表示方式不同，绝对误差也不同。

666 万吨 $=666\times10^4$ 吨 $=0.666\times10^7$ 吨，此时绝对误差为 $\frac{1}{2}\times10^4$ 吨，即 $\frac{1}{2}$ 万吨。

666 万吨 $=6660000$ 吨，此时绝对误差为 $\frac{1}{2}$ 吨。

④有效数字越多，绝对误差就越小，相对误差也就越小。

设 $x^*=\pm0.x_1x_2\cdots x_n\times10^m$，$x_1\neq0$。可以确定近似值 x^* 具有 n 位有效数字，其绝对误差限为 $\varepsilon=\frac{1}{2}\times10^{m-n}$，在 m 相同的情况下，n 越大 ε 就越小，所以，有效数字位数越多误差就越小。

同样，可以对具有 n 位有效数字的近似值 x^* 的相对误差做出如下估计。

$$x_1\cdot10^{m-1}\leqslant|x^*|\leqslant(x_1+1)\cdot10^{m-1}$$

所以

$$|e_r(x^*)|=\left|\frac{x-x^*}{x^*}\right|\leqslant\frac{\frac{1}{2}\times10^{m-n}}{x_1\times10^{m-1}}=\frac{1}{2x_1}\cdot10^{-(n-1)} \tag{1.10}$$

可见，有效数字越多，相对误差也就越小。

例 1.2 要使 $\sqrt{20}$ 的近似值的相对误差限小于 0.1%，要取几位有效数字？

解 设取 n 位有效数字，由(1.10)可得 $|e_r(x^*)|\leqslant\frac{1}{2x_1}\times10^{-(n-1)}$，由于 $\sqrt{20}=4.4\cdots$，因此 $x_1=4$，由于要求

$$|e_r(x^*)|\leqslant0.125\times10^{-(n-1)}<10^{-3}=0.1\%$$

即只要 n 取 4 就行，故对 $\sqrt{20}$ 的近似值取 4 位有效数字，其相对误差限就小于 0.1%。此时由开方表得 $\sqrt{20}\approx4.472$。

1.2.4 数据误差在运算中的传播

设 x^* 和 y^* 分别是初始数据 x 和 y 的近似值，即

$$x=x^*+e(x^*)\qquad y=y^*+e(y^*)$$

其中 $e(x^*)$ 和 $e(y^*)$ 分别为 x^* 和 y^* 的绝对误差。

下面考查用 x^*,y^* 代替 x,y 时，函数值 $z=f(x,y)$ 会产生怎么样的误差。

假设 $e(x^*)$ 和 $e(y^*)$ 的绝对值都很小，而且函数 $z=f(x,y)$ 可微，记此时 z 的近似值为 $z^*=f(x^*,y^*)$，则有

$$e(z^*)=z-z^*=f(x,y)-f(x^*,y^*)$$

上式可近似地表示为

$$e(z^*)\approx\left(\frac{\partial f}{\partial x}\right)\bigg|_{(x^*,y^*)}e(x^*)+\left(\frac{\partial f}{\partial y}\right)\bigg|_{(x^*,y^*)}e(y^*) \tag{1.11}$$

而且

$$\begin{aligned} e_r(z^*)&=\frac{e(z^*)}{z^*}\approx\frac{x^*}{z^*}\left(\frac{\partial f}{\partial x}\right)\bigg|_{(x^*,y^*)}\frac{e(x^*)}{x^*}+\frac{y^*}{z^*}\left(\frac{\partial f}{\partial y}\right)\bigg|_{(x^*,y^*)}\frac{e(y^*)}{y^*}\\ &=\frac{x^*}{z^*}\left(\frac{\partial f}{\partial x}\right)\bigg|_{(x^*,y^*)}e_r(x^*)+\frac{y^*}{z^*}\left(\frac{\partial f}{\partial y}\right)\bigg|_{(x^*,y^*)}e_r(y^*) \end{aligned} \tag{1.12}$$

从式(1.11)容易得到，在进行数值运算时，初始数据误差与计算结果产生的误差之间有下面关系：

① $f(x,y)=x\pm y,\qquad e(x^*\pm y^*)=e(x^*)\pm e(y^*)$ (1.13)

② $f(x,y)=xy,\qquad e(x^*y^*)\approx y^*e(x^*)+x^*e(y^*)$ (1.14)

③ $f(x,y)=\dfrac{x}{y},\qquad e\left(\dfrac{x^*}{y^*}\right)\approx\dfrac{y^*e(x^*)-x^*e(y^*)}{(y^*)^2}$ (1.15)

从(1.12)式容易得到以下关系：

① $f(x,y)=x\pm y,\qquad e_r(x^*\pm y^*)=\dfrac{x^*}{x^*\pm y^*}e_r(x^*)\pm\dfrac{y^*}{x^*\pm y^*}e_r(y^*)$ (1.16)

② $f(x,y)=xy,\qquad e_r(x^*y^*)\approx e_r(x^*)+e_r(y^*)$ (1.17)

③ $f(x,y)=\dfrac{x}{y},\qquad e_r\left(\dfrac{x^*}{y^*}\right)\approx e_r(x^*)-e_r(y^*)$ (1.18)

1.3 数值计算中应注意的问题

数值计算中的误差分析是一个既复杂而又不可避免的问题。为了保证数值计算结果的正确性，就必须把误差控制在比较小的范围内，也就是要求掌握误差产生、传播的规律，目前尚无有效的方法对误差做出定量的估计，所以，在解决具体数值问题时，往往首先需要对该问题做出定性的分析，为此本节讨论以下两个问题：

1.3.1 算法的数值稳定性

如果在用某种算法进行数值计算过程中，舍入误差在一定条件下能够控制在一定范围内(即舍入误差的增长不会影响结果的可靠性)，则称该算法是数值稳定的，否则称该算法为数值不稳定，先看下例：

例 1.3 对 $n=0,1,2,\cdots$，计算积分 $I_n=\int_0^1\frac{x^n}{x+5}\mathrm{d}x$。

解 由于

$$I_n + 5I_{n-1} = \int_0^1 \frac{x^n + 5x^{n-1}}{x+5}\mathrm{d}x = \int_0^1 x^{n-1}\mathrm{d}x = \frac{1}{n}$$

$$I_0 = \int_0^1 \frac{1}{x+5}\mathrm{d}x = \ln 6 - \ln 5 = \ln(1.2)$$

取 $I_0=\ln(1.2)\approx 0.1823$,用如下递推公式计算:

$$(\mathrm{A})\quad \begin{cases} I_0^* = 0.1823 \\ I_n^* = \dfrac{1}{n} - 5I_{n-1}^* \end{cases} \qquad (n = 1,2,\cdots,10)$$

得到(精确到小数点后第4位):

$$I_1^* \approx 0.0885 \quad I_2^* \approx 0.0575 \quad I_3^* \approx 0.0458 \quad I_4^* \approx 0.0208 \quad I_5^* \approx 0.0958$$

$$I_6^* \approx -0.3125 \quad I_7^* \approx 1.7054 \quad I_8^* \approx -8.4018 \quad I_9^* \approx 42.1200 \quad I_{10}^* \approx -210.5002$$

令 $\varepsilon_n = I_n - I_n^*$,则有 $\varepsilon_n = -5\varepsilon_{n-1}$,可见,若从 I_{n-1}^* 计算 I_n^*,其误差将以每步5倍的速度增长,从而有

$$\varepsilon_n = (-5)^n \varepsilon_0$$

这表明计算公式(A)是数值不稳定的。

现在换一种方案,将式(A)倒过来计算。

因为

$$\frac{1}{6(n+1)} = \int_0^1 \frac{x^n}{1+5}\mathrm{d}x \leqslant \int_0^1 \frac{x^n}{x+5}\mathrm{d}x \leqslant \int_0^1 \frac{x^n}{0+5}\mathrm{d}x = \frac{1}{5(n+1)}$$

所以

$$\frac{1}{6(n+1)} \leqslant I_n \leqslant \frac{1}{5(n+1)}$$

可以取

$$I_n \approx I_n^* = \frac{1}{2}\left(\frac{1}{5(n+1)} + \frac{1}{6(n+1)}\right) = \frac{11}{60(n+1)}$$

如取 $I_{10}^*=0.0167$,得到递推公式:

$$(\mathrm{B})\quad \begin{cases} I_{10}^* = 0.0167 \\ I_{n-1}^* = \dfrac{1}{5n} - \dfrac{1}{5}I_n^* \end{cases} \qquad (n = 9,8,\cdots,1)$$

计算可得(精确到小数点后第4位)

$$I_9^* \approx 0.0167 \quad I_8^* \approx 0.0189 \quad I_7^* \approx 0.0212 \quad I_6^* \approx 0.0243 \quad I_5^* \approx 0.0285$$

$$I_4^* \approx 0.0343 \quad I_3^* \approx 0.0431 \quad I_2^* \approx 0.0580 \quad I_1^* \approx 0.0884 \quad I_0^* \approx 0.1823$$

由此可见,利用公式(B)得到的结果与精确值比较相近,这是因为虽然 e_{10} 较大,但利用公式(B)计算,每步误差将缩小为上步误差的1/5,故算法(B)是数值稳定的。

此例说明,在实际数值计算中,数值方法不稳定的算法是不能使用的,一个数值方法,如果对任何允许的初值都稳定,称此算法为**无条件稳定**,若对某些初始值稳定,而对另一些初始值不稳定,这样的算法就称为**条件稳定**。

1.3.2 避免误差的若干原则

数值计算中,除了要分清算法是否稳定外,还应尽量避免误差产生的危害,同时防止有

效数字的损失，下面给出避免误差危害的若干原则。

1. 避免两相近数相减

由式(1.16)看到，两相近的数字相减时，会将计算结果的相对误差变得很大，称此时的精度损失为相减相消。为了防止这种现象的产生，最好是改变数值计算方法。

例 1.4 求二次方程 $ax^2+bx+c=0(a\neq 0)$的两个根。

解 由求根公式可知：

$$x_1=\frac{-b+\sqrt{b^2-4ac}}{2a}\qquad x_2=\frac{-b-\sqrt{b^2-4ac}}{2a}$$

若 $b>0$，且 $b^2-4ac>0$。当 $4ac$ 较小时，b 与 $\sqrt{b^2-4ac}$很接近，计算 x_1 时就会产生两相近数字相减相互低消。为了避免相减相消，可将分子有理化，把计算 x_1的公式改为

$$x_1=\frac{-2c}{b+\sqrt{b^2-4ac}}$$

如求二次方程 $x^2-16x+1=0$ 的两个根，有

$$x_1=8+\sqrt{63}\qquad x_2=8-\sqrt{63}\approx 8-7.94=0.06=x_2^*$$

此时 x_2^* 仅有一位有效数字。如果

$$x_2=8-\sqrt{63}=\frac{1}{8+\sqrt{63}}\approx\frac{1}{15.94}\approx 0.0627=x_2^*$$

则此 x_2^* 具有 3 位有效数字。

例 1.5 计算 $A=10^7(1-\cos 2^\circ)$的值。

解 取 $\cos 2^\circ=0.9994$，则

$$A=10^7(1-\cos 2^\circ)\approx 10^7(1-0.9994)=6\times 10^3=A^*$$

此时 A^* 仅有一位有效数字，若利用 $1-\cos x=2\sin^2\frac{x}{2}$，$\sin 1^\circ\approx 0.0175$，则

$$A=10^7(1-\cos 2^\circ)\approx 2\times(\sin^2 1^\circ)\times 10^7=6.13\times 10^3=A^*$$

此时，A^* 具有三位有效数字。

常见避免两相近数值相减的变换公式有：

当 x_1 与 x_2 很接近时，有

$$\ln x_1-\ln x_2=\frac{\ln x_1}{\ln x_2}$$

当 x 很小时，有

$$\sqrt{1+x}-\sqrt{1-x}=\frac{2x}{\sqrt{1+x}+\sqrt{1-x}}$$

当 x 很大时，有

$$\arctan(x+1)-\arctan x=\arctan\frac{1}{1+x(1+x)}$$

一般情况下，当 $f(x)$与 $f(x^*)$很接近时，可用泰勒公式展开

$$f(x)-f(x^*)=f'(x^*)(x-x^*)+\frac{f''(x^*)}{2!}(x-x^*)^2+\cdots$$

取右端的有限项代替左端即可。

2. 避免大数“吃”小数

在数值运算中参加运算的数有时数量级会相差很大，而计算机的位数又有限，所以不注意运算次序就有可能出现大数“吃掉”小数的现象，从而影响结果的准确性。避免这个问题的方法是调整计算次序，尽量使数量级相近的数进行相加或相减。

例如 $x=10^8, y=7, z=-10^8$，若按$(x+y)+z$次序计算，则结果近似于零，结果失真；若按$(x+z)+y$次序计算，结果接近正确值 7(此处计算是指应用计算机进行计算)。

又如，求解方程 $x^2-(10^{21}+1)x+10^{21}=0$ 的根时，从分解因式便可知两根分别为10^{21}和 1，但如果用 21 位计算机求解，由于 $a=1, c=10^{21}, b=-(10^{21}+1)\approx-10^{21}$，按求根公式可得两根分别为$10^{21}$和 0，显然在求 1 这个根时出现了大数“吃”小数的现象。此时，可以用 $x_2=\frac{c}{ax_1}$纠正这个错误，由 $x_1=10^{21}$得到 $x_2=1$。

一般地，在求解二次方程 $ax^2+bx+c=0$ 时，若 $b^2\gg 4ac$，则 $\sqrt{b^2-4ac}\approx|b|$，若用求根公式

$$x_1=\frac{-b+\sqrt{b^2-4ac}}{2a} \qquad x_2=\frac{-b-\sqrt{b^2-4ac}}{2a}$$

分别计算两根 x_1 和 x_2 时，其中之一就会出现大数 b^2“吃掉”小数 $4ac$ 的现象，为了防止有效数字的损失，进而得到更好的结果，应采用以下公式

$$x_1=\frac{-b-\mathrm{sign}(b)\sqrt{b^2-4ac}}{2a} \qquad x_2=\frac{c}{ax_1}$$

此处 $\mathrm{sign}(b)$是 b 的符号。

3. 避免绝对值太小的数做除数

由式(1.15)可知，用绝对值小的数作除数舍入误差会增大，故应尽量避免。

已知线性方程组$\begin{cases}0.00001x_1+x_2=1\\2x_1+x_2=2\end{cases}$的准确解为 $x_1=\frac{100000}{199999}=0.50000250$，$x_2=\frac{199998}{199999}=0.999995$，但在 4 位浮点十进制计算中用消去法计算，有：

①用$\frac{1}{2}(0.1000\times10^{-4})$除第一个方程减第二个方程，则出现用绝对值小的数做除数，得到结果为 $x_1=0, x_2=1$，显然严重失真。

②用第二个方程消去第一个方程中含 x_1 的项，则避免了用小数去除大数，此时得到结果为 $x_1=0.500, x_2=1$，其近似程度相当好。

4. 简化计算步骤，减少运算次数

同样一个计算问题，如果能减少运算次数，不但可节省计算机的计算时间，还能减少舍入误差，这是数值计算必须遵从的原则。

例 1.6 计算多项式

$$p_n(x)=a_nx^n+a_{n-1}x^{n-1}+\cdots+a_1x+a_0$$

的值。

解 如直接计算 a_kx^k，再逐项相加，一共需做

$$n+(n-1)+\cdots+2+1=\frac{n(n+1)}{2}$$

次乘法和 n 次加法才能得到其值。若采用**秦九韶算法**

$$\begin{cases} s_n = a_n \\ s_k = xs_{k+1}+a_k \quad (k=n-1,n-2,\cdots,2,1,0) \\ p_n(x)=s_0 \end{cases}$$

进行计算,仅需 n 次乘法和 n 次加法运算就可算出 $p_n(x)$ 的值,可以看出利用秦九韶算法计算多项式的值时,当 n 比较大时,可以大量减少乘法运算次数。

例 1.7　利用 $\ln(1+x)=\sum_{n=1}^{\infty}(-1)^{n+1}\frac{x^n}{n}$ 计算 ln2 的值,要求精确到 10^{-5}。

解　因为幂级数 $\ln(1+x)=\sum_{n=1}^{\infty}(-1)^{n+1}\frac{x^n}{n}$ 的收敛区间是 $(-1,1]$,如果直接进行计算 ln2,在上式中取 $x=1$,即

$$\ln 2=\sum_{n=1}^{\infty}(-1)^{n+1}\frac{1}{n}$$

若计算 ln2 的值要求精确到 10^{-5},需要 $\left|(-1)^{n+1}\frac{1}{n}\right|=\frac{1}{n}<10^{-5}$,即 $n>10^5$,故需要计算 10 万项的和,才能达到精度要求,不仅计算量很大,而且舍入误差的积累也十分严重。而当 $x\in(-1,1)$ 时有

$$\ln(1+x)=\sum_{n=1}^{\infty}(-1)^{n+1}\frac{x^n}{n},\quad \ln(1-x)=-\sum_{n=1}^{\infty}\frac{x^n}{n}$$

因此

$$\ln(1+x)-\ln(1-x)=\ln\frac{1+x}{1-x}=2\left(x+\frac{x^3}{3}+\frac{x^5}{5}+\cdots+\frac{x^{2n+1}}{(2n+1)}+\cdots\right)$$

取 $x=\frac{1}{3}$,只需计算此级数的前 9 项,截断误差便小于 10^{-10},因此,优化算法,减少运算次数非常重要。

习题 1

1. 下列各数是由准确值经四舍五入得到的近似值,试分别指出它们的绝对误差界,相对误差界以及有效数字的位数。

$$x_1^*=0.0425 \quad x_2^*=0.4015 \quad x_3^*=32.50 \quad x_4^*=4000$$

2. 设 $x^*=23.3123$,$y^*=23.3122$,且 $|e(x^*)|\leqslant\frac{1}{2}\times10^{-4}$,$|e(y^*)|\leqslant\frac{1}{2}\times10^{-4}$,问差 x^*-y^* 最多有几位有效数字?
3. 设 $x>0$,x 的相对误差为 δ,求 $\ln x$ 的误差。
4. 设 x 的相对误差为 2%,求 x^n 的相对误差。
5. 计算球体积要使相对误差限小于 1%,问度量半径 R 时允许的相对误差限是多少?
6. 设序列 $\{y_n\}$ 满足关系式:$y_n=y_{n-1}-\sqrt{2}$,$n=1,2\cdots$,其中 $y_0=1$,若取 $\sqrt{2}\approx1.4142$,则计算

y_{10}会有多大误差？

7. 对于充分大的 x 值计算 $\sqrt{x+1}-\sqrt{x}$时，用等价公式$\dfrac{1}{\sqrt{x+1}+\sqrt{x}}$来计算，其结果的精确度较高，并以 $\sqrt{201}\approx 14.18$，$\sqrt{200}\approx 14.14$ 按两种公式计算 $\sqrt{201}-\sqrt{200}$，并同精确结果进行比较。

8. 证明若 $y=f(x)=\sqrt{x}$，且 $|e(x^*)|$很小，则相对误差 $e_r(y^*)$可以近似地表示成 $e_r(y^*)=\dfrac{1}{2}e_r(x^*)$。

9. 当 $x(>0)$很大时，如何计算(1)$\arctan(x+1)-\arctan x$；(2)$\ln(x-\sqrt{x^2-1})$；

(3)$\dfrac{\sin x}{x-\sqrt{x^2-1}}$，可使其误差较小？

10. 试计算方程 $x^2+62.10x+1=0$ 的两个根($x_1=-0.0161072\cdots$，$x_2=-62.083893\cdots$)，整个计算过程取四位小数，要求所得的近似根尽可能精确。

11. 化简或改写下列算式，使其减少运算次数：

(1)$(x-1)^5+8(x-1)^4+11(x-1)^3+7(x-1)^2-2(x-1)+3$。

(2)$\dfrac{1}{1\times3}+\dfrac{1}{2\times4}+\dfrac{1}{3\times5}+\dfrac{1}{4\times6}+\dfrac{1}{5\times7}+\cdots+\dfrac{1}{99\times101}$。

第 2 章　线性方程组数值方法

在自然科学和工程技术中很多问题的解决通常要归结为求解线性方程组，例如电学中的网络问题，船体数学放样中建立三次样条函数问题，用最小二乘法求实验数据的曲线拟合问题，非线性方程组求根以及用差分法或有限元法求解偏微分方程等都要用到求解线性方程组，而这些线性方程组的系数矩阵大致分为两种，一种是低阶稠密矩阵（即矩阵阶数低且非零元素较多），另一种是大型稀疏矩阵（即矩阵阶数高且零元素较多）。本章将介绍低阶稠密矩阵所对应的线性方程组的直接解法和大型稀疏矩阵所对应的线性方程组的迭代解法。

直接解法就是不考虑计算过程舍入误差时，经过有限次的运算得到线性方程组精确解的方法。这类算法中最基本的方法是高斯顺序消去法及其某些变形，它是求解低阶稠密矩阵和某些大型带状矩阵所对应的线性方程组的有效方法。

迭代解法就是应用某种极限过程，用线性方程组的近似解逐步逼近精确解的方法。迭代解法具有需要计算机的存储单元较少、程序设计简单、原始系数矩阵在计算过程中始终不变等优点，但存在需要提高收敛性及收敛速度等问题。迭代法是求解大型稀疏矩阵所对应的线性方程组的重要方法。

应当注意的是，这两种方法的使用并没有严格的界限，有时对某一个问题两种方法混合使用。如用直接法求解线性方程组，由于在模型建立过程及求解过程中误差的影响，所得到的解也不精确，因此在某些精度要求较高的问题中，经常把用直接法得到的解再用迭代法进行若干步的迭代，以达到更高精度的要求。

2.1　高斯消去法

高斯（Gauss）消去法包含高斯顺序消去法和高斯主元消去法。高斯顺序消去法是一个古老的求解线性方程组的方法，对这个方法进行改进、变形得到的主元消去法、三角分解法等仍是目前计算机上常用的方法。

2.1.1　高斯顺序消去法

设有线性方程组

$$\begin{cases} a_{11}x_1 + a_{12}x_2 + \cdots + a_{1n}x_n = b_1 \\ a_{21}x_1 + a_{22}x_2 + \cdots + a_{2n}x_n = b_2 \\ \qquad\vdots \\ a_{n1}x_1 + a_{n2}x_2 + \cdots + a_{nn}x_n = b_n \end{cases} \tag{2.1}$$

或写成矩阵形式

$$\begin{bmatrix} a_{11} & a_{12} & \cdots & a_{1n} \\ a_{21} & a_{22} & \cdots & a_{2n} \\ \vdots & \vdots & & \vdots \\ a_{n1} & a_{n2} & \cdots & a_{nn} \end{bmatrix} \begin{bmatrix} x_1 \\ x_2 \\ \vdots \\ x_n \end{bmatrix} = \begin{bmatrix} b_1 \\ b_2 \\ \vdots \\ b_n \end{bmatrix}$$

简记为 $\boldsymbol{Ax}=\boldsymbol{b}$，首先举一个简单的例子来说明高斯顺序消去法的基本思想。

例 2.1 用高斯顺序消去法解线性方程组

$$\begin{cases} x_1 + x_2 + x_3 = 4 \\ 4x_2 - x_3 = 7 \\ 2x_1 - 2x_2 + x_3 = -1 \end{cases}$$

解 第 1 步：将此方程组第一个方程乘以 -2 加到方程组第三个方程上去，消去第三个方程中的未知数 x_1 得到与原方程组等价的方程组

$$\begin{cases} x_1 + x_2 + x_3 = 4 \\ 4x_2 - x_3 = 7 \\ -4x_2 - x_3 = -9 \end{cases}$$

第 2 步：将此方程组第二个方程加到方程组第三个方程上去，消去第三个方程中的未知数 x_2，得到与原方程组等价的三角形方程组

$$\begin{cases} x_1 + x_2 + x_3 = 4 \\ 4x_2 - x_3 = 7 \\ -2x_3 = -2 \end{cases}$$

对此方程组经过回代容易求得其解为 $\boldsymbol{x}^* = (1,2,1)^{\mathrm{T}}$。

上述过程用矩阵表述如下：

$$[\boldsymbol{A} \vdots \boldsymbol{b}] = \left[\begin{array}{ccc:c} 1 & 1 & 1 & 4 \\ 0 & 4 & -1 & 7 \\ 2 & -2 & 1 & -1 \end{array}\right] \to \left[\begin{array}{ccc:c} 1 & 1 & 1 & 4 \\ 0 & 4 & -1 & 7 \\ 0 & -4 & -1 & -9 \end{array}\right] \to \left[\begin{array}{ccc:c} 1 & 1 & 1 & 4 \\ 0 & 4 & -1 & 7 \\ 0 & 0 & -2 & -2 \end{array}\right]$$

由此看出，高斯顺序消去法的基本思想是：对线性方程组(2.1)所对应的增广矩阵$[\boldsymbol{A} \vdots \boldsymbol{b}]$进行一系列“把某一行的非零常数倍加到另一行上去”的初等行变换，使得$[\boldsymbol{A} \vdots \boldsymbol{b}]$中 $\boldsymbol{A}$ 的对角线以下的元素全变为 0，从而使(2.1)等价地转化为容易求解的上三角形线性方程组，通过回代得到上三角形线性方程组的解，即得到线性方程组(2.1)的解。

一般地，线性方程组的高斯顺序消去法过程如下：

为方便叙述，我们记

$$\bar{\boldsymbol{A}}^{(1)} = [\boldsymbol{A}^{(1)} \vdots \boldsymbol{b}^{(1)}] = [\boldsymbol{A} \vdots \boldsymbol{b}] \tag{2.2}$$

即

$$a_{ij}^{(1)} = a_{ij} \qquad (i,j = 1,2,3,\cdots,n)$$

$$b_i^{(1)} = b_i \quad (i = 1,2,3,\cdots,n)$$

1. 消去过程

第1步：设 $a_{11}^{(1)} \neq 0$，令 $l_{i1} = -\frac{a_{i1}^{(1)}}{a_{11}^{(1)}}$，把式(2.2)中第1行的 l_{i1} 倍依次加到式(2.2)中的第 i 行($i=2,3,\cdots,n$)，则式(2.2)中第 $i(i\geqslant 2)$ 行第 j 列($2\leqslant j\leqslant n$)位置处的元素为

$$a_{ij}^{(2)} = a_{ij}^{(1)} + l_{i1}a_{1j}^{(1)} = a_{ij}^{(1)} - \frac{a_{i1}^{(1)}}{a_{11}^{(1)}}a_{1j}^{(1)} \quad (i,j = 2,3,\cdots,n)$$

$$b_i^{(2)} = b_i^{(1)} + l_{i1}b_1^{(1)} = b_i^{(1)} - \frac{a_{i1}^{(1)}}{a_{11}^{(1)}}b_1^{(1)} \quad (i = 2,3,\cdots,n)$$

因此，式(2.2)化为

$$\overline{\boldsymbol{A}}^{(2)} = [\boldsymbol{A}^{(2)} \vdots \boldsymbol{b}^{(2)}] = \left[\begin{array}{cccc:c} a_{11}^{(1)} & a_{12}^{(1)} & \cdots & a_{1n}^{(1)} & b_1^{(1)} \\ 0 & a_{22}^{(2)} & \cdots & a_{2n}^{(2)} & b_2^{(2)} \\ \vdots & \vdots & & \vdots & \vdots \\ 0 & a_{n2}^{(2)} & \cdots & a_{nn}^{(2)} & b_n^{(2)} \end{array}\right] \tag{2.3}$$

第2步：设 $a_{22}^{(2)} \neq 0$，令 $l_{i2} = -\frac{a_{i2}^{(2)}}{a_{22}^{(2)}}$，把式(2.3)中第2行的 l_{i2} 倍依次加到式(2.3)中第 i 行($i=3,4,\cdots,n$)，则式(2.3)中第 $i(i\geqslant 3)$ 行第 j 列($3\leqslant j\leqslant n$)位置处的元素为

$$a_{ij}^{(3)} = a_{ij}^{(2)} + l_{i2}a_{2j}^{(2)} = a_{ij}^{(2)} - \frac{a_{i2}^{(2)}}{a_{22}^{(2)}}a_{2j}^{(2)} \quad (i,j = 3,4,\cdots,n)$$

$$b_i^{(3)} = b_i^{(2)} + l_{i2}b_2^{(2)} = b_i^{(2)} - \frac{a_{i2}^{(2)}}{a_{22}^{(2)}}b_2^{(2)} \quad (i = 3,4,\cdots,n)$$

因此，式(2.3)化为

$$\overline{\boldsymbol{A}}^{(3)} = [\boldsymbol{A}^{(3)} \vdots \boldsymbol{b}^{(3)}] = \left[\begin{array}{ccccc:c} a_{11}^{(1)} & a_{12}^{(1)} & a_{13}^{(1)} & \cdots & a_{1n}^{(1)} & b_1^{(1)} \\ 0 & a_{22}^{(2)} & a_{23}^{(2)} & \cdots & a_{2n}^{(2)} & b_2^{(2)} \\ 0 & 0 & a_{33}^{(3)} & \cdots & a_{3n}^{(3)} & b_3^{(3)} \\ \vdots & \vdots & \vdots & & \vdots & \vdots \\ 0 & 0 & a_{n3}^{(3)} & \cdots & a_{nn}^{(3)} & b_n^{(3)} \end{array}\right] \tag{2.4}$$

依次做下去，直到第 $n-1$ 步，即有

$$\overline{\boldsymbol{A}}^{(n)} = [\boldsymbol{A}^{(n)} \vdots \boldsymbol{b}^{(n)}] = \left[\begin{array}{cccccc:c} a_{11}^{(1)} & a_{12}^{(1)} & a_{13}^{(1)} & \cdots & a_{1,n-1}^{(1)} & a_{1n}^{(1)} & b_1^{(1)} \\ 0 & a_{22}^{(2)} & a_{23}^{(2)} & \cdots & a_{2,n-1}^{(2)} & a_{2n}^{(2)} & b_2^{(2)} \\ 0 & 0 & a_{33}^{(3)} & \cdots & a_{3,n-1}^{(3)} & a_{3n}^{(3)} & b_3^{(3)} \\ \vdots & \vdots & \vdots & & \vdots & \vdots & \vdots \\ 0 & 0 & 0 & \cdots & a_{n-1,n-1}^{(n-1)} & a_{n-1,n}^{(n-1)} & b_{n-1}^{(n-1)} \\ 0 & 0 & 0 & \cdots & 0 & a_{nn}^{(n)} & b_n^{(n)} \end{array}\right] \tag{2.5}$$

至此，$\boldsymbol{A}^{(1)}\boldsymbol{x}=\boldsymbol{b}^{(1)}$ 转化为 $\boldsymbol{A}^{(n)}\boldsymbol{x}=\boldsymbol{b}^{(n)}$。

2. 回代过程

容易看出，线性方程组(2.1)经过上述 $n-1$ 步消去过程以后，变为式(2.5)所对应的上三角形线性方程组。若 $a_{nn}^{(n)} \neq 0$ 以及上述消去过程中假设 $a_{11}^{(1)} \neq 0,\cdots,a_{n-1,n-1}^{(n-1)} \neq 0$，则可得 $x_n, x_{n-1}, \cdots, x_2, x_1$ 为

$$\begin{cases} x_n = \dfrac{b_n^{(n)}}{a_{nn}^{(n)}} \\ x_k = \dfrac{b_k^{(k)} - \sum\limits_{j=k+1}^{n} a_{kj}^{(k)} x_j}{a_{kk}^{(k)}} \end{cases} \quad (k = n-1, n-2, \cdots, 2, 1) \tag{2.6}$$

此即为式(2.1)的解。

注意：在 $\boldsymbol{Ax}=\boldsymbol{b}$ 中，由于 $\boldsymbol{A}\in\boldsymbol{R}^{n\times n}$ 为非奇异矩阵，如果 $a_{11}=0$，则 $\boldsymbol{A}$ 的第 1 列一定有元素不等于 0，比如 $a_{i1}\neq 0$，于是交换第 1 行和第 i 行，将 a_{i1} 调到(1,1)的位置，然后进行消元计算，这时 $\boldsymbol{A}^{(2)}$ 右下角矩阵为 $n-1$ 阶非奇异矩阵，继续此过程，高斯顺序消去法照样可继续进行。总结上述讨论即有：

定理 2.1　设 $\boldsymbol{Ax}=\boldsymbol{b}$，其中 $\boldsymbol{A}\in\boldsymbol{R}^{n\times n}$

①如果 $a_{kk}^{(k)}\neq 0(k=1,2,\cdots,n)$，则可通过高斯顺序消去法将 $\boldsymbol{Ax}=\boldsymbol{b}$ 化为等价的上三角形线性方程组(2.5)，且计算公式为：

(a)消元过程($k=1,2,\cdots,n-1$)：

$$\begin{cases} l_{ik} = -\dfrac{a_{ik}^{(k)}}{a_{kk}^{(k)}} \\ a_{ij}^{(k+1)} = a_{ij}^{(k)} + l_{ik} a_{kj}^{(k)} \\ b_i^{(k+1)} = b_i^{(k)} + l_{ik} b_k^{(k)} \end{cases} \quad (i, j = k+1, \cdots, n)$$

(b)回代计算：

$$\begin{cases} x_n = \dfrac{b_n^{(n)}}{a_{nn}^{(n)}} \\ x_k = \dfrac{b_k^{(k)} - \sum\limits_{j=k+1}^{n} a_{kj}^{(k)} x_j}{a_{kk}^{(k)}} \end{cases} \quad (k = n-1, n-2, \cdots, 2, 1)$$

②如果 $\boldsymbol{A}$ 的各阶顺序主子式 $d_i\neq 0(i=1,2,\cdots,n)$，即

$$d_1 = a_{11}^{(1)} \neq 0, \quad d_i = \begin{vmatrix} a_{11} & \cdots & a_{1i} \\ \vdots & & \vdots \\ a_{i1} & \cdots & a_{ii} \end{vmatrix} \neq 0, \quad (i = 2, \cdots, n) \tag{2.7}$$

则可通过高斯顺序消去法将方程组 $\boldsymbol{Ax}=\boldsymbol{b}$ 约化为式(2.5)对应的方程组。

③如果 $\boldsymbol{A}$ 为非奇异矩阵，则可通过高斯消去法(即交换两行的初等变换)将方程组 $\boldsymbol{Ax}=\boldsymbol{b}$约化为式(2.5)对应的方程组。

下面计算高斯顺序消去法中乘除法运算次数。

1. 消去过程中的乘除法运算次数

在第 k 步的消去过程中，对矩阵 $\boldsymbol{A}^{(k)}$ 的元素作$(n-k)$次除法运算和$(n-k)^2$ 次乘法运算，对 $\boldsymbol{b}^{(k)}$ 作$(n-k)$次乘法运算，于是消去过程中总的乘除法运算次数为：

$$\sum_{k=1}^{n-1}(n-k) + \sum_{k=1}^{n-1}(n-k)^2 + \sum_{k=1}^{n-1}(n-k) = \frac{n^3}{3} + \frac{n^2}{2} - \frac{5n}{6}$$

2. 回代过程中的乘除法运算次数

计算 x_k需作$(n-k+1)$次乘法运算和一次除法运算，于是回代过程中的乘除法运算次

数为：

$$\sum_{k=1}^{n}(n-k+1)=\sum_{k=1}^{n}k=\frac{1}{2}n(n+1)$$

因此，用高斯顺序消去法计算线性方程组(2.1)解的乘除法运算次数为

$$\frac{n^3}{3}+\frac{n^2}{2}-\frac{5n}{6}+\frac{1}{2}n(n+1)=\frac{n^3}{3}+n^2-\frac{n}{3}$$

在浮点机上完成一次乘除运算比完成一次加减运算所耗的时间要多得多，故当一个算法中的加减运算次数与乘除运算次数相差不多时，仅考虑乘除法运算次数就可以体现该算法的计算量了。

如果在消去的过程中考虑进行行交换，那么求线性方程组(2.1)的解所进行的乘除法运算量不超过

$$\frac{n^3}{3}+n^2-\frac{n}{3}+n(n-1)=\frac{n^3}{3}+2n^2-\frac{4}{3}n$$

对于一个含有 20 个未知量的线性方程组，用高斯消去法求解，总的乘除法运算量不超过 3440 次。用每秒 1 亿次运算速度的计算机来完成就是一瞬间的事情，而如果采用线性代数课程中学过的克莱姆法则求解，则其乘除法的运算量大约为 9.7×10^{20}，也就是说，即使用每秒 1 亿次运算速度的计算机计算，也需要 30 多万年，因此算法的好坏对计算能力的提高至关重要。

例 2.2　采用四位有效数字，求线性方程组的解

$$\begin{bmatrix}0.003000 & 59.14\\ 5.291 & -6.130\end{bmatrix}\begin{bmatrix}x_1\\ x_2\end{bmatrix}=\begin{bmatrix}59.17\\ 46.78\end{bmatrix}$$

解　方法 1　不进行行交换的高斯消去法。

令

$$l_{21}=-\frac{5.291}{0.003000}=-1763.66\approx-1764$$

$$\bar{\boldsymbol{A}}^{(1)}=\left[\begin{array}{cc:c}0.00300 & 59.14 & 59.17\\ 5.291 & -6.130 & 46.78\end{array}\right]$$

把 $\bar{\boldsymbol{A}}^{(1)}$ 的第一行乘以 -1764 加到第 2 行有

$$\bar{\boldsymbol{A}}^{(2)}=\left[\begin{array}{cc:c}0.00300 & 59.14 & 59.17\\ 0 & -104300 & -104400\end{array}\right]$$

回代可得 $x_2=1.001$，$x_1=-10.00$。

方法 2　进行行交换的高斯消去法。

交换增广矩阵第 1，2 行，有

$$\bar{\boldsymbol{A}}^{(1)}=\left[\begin{array}{cc:c}5.291 & -6.130 & 46.78\\ 0.00300 & 59.14 & 59.17\end{array}\right]$$

$$l_{21}=-\frac{0.003000}{5.291}=-0.0005670$$

把 $\bar{\boldsymbol{A}}^{(1)}$ 的第一行乘以 -0.0005670 加到第 2 行有

$$\bar{\boldsymbol{A}}^{(2)}=\left[\begin{array}{cc:c}5.291 & -6.130 & 46.78\\ 0 & 59.14 & 59.14\end{array}\right]$$

回代可得 $x_2=1.000, x_1=10.00$。

从原线性方程组可以得到精确解为 $x_1=10.00, x_2=1.000$，即为方法2所求得的解，那么方法1求出的解为何会有如此大的误差呢？这主要是因为在计算 x_2 时，产生的小误差0.001，导致了在求解 x_1 时产生了更大的误差，即误差扩大了20000倍。

从以上例子可以看出，高斯顺序消去法是有缺陷的，它并没有考虑同列对角线以下元素绝对值的大小关系，有时会导致用绝对值较小的数字做分母而出现较大的数字与较小数字进行相加减运算而被"吞掉"的现象，以至于产生于某一未知元较小的误差进而引起其他元更大的误差，为了改变这一缺陷，实际应用时较多采用下面的高斯列选主元消去法。

2.1.2 高斯主元消去法

根据主元选取范围不同，主元消去法又分为列主元消去法和全主元消去法。

1. 列主元消去法

设线性方程组(2.1)的增广矩阵为

$$\bar{\boldsymbol{A}}^{(1)}=[\boldsymbol{A}^{(1)} \vdots \boldsymbol{b}^{(1)}]=[\boldsymbol{A} \vdots \boldsymbol{b}]=\begin{bmatrix} a_{11}^{(1)} & a_{12}^{(1)} & \cdots & a_{1n}^{(1)} & \vdots & b_1^{(1)} \\ a_{21}^{(1)} & a_{22}^{(1)} & \cdots & a_{2n}^{(1)} & \vdots & b_2^{(1)} \\ \vdots & \vdots & \vdots & & & \vdots \\ a_{n1}^{(1)} & a_{n2}^{(1)} & \cdots & a_{nn}^{(1)} & \vdots & b_n^{(1)} \end{bmatrix}$$

首先在 $\bar{\boldsymbol{A}}^{(1)}$ 的第一列中选取绝对值最大的元素 $a_{i1}^{(1)}$ 作为第一列的主元，即

$$|a_{i1}^{(1)}|=\max_{1\leqslant s\leqslant n}|a_{s1}^{(1)}|\neq 0$$

然后交换 $\bar{\boldsymbol{A}}^{(1)}$ 中的第1行与第 i 行，再经一次消元计算得

$$\bar{\boldsymbol{A}}^{(1)}=[\boldsymbol{A}^{(1)} \vdots \boldsymbol{b}^{(1)}]\rightarrow\bar{\boldsymbol{A}}^{(2)}=[\boldsymbol{A}^{(2)} \vdots \boldsymbol{b}^{(2)}]$$

此消去过程与高斯顺序消去法完全相同。

重复上述过程，设已完成第 $k-1$ 步的选主元素，交换两行及消元过程后 $(\boldsymbol{A} \vdots \boldsymbol{b})$ 已约化为

$$\bar{\boldsymbol{A}}^{(k)}=(\boldsymbol{A}^{(k)} \vdots \boldsymbol{b}^{(k)})=\begin{bmatrix} a_{11}^{(1)} & a_{12}^{(1)} & \cdots & a_{1k}^{(1)} & \cdots & a_{1n}^{(1)} & \vdots & b_1^{(1)} \\ 0 & a_{22}^{(2)} & \cdots & a_{2k}^{(2)} & \cdots & a_{2n}^{(2)} & \vdots & b_2^{(2)} \\ 0 & 0 & & \vdots & & \vdots & & \vdots \\ 0 & 0 & \cdots & a_{kk}^{(k)} & \cdots & a_{kn}^{(k)} & \vdots & b_k^{(k)} \\ \vdots & \vdots & & \vdots & & \vdots & & \vdots \\ 0 & 0 & \cdots & a_{nk}^{(k)} & \cdots & a_{nn}^{(k)} & \vdots & b_n^{(k)} \end{bmatrix}$$

第 k 步选主元素，在 $\bar{\boldsymbol{A}}^{(k)}$ 右下角方阵第 k 列的第 k 行到第 n 行内选取绝对值最大的元素 $a_{ik}^{(k)}$ 作为这一列的主元，即

$$|a_{ik}^{(k)}|=\max_{k\leqslant s\leqslant n}|a_{sk}^{(k)}|\neq 0$$

然后交换 $\bar{\boldsymbol{A}}^{(k)}$ 的第 i 行与第 k 行 $(i\geqslant k)$，再进行消元计算。如此重复上述过程，直到最后将原线性方程组化为

$$\begin{bmatrix} a_{11}^{(1)} & a_{12}^{(1)} & \cdots & a_{1n}^{(1)} \\ & a_{22}^{(2)} & \cdots & a_{2n}^{(2)} \\ & & \ddots & \vdots \\ & & & a_{nn}^{(n)} \end{bmatrix}\begin{bmatrix} x_1 \\ x_2 \\ \vdots \\ x_n \end{bmatrix}=\begin{bmatrix} b_1^{(1)} \\ b_2^{(2)} \\ \vdots \\ b_n^{(n)} \end{bmatrix}$$

回代求解

$$\begin{cases} x_n = \dfrac{b_n^{(n)}}{a_{nn}^{(n)}} \\ x_k = \dfrac{b_k^{(k)} - \sum\limits_{i=k+1}^{n} a_{ki}^{(k)} x_i}{a_{kk}^{(k)}} \quad (k = n-1, \cdots, 2, 1) \end{cases}$$

从上面分析可以看出，列主元消去法除了每步需要按列选出主元，然后进行对换外，其消去过程与高斯顺序消去法是相同的。

2. 全主元消去法

对于一般的矩阵来说，如果每一步都在要处理的矩阵(或消元后的低阶矩阵)中选取绝对值最大的元素作为主元，从而使高斯消去法具有更好的数值稳定性，这就是全主元消去法。虽然全主元消去法的求解结果更加可靠，但由于全选主元每步耗时更多，不仅要进行行交换，还要进行列交换，未知量 $x_1, x_2, \cdots, x_n$ 的次序就会被打乱，因此，实际应用中一般使用列主元消去法。

思考问题：对于线性矩阵方程 $\boldsymbol{AX}=\boldsymbol{B}$(其中 $\boldsymbol{A}$ 是 $n\times n$ 矩阵，$\boldsymbol{X}$ 是 $n\times m$ 矩阵，$\boldsymbol{B}$ 是 $n\times m$ 矩阵)，假设其存在唯一解，是否也有类似于线性方程组的高斯顺序消去法和高斯主元消去法？

2.2 矩阵的三角分解

由线性代数知道，对矩阵进行一次初等变换，就相当于用相应的初等矩阵去左乘或右乘原来的矩阵。因此，我们把上述求解线性方程组的高斯消去法用矩阵乘法表示出来，即可得到求解线性方程组的直接方法另一种表示——矩阵的三角分解。

设式(2.1)的系数矩阵 $\boldsymbol{A}\in\boldsymbol{R}^{n\times n}$ 的各阶顺序主子式均不为零。由于对 $\boldsymbol{A}$ 施行初等行变换相当于用相应的初等矩阵左乘矩阵 $\boldsymbol{A}$，因此对式(2.1)施行第一次消元后，$\overline{\boldsymbol{A}}^{(1)}$ 化为$\overline{\boldsymbol{A}}^{(2)}$，其中$\boldsymbol{A}^{(1)}$ 化为$\boldsymbol{A}^{(2)}$，$\boldsymbol{b}^{(1)}$ 化为 $\boldsymbol{b}^{(2)}$，即

$$\boldsymbol{L}_1 \boldsymbol{A}^{(1)} = \boldsymbol{A}^{(2)} \qquad \boldsymbol{L}_1 \boldsymbol{b}^{(1)} = \boldsymbol{b}^{(2)}$$

其中

$$\boldsymbol{L}_1 = \begin{bmatrix} 1 & & & & \\ l_{21} & 1 & & & \\ l_{31} & & 1 & & \\ \vdots & & & \ddots & \\ l_{n1} & & & & 1 \end{bmatrix} \qquad l_{i1} = -\frac{a_{i1}^{(1)}}{a_{11}^{(1)}} \qquad (i = 2, 3, \cdots, n)$$

一般第 k 步消元后，$\overline{\boldsymbol{A}}^{(k)}$ 化为$\overline{\boldsymbol{A}}^{(k+1)}$，其中$\boldsymbol{A}^{(k)}$ 化为$\boldsymbol{A}^{(k+1)}$，$\boldsymbol{b}^{(k)}$ 化为 $\boldsymbol{b}^{(k+1)}$，相当于

$$\boldsymbol{L}_k \boldsymbol{A}^{(k)} = \boldsymbol{A}^{(k+1)} \qquad \boldsymbol{L}_k \boldsymbol{b}^{(k)} = \boldsymbol{b}^{(k+1)}$$

其中

$$
\boldsymbol{L}_k=\begin{bmatrix}1 & & & & \\ & \ddots & & & \\ & & 1 & & \\ & & l_{k+1,k} & 1 & \\ & & \vdots & & \ddots \\ & & l_{nk} & \cdots & & 1\end{bmatrix} \qquad l_{ik}=-\frac{a_{ik}^{(k)}}{a_{kk}^{(k)}} \qquad (i=k+1,\cdots,n)
$$

重复这个过程,最后得到

$$
\begin{cases}\boldsymbol{L}_{n-1}\cdots\boldsymbol{L}_2\boldsymbol{L}_1\boldsymbol{A}^{(1)}=\boldsymbol{A}^{(n)}\\ \boldsymbol{L}_{n-1}\cdots\boldsymbol{L}_2\boldsymbol{L}_1\boldsymbol{b}^{(1)}=\boldsymbol{b}^{(n)}\end{cases} \tag{2.8}
$$

其中

$$
\overline{\boldsymbol{A}}^{(n)}=[\boldsymbol{A}^{(n)} \vdots \boldsymbol{b}^{(n)}]=\left[\begin{array}{cccccc:c} a_{11}^{(1)} & a_{12}^{(1)} & \cdots & a_{1,n-1}^{(1)} & a_{1,n}^{(1)} & b_1^{(1)} \\ 0 & a_{22}^{(2)} & \cdots & a_{2,n-1}^{(2)} & a_{2,n}^{(2)} & b_2^{(2)} \\ \vdots & \vdots & & \vdots & \vdots & \\ 0 & 0 & \cdots & a_{n-1,n-1}^{(n-1)} & a_{n-1,n}^{(n-1)} & b_{n-1}^{(n-1)} \\ 0 & 0 & \cdots & 0 & a_{nn}^{(n)} & b_n^{(n)}\end{array}\right]
$$

将上三角矩阵$\boldsymbol{A}^{(n)}$记为$\boldsymbol{U}$,由式(2.8)可得

$$
\boldsymbol{A}=\boldsymbol{A}^{(1)}=\boldsymbol{L}_1^{-1}\boldsymbol{L}_2^{-1}\cdots\boldsymbol{L}_{n-1}^{-1}\boldsymbol{U}=\boldsymbol{L}\boldsymbol{U}
$$

其中

$$
\boldsymbol{L}=\boldsymbol{L}_1^{-1}\boldsymbol{L}_2^{-1}\cdots\boldsymbol{L}_{n-1}^{-1}=\begin{bmatrix}1 & & & & \\ -l_{21} & 1 & & & \\ -l_{31} & -l_{32} & 1 & & \\ \vdots & \vdots & \vdots & \ddots & \\ -l_{n1} & -l_{n2} & -l_{n3} & \cdots & 1\end{bmatrix}
$$

为单位下三角矩阵。

由以上讨论可知,高斯顺序消去法实质上产生了一个将$\boldsymbol{A}$分解为两个三角矩阵相乘的因式分解。为明确起见,对矩阵的三角分解有如下定义:

定义 2.1 设$\boldsymbol{A}$为$n(n\geqslant 2)$阶方阵,称$\boldsymbol{A}=\boldsymbol{L}\boldsymbol{U}$为矩阵$\boldsymbol{A}$的三角分解,其中$\boldsymbol{L}$是下三角矩阵,$\boldsymbol{U}$是上三角矩阵。

应该注意的是,矩阵$\boldsymbol{A}=\boldsymbol{L}\boldsymbol{U}$的三角分解是不唯一的,如

$$
\boldsymbol{A}=\boldsymbol{L}\boldsymbol{U}=\boldsymbol{L}\boldsymbol{D}\boldsymbol{D}^{-1}\boldsymbol{U}=(\boldsymbol{L}\boldsymbol{D})(\boldsymbol{D}^{-1}\boldsymbol{U})=\boldsymbol{L}_1\boldsymbol{U}_1
$$

其中$\boldsymbol{L}_1=\boldsymbol{L}\boldsymbol{D},\boldsymbol{U}_1=\boldsymbol{D}^{-1}\boldsymbol{U}$。对角矩阵$\boldsymbol{D}$为可逆的非单位矩阵,显然$\boldsymbol{L}_1\neq\boldsymbol{L},\boldsymbol{U}_1\neq\boldsymbol{U}$。下面给出三角分解式存在唯一的定义。

定义 2.2 若$\boldsymbol{L}$是单位下三角矩阵,$\boldsymbol{U}$是上三角矩阵,则三角分解$\boldsymbol{A}=\boldsymbol{L}\boldsymbol{U}$称为杜利脱尔(Doolittle)分解;若$\boldsymbol{L}$是下三角矩阵,$\boldsymbol{U}$是单位上三角矩阵,则称$\boldsymbol{A}=\boldsymbol{L}\boldsymbol{U}$为克罗脱(Crout)分解。

对矩阵$\boldsymbol{A}$的三角分解的唯一性,我们有如下定理:

定理 2.2 如果非奇异矩阵$\boldsymbol{A}$满足下列三个条件之一:

①$\boldsymbol{A}$的各阶顺序主子式$\det(\boldsymbol{A}_k)\neq 0(k=1,2,\cdots,n)$,

② $\begin{cases} |a_{11}| > \sum\limits_{j=2}^{n} |a_{1j}| \\ |a_{ii}| \geqslant \sum\limits_{\substack{j=1 \\ j\neq i}}^{n} |a_{ij}| \quad (i=2,3,\cdots,n) \end{cases}$

③$\boldsymbol{A}$ 为对称正定矩阵

则矩阵 $\boldsymbol{A}$ 有唯一的杜利脱尔分解 $\boldsymbol{A}=\boldsymbol{LU}$ 和唯一的克罗脱分解 $\boldsymbol{A}=\overline{\boldsymbol{LU}}$。

证明　仅给出条件①下杜利脱尔分解唯一性的证明，其余情形同学们可练习证明。

根据以上高斯消去法的矩阵分析，当 $\det(\boldsymbol{A}_k)\neq 0(k=1,2,\cdots,n)$ 时，杜利脱尔分解过程可以进行到底，即 $\boldsymbol{A}=\boldsymbol{LU}$ 的存在性已证。以下证明分解的唯一性。

设 $\boldsymbol{A}$ 为非奇异矩阵，且

$$\boldsymbol{A}=\boldsymbol{LU}=\boldsymbol{L}_1\boldsymbol{U}_1$$

其中 $\boldsymbol{L}$、$\boldsymbol{L}_1$ 为单位下三角矩阵，$\boldsymbol{U}$、$\boldsymbol{U}_1$ 为上三角矩阵。由于 $\boldsymbol{U}_1^{-1}$ 存在，因此

$$\boldsymbol{L}^{-1}\boldsymbol{L}_1=\boldsymbol{U}\boldsymbol{U}_1^{-1}$$

容易证明上（下）三角矩阵的逆矩阵仍然为上（下）三角矩阵，因而上式右边为上三角矩阵，左边为单位下三角矩阵，故上式要成立，两边都必须等于单位矩阵，从而 $\boldsymbol{U}=\boldsymbol{U}_1$，$\boldsymbol{L}=\boldsymbol{L}_1$，证毕。

2.2.1　直接三角分解法

将高斯消去法改写为紧凑形式，可以直接从矩阵 $\boldsymbol{A}$ 的元素得到计算 $\boldsymbol{L}$、$\boldsymbol{U}$ 元素的递推公式，而不需要任何中间步骤，这就是所谓的直接三角分解法。一旦实现了矩阵 $\boldsymbol{A}$ 的 $\boldsymbol{LU}$ 分解，那么求解线性方程组 $\boldsymbol{Ax}=\boldsymbol{b}$ 的问题就等价于求解两个三角方程组

$$\boldsymbol{Ly}=\boldsymbol{b}\qquad \text{求出 } \boldsymbol{y}$$

$$\boldsymbol{Ux}=\boldsymbol{y}\qquad \text{求出 } \boldsymbol{x}$$

的问题，而这两个线性方程组只要回代，就可以求出其解。

1. 不选主元的三角分解法

设 $\boldsymbol{A}$ 为非奇异矩阵，且有分解式 $\boldsymbol{A}=\boldsymbol{LU}$，其中 $\boldsymbol{L}$ 为单位下三角矩阵，$\boldsymbol{U}$ 为上三角矩阵，即

$$\boldsymbol{A}=\begin{bmatrix} 1 & & & \\ l_{21} & 1 & & \\ \vdots & \vdots & \ddots & \\ l_{n1} & l_{n2} & \cdots & 1 \end{bmatrix}\begin{bmatrix} u_{11} & u_{12} & \cdots & u_{1n} \\ & u_{22} & \cdots & u_{2n} \\ & & \ddots & \vdots \\ & & & u_{nn} \end{bmatrix} \tag{2.9}$$

第1步　用 $\boldsymbol{L}$ 的第1行分别乘 $\boldsymbol{U}$ 的第 $j(j=1,2,\cdots,n)$ 列，比较两边可得

$$u_{1j}=a_{1j}\qquad (j=1,2,\cdots,n)$$

分别用 $\boldsymbol{L}$ 的第 $i(i=2,3,\cdots,n)$ 行乘 $\boldsymbol{U}$ 的第1列，比较两边可得

$$a_{i1}=l_{i1}u_{11}\qquad (i=2,3,\cdots,n)$$

即得

$$l_{i1}=\frac{a_{i1}}{u_{11}}\qquad (i=2,3,\cdots,n)$$

这样第1步求出了 $\boldsymbol{L}$ 的第1列和 $\boldsymbol{U}$ 的第1行的所有元素。

第2步　用 $\boldsymbol{L}$ 的第2行分别乘 $\boldsymbol{U}$ 的第 $j(j=2,3,\cdots,n)$ 列，比较两边可得

$$a_{2j}=l_{21}u_{1j}+u_{2j}\quad(j=2,3,\cdots,n)$$

即得

$$u_{2j}=a_{2j}-l_{21}u_{1j}\quad(j=2,3,\cdots,n)$$

分别用 $\boldsymbol{L}$ 的第 $i(i=3,4,\cdots,n)$ 行乘 $\boldsymbol{U}$ 的第 2 列，比较两边可得

$$a_{i2}=l_{i1}u_{12}+l_{i2}u_{22}$$

即得

$$l_{i2}=\frac{a_{i2}-l_{i1}u_{12}}{u_{22}}\quad(i=3,4,\cdots,n)$$

这样第 2 步就求出了 $\boldsymbol{L}$ 的第 2 列和 $\boldsymbol{U}$ 的第 2 行的所有元素。

依次进行下去，一直到第 $k-1$ 步，即已求出 $\boldsymbol{L}$ 的前 $k-1$ 列和 $\boldsymbol{U}$ 的前 $k-1$ 行所有元素，那么：

第 k 步　用 $\boldsymbol{L}$ 的第 k 行分别乘 $\boldsymbol{U}$ 的第 $j(j=k,k+1,\cdots,n)$ 列，比较两边可得

$$a_{kj}=l_{k1}u_{1j}+\cdots+l_{k,k-1}u_{k-1,j}+u_{kj}\quad(j=k,k+1,\cdots,n)$$

即得

$$u_{kj}=a_{kj}-(l_{k1}u_{1j}+\cdots+l_{k,k-1}u_{k-1,j})\quad(j=k,k+1,\cdots,n)$$

分别用 $\boldsymbol{L}$ 的第 $i(i=k+1,\cdots,n)$ 行乘 $\boldsymbol{U}$ 的第 k 列，比较两边可得

$$a_{ik}=l_{i1}u_{1k}+\cdots+l_{i,k-1}u_{k-1,k}+l_{ik}u_{kk}\quad(i=k+1,\cdots,n)$$

即得

$$l_{ik}=(a_{ik}-l_{i1}u_{1k}-\cdots-l_{i,k-1}u_{k-1,k})/u_{kk}\quad(i=k+1,\cdots,n)$$

总结上述讨论，得到用直接三角分解法求解 $\boldsymbol{Ax}=\boldsymbol{b}$(要求 $\boldsymbol{A}$ 的所有顺序主子式都不为零)的计算公式：

①$u_{1j}=a_{1j}\quad(j=1,2,\cdots,n)\qquad l_{i1}=a_{i1}/u_{11}\quad(i=2,3,\cdots,n)$

② $u_{kj}=a_{kj}-\sum\limits_{m=1}^{k-1}l_{km}u_{mj}\quad(j=k,k+1,\cdots,n)$

③ $l_{ik}=(a_{ik}-\sum\limits_{m=1}^{k-1}l_{im}u_{mk})/u_{kk}\quad(i=k+1,k+2,\cdots,n)$

求解 $\boldsymbol{Ly}=\boldsymbol{b},\boldsymbol{Ux}=\boldsymbol{y}$ 的计算公式：

④ $\begin{cases}y_1=b_1\\ y_k=b_k-\sum\limits_{j=1}^{k-1}l_{kj}y_j\end{cases}\quad(k=2,3,\cdots,n)$

⑤ $\begin{cases}x_n=y_n/u_{nn}\\ x_k=\dfrac{y_k-\sum\limits_{j=k+1}^{n}u_{kj}x_j}{u_{kk}}\end{cases}\quad(k=n-1,n-2,\cdots,2,1)$

例 2.3　用杜利脱尔分解法求线性方程组的解

$$\begin{bmatrix}1&2&3\\1&3&5\\1&3&6\end{bmatrix}\begin{bmatrix}x_1\\x_2\\x_3\end{bmatrix}=\begin{bmatrix}2\\3\\4\end{bmatrix}$$

解　设

$$\begin{bmatrix}1 & 2 & 3\\1 & 3 & 5\\1 & 3 & 6\end{bmatrix}=\begin{bmatrix}1 & 0 & 0\\l_{21} & 1 & 0\\l_{31} & l_{32} & 1\end{bmatrix}\begin{bmatrix}u_{11} & u_{12} & u_{13}\\0 & u_{22} & u_{23}\\0 & 0 & u_{33}\end{bmatrix}$$

第 1 步： $u_{11}=1$　　$u_{12}=2$　　$u_{13}=3$

$l_{31}=1$　　$l_{31}=1$

第 2 步： $u_{22}=1$　　$u_{23}=2$

$l_{32}=1$

第 3 步： $u_{33}=1$

于是有

$$\boldsymbol{L}=\begin{bmatrix}1 & 0 & 0\\1 & 1 & 0\\1 & 1 & 1\end{bmatrix}\qquad \boldsymbol{U}=\begin{bmatrix}1 & 2 & 3\\0 & 1 & 2\\0 & 0 & 1\end{bmatrix}$$

由 $\boldsymbol{Ly}=\boldsymbol{b}$,得 $\boldsymbol{y}=(2,1,1)^{\mathrm{T}}$,由 $\boldsymbol{Ux}=\boldsymbol{y}$,得 $\boldsymbol{x}=(1,-1,1)^{\mathrm{T}}$,用直接三角分解法大约需要$\frac{n^3}{3}$次乘除法运算,和高斯顺序消去法计算量基本相同。

2. 选主元的三角分解法

从直接三角分解公式可以看出当 $u_{kk}=0$ 时,或者当 u_{kk} 绝对值很小时,按分解公式计算可能进行不下去或者由于小分母可能会引起舍入误差的积累,但如果 $\boldsymbol{A}$ 为非奇异矩阵,我们可通过对 $\boldsymbol{A}$ 进行行交换后再进行分解的方法实现 $\boldsymbol{LU}$ 分解,也就是说可采用与列主元消去法类似的方法,将直接三角分解法修改为(部分)选主元的三角分解法。

定理 2.3 对非奇异矩阵 $\boldsymbol{A}$,存在 n 阶置换矩阵 $\boldsymbol{P}=\prod_{k=1}^{n-1}\boldsymbol{P}_{ki_k}(i_k\geqslant k)$,使得 $\boldsymbol{PA}$ 有杜利脱尔分解,即 $\boldsymbol{PA}=\boldsymbol{LU}$。

证明 由于 $\boldsymbol{A}$ 为非奇异矩阵,故有

$$\boldsymbol{L}_{n-1}\boldsymbol{P}_{n-1}\cdots\boldsymbol{L}_2\boldsymbol{P}_2\boldsymbol{L}_1\boldsymbol{P}_1\boldsymbol{A}=\boldsymbol{U}$$

成立,此式等价于用带行交换的高斯消元法将 $\boldsymbol{A}$ 化为上三角矩阵。其中$\boldsymbol{L}_k$ 为单位下三角矩阵;$\boldsymbol{P}_k$ 为初等置换矩阵,即把单位矩阵的第 k 行与它下面的某一行进行交换后所得的矩阵,且$\boldsymbol{P}_k\boldsymbol{P}_k=\boldsymbol{I}$;$\boldsymbol{U}$ 为上三角矩阵,从而有

$$\begin{aligned}\boldsymbol{L}_{n-1}\boldsymbol{P}_{n-1}\cdots\boldsymbol{L}_2\boldsymbol{P}_2\boldsymbol{L}_1\boldsymbol{P}_1&=\boldsymbol{L}_{n-1}(\boldsymbol{P}_{n-1}\boldsymbol{L}_{n-2}\boldsymbol{P}_{n-1})(\boldsymbol{P}_{n-1}\boldsymbol{P}_{n-2}\boldsymbol{L}_{n-3}\boldsymbol{P}_{n-2}\boldsymbol{P}_{n-1})\cdots(\boldsymbol{P}_{n-1}\cdots\boldsymbol{P}_3\boldsymbol{L}_2\boldsymbol{P}_3\cdots\boldsymbol{P}_{n-1})\\&\quad\times(\boldsymbol{P}_{n-1}\boldsymbol{P}_{n-2}\cdots\boldsymbol{P}_3\boldsymbol{P}_2\boldsymbol{L}_1\boldsymbol{P}_2\boldsymbol{P}_3\cdots\boldsymbol{P}_{n-2}\boldsymbol{P}_{n-1})(\boldsymbol{P}_{n-1}\boldsymbol{P}_{n-2}\cdots\boldsymbol{P}_3\boldsymbol{P}_2\boldsymbol{P}_1)\\&=\bar{\boldsymbol{L}}_{n-1}\bar{\boldsymbol{L}}_{n-2}\bar{\boldsymbol{L}}_{n-3}\cdots\bar{\boldsymbol{L}}_2\bar{\boldsymbol{L}}_1\boldsymbol{P}\end{aligned}$$

其中

$$\bar{\boldsymbol{L}}_{n-1}=\boldsymbol{L}_{n-1},\bar{\boldsymbol{L}}_{n-2}=\boldsymbol{P}_{n-1}\boldsymbol{L}_{n-2}\boldsymbol{P}_{n-1},\bar{\boldsymbol{L}}_{n-3}=\boldsymbol{P}_{n-1}\boldsymbol{P}_{n-2}\boldsymbol{L}_{n-3}\boldsymbol{P}_{n-2}\boldsymbol{P}_{n-1},\cdots$$

$$\bar{\boldsymbol{L}}_2=\boldsymbol{P}_{n-1}\cdots\boldsymbol{P}_3\boldsymbol{L}_2\boldsymbol{P}_3\cdots\boldsymbol{P}_{n-1},\bar{\boldsymbol{L}}_1=\boldsymbol{P}_{n-1}\boldsymbol{P}_{n-2}\cdots\boldsymbol{P}_3\boldsymbol{P}_2\boldsymbol{L}_1\boldsymbol{P}_2\boldsymbol{P}_3\cdots\boldsymbol{P}_{n-2}\boldsymbol{P}_{n-1}$$

$$\boldsymbol{P}=\boldsymbol{P}_{n-1}\boldsymbol{P}_{n-2}\cdots\boldsymbol{P}_3\boldsymbol{P}_2\boldsymbol{P}_1$$

容易验证 $\boldsymbol{L}=\bar{\boldsymbol{L}}_1^{-1}\bar{\boldsymbol{L}}_2^{-1}\cdots\bar{\boldsymbol{L}}_{n-1}^{-1}$为单位下三角矩阵,因此

$$\boldsymbol{PA}=\bar{\boldsymbol{L}}_1^{-1}\bar{\boldsymbol{L}}_2^{-1}\cdots\bar{\boldsymbol{L}}_{n-1}^{-1}\boldsymbol{U}=\boldsymbol{LU}$$

例 2.4 用带行交换的杜利脱尔分解求线性方程组的解。

$$\begin{bmatrix}1&1&0\\1&1&1\\1&2&1\end{bmatrix}\begin{bmatrix}x_1\\x_2\\x_3\end{bmatrix}=\begin{bmatrix}5\\9\\12\end{bmatrix}$$

解

$$\boldsymbol{A}=\begin{bmatrix}1&1&0\\1&1&1\\1&2&1\end{bmatrix}\quad \boldsymbol{P}_1=\begin{bmatrix}1&0&0\\0&1&0\\0&0&1\end{bmatrix}\quad \boldsymbol{L}_1=\begin{bmatrix}1&0&0\\-1&1&0\\-1&0&1\end{bmatrix}$$

于是

$$\boldsymbol{L}_1\boldsymbol{P}_1\boldsymbol{A}=\begin{bmatrix}1&0&0\\0&0&1\\0&1&1\end{bmatrix}=\boldsymbol{A}^{(2)}\quad \boldsymbol{P}_2=\begin{bmatrix}1&0&0\\0&0&1\\0&1&0\end{bmatrix}\quad \boldsymbol{L}_2=\begin{bmatrix}1&0&0\\0&1&0\\0&0&1\end{bmatrix}$$

于是

$$\boldsymbol{L}_2\boldsymbol{P}_2\boldsymbol{A}^{(2)}=\begin{bmatrix}1&1&0\\0&1&1\\0&0&1\end{bmatrix}=\boldsymbol{A}^{(3)}=\boldsymbol{U}$$

即

$$\boldsymbol{L}_2\boldsymbol{P}_2\boldsymbol{L}_1\boldsymbol{P}_1\boldsymbol{A}=\boldsymbol{L}_2\boldsymbol{P}_2\boldsymbol{L}_1\boldsymbol{P}_2\boldsymbol{P}_2\boldsymbol{P}_1\boldsymbol{A}=\boldsymbol{L}_2(\boldsymbol{P}_2\boldsymbol{L}_1\boldsymbol{P}_2)(\boldsymbol{P}_2\boldsymbol{P}_1)\boldsymbol{A}=\boldsymbol{U}$$

令 $\boldsymbol{P}=\boldsymbol{P}_2\boldsymbol{P}_1$，$\boldsymbol{L}^{-1}=\boldsymbol{L}_2(\boldsymbol{P}_2\boldsymbol{L}_1\boldsymbol{P}_2)$，则

$$\boldsymbol{L}=\boldsymbol{P}_2\boldsymbol{L}_1^{-1}\boldsymbol{P}_2\boldsymbol{L}_2^{-1}=\begin{bmatrix}1&0&0\\1&1&0\\1&0&1\end{bmatrix}$$

这样我们得到 $\boldsymbol{A}$ 的杜利脱尔分解为 $\boldsymbol{PA}=\boldsymbol{LU}$。因此，由 $\boldsymbol{Ax}=\boldsymbol{b}$ 有 $\boldsymbol{PAx}=\boldsymbol{Pb}$ 即 $\boldsymbol{LUx}=\boldsymbol{Pb}$，故

$$\begin{cases}\boldsymbol{Ly}=\boldsymbol{Ub}\\\boldsymbol{Ux}=\boldsymbol{y}\end{cases}$$

回代计算可得 $\boldsymbol{y}=(5,7,4)^{\mathrm{T}}$，$\boldsymbol{x}=(2,3,4)^{\mathrm{T}}$。

2.2.2 平方根法

许多问题的求解所归纳出来的线性方程组 $\boldsymbol{Ax}=\boldsymbol{b}$，其系数矩阵常常具有对称正定性。由 2.2.1 节讨论可知，这样的系数矩阵 $\boldsymbol{A}$ 一定有唯一的杜利脱尔分解，因而完全可用前述方法分解并求解。然而利用矩阵 $\boldsymbol{A}$ 的对称正定性，我们可以建立更好的三角分解法，这就是下面的平分根法。

定义 2.3 设 $\boldsymbol{A}$ 是 $n(n\geqslant 2)$ 阶实对称正定矩阵，$\boldsymbol{L}$ 是非奇异的下三角矩阵，则称 $\boldsymbol{A}=\boldsymbol{L}\boldsymbol{L}^{\mathrm{T}}$ 为矩阵 $\boldsymbol{A}$ 的乔列斯基(Cholesky)分解。

乔列斯基分解法计算公式：

设 $\boldsymbol{A}$ 为实对称正定矩阵，令 $\boldsymbol{A}=\boldsymbol{L}\boldsymbol{L}^{\mathrm{T}}$，即

$$
\boldsymbol{A}=\begin{bmatrix} a_{11} & a_{21} & a_{31} & \cdots & a_{n1} \\ a_{21} & a_{22} & a_{32} & \cdots & a_{n2} \\ a_{31} & a_{32} & a_{33} & \cdots & a_{n3} \\ \vdots & \vdots & \vdots & & \vdots \\ a_{n1} & a_{n2} & a_{n3} & \cdots & a_{nn} \end{bmatrix}=\begin{bmatrix} l_{11} & 0 & 0 & \cdots & 0 \\ l_{21} & l_{22} & 0 & \cdots & 0 \\ l_{31} & l_{32} & l_{33} & \cdots & 0 \\ \vdots & \vdots & \vdots & & \vdots \\ l_{n1} & l_{n2} & l_{n3} & \cdots & l_{nn} \end{bmatrix}\begin{bmatrix} l_{11} & l_{21} & l_{31} & \cdots & l_{n1} \\ 0 & l_{22} & l_{32} & \cdots & l_{n2} \\ 0 & 0 & l_{33} & \cdots & l_{n3} \\ \vdots & \vdots & \vdots & & \vdots \\ 0 & 0 & 0 & \cdots & l_{nn} \end{bmatrix}
$$

第1步　分别用 $\boldsymbol{L}$ 的第 $i(i=1,2,\cdots,n)$ 行乘 $\boldsymbol{L}^{\mathrm{T}}$ 第1列，比较两边元素可得

$$
a_{11}=l_{11}l_{11}\qquad a_{i1}=l_{11}l_{i1}\quad (i=2,3,\cdots,n)
$$

即得

$$
l_{11}=\sqrt{a_{11}}\qquad l_{i1}=\frac{a_{i1}}{l_{11}}\quad (i=2,3,\cdots,n)
$$

第2步　分别用 $\boldsymbol{L}$ 的第 $i(i=2,3,\cdots,n)$ 行乘以 $\boldsymbol{L}^{\mathrm{T}}$ 第2列，比较两边元素可得

$$
a_{22}=l_{21}^2+l_{22}^2\qquad a_{i2}=l_{i1}l_{21}+l_{i2}l_{22}\quad (i=3,4,\cdots,n)
$$

即得

$$
l_{22}=\sqrt{a_{22}-l_{21}^2}\qquad l_{i2}=\frac{(a_{i2}-l_{i1}l_{21})}{l_{22}}\quad (i=3,4,\cdots,n)
$$

依次进行下去，直到第 $n-1$ 步。

第 n 步　用 $\boldsymbol{L}$ 的第 n 行乘 $\boldsymbol{L}^{\mathrm{T}}$ 的第 n 列，比较两边元素有

$$
a_{nn}=l_{n1}^2+l_{n2}^2+\cdots+l_{n,n-1}^2+l_{nn}^2
$$

即得

$$
l_{nn}=\sqrt{a_{nn}-\sum_{k=1}^{n-1}l_{nk}^2}
$$

综上所述，可以得到解对称正定方程组 $\boldsymbol{Ax}=\boldsymbol{b}$ 的平方根法计算公式，对于 $i=1,2,\cdots,n$ 有：

1. $l_{ii}=\sqrt{a_{ii}-\sum\limits_{s=1}^{i-1}l_{is}^2}\quad (i=1,2,\cdots,n)$

2. $l_{ki}=\dfrac{\left(a_{ki}-\sum\limits_{s=1}^{i-1}l_{is}l_{ks}\right)}{l_{ii}}\quad (k=i+1,i+2,\cdots,n)$

求解线性方程组 $\boldsymbol{Ax}=\boldsymbol{b}$ 相当于求解两个三角形方程组：

①$\boldsymbol{Ly}=\boldsymbol{b}$，　求 $\boldsymbol{y}$；

②$\boldsymbol{L}^{\mathrm{T}}\boldsymbol{x}=\boldsymbol{y}$，求 $\boldsymbol{x}$

3. $y_i=\dfrac{\left(b_i-\sum\limits_{k=1}^{i-1}l_{ik}y_k\right)}{l_{ii}}\quad (i=1,2,\cdots,n)$

4. $x_i=\dfrac{\left(y_i-\sum\limits_{k=i+1}^{n}l_{ki}x_k\right)}{l_{ii}}\quad (i=n,n-1,\cdots,1)$

由计算公式1知

$$
a_{ii}=\sum_{s=1}^{i}l_{is}^2\quad (i=1,2,\cdots,n)
$$

所以

$$l_{is}^2 \leqslant a_{ii} \leqslant \max a_{ii} \quad (1 \leqslant i \leqslant n)$$

这说明在乔列斯基分解过程中元素 l_{is} 的平方不会超过 $\boldsymbol{A}$ 的最大对角元素，因而舍入误差的放大受到了限值。因此，用平方根方法求解对称正定矩阵所对应的线性方程组时可以不考虑选主元问题。平方根法约需$\frac{n^3}{6}$次乘除法，大约为一般直接 $\boldsymbol{LU}$ 分解法计算量的一半。

在上述计算 l_{ii} 的公式中由于每步都有开方运算，也称乔列斯基分解法为平方根法。在用平方根法解对称正定矩阵所对应的线性方程组时，不可避免的要用到开方运算，为了避免开方运算，我们可以对乔列斯基分解法进行改进，从而得到以下定理。

定理 2.4 $n(n\geqslant 2)$阶对称正定矩阵 $\boldsymbol{A}$ 必有如下分解

$$\boldsymbol{A} = \boldsymbol{LDL}^{\mathrm{T}}$$

其中 $\boldsymbol{L}$ 是单位下三角矩阵，$\boldsymbol{D}$ 是对角元素全为正的对角矩阵，并且这种分解是唯一的。

证明 因为 $\boldsymbol{A}$ 为对称正定矩阵，$\boldsymbol{A}$ 的顺序主子式全大于零，从而 $\boldsymbol{A}$ 有唯一的杜利脱尔分解，因为

$$\boldsymbol{A} = \begin{bmatrix} 1 & & & \\ l_{21} & 1 & & \\ \vdots & \vdots & \ddots & \\ l_{n1} & l_{n2} & \cdots & 1 \end{bmatrix} \begin{bmatrix} u_{11} & u_{12} & \cdots & u_{1n} \\ & u_{22} & \cdots & u_{2n} \\ & & \ddots & \vdots \\ & & & u_{nn} \end{bmatrix}$$

所以

$$\det \boldsymbol{A}_k = u_{11}u_{22}\cdots u_{kk} > 0 \quad (k = 1,2,\cdots,n)$$

故有

$$\boldsymbol{A} = \begin{bmatrix} 1 & & & \\ l_{21} & 1 & & \\ \vdots & \vdots & \ddots & \\ l_{n1} & l_{n2} & \cdots & 1 \end{bmatrix} \begin{bmatrix} u_{11} & & & \\ & u_{22} & & \\ & & \ddots & \\ & & & u_{nn} \end{bmatrix} \begin{bmatrix} 1 & u_{12}u_{11}^{-1} & \cdots & u_{1n}u_{11}^{-1} \\ & 1 & \cdots & u_{2n}u_{22}^{-1} \\ & & \ddots & \vdots \\ & & & 1 \end{bmatrix}$$

将等式右端三个矩阵分别记为 $\boldsymbol{L}$、$\boldsymbol{D}$ 及 $\boldsymbol{R}$，因为$\boldsymbol{A}^{\mathrm{T}}=\boldsymbol{A}$，有

$$\boldsymbol{A} = \boldsymbol{LDR} = \boldsymbol{R}^{\mathrm{T}}\boldsymbol{D}\boldsymbol{L}^{\mathrm{T}} = \boldsymbol{A}^{\mathrm{T}}$$

或

$$\boldsymbol{A} = \boldsymbol{L}(\boldsymbol{DR}) = \boldsymbol{R}^{\mathrm{T}}(\boldsymbol{D}\boldsymbol{L}^{\mathrm{T}})$$

由杜利脱尔分解的唯一性可知 $\boldsymbol{L}=\boldsymbol{R}^{\mathrm{T}}$，$\boldsymbol{L}^{\mathrm{T}}=\boldsymbol{R}$，从而

$$\boldsymbol{A} = \boldsymbol{LD}\,\boldsymbol{L}^{\mathrm{T}}$$

即上式分解的唯一性成立。

应用定理 2.4 的分解式 $\boldsymbol{A}=\boldsymbol{LD}\boldsymbol{L}^{\mathrm{T}}$ 解线性方程组 $\boldsymbol{Ax}=\boldsymbol{b}$ 时，其分解计算量与$\boldsymbol{L}\boldsymbol{L}^{\mathrm{T}}$分解计算量差不多，但 $\boldsymbol{LD}\boldsymbol{L}^{\mathrm{T}}$ 分解不需要开方运算。

例 2.5 用改进的平方根法解方程组

$$\begin{bmatrix} 2 & -1 & 1 \\ -1 & 2 & 1 \\ 1 & 1 & 3 \end{bmatrix} \begin{bmatrix} x_1 \\ x_2 \\ x_3 \end{bmatrix} = \begin{bmatrix} 2 \\ 2 \\ 5 \end{bmatrix}$$

解 设

$$\boldsymbol{A}=\begin{bmatrix}2 & -1 & 1\\ -1 & 2 & 1\\ 1 & 1 & 3\end{bmatrix}=\begin{bmatrix}1 & 0 & 0\\ l_{21} & 1 & 0\\ l_{31} & l_{32} & 1\end{bmatrix}\begin{bmatrix}u_{11} & 0 & 0\\ 0 & u_{22} & 0\\ 0 & 0 & u_{33}\end{bmatrix}\begin{bmatrix}1 & l_{21} & l_{31}\\ 0 & 1 & l_{32}\\ 0 & 0 & 1\end{bmatrix}=\boldsymbol{LDL}^{\mathrm{T}}$$

由矩阵乘法得

$$\begin{aligned}
&a_{11}=u_{11} && a_{12}=l_{21}u_{11} && a_{13}=l_{31}u_{11}\\
&a_{21}=l_{21}u_{11} && a_{22}=l_{21}^2u_{11}+u_{22} && a_{23}=l_{21}l_{31}u_{11}+l_{32}u_{22}\\
&a_{31}=l_{31}u_{11} && a_{32}=l_{21}l_{31}u_{11}+l_{32}u_{22} && a_{33}=l_{31}^2u_{11}+l_{32}^2u_{22}+u_{33}
\end{aligned}$$

即得

$$\begin{aligned}
&u_{11}=2 && l_{21}=-0.5\\
&u_{22}=1.5 && l_{31}=0.5\\
&u_{33}=1 && l_{32}=1
\end{aligned}$$

于是有

$$\boldsymbol{L}=\begin{bmatrix}1 & 0 & 0\\ -0.5 & 1 & 0\\ 0.5 & 1 & 1\end{bmatrix}\qquad \boldsymbol{D}=\begin{bmatrix}2 & 0 & 0\\ 0 & 1.5 & 0\\ 0 & 0 & 1\end{bmatrix}$$

由

$$\begin{aligned}
&\boldsymbol{Ly}=\boldsymbol{b} && \text{得} && \boldsymbol{y}=(2,3,1)^{\mathrm{T}}\\
&\boldsymbol{DL}^{\mathrm{T}}\boldsymbol{x}=\boldsymbol{y} && \text{得} && \boldsymbol{x}=(1,1,1)^{\mathrm{T}}
\end{aligned}$$

关于乔列斯基分解的唯一性有如下定理：

定理 2.5 $n(n\geqslant 2)$阶对称正定矩阵 $\boldsymbol{A}$ 一定有乔列斯基分解 $\boldsymbol{A}=\boldsymbol{LL}^{\mathrm{T}}$，当限定 $\boldsymbol{L}$ 对角线上元素全为正时，乔列斯基分解是唯一的。

证明 由定理 2.4 可知，存在单位下三角矩阵$\boldsymbol{L}_1$，对角线元素全为正的对角阵 $\boldsymbol{D}=\mathrm{diag}(u_{11},u_{22},\cdots,u_{nn})$，使得

$$\boldsymbol{A}=\boldsymbol{L}_1\boldsymbol{DL}_1^{\mathrm{T}}$$

记

$$\boldsymbol{D}^{\frac{1}{2}}=\mathrm{diag}(\sqrt{u_{11}},\sqrt{u_{22}},\cdots,\sqrt{u_{nn}})$$

则有

$$\boldsymbol{A}=(\boldsymbol{L}_1\boldsymbol{D}^{\frac{1}{2}})(\boldsymbol{L}_1\boldsymbol{D}^{\frac{1}{2}})^{\mathrm{T}}$$

再令 $\boldsymbol{L}=\boldsymbol{L}_1\boldsymbol{D}^{\frac{1}{2}}$，显然 $\boldsymbol{L}$ 是非奇异的下三角矩阵，故 $\boldsymbol{A}$ 有乔列斯基分解 $\boldsymbol{A}=\boldsymbol{LL}^{\mathrm{T}}$，当 $\boldsymbol{L}$ 的对角线元素全为正时，由杜利脱尔分解的唯一性可得知乔列斯基分解的唯一性。

2.2.3 解三对角方程组的追赶法

从有些实际问题如二阶常微分方程边值问题、热传导问题等导出的线性方程组的系数矩阵是三对角矩阵，即 $\boldsymbol{Ax}=\boldsymbol{d}$，其中

$$\boldsymbol{A}=\begin{bmatrix}b_1 & c_1 & & & \\ a_2 & b_2 & c_2 & & \\ & \ddots & \ddots & & \\ & & a_{n-1} & b_{n-1} & c_{n-1}\\ & & & a_n & b_n\end{bmatrix}\qquad \boldsymbol{x}=\begin{bmatrix}x_1\\ x_2\\ \vdots\\ x_n\end{bmatrix}\qquad \boldsymbol{d}=\begin{bmatrix}d_1\\ d_2\\ \vdots\\ d_n\end{bmatrix}$$

并且满足条件

$$\begin{cases} |b_1| > |c_1| \\ |b_i| > |a_i| + |c_i| \quad (i = 2,3,\cdots,n-1) \\ |b_n| > |a_n| \end{cases}$$

即三对角矩阵 $\boldsymbol{A}$ 是严格对角占优矩阵，此时 $\boldsymbol{A}$ 的各阶顺序主子式不为零，因此 $\boldsymbol{A}$ 有唯一的杜利脱尔分解，但根据 $\boldsymbol{A}$ 是三对角矩阵的特点，易知三对角矩阵有如下更特殊的杜利脱尔三角分解式：

$$\boldsymbol{A} = \boldsymbol{LU}$$

且

$$\begin{bmatrix} b_1 & c_1 & & & \\ a_2 & b_2 & c_2 & & \\ & \ddots & \ddots & & \\ & & a_{n-1} & b_{n-1} & c_{n-1} \\ & & & a_n & b_n \end{bmatrix} = \begin{bmatrix} 1 & & & & \\ l_2 & 1 & & & \\ & \ddots & \ddots & & \\ & & l_{n-1} & 1 & \\ & & & l_n & 1 \end{bmatrix} \begin{bmatrix} \mu_1 & c_1 & & & \\ & \mu_2 & c_2 & & \\ & & \ddots & \ddots & \\ & & & \mu_{n-1} & c_{n-1} \\ & & & & \mu_n \end{bmatrix}$$

由矩阵乘法运算，比较上式两边对应元素可得如下计算公式：

$$\begin{cases} \mu_1 = b_1 \\ l_i = \dfrac{a_i}{\mu_{i-1}} \qquad (i = 2,3,\cdots,n) \\ \mu_i = b_i - l_i c_{i-1} \end{cases}$$

求解方程组 $\boldsymbol{Ax}=\boldsymbol{d}$ 化为求解两个二对角方程组 $\boldsymbol{Ly}=\boldsymbol{d}$ 和 $\boldsymbol{Ux}=\boldsymbol{y}$，计算公式如下：

$$\begin{cases} y_1 = d_1 \\ y_i = d_i - l_i y_{i-1} \quad (i = 2,3,\cdots,n) \end{cases}$$

$$\begin{cases} x_n = \dfrac{y_n}{\mu_n} \\ x_i = \dfrac{y_i - c_i x_{i+1}}{\mu_i} \quad (i = n-1,n-2,\cdots,2,1) \end{cases}$$

如果把 $\boldsymbol{A}$ 进行克罗脱分解，则有

$$\boldsymbol{A} = \overline{\boldsymbol{L}}\,\overline{\boldsymbol{U}}$$

即有

$$\begin{bmatrix} b_1 & c_1 & & & \\ a_2 & b_2 & c_2 & & \\ & \ddots & \ddots & & \\ & & a_{n-1} & b_{n-1} & c_{n-1} \\ & & & a_n & b_n \end{bmatrix} = \begin{bmatrix} m_1 & & & & \\ a_2 & m_2 & & & \\ & \ddots & \ddots & & \\ & & a_{n-1} & m_{n-1} & \\ & & & a_n & m_n \end{bmatrix} \begin{bmatrix} 1 & s_1 & & & \\ & 1 & s_2 & & \\ & & \ddots & \ddots & \\ & & & 1 & s_{n-1} \\ & & & & 1 \end{bmatrix}$$

由矩阵乘法运算，比较上式两边对应元素可得如下计算公式：

$$\begin{cases} m_1 = b_1 \\ s_i = \dfrac{c_i}{m_i} \\ m_i = b_i - a_i s_{i-1} \quad (i = 2,\cdots,n-1,n) \end{cases}$$

求解方程组 $\boldsymbol{Ax}=\boldsymbol{d}$ 化为求解两个方程组 $\bar{\boldsymbol{L}}\boldsymbol{y}=\boldsymbol{d}$ 和 $\bar{\boldsymbol{U}}\boldsymbol{x}=\boldsymbol{y}$，计算公式为：

$$\begin{cases} y_1=\dfrac{d_1}{m_1} \\ y_i=\dfrac{1}{m_i}-(d_i-a_i y_{i-1}) \quad (i=2,3,\cdots,n) \end{cases}$$

$$\begin{cases} x_n=y_n \\ x_i=y_i-s_i x_{i-1} \quad (i=n-1,n-2,\cdots,2,1) \end{cases}$$

追赶法公式实际上就是把高斯消去法用到求解三对角方程组上去的结果，这时由于 $\boldsymbol{A}$ 特别简单，因此使得求解的计算公式非常简单，而且计算量仅为 $5n-4$ 次乘法，而另外增加解一个方程组仅增加 $3n-2$ 次乘法运算，可见追赶法的计算量是比较小的。

例 2.6　用追赶法求解三对角线性方程组

$$\begin{bmatrix} 3 & 2 & 0 & 0 \\ 1 & 4 & 2 & 0 \\ 0 & 1 & 2 & 1 \\ 0 & 0 & -1 & 1 \end{bmatrix}\begin{bmatrix} x_1 \\ x_2 \\ x_3 \\ x_4 \end{bmatrix}=\begin{bmatrix} 5 \\ 7 \\ 2 \\ -2 \end{bmatrix}$$

解　令 $\boldsymbol{A}=\boldsymbol{LU}$，即

$$\boldsymbol{A}=\begin{bmatrix} 3 & 2 & 0 & 0 \\ 1 & 4 & 2 & 0 \\ 0 & 1 & 2 & 1 \\ 0 & 0 & -1 & 1 \end{bmatrix}=\begin{bmatrix} 1 & 0 & 0 & 0 \\ l_1 & 1 & 0 & 0 \\ 0 & l_2 & 1 & 0 \\ 0 & 0 & l_3 & 1 \end{bmatrix}\begin{bmatrix} \mu_1 & 2 & 0 & 0 \\ 0 & \mu_2 & 2 & 0 \\ 0 & 0 & \mu_3 & 1 \\ 0 & 0 & 0 & \mu_4 \end{bmatrix}$$

利用矩阵乘法运算，再比较两边对应元素可得

$$\mu_1=3 \quad \mu_2=\frac{10}{3} \quad \mu_3=\frac{7}{5} \quad \mu_4=\frac{12}{7} \quad l_1=\frac{1}{3} \quad l_2=\frac{3}{10} \quad l_3=-\frac{5}{7}$$

从而

$$\boldsymbol{L}=\begin{bmatrix} 1 & 0 & 0 & 0 \\ \dfrac{1}{3} & 1 & 0 & 0 \\ 0 & \dfrac{3}{10} & 1 & 0 \\ 0 & 0 & -\dfrac{5}{7} & 1 \end{bmatrix} \qquad \boldsymbol{U}=\begin{bmatrix} 3 & 2 & 0 & 0 \\ 0 & \dfrac{10}{3} & 2 & 0 \\ 0 & 0 & \dfrac{7}{5} & 1 \\ 0 & 0 & 0 & \dfrac{12}{7} \end{bmatrix}$$

由 $\boldsymbol{Ly}=\boldsymbol{d}$ 及 $\boldsymbol{Ux}=\boldsymbol{y}$ 可算出

$$y=\left(5,\frac{16}{3},\frac{2}{5},\frac{-12}{7}\right)^{\mathrm{T}} \qquad \boldsymbol{x}=(1,1,1,-1)^{\mathrm{T}}$$

思考问题：对于线性矩阵方程 $\boldsymbol{AX}=\boldsymbol{B}$（其中 $\boldsymbol{A}$ 是 $n\times n$ 矩阵，$\boldsymbol{X}$ 是 $n\times m$ 矩阵，$\boldsymbol{B}$ 是 $n\times m$ 矩阵），假设其存在唯一解，是否也有类似于线性方程组的 $\boldsymbol{LU}$ 分解方法？你能给出具体实现过程吗？

2.3　向量范数与矩阵范数

2.3.1　向量范数

设$\boldsymbol{R}^n$ 是 n 维列向量的集合，按照实数域上向量的线性运算构成线性空间。

定义 2.4　对任意向量 $\boldsymbol{x}\in\boldsymbol{R}^n$，若对应一个非负实值函数 $\|\boldsymbol{x}\|$，满足：

(1)非负性　$\|\boldsymbol{x}\|\geqslant 0$，$\|\boldsymbol{x}\|=0$ 当且仅当 $\boldsymbol{x}=\boldsymbol{0}$；

(2)齐次性　对任意实数 α 有 $\|\alpha\boldsymbol{x}\|=|\alpha|\,\|\boldsymbol{x}\|$；

(3)三角不等式　对任意 $\boldsymbol{x},\boldsymbol{y}\in\boldsymbol{R}^n$，有 $\|\boldsymbol{x}+\boldsymbol{y}\|\leqslant\|\boldsymbol{x}\|+\|\boldsymbol{y}\|$，则称 $\|\boldsymbol{x}\|$ 为向量 $\boldsymbol{x}$ 的范数。

我们常用的数范有

1 -范数：
$$\|\boldsymbol{x}\|_1=\sum_{i=1}^{n}|x_i|$$

2 -范数：
$$\|\boldsymbol{x}\|_2=\left(\sum_{i=1}^{n}|x_i|^2\right)^{\frac{1}{2}}$$

∞-范数：
$$\|\boldsymbol{x}\|_\infty=\max_{1\leqslant i\leqslant n}|x_i|$$

p -范数：
$$\|\boldsymbol{x}\|_p=\left(\sum_{i=1}^{n}|x_i|^p\right)^{\frac{1}{p}}$$

此处 $0<p<\infty$，显然当 $p=1,2$ 及 $p\to+\infty$时，由 p -范数可得到上面的 1 -范数，2 -范数和 ∞-范数。

向量范数有如下性质：

定理 2.6　(连续性定理)设 $\|\boldsymbol{x}\|$ 是 $\boldsymbol{x}\in\boldsymbol{R}^n$ 的某种向量范数，则 $\|\boldsymbol{x}\|$ 是分量 $x_1,x_2,\cdots,x_n$ 的连续函数。

证明　令 $\boldsymbol{e}_i=(0,\cdots,0,1,0,\cdots,0)^{\mathrm{T}}$，它是 $\boldsymbol{R}^n$ 空间中第 $i(i=1,2,\cdots,n)$个单位向量，则对任何 $\boldsymbol{x}=(x_1,x_2,\cdots,x_n)^{\mathrm{T}}$，$\boldsymbol{y}=(y_1,y_2,\cdots,y_n)^{\mathrm{T}}$ 有：

$$\boldsymbol{x}=\sum_{i=1}^{n}x_i\boldsymbol{e}_i\quad \boldsymbol{y}=\sum_{i=1}^{n}y_i\boldsymbol{e}_i$$

根据向量范数的齐次性和三角不等式性质有

$$\big|\,\|\boldsymbol{x}\|-\|\boldsymbol{y}\|\,\big|\leqslant\|\boldsymbol{x}-\boldsymbol{y}\|\leqslant\sum_{i=1}^{n}|x_i-y_i|\,\|\boldsymbol{e}_i\|$$
$$\leqslant\max_{1\leqslant i\leqslant n}|x_i-y_i|\sum_{i=1}^{n}\|\boldsymbol{e}_i\|=n\max_{1\leqslant i\leqslant n}|x_i-y_i|$$

所以当$|x_i-y_i|\to 0(i=1,2,\cdots,n)$时，有 $\|\boldsymbol{x}\|\to\|\boldsymbol{y}\|$。

定理 2.7　(等价性定理)设 $\|\cdot\|_p$ 以及 $\|\cdot\|_q$ 是$\boldsymbol{R}^n$ 上两种向量范数，则存在正常数 c_1,c_2，使得

$$c_1\|\boldsymbol{x}\|_p\leqslant\|\boldsymbol{x}\|_q\leqslant c_2\|\boldsymbol{x}\|_p$$

对任何 $\boldsymbol{x}\in\boldsymbol{R}^n$ 成立。

证明　当 $\boldsymbol{x}=\boldsymbol{0}$ 时结论显然成立。下证 $\boldsymbol{x}\neq\boldsymbol{0}$ 时结论也成立。记

$$\boldsymbol{\Omega}=\left\{\frac{\boldsymbol{x}}{\|\boldsymbol{x}\|_{\infty}}\middle|\boldsymbol{x}\neq\boldsymbol{0},\boldsymbol{x}\in\boldsymbol{R}^n\right\}$$

它是$\boldsymbol{R}^n$中在范数$\|\cdot\|_{\infty}$意义下的单位球面。由定理2.6可知，范数$\|\cdot\|_p$是有界闭集$\boldsymbol{\Omega}$上的连续函数，故它在$\boldsymbol{\Omega}$上有最大值M_1和最小值m_1。而$\frac{\boldsymbol{x}}{\|\boldsymbol{x}\|_{\infty}}$在$\boldsymbol{\Omega}$内，于是有

$$m_1\leqslant\left\|\frac{\boldsymbol{x}}{\|\boldsymbol{x}\|_{\infty}}\right\|_p\leqslant M_1$$

故

$$m_1\ \|\boldsymbol{x}\|_{\infty}\leqslant\|\boldsymbol{x}\|_p\leqslant M_1\ \|\boldsymbol{x}\|_{\infty}$$

类似的，$\|\boldsymbol{x}\|_q$也是有界闭集$\boldsymbol{\Omega}$上的连续函数，它在$\boldsymbol{\Omega}$上也有最大值M_2和最小值m_2，即有

$$m_2\ \|\boldsymbol{x}\|_{\infty}\leqslant\|\boldsymbol{x}\|_q\leqslant M_2\ \|\boldsymbol{x}\|_{\infty}$$

因此

$$\frac{m_2}{M_1}\ \|\boldsymbol{x}\|_p\leqslant\|\boldsymbol{x}\|_q\leqslant\frac{M_2}{m_1}\ \|\boldsymbol{x}\|_p$$

或

$$\frac{m_1}{M_2}\ \|\boldsymbol{x}\|_q\leqslant\|\boldsymbol{x}\|_p\leqslant\frac{M_1}{m_2}\ \|\boldsymbol{x}\|_q$$

令$c_1=\frac{m_2}{M_1}$，$c_2=\frac{M_2}{m_1}$，则

$$c_1\ \|\boldsymbol{x}\|_p\leqslant\|\boldsymbol{x}\|_q\leqslant c_2\ \|\boldsymbol{x}\|_p$$

范数的等价性说明，一种范数可由另一种范数所控制，因而一般地有，在$\boldsymbol{R}^n$上所有范数是等价的。

2.3.2 矩阵范数

设$\boldsymbol{R}^{n\times n}$是$n$阶实矩阵的集合，按照实数域上矩阵的线性运算构成线性空间。

定义 2.5 对任意矩阵$\boldsymbol{A}\in\boldsymbol{R}^{n\times n}$，若对应一个非负实值函数$\|\boldsymbol{A}\|$，满足：

(1)非负性 $\|\boldsymbol{A}\|\geqslant 0$，$\|\boldsymbol{A}\|=0$当且仅当$\boldsymbol{A}=\boldsymbol{0}$；

(2)齐次性 对任意实数$\alpha\in\boldsymbol{R}$，有$\|\alpha\boldsymbol{A}\|=|\alpha|\ \|\boldsymbol{A}\|$；

(3)三角不等式 对任意$\boldsymbol{A},\boldsymbol{B}\in\boldsymbol{R}^{n\times n}$，有$\|\boldsymbol{A}+\boldsymbol{B}\|\leqslant\|\boldsymbol{A}\|+\|\boldsymbol{B}\|$；

(4)对任意$\boldsymbol{A},\boldsymbol{B}\in\boldsymbol{R}^{n\times n}$，有$\|\boldsymbol{AB}\|\leqslant\|\boldsymbol{A}\|\ \|\boldsymbol{B}\|$，则称$\|\boldsymbol{A}\|$为矩阵$\boldsymbol{A}$的范数。

进一步，若对给定的矩阵范数$\|\cdot\|_M$，它与某个向量范数$\|\cdot\|_V$满足条件：

(5)对任意$\boldsymbol{A}\in\boldsymbol{R}^{n\times n}$和$\boldsymbol{x}\in\boldsymbol{R}^n$，有$\|\boldsymbol{Ax}\|_V\leqslant\|\boldsymbol{A}\|_M\ \|\boldsymbol{x}\|_V$成立，则称矩阵范数$\|\cdot\|_M$与向量范数$\|\cdot\|_V$相容。

设$\boldsymbol{A}=(a_{ij})_{n\times n}\in\boldsymbol{R}^{n\times n}$，常用的矩阵范数有：

$$\|\boldsymbol{A}\|_1=\max_{1\leqslant j\leqslant n}\left(\sum_{i=1}^{n}|a_{ij}|\right)$$ 列范数或1-范数

$$\|\boldsymbol{A}\|_{\infty}=\max_{1\leqslant i\leqslant n}\left(\sum_{j=1}^{n}|a_{ij}|\right)$$ 行范数或∞-范数

$$\|\boldsymbol{A}\|_2=\sqrt{\lambda_{\max}(\boldsymbol{A}^{\mathrm{T}}\boldsymbol{A})}$$ 谱范数或2-范数

$$\|\boldsymbol{A}\|_F=\sqrt{\sum_{i=1}^{n}\sum_{j=1}^{n}a_{ij}^2}\qquad F\text{-范数}$$

在矩阵范数中还有一种由向量范数诱导出的矩阵范数。

定义 2.6 设 $\boldsymbol{x}\in\boldsymbol{R}^n,\boldsymbol{A}\in\boldsymbol{R}^{n\times n}$，$\|\boldsymbol{x}\|_p$ 为向量 $\boldsymbol{x}$ 的某种向量范数，定义矩阵 $\boldsymbol{A}$ 的非负实值函数为

$$\|\boldsymbol{A}\|_p=\max_{x\neq 0}\frac{\|\boldsymbol{Ax}\|_p}{\|\boldsymbol{x}\|_p}=\max_{\|x\|_p=1}\|\boldsymbol{Ax}\|_p$$

可以验证它满足矩阵范数的条件，称它为从属于向量范数 $\|\cdot\|_p$ 的矩阵范数，简称为从属范数，有时也称为算子范数。

显然，由向量范数 $\|\boldsymbol{x}\|_p$ 所导出的矩阵范数 $\|\boldsymbol{A}\|_p$ 与该向量范数 $\|\boldsymbol{x}\|_p$ 是相容的。关于从属范数，有下述结论。

定理 2.8 矩阵范数 $\|\boldsymbol{A}\|_1$，$\|\boldsymbol{A}\|_\infty$，$\|\boldsymbol{A}\|_2$ 分别是向量范数 $\|\boldsymbol{x}\|_1$，$\|\boldsymbol{x}\|_\infty$，$\|\boldsymbol{x}\|_2$ 的从属范数。

证明 (1)先证明 $\|\boldsymbol{A}\|_\infty=\max\limits_{x\neq 0}\dfrac{\|\boldsymbol{Ax}\|_\infty}{\|\boldsymbol{x}\|_\infty}$ 是 $\|\boldsymbol{x}\|_\infty$ 的从属范数。

设 $\boldsymbol{x}=(x_1,x_2,\cdots,x_n)^{\mathrm{T}}\neq\boldsymbol{0},\boldsymbol{A}\neq\boldsymbol{0}$，令

$$t=\max_{1\leqslant i\leqslant n}|x_i|=\|\boldsymbol{x}\|_\infty\quad u=\max_{1\leqslant i\leqslant n}\left(\sum_{j=1}^{n}|a_{ij}|\right)=\|\boldsymbol{A}\|_\infty$$

则

$$\|\boldsymbol{Ax}\|_\infty=\max_{1\leqslant i\leqslant n}\left|\sum_{j=1}^{n}a_{ij}x_j\right|\leqslant\max_{1\leqslant i\leqslant n}\left(\sum_{j=1}^{n}|a_{ij}||x_j|\right)\leqslant t\max_{1\leqslant i\leqslant n}\left(\sum_{j=1}^{n}|a_{ij}|\right)=tu$$

于是对任意非零向量 $\boldsymbol{x}\in\boldsymbol{R}^n$，有

$$\frac{\|\boldsymbol{Ax}\|_\infty}{\|\boldsymbol{x}\|_\infty}\leqslant u$$

下面说明至少有一个 $\boldsymbol{x}_0\in\boldsymbol{R}^n,\boldsymbol{x}_0\neq\boldsymbol{0}$，使得

$$\frac{\|\boldsymbol{Ax}_0\|_\infty}{\|\boldsymbol{x}_0\|_\infty}=u$$

设

$$u=\sum_{j=1}^{n}|a_{i_0j}|=\max_{1\leqslant i\leqslant n}\left(\sum_{j=1}^{n}|a_{ij}|\right)$$

取向量 $\boldsymbol{x}_0=(\varepsilon_1,\varepsilon_2,\cdots,\varepsilon_n)^{\mathrm{T}}$，$\varepsilon_j=\mathrm{sign}(a_{i_0j})(j=1,2,\cdots,n)$，由符号函数 sign 定义知 $\|\boldsymbol{x}_0\|_\infty=1$，而

$$\|\boldsymbol{Ax}_0\|_\infty=\max_{1\leqslant i\leqslant n}\left|\sum_{j=1}^{n}a_{ij}\varepsilon_j\right|=\sum_{j=1}^{n}|a_{i_0j}|=u$$

即

$$\frac{\|\boldsymbol{Ax}_0\|_\infty}{\|\boldsymbol{x}_0\|_\infty}=u=\|\boldsymbol{A}\|_\infty$$

(2)再证明 $\max\limits_{x\neq 0}\dfrac{\|\boldsymbol{Ax}\|_1}{\|\boldsymbol{x}\|_1}$ 是 $\|\boldsymbol{x}\|_1$ 的从属范数。

设

$$t=\sum_{j=1}^{n}|x_j|=\|\boldsymbol{x}\|_1 \qquad u=\max_{1\leqslant j\leqslant n}\left(\sum_{i=1}^{n}|a_{ij}|\right)=\|\boldsymbol{A}\|_1$$

则有

$$\|\boldsymbol{Ax}\|_1=\sum_{i=1}^{n}\left|\sum_{j=1}^{n}a_{ij}x_j\right|\leqslant\sum_{i=1}^{n}\sum_{j=1}^{n}|a_{ij}||x_j|=\sum_{j=1}^{n}\left(\sum_{i=1}^{n}|a_{ij}|\right)|x_j|\leqslant u\sum_{j=1}^{n}|x_j|$$

所以对任意非零向量 $\boldsymbol{x}\in\boldsymbol{R}^n$,都有

$$\frac{\|\boldsymbol{Ax}\|_1}{\|\boldsymbol{x}\|_1}\leqslant u=\|\boldsymbol{A}\|_1$$

设

$$u=\sum_{i=1}^{n}|a_{ij_0}|=\max_{1\leqslant j\leqslant n}\left(\sum_{i=1}^{n}|a_{ij}|\right)$$

取向量 $\boldsymbol{x}_0=(\varepsilon_1,\varepsilon_2,\cdots,\varepsilon_n)^{\mathrm{T}}$,其中 $\varepsilon_{j_0}=1,\varepsilon_i=0(i\neq j_0)$,则显然有 $\|\boldsymbol{x}_0\|_1=1$,而

$$\|\boldsymbol{Ax}_0\|_1=\sum_{i=1}^{n}\left|\sum_{j=1}^{n}a_{ij}\varepsilon_j\right|=\sum_{i=1}^{n}|a_{ij_0}|=u$$

所以

$$\frac{\|\boldsymbol{Ax}_0\|_1}{\|\boldsymbol{x}_0\|_1}=\|\boldsymbol{A}\|_1$$

(3)最后证明 $\|\boldsymbol{A}\|_2=\max\limits_{x\neq0}\frac{\|\boldsymbol{Ax}\|_2}{\|\boldsymbol{x}\|_2}$是 $\|\boldsymbol{x}\|_2$ 的从属范数。

显然对任意 $\boldsymbol{x}\in\boldsymbol{R}^n$,有 $\boldsymbol{x}^{\mathrm{T}}\boldsymbol{A}^{\mathrm{T}}\boldsymbol{Ax}\geqslant0$,从而$\boldsymbol{A}^{\mathrm{T}}\boldsymbol{A}$ 为实对称半正定矩阵。设$\boldsymbol{A}^{\mathrm{T}}\boldsymbol{A}$ 的特征值从大到小依次为$\lambda_1\geqslant\lambda_2\geqslant\cdots\geqslant\lambda_n\geqslant0$,特征值相应的标准正交特征向量为 $\boldsymbol{u}_1,\boldsymbol{u}_2,\cdots,\boldsymbol{u}_n$,对任意非零向量 $\boldsymbol{x}\in\boldsymbol{R}^n$ 有

$$\boldsymbol{x}=\sum_{i=1}^{n}c_i\boldsymbol{u}_i \quad \boldsymbol{Ax}=\sum_{i=1}^{n}c_i\lambda_i\boldsymbol{u}_i$$

所以

$$\frac{\|\boldsymbol{Ax}\|_2^2}{\|\boldsymbol{x}\|_2^2}=\frac{\boldsymbol{x}^{\mathrm{T}}\boldsymbol{A}^{\mathrm{T}}\boldsymbol{Ax}}{\boldsymbol{x}^{\mathrm{T}}\boldsymbol{x}}=\frac{\sum\limits_{i=1}^{n}\lambda^ic_i^2}{\sum\limits_{i=1}^{n}c_i^2}\leqslant\lambda_1^2$$

另一方面,若取 $\boldsymbol{x}=\boldsymbol{u}_1$,则有

$$\frac{\|\boldsymbol{Au}_1\|_2^2}{\|\boldsymbol{u}_1\|_2^2}=\lambda_1^2=\lambda_{\max}(\boldsymbol{A}^{\mathrm{T}}\boldsymbol{A})=\|\boldsymbol{A}\|_2^2$$

故

$$\|\boldsymbol{A}\|_2=\max_{x\neq0}\frac{\|\boldsymbol{Ax}\|_2}{\|\boldsymbol{x}\|_2}$$

2.4 矩阵的条件数与方程组的性态

考虑线性方程组 $\boldsymbol{Ax}=\boldsymbol{b}$,其中 $\boldsymbol{A}$ 为非奇异矩阵,$\boldsymbol{x}$ 为方程组的精确解。由于 $\boldsymbol{A}$(或 $\boldsymbol{b}$)元素是测量得到的,或者是通过某种计算而得到的结果,在第一种情况下 $\boldsymbol{A}$(或 $\boldsymbol{b}$)常带有某种观测误差,而在后一种情况下 $\boldsymbol{A}$(或 $\boldsymbol{b}$)又包含有舍入误差,因此参与线性方程组运算的实际

矩阵是 $A+\delta \boldsymbol{A}$(或 $\boldsymbol{b}+\delta \boldsymbol{b}$),本节讨论线性方程组的解,对系数矩阵 $\boldsymbol{A}$ 与常数项 $\boldsymbol{b}$ 的扰动(误差)的敏感性问题,先来观察两个例子。

例 2.7 线性方程组

$$\begin{bmatrix} 2 & 1 \\ 2.0001 & 1 \end{bmatrix}\begin{bmatrix} x_1 \\ x_2 \end{bmatrix}=\begin{bmatrix} 3 \\ 3.0001 \end{bmatrix}$$

的精确解为$(1,1)^{\mathrm{T}}$,若 $\boldsymbol{A}$ 及 $\boldsymbol{b}$ 作微小扰动,扰动后的线性方程组为

$$\begin{bmatrix} 2 & 1 \\ 1.9999 & 1 \end{bmatrix}\begin{bmatrix} x_1 \\ x_2 \end{bmatrix}=\begin{bmatrix} 3 \\ 3.0002 \end{bmatrix}$$

其精确解为$(-2,7)^{\mathrm{T}}$。由此可见,在本例中 $\boldsymbol{A}$ 与 $\boldsymbol{b}$ 的微小变化引起 x_1 和 x_2 的很大变化,这表明 x_1 和 x_2 对 $\boldsymbol{A}$ 与 $\boldsymbol{b}$ 的扰动是敏感的。此例中 $\det\boldsymbol{A}=-10^{-4}$,方程组是由两条几乎平行的直线组成,因而当其中一条直线有很小的变化时,新交点与原交点相差较远。

例 2.8 线性方程组

$$\begin{bmatrix} 10 & 7 & 8 & 7 \\ 7 & 5 & 6 & 5 \\ 8 & 6 & 10 & 9 \\ 7 & 5 & 9 & 10 \end{bmatrix}\begin{bmatrix} x_1 \\ x_2 \\ x_3 \\ x_4 \end{bmatrix}=\begin{bmatrix} 32.1 \\ 22.9 \\ 33.1 \\ 30.9 \end{bmatrix}$$

的精确解为$(9.2,-12.6,4.5,-1.1)^{\mathrm{T}}$,如果对方程组的系数矩阵 $\boldsymbol{A}$ 和常数项 $\boldsymbol{b}$ 作微小扰动,方程组变为

$$\begin{bmatrix} 10 & 7 & 8.1 & 7.2 \\ 7.08 & 5.04 & 6 & 5 \\ 8 & 5.98 & 9.89 & 9 \\ 6.99 & 4.99 & 9 & 9.98 \end{bmatrix}\begin{bmatrix} x_1 \\ x_2 \\ x_3 \\ x_4 \end{bmatrix}=\begin{bmatrix} 32 \\ 23 \\ 33 \\ 31 \end{bmatrix}$$

其精确解为$(-8.1,137,-34,22)^{\mathrm{T}}$,同样,解也有很大的误差。

下面详细分析线性方程组 $\boldsymbol{Ax}=\boldsymbol{b}$ 中向量 $\boldsymbol{b}$ 和系数矩阵 $\boldsymbol{A}$ 的微小扰动对解 $\boldsymbol{x}$ 的影响,首先来看一些相关基本概念。

如本节例 2.7 和例 2.8 所示,当方程组的系数矩阵 $\boldsymbol{A}$ 或常数向量 $\boldsymbol{b}$ 有微小变化时,方程组的解可能会产生很大的变化,这样的方程组称为病态方程组。

定义 2.7 如果矩阵 $\boldsymbol{A}$ 或常数项 $\boldsymbol{b}$ 的微小变化,引起方程组 $\boldsymbol{Ax}=\boldsymbol{b}$ 解的巨大变化,则称此方程组为"**病态方程组**",相对于方程组而言,系数矩阵 $\boldsymbol{A}$ 成为"病态"矩阵,否则称方程组为"良态"方程组,$\boldsymbol{A}$ 为"良态"矩阵。

应该注意,矩阵的"病态"性质是矩阵本身的特性,下面希望找出刻画矩阵"病态"性质的量。

设有方程组

$$\boldsymbol{Ax}=\boldsymbol{b} \tag{2.10}$$

其中 $\boldsymbol{A}$ 为非奇异矩阵,$\boldsymbol{x}$ 为式(2.10)的精确解,以下我们来研究方程组的系数矩阵 $\boldsymbol{A}$(或常数项 $\boldsymbol{b}$)的微小误差(扰动)对解的影响问题。

1. 常数项 $\boldsymbol{b}$ 有扰动

设式(2.10)中 $\boldsymbol{A}$ 是精确的,$\boldsymbol{b}$ 有误差 $\delta\boldsymbol{b}$,解为 $\boldsymbol{x}+\delta\boldsymbol{x}$,即

$$\boldsymbol{A}(\boldsymbol{x}+\delta\boldsymbol{x})=\boldsymbol{b}+\delta\boldsymbol{b}$$

则

$$\delta\boldsymbol{x} = \boldsymbol{A}^{-1}\delta\boldsymbol{b}$$

$$\|\delta\boldsymbol{x}\| \leqslant \|\boldsymbol{A}^{-1}\| \|\delta\boldsymbol{b}\| \tag{2.11}$$

由式(2.10)可得 $\|\boldsymbol{b}\| \leqslant \|\boldsymbol{A}\| \|\boldsymbol{x}\|$,即

$$\frac{1}{\|\boldsymbol{x}\|} \leqslant \frac{\|\boldsymbol{A}\|}{\|\boldsymbol{b}\|} \quad (\boldsymbol{b} \neq \boldsymbol{0}) \tag{2.12}$$

于是由式(2.11)及式(2.12)可得如下定理：

定理 2.9 设 $\boldsymbol{A}$ 是非奇异矩阵,$\boldsymbol{Ax}=\boldsymbol{b}$(其中 $\boldsymbol{b}\neq\boldsymbol{0}$),且 $\boldsymbol{A}(\boldsymbol{x}+\delta\boldsymbol{x})=\boldsymbol{b}+\delta\boldsymbol{b}$ 则

$$\frac{\|\delta\boldsymbol{x}\|}{\|\boldsymbol{x}\|} \leqslant \|\boldsymbol{A}\| \|\boldsymbol{A}^{-1}\| \frac{\|\delta\boldsymbol{b}\|}{\|\boldsymbol{b}\|} \tag{2.13}$$

上式给出了解的相对误差的上界,常数项 $\boldsymbol{b}$ 的相对误差在解中可能放大 $\|\boldsymbol{A}\| \|\boldsymbol{A}^{-1}\|$ 倍。

2. 系数矩阵 A 有扰动

设式(2.10)中 $\boldsymbol{b}$ 是精确的,$\boldsymbol{A}$ 有微小误差(扰动)$\delta\boldsymbol{A}$,解为 $\boldsymbol{x}+\delta\boldsymbol{x}$,即

$$(\boldsymbol{A}+\delta\boldsymbol{A})(\boldsymbol{x}+\delta\boldsymbol{x}) = \boldsymbol{b}$$

则

$$(\boldsymbol{A}+\delta\boldsymbol{A})\delta\boldsymbol{x} = -(\delta\boldsymbol{A})\boldsymbol{x}$$

因此

$$\delta\boldsymbol{x} = -\boldsymbol{A}^{-1}\delta\boldsymbol{A}(\boldsymbol{x}+\delta\boldsymbol{x})$$

从而

$$\|\delta\boldsymbol{x}\| \leqslant \|\boldsymbol{A}^{-1}\| \|\delta\boldsymbol{A}\| \|\boldsymbol{x}+\delta\boldsymbol{x}\|$$

所以

$$\frac{\|\delta\boldsymbol{x}\|}{\|\boldsymbol{x}+\delta\boldsymbol{x}\|} \leqslant \|\boldsymbol{A}\| \|\boldsymbol{A}^{-1}\| \frac{\|\delta\boldsymbol{A}\|}{\|\boldsymbol{A}\|} \tag{2.14}$$

3. 系数矩阵 A 和常数项 b 都有扰动

设式(2.10)中的 $\boldsymbol{A}$ 和 $\boldsymbol{b}$ 都有小扰动,解为 $\boldsymbol{x}+\delta\boldsymbol{x}$,即

$$(\boldsymbol{A}+\delta\boldsymbol{A})(\boldsymbol{x}+\delta\boldsymbol{x}) = (\boldsymbol{b}+\delta\boldsymbol{b})$$

则

$$(\boldsymbol{A}+\delta\boldsymbol{A})\delta\boldsymbol{x} = \delta\boldsymbol{b} - \delta\boldsymbol{A}\cdot\boldsymbol{x}$$

因此

$$\delta\boldsymbol{x} + \boldsymbol{A}^{-1}\delta\boldsymbol{A}\delta\boldsymbol{x} = \boldsymbol{A}^{-1}\delta\boldsymbol{b} - \boldsymbol{A}^{-1}\delta\boldsymbol{A}\cdot\boldsymbol{x}$$

从而

$$\|\delta\boldsymbol{x}\| - \|\boldsymbol{A}^{-1}\| \|\delta\boldsymbol{A}\| \|\delta\boldsymbol{x}\| \leqslant \|\boldsymbol{A}^{-1}\| \|\delta\boldsymbol{b}\| + \|\boldsymbol{A}^{-1}\| \|\delta\boldsymbol{A}\| \|\boldsymbol{x}\|$$

两边同除 $\|\boldsymbol{x}\|$ 并由式(2.12)得

$$\begin{aligned}(1-\|\boldsymbol{A}^{-1}\| \|\delta\boldsymbol{A}\|)\frac{\|\delta\boldsymbol{x}\|}{\|\boldsymbol{x}\|} &\leqslant \frac{\|\boldsymbol{A}^{-1}\| \|\delta\boldsymbol{b}\|}{\|\boldsymbol{x}\|} + \|\boldsymbol{A}^{-1}\| \|\delta\boldsymbol{A}\| \\ &\leqslant \|\boldsymbol{A}\| \|\boldsymbol{A}^{-1}\| \left(\frac{\|\delta\boldsymbol{b}\|}{\|\boldsymbol{b}\|} + \frac{\|\delta\boldsymbol{A}\|}{\|\boldsymbol{A}\|}\right)\end{aligned}$$

当 $\|\boldsymbol{A}^{-1}\| \|\delta\boldsymbol{A}\| < 1$ 时,则可得

$$\frac{\|\delta\boldsymbol{x}\|}{\|\boldsymbol{x}\|} \leqslant \frac{\|\boldsymbol{A}\| \|\boldsymbol{A}^{-1}\|}{1-\|\boldsymbol{A}\| \|\boldsymbol{A}^{-1}\| \dfrac{\|\delta\boldsymbol{A}\|}{\|\boldsymbol{A}\|}}\left(\frac{\|\delta\boldsymbol{b}\|}{\|\boldsymbol{b}\|} + \frac{\|\delta\boldsymbol{A}\|}{\|\boldsymbol{A}\|}\right) \tag{2.15}$$

分析式(2.13)、(2.14)和(2.15)可知，无论方程组(2.10)中右端常数项 $\boldsymbol{b}$ 有扰动，还是系数矩阵 $\boldsymbol{A}$ 有扰动，或者两者都有扰动，总之，量 $\|\boldsymbol{A}\|\ \|\boldsymbol{A}^{-1}\|$ 愈小，由 $\boldsymbol{A}$(或 $\boldsymbol{b}$)的相对误差引起解的相对误差就愈小，量 $\|\boldsymbol{A}\|\ \|\boldsymbol{A}^{-1}\|$ 愈大，解的相对误差就愈大，所以量 $\|\boldsymbol{A}\|\ \|\boldsymbol{A}^{-1}\|$ 实际上刻画了解对原始数据变化的灵敏程度，即刻画了方程组"病态"的程度，于是引入下述定义：

定义 2.8 设 $\boldsymbol{A}$ 为非奇异矩阵，称数

$$\mathrm{cond}\,(\boldsymbol{A})_M = \|\boldsymbol{A}\|_M\ \|\boldsymbol{A}^{-1}\|_M$$

为矩阵 $\boldsymbol{A}$ 的条件数。

由此看出矩阵的条件数与矩阵范数有关。

矩阵的条件数是一个十分重要的概念，由上面讨论知，当 $\boldsymbol{A}$ 的条件数相对比较大，即 $\mathrm{cond}\,(\boldsymbol{A})_M \gg 1$ 时，则方程组 $\boldsymbol{Ax}=\boldsymbol{b}$ 是"病态"的(即 $\boldsymbol{A}$ 为"病态"或者说相对于解方程组来说 $\boldsymbol{A}$ 是坏条件的)，当 $\boldsymbol{A}$ 的条件数相对较小，则方程组 $\boldsymbol{Ax}=\boldsymbol{b}$ 是"良态"的(或者说 $\boldsymbol{A}$ 是好条件的)。注意，方程组病态性质是方程组本身的特性，$\boldsymbol{A}$ 的条件数愈大，方程组的病态程度愈严重，也就愈难用一般的计算方法求得比较精确的解。

常用的条件数有：

①$\mathrm{cond}\,(\boldsymbol{A})_1 = \|\boldsymbol{A}\|_1\ \|\boldsymbol{A}^{-1}\|_1$

②$\mathrm{cond}\,(\boldsymbol{A})_\infty = \|\boldsymbol{A}\|_\infty\ \|\boldsymbol{A}^{-1}\|_\infty$

③$\mathrm{cond}\,(\boldsymbol{A})_2 = \|\boldsymbol{A}\|_2\ \|\boldsymbol{A}^{-1}\|_2 = \sqrt{\dfrac{\lambda_{\max}(\boldsymbol{A}^{\mathrm{T}}\boldsymbol{A})}{\lambda_{\min}(\boldsymbol{A}^{\mathrm{T}}\boldsymbol{A})}}$

如果 $\boldsymbol{A}$ 为实对称正定矩阵，则有 $\lambda_{\max}(\boldsymbol{A}^{\mathrm{T}}\boldsymbol{A})=\lambda_{\max}^2(\boldsymbol{A})>0$，$\lambda_{\min}(\boldsymbol{A}^{\mathrm{T}}\boldsymbol{A})=\lambda_{\min}^2(\boldsymbol{A})>0$，因此

$$\mathrm{cond}\,(\boldsymbol{A})_2 = \frac{\lambda_{\max}(\boldsymbol{A})}{\lambda_{\min}(\boldsymbol{A})}$$

条件数的性质有：

①对任意非奇异矩阵 $\boldsymbol{A}\in\boldsymbol{R}^{n\times n}$，则有 $\mathrm{cond}(\boldsymbol{A})\geqslant 1$；

②对任意非奇异矩阵 $\boldsymbol{A}\in\boldsymbol{R}^{n\times n}$ 及 $c\in\boldsymbol{R}$，$c\neq 0$，则有 $\mathrm{cond}(c\boldsymbol{A})=\mathrm{cond}(\boldsymbol{A})$；

③对于任意正交矩阵 $\boldsymbol{A}$，则有 $\mathrm{cond}\,(\boldsymbol{A})_2=1$；

④如果 $\boldsymbol{P}$ 为正交矩阵，$\boldsymbol{A}$ 为非奇异矩阵，则有 $\mathrm{cond}\,(\boldsymbol{PA})_2=\mathrm{cond}\,(\boldsymbol{AP})_2=\mathrm{cond}\,(\boldsymbol{A})_2$。

例 2.9 已知希尔伯特(Hilbert)矩阵

$$\boldsymbol{H}_n = \begin{bmatrix} 1 & \frac{1}{2} & \cdots & \frac{1}{n} \\ \frac{1}{2} & \frac{1}{3} & \cdots & \frac{1}{n+1} \\ \vdots & \vdots & & \vdots \\ \frac{1}{n} & \frac{1}{n+1} & \cdots & \frac{1}{2n-1} \end{bmatrix}$$

计算$\boldsymbol{H}_3$ 的条件数 $\mathrm{cond}\,(\boldsymbol{H}_3)_\infty$。

解

$$\boldsymbol{H}_3 = \begin{bmatrix} 1 & \frac{1}{2} & \frac{1}{3} \\ \frac{1}{2} & \frac{1}{3} & \frac{1}{4} \\ \frac{1}{3} & \frac{1}{4} & \frac{1}{5} \end{bmatrix} \qquad \boldsymbol{H}_3^{-1} = \begin{bmatrix} 9 & -36 & 30 \\ -36 & 192 & -180 \\ 30 & -180 & 180 \end{bmatrix}$$

计算$\boldsymbol{H}_3$ 的条件数 $\text{cond}\,(\boldsymbol{H}_3)_\infty$。

$$\|\boldsymbol{H}_3\|_\infty=\frac{11}{6}\qquad \|\boldsymbol{H}_3^{-1}\|_\infty=408\qquad \text{cond}\,(\boldsymbol{H}_3)_\infty=748$$

同理可计算 $\text{cond}\,(\boldsymbol{H}_6)_\infty=2.9\times10^7$，$\text{cond}\,(\boldsymbol{H}_7)_\infty=9.85\times10^8$，可见，随着 n 的增大，$\text{cond}\,(\boldsymbol{H}_n)_\infty$ 急剧增加，因此，以$\boldsymbol{H}_n$ 为系数矩阵的线性方程组$\boldsymbol{H}_n\boldsymbol{x}=\boldsymbol{b}$ 是严重病态的。

考虑方程组

$$\boldsymbol{H}_3\boldsymbol{x}=\boldsymbol{b}\quad \text{其中 } \boldsymbol{b}=\left(\frac{11}{6},\frac{13}{12},\frac{47}{60}\right)^{\mathrm{T}}$$

设$\boldsymbol{H}_3$ 及 $\boldsymbol{b}$ 有微小误差(取 3 位有效数字)，则有

$$\begin{bmatrix}1.00 & 0.500 & 0.333\\ 0.500 & 0.333 & 0.250\\ 0.333 & 0.250 & 0.200\end{bmatrix}\begin{bmatrix}x_1+\delta x_1\\ x_2+\delta x_2\\ x_3+\delta x_3\end{bmatrix}=\begin{bmatrix}1.83\\ 1.08\\ 0.783\end{bmatrix}\tag{2.16}$$

此式简写为$(\boldsymbol{H}_3+\delta\boldsymbol{H}_3)(\boldsymbol{x}+\delta\boldsymbol{x})=\boldsymbol{b}+\delta\boldsymbol{b}$，方程组$\boldsymbol{H}_3\boldsymbol{x}=\boldsymbol{b}$ 与式(2.16)的精确解分别为：

$$\boldsymbol{x}=(1,1,1)^{\mathrm{T}}\quad \boldsymbol{x}+\delta\boldsymbol{x}=(1.089512538,0.487967062,1.491002798)^{\mathrm{T}}$$

于是 $\delta\boldsymbol{x}=(0.089512538,-0.512032938,0.491002798)^{\mathrm{T}}$，可以算得：

$$\frac{\|\delta\boldsymbol{H}_3\|_\infty}{\|\boldsymbol{H}_3\|_\infty}\approx0.18\times10^{-3}<0.02\%\qquad \frac{\|\delta\boldsymbol{b}\|_\infty}{\|\boldsymbol{b}\|_\infty}\approx0.182\%\qquad \frac{\|\delta\boldsymbol{x}\|_\infty}{\|\boldsymbol{x}\|_\infty}\approx51.2\%$$

这就是说$\boldsymbol{H}_3$ 与 $\boldsymbol{b}$ 相对误差不超过 0.2%，而引起解的相对误差超过 50%。由上述例题可以看出，对于给定的线性方程组 $\boldsymbol{Ax}=\boldsymbol{b}$，要判断它是否病态并不容易，因为用条件数$\text{cond}(\boldsymbol{A})=\|\boldsymbol{A}\|\,\|\boldsymbol{A}^{-1}\|$ 判断时要求$\boldsymbol{A}^{-1}$，而计算$\boldsymbol{A}^{-1}$是比较费劲的，那么在实际计算中如何发现病态情况呢?

①如果在 $\boldsymbol{A}$ 的三角分解时(尤其是用选主元消去法解式(2.10)时)出现小主元，对大多数矩阵来说，$\boldsymbol{A}$ 可能是病态。

②系数矩阵的行列式值相对很小，或系数矩阵某些行近似线性相关，$\boldsymbol{A}$ 可能是病态。

③系数矩阵 $\boldsymbol{A}$ 元素间数量级相差很小，并且无一定规则，$\boldsymbol{A}$ 可能是病态。

一般病态线性方程组的求解是比较困难的，线性方程组给定时，其系数矩阵的条件数也就随之确定。因而线性方程组的性态是方程组本身固有的性质，与求解线性方程组的算法无关。

在计算机上求解线性方程组，都是所给方程组的扰动方程组，这是因为将系数矩阵和常数项输入计算机后计算机要对数作十进制和二进制转化，由于字长的限制总有误差。对于良态方程组，只要求解方法稳定，即可得到比较满意的计算结果。但对于病态方程组，即使采用稳定性好的算法也未必得到理想的解。

对于病态线性方程组 $\boldsymbol{Ax}=\boldsymbol{b}$，实际应用中使用下述两种方法进行处理：

①采用高精度的算术运算。如采用双精度运算，使得由于舍入误差的放大而损失若干有效数位后，还能保留一些有效数位，改善或减轻“病态”影响。

②对线性方程组进行预处理。如用可逆对角矩阵对线性方程组进行矩阵平衡，降低系数矩阵的条件数。

具体作法是寻找可逆对角矩阵 $\boldsymbol{D}$，使方程组 $\boldsymbol{Ax}=\boldsymbol{b}$ 转化为 $\boldsymbol{DAx}=\boldsymbol{Db}$，并且使得 $\boldsymbol{DAx}=\boldsymbol{Db}$ 的条件数相对较小，如计算 $S_i=\max\limits_{1\leqslant j\leqslant n}|a_{ij}|\,(i=1,2,\cdots,n)$，取 $\boldsymbol{D}=\text{diag}(S_1^{-1},S_2^{-1},\cdots,$

S_n^{-1})，这样 cond($\boldsymbol{DA}$)的值比 cond($\boldsymbol{A}$)要小得多。

例 2.10 对线性方程组

$$\begin{bmatrix} 1 & 10^4 \\ 1 & 1 \end{bmatrix}\begin{bmatrix} x_1 \\ x_2 \end{bmatrix} = \begin{bmatrix} 10^4 \\ 2 \end{bmatrix} \tag{2.17}$$

计算条件数 cond $(\boldsymbol{A})_\infty$。

解

$$\boldsymbol{A} = \begin{bmatrix} 1 & 10^4 \\ 1 & 1 \end{bmatrix} \qquad \boldsymbol{A}^{-1} = \frac{1}{10^4 - 1}\begin{bmatrix} -1 & 10^4 \\ 1 & -1 \end{bmatrix}$$

$$\text{cond}\ (\boldsymbol{A})_\infty = \frac{(1 + 10^4)^2}{10^4 - 1} \approx 10^4$$

可见原方程组为病态方程组，现对方程组进行预处理。

$$S_1 = \max_{1 \leqslant j \leqslant 2} |a_{1j}| = 10^4 \qquad S_2 = 1$$

取 $\boldsymbol{D} = \text{diag}(10^{-4}, 1) = \begin{bmatrix} 10^{-4} & 0 \\ 0 & 1 \end{bmatrix}$，得 $\boldsymbol{DA} = \begin{bmatrix} 10^{-4} & 1 \\ 1 & 1 \end{bmatrix}$，$\boldsymbol{Db} = \begin{bmatrix} 1 \\ 2 \end{bmatrix}$，设 $\boldsymbol{DA} = \tilde{\boldsymbol{A}}$，$\boldsymbol{Db} = \tilde{\boldsymbol{b}}$，则有同解方程组

$$\tilde{\boldsymbol{A}}\boldsymbol{x} = \tilde{\boldsymbol{b}} \tag{2.18}$$

而

$$(\tilde{\boldsymbol{A}})^{-1} = \frac{1}{1 - 10^{-4}}\begin{bmatrix} -1 & 1 \\ 1 & -10^{-4} \end{bmatrix}$$

于是

$$\text{cond}\ (\tilde{\boldsymbol{A}})_\infty = \frac{1}{1 - 10^{-4}} \approx 1$$

当用列主元消去法求解式(2.17)时(计算到三位数字)：

$$(\boldsymbol{A} \mid \boldsymbol{b}) \rightarrow \left[\begin{array}{cc|c} 1 & 10^4 & 10^4 \\ 0 & -10^4 & -10^4 \end{array}\right]$$

于是得到很坏的结果：$x_2 = 1, x_1 = 0$。

现用列主元消去法求解式(2.18)，得到

$$(\tilde{\boldsymbol{A}} \mid \tilde{\boldsymbol{b}}) \rightarrow \left[\begin{array}{cc|c} 1 & 1 & 2 \\ 10^{-4} & 1 & 1 \end{array}\right] \rightarrow \left[\begin{array}{cc|c} 1 & 1 & 2 \\ 0 & 1 & 1 \end{array}\right]$$

从而得到较好的解：$x_1 = 1, x_2 = 1$。事实上，原线性方程组的精确解为 $x_1 = \frac{10000}{9999}$，$x_2 = \frac{9998}{9999}$。

思考问题：对于线性矩阵方程 $\boldsymbol{AX} = \boldsymbol{B}$(其中 $\boldsymbol{A}$ 是 $n \times n$ 矩阵，$\boldsymbol{X}$ 是 $n \times m$ 矩阵，$\boldsymbol{B}$ 是 $n \times m$ 矩阵)，假设其解存在唯一，是否也可以类似于线性方程组来讨论线性矩阵方程解的敏感性问题？

2.5 线性方程组的迭代解法

考虑线性方程组

$$Ax = b \tag{2.19}$$

其中 A 为非奇异矩阵，当 A 为低阶稠密矩阵时，前面所讨论的选主元消去法是解方程组(2.19)的有效方法，但是，对由工程技术中产生的大型稀疏矩阵(A 的阶数 n 很大，零元素很多，例如求某些偏微分方程数值解所产生的线性方程组，$n \geqslant 10^4$)，利用迭代法求解方程组(2.19)是合适的，在计算机的内存和运算方面，迭代法通常都可利用 A 中有大量零元素的特点。

本节介绍迭代法的一些基本概念。先看下面的简单例子，以便了解迭代解法的基本思想。

例 2.11 求解线性方程组

$$\begin{cases} 8x_1 - 3x_2 + 2x_3 = 20 \\ 4x_1 + 11x_2 - x_3 = 33 \\ 6x_1 + 3x_2 + 12x_3 = 36 \end{cases} \tag{2.20}$$

解 把原方程组记为 $Ax=b$，其中

$$A = \begin{bmatrix} 8 & -3 & 2 \\ 4 & 11 & -1 \\ 6 & 3 & 12 \end{bmatrix} \qquad b = \begin{bmatrix} 20 \\ 33 \\ 36 \end{bmatrix}$$

线性方程组的精确解 $x^* = (3,2,1)^T$。现将式(2.20)改写为

$$\begin{cases} x_1 = \dfrac{1}{8}(3x_2 - 2x_3 + 20) \\ x_2 = \dfrac{1}{11}(-4x_1 + x_3 + 33) \\ x_3 = \dfrac{1}{12}(-6x_1 - 3x_2 + 36) \end{cases} \tag{2.21}$$

式(2.21)可简写为

$$x = Bx + f$$

其中

$$B = \begin{bmatrix} 0 & \dfrac{3}{8} & -\dfrac{1}{4} \\ -\dfrac{4}{11} & 0 & \dfrac{1}{11} \\ -\dfrac{1}{2} & -\dfrac{1}{4} & 0 \end{bmatrix} \qquad f = \begin{bmatrix} \dfrac{5}{2} \\ 3 \\ 3 \end{bmatrix}$$

任取初始值，比如取 $x^{(0)} = (0,0,0)^T$，代入式(2.21)右边(若式(2.21)为等式即求得线性方程组的解，但一般不满足)，得到新的值 $x^{(1)} = (x_1^{(1)}, x_2^{(1)}, x_3^{(1)})^T = (2.5, 3, 3)^T$，再将 $x^{(1)}$ 代入式(2.21)右边得到 $x^{(2)}$，反复利用这个计算程序，得到一个向量序列和一般的计算公式(迭代公式)

$$x^{(0)} = \begin{bmatrix} x_1^{(0)} \\ x_2^{(0)} \\ x_3^{(0)} \end{bmatrix} \quad x^{(1)} = \begin{bmatrix} x_1^{(1)} \\ x_2^{(1)} \\ x_3^{(1)} \end{bmatrix} \quad \cdots \quad x^{(k)} = \begin{bmatrix} x_1^{(k)} \\ x_2^{(k)} \\ x_3^{(k)} \end{bmatrix} \quad \cdots$$

$$\begin{cases} x_1^{(k+1)} = \frac{1}{8}(3x_2^{(k)} - 2x_3^{(k)} + 20) \\ x_2^{(k+1)} = \frac{1}{11}(-4x_1^{(k)} + x_3^{(k)} + 33) \\ x_3^{(k+1)} = \frac{1}{12}(-6x_1^{(k)} - 3x_2^{(k)} + 36) \end{cases} \tag{2.22}$$

简写为

$$\boldsymbol{x}^{(k+1)} = \boldsymbol{B}\boldsymbol{x}^{(k)} + \boldsymbol{f}$$

其中 k 表示迭代次数($k=0,1,2,\cdots$)。

迭代到第 10 次有

$$\boldsymbol{x}^{(10)} = (3.000032, 1.999838, 0.9998813)^{\mathrm{T}}$$

$$\|\boldsymbol{\varepsilon}^{(10)}\|_{\infty} = 0.000187 \qquad (\boldsymbol{\varepsilon}^{(10)} = \boldsymbol{x}^{(10)} - \boldsymbol{x}^{(9)})$$

从此例看出,由迭代法产生的向量序列 $\boldsymbol{x}^{(k)}$ 逐次逼近线性方程组的精确解 $\boldsymbol{x}^*$。

对于任何一个线性方程组 $\boldsymbol{x}=\boldsymbol{B}\boldsymbol{x}+\boldsymbol{f}$(由 $\boldsymbol{A}\boldsymbol{x}=\boldsymbol{b}$ 变形得到的等价方程组),由迭代法产生的向量序列 $\boldsymbol{x}^{(k)}$ 是否逐步逼近线性方程组的解 $\boldsymbol{x}^*$ 呢? 回答是不一定,请读者考虑用迭代法解下述方程组:

$$\begin{cases} x_1 = 2x_2 + 5 \\ x_2 = 3x_1 + 5 \end{cases}$$

对于给定方程组 $\boldsymbol{x}=\boldsymbol{B}\boldsymbol{x}+\boldsymbol{f}$,设有唯一解 $\boldsymbol{x}^*$,则

$$\boldsymbol{x}^* = \boldsymbol{B}\boldsymbol{x}^* + \boldsymbol{f} \tag{2.23}$$

又设 $\boldsymbol{x}^{(0)}$ 为任取的初始向量,按下述公式构造向量序列

$$\boldsymbol{x}^{(k+1)} = \boldsymbol{B}\boldsymbol{x}^{(k)} + \boldsymbol{f} \qquad (k = 0,1,2,\cdots) \tag{2.24}$$

其中 k 表示迭代次数。

定义 2.9　对于给定的线性方程组 $\boldsymbol{x}=\boldsymbol{B}\boldsymbol{x}+\boldsymbol{f}$,用公式(2.24)逐步代入求近似解的方法称为迭代法(或称为一阶定常迭代,这里 $\boldsymbol{B}$ 与 k 无关),如果 $\lim\limits_{k\to\infty}\boldsymbol{x}^{(k)}$ 存在(记为 $\boldsymbol{x}^*$),称此迭代法收敛,显然 $\boldsymbol{x}^*$ 就是线性方程组的解,否则称迭代法发散。

由上述讨论,需要研究 $\{\boldsymbol{x}^{(k)}\}$ 的收敛性,引入误差向量

$$\boldsymbol{\varepsilon}^{(k+1)} = \boldsymbol{x}^{(k+1)} - \boldsymbol{x}^*$$

由式(2.24)减去式(2.23),得

$$\boldsymbol{\varepsilon}^{(k+1)} = \boldsymbol{B}\boldsymbol{\varepsilon}^{(k)} \qquad (k = 0,1,2,\cdots)$$

递推得到

$$\boldsymbol{\varepsilon}^{(k)} = \boldsymbol{B}\boldsymbol{\varepsilon}^{(k-1)} = \cdots = \boldsymbol{B}^k\boldsymbol{\varepsilon}^{(0)}$$

可见要考查 $\{\boldsymbol{x}^{(k)}\}$ 的收敛性,就要研究 $\lim\limits_{k\to\infty}\boldsymbol{\varepsilon}^{(k)}=\boldsymbol{0}$ 是否成立。由于 $\lim\limits_{k\to\infty}\boldsymbol{\varepsilon}^{(k)}=\boldsymbol{0}$ 等价于 $\lim\limits_{k\to\infty}\boldsymbol{B}^k=\boldsymbol{0}$,因此,要考查 $\{\boldsymbol{x}^{(k)}\}$ 的收敛性,就要研究 $\boldsymbol{B}$ 满足什么条件时有 $\lim\limits_{k\to\infty}\boldsymbol{B}^k=\boldsymbol{0}$。

思考问题:对于线性矩阵方程 $\boldsymbol{A}\boldsymbol{X}=\boldsymbol{B}$(其中 $\boldsymbol{A}$ 是 $n\times n$ 矩阵,$\boldsymbol{X}$ 是 $n\times m$ 矩阵,$\boldsymbol{B}$ 是 $n\times m$ 矩阵),假设其存在唯一解,是否也有类似于线性方程组的迭代解法? 如果有,收敛性如何讨论?

2.6 基本迭代法

本节介绍雅克比(Jacobi)迭代(简称J迭代)、高斯-赛德尔(Gauss-Seidel)迭代(简称GS迭代)、逐次超松弛(Succesive Over Relaxation)迭代(简称SOR迭代),其中逐次超松弛迭代法应用很广泛。

对线性方程组

$$\boldsymbol{Ax} = \boldsymbol{b} \tag{2.25}$$

其中,$\boldsymbol{A}=(a_{ij})\in \boldsymbol{R}^{n\times n}$为非奇异矩阵,下面给出求解$\boldsymbol{Ax}=\boldsymbol{b}$的各种迭代方法。

将系数矩阵$\boldsymbol{A}$分裂为

$$\boldsymbol{A} = \boldsymbol{M} - \boldsymbol{N} \tag{2.26}$$

其中,$\boldsymbol{M}$为非奇异矩阵,且要求线性方程组$\boldsymbol{Mx}=\boldsymbol{d}$容易求解,一般选择$\boldsymbol{M}$为$\boldsymbol{A}$的某一部分元素构成的矩阵,称$\boldsymbol{M}$为$\boldsymbol{A}$的分裂矩阵,于是,求解$\boldsymbol{Ax}=\boldsymbol{b}$转化为求解$\boldsymbol{Mx}=\boldsymbol{Nx}+\boldsymbol{b}$,即

$$\boldsymbol{Ax} = \boldsymbol{b} \Leftrightarrow \boldsymbol{x} = \boldsymbol{M}^{-1}\boldsymbol{Nx} + \boldsymbol{M}^{-1}\boldsymbol{b}$$

由此可构造一个迭代法

$$\begin{cases} \boldsymbol{x}^{(0)}\text{(初始向量)} \\ \boldsymbol{x}^{(k+1)} = \boldsymbol{Bx}^{(k)} + \boldsymbol{f} \end{cases} (k = 0,1,2,\cdots) \tag{2.27}$$

其中$\boldsymbol{B}=\boldsymbol{M}^{-1}\boldsymbol{N}=\boldsymbol{M}^{-1}(\boldsymbol{M}-\boldsymbol{A})=\boldsymbol{I}-\boldsymbol{M}^{-1}\boldsymbol{A}$,$\boldsymbol{f}=\boldsymbol{M}^{-1}\boldsymbol{b}$,称$\boldsymbol{B}=\boldsymbol{I}-\boldsymbol{M}^{-1}\boldsymbol{A}$为迭代法的迭代矩阵,通过选取不同的矩阵$\boldsymbol{M}$,就可得到求解$\boldsymbol{Ax}=\boldsymbol{b}$的各种迭代方法。

设$a_{ii}\neq 0(i=1,2,\cdots,n)$,将$\boldsymbol{A}$分为三部分:

$$\boldsymbol{A} = -\boldsymbol{L} + \boldsymbol{D} - \boldsymbol{U} \tag{2.28}$$

其中

$$\boldsymbol{L} = \begin{bmatrix} 0 & & & & \\ -a_{21} & 0 & & & \\ \vdots & \vdots & \ddots & & \\ -a_{n-1,1} & -a_{n-1,2} & \cdots & 0 & \\ -a_{n1} & -a_{n2} & \cdots & -a_{n,n-1} & 0 \end{bmatrix} \quad \boldsymbol{D} = \begin{bmatrix} a_{11} & & & \\ & a_{22} & & \\ & & \ddots & \\ & & & a_{nn} \end{bmatrix}$$

$$\boldsymbol{U} = \begin{bmatrix} 0 & -a_{12} & \cdots & -a_{1,n-1} & -a_{1n} \\ & 0 & \cdots & -a_{2,n-1} & -a_{2n} \\ & & \ddots & \vdots & \vdots \\ & & & 0 & -a_{n-1,n} \\ & & & & 0 \end{bmatrix}$$

2.6.1 雅克比迭代法(J迭代法)

由于$a_{ii}\neq 0(i=1,2,\cdots,n)$,选取$\boldsymbol{M}$为$\boldsymbol{A}$的对角元素组成的矩阵,即选取$\boldsymbol{M}=\boldsymbol{D}$(对角阵),因此$\boldsymbol{A}=\boldsymbol{D}-\boldsymbol{L}-\boldsymbol{U}$,由式(2.28)得到求解$\boldsymbol{Ax}=\boldsymbol{b}$的雅克比(Jacobi)迭代法(简称J迭代法):

$$\begin{cases} \boldsymbol{x}^{(0)}\text{(初始向量)} \\ \boldsymbol{x}^{(k+1)} = \boldsymbol{B}_{\mathrm{J}}\boldsymbol{x}^{(k)} + \boldsymbol{f}_{\mathrm{J}} \end{cases} \quad (k = 0,1,2,\cdots) \tag{2.29}$$

其中$\boldsymbol{B}_J=\boldsymbol{I}-\boldsymbol{D}^{-1}\boldsymbol{A}=\boldsymbol{D}^{-1}(\boldsymbol{L}+\boldsymbol{U})$，$\boldsymbol{f}_J=\boldsymbol{D}^{-1}\boldsymbol{b}$，称$\boldsymbol{B}_J$为$\boldsymbol{Ax}=\boldsymbol{b}$的雅克比迭代法的迭代矩阵。

下面给出雅克比迭代的分量计算公式。令$\boldsymbol{x}^{(k)}=(x_1^{(k)},x_2^{(k)},\cdots,x_n^{(k)})^{\mathrm{T}}$，由雅克比迭代公式(2.29)有

$$\boldsymbol{Dx}^{(k+1)}=(\boldsymbol{L}+\boldsymbol{U})\boldsymbol{x}^{(k)}+\boldsymbol{b}\Leftrightarrow\boldsymbol{x}^{(k+1)}=\boldsymbol{D}^{-1}(\boldsymbol{L}+\boldsymbol{U})\boldsymbol{x}^{(k)}+\boldsymbol{D}^{-1}\boldsymbol{b}$$

即有

$$a_{ii}x_i^{(k+1)}=-\sum_{j=1}^{i-1}a_{ij}x_j^{(k)}-\sum_{j=i+1}^{n}a_{ij}x_j^{(k)}+b_i\quad(i=1,2,\cdots,n;k=0,1,2,\cdots)$$

于是，解$\boldsymbol{Ax}=\boldsymbol{b}$的雅克比迭代法的计算公式为

$$\begin{cases}\boldsymbol{x}^{(0)}=(x_1^{(0)},x_2^{(0)},\cdots,x_n^{(0)})^{\mathrm{T}}\ \text{初始向量}\\ x_i^{(k+1)}=\dfrac{1}{a_{ii}}(b_i-\displaystyle\sum_{j=1}^{i-1}a_{ij}x_j^{(k)}-\sum_{j=i+1}^{n}a_{ij}x_j^{(k)})\end{cases}\quad(i=1,2,\cdots,n;k=0,1,2,\cdots)\tag{2.30}$$

由式(2.30)可知，雅克比迭代法的计算公式简单，每迭代一次只需计算一次矩阵和向量的乘法，且计算过程中原始矩阵$\boldsymbol{A}$的元素始终不变。

例 2.12 用J迭代法计算线性方程组

$$\begin{cases}4x_1+3x_2=24\\3x_1+4x_2-x_3=30\\-x_2+4x_3=-24\end{cases}$$

的近似解$\boldsymbol{x}^{(k+1)}$，要求$\|\boldsymbol{x}^{(k+1)}-\boldsymbol{x}^{(k)}\|_\infty<10^{-5}$(精确解为$x_1=3,x_2=4,x_3=-5$)。

解 应用J迭代法，取$\boldsymbol{x}^{(0)}=(1,1,1)^{\mathrm{T}}$，得到迭代格式

$$\begin{cases}x_1^{(k+1)}=\dfrac{1}{4}(24-3x_2^{(k)})\\[2ex] x_2^{(k+1)}=\dfrac{1}{4}(30-3x_1^{(k)}+x_3^{(k)})\\[2ex] x_3^{(k+1)}=\dfrac{1}{4}(-24+x_2^{(k)})\end{cases}$$

对$k=0,1,\cdots$计算得

$$\begin{aligned}\boldsymbol{x}^{(1)}&=(5.250000,7.000000,-5.750000)^{\mathrm{T}}\\ \boldsymbol{x}^{(2)}&=(0.750000,2.125000,-4.250000)^{\mathrm{T}}\\ \boldsymbol{x}^{(3)}&=(4.406250,5.875000,-5.468750)^{\mathrm{T}}\\ \boldsymbol{x}^{(4)}&=(1.593750,2.828125,-4.531250)^{\mathrm{T}}\\ &\vdots\\ \boldsymbol{x}^{(57)}&=(3.000004,4.000006,-5.000001)^{\mathrm{T}}\\ \boldsymbol{x}^{(58)}&=(2.999996,3.999996,-4.999999)^{\mathrm{T}}\end{aligned}$$

且满足$\|\boldsymbol{x}^{(58)}-\boldsymbol{x}^{(57)}\|<10^{-5}$。

2.6.2 高斯-赛德尔迭代法(GS 迭代法)

选取矩阵$\boldsymbol{M}$为$\boldsymbol{A}$的下三角部分，即$\boldsymbol{M}=\boldsymbol{D}-\boldsymbol{L}$(下三角矩阵)，因此$\boldsymbol{A}=\boldsymbol{M}-\boldsymbol{U}$，由式(2.27)得到求解$\boldsymbol{Ax}=\boldsymbol{b}$的高斯-赛德尔迭代法(简称GS迭代法)：

$$\begin{cases} \boldsymbol{x}^{(0)}(\text{初始向量}) \\ \boldsymbol{x}^{(k+1)} = \boldsymbol{B}_G\boldsymbol{x}^{(k)} + \boldsymbol{f}_G \end{cases} \quad (k = 0,1,2,\cdots) \tag{2.31}$$

其中$\boldsymbol{B}_G=\boldsymbol{I}-(\boldsymbol{D}-\boldsymbol{L})^{-1}\boldsymbol{A}=(\boldsymbol{D}-\boldsymbol{L})^{-1}\boldsymbol{U}$，$\boldsymbol{f}_G=(\boldsymbol{D}-\boldsymbol{L})^{-1}\boldsymbol{b}$，称$\boldsymbol{B}_G=(\boldsymbol{D}-\boldsymbol{L})^{-1}\boldsymbol{U}$为解$\boldsymbol{Ax}=\boldsymbol{b}$的高斯-赛德尔迭代矩阵。

下面给出高斯-赛德尔迭代法的分量计算公式。记$\boldsymbol{x}^{(k)}=(x_1^{(k)},x_2^{(k)},\cdots,x_n^{(k)})^T$，由式(2.31)有

$$(\boldsymbol{D}-\boldsymbol{L})\boldsymbol{x}^{(k+1)} = \boldsymbol{U}\boldsymbol{x}^{(k)} + \boldsymbol{b}$$

即

$$\boldsymbol{D}\boldsymbol{x}^{(k+1)} = \boldsymbol{L}\boldsymbol{x}^{(k+1)} + \boldsymbol{U}\boldsymbol{x}^{(k)} + \boldsymbol{b} \Leftrightarrow \boldsymbol{x}^{(k+1)} = (\boldsymbol{D}-\boldsymbol{L})^{-1}\boldsymbol{U}\boldsymbol{x}^{(k)} + (\boldsymbol{D}-\boldsymbol{L})^{-1}\boldsymbol{b}$$

得

$$a_{ii}x_i^{(k+1)} = b_i - \sum_{j=1}^{i-1} a_{ij}x_j^{(k+1)} - \sum_{j=i+1}^{n} a_{ij}x_j^{(k)} \quad (i = 1,2\cdots,n;k = 0,1,2,\cdots)$$

于是求解$\boldsymbol{Ax}=\boldsymbol{b}$的高赛德尔迭代法的计算公式为：

$$\begin{cases} \boldsymbol{x}^{(0)} = (x_1^{(0)},x_2^{(0)}\cdots x_n^{(0)})^T \text{ 初始向量} \\ x_i^{(k+1)} = \dfrac{1}{a_{ii}}(b_i - \sum\limits_{j=1}^{i-1} a_{ij}x_j^{(k+1)} - \sum\limits_{j=i+1}^{n} a_{ij}x_j^{(k)}) \end{cases} \quad (i = 1,2,\cdots,n;k = 0,1,2,\cdots) \tag{2.32}$$

雅克比迭代法不使用所得变量的最新信息来计算$x_i^{(k+1)}$，而由高斯-赛德尔迭代公式(2.32)可知，计算$\boldsymbol{x}^{(k+1)}$的第i个分量$x_i^{(k+1)}$时，利用了已经计算出的最新分量$x_j^{(k+1)}(j=1,2,\cdots,i-1)$的值，高斯-赛德尔迭代法可看作是雅克比迭代法的一种改进，由式(2.32)可知，高斯-赛德尔迭代法每迭代一次只需计算一次矩阵与向量的乘法。

例 2.13　用高斯-赛德尔迭代法求解例 2.12 线性方程组，要求$\|\boldsymbol{x}^{(k+1)}-\boldsymbol{x}^{(k)}\|<10^{-5}$。

解　应用 GS 迭代公式，取$\boldsymbol{x}^{(0)}=(1,1,1)^T$，得

$$\begin{cases} x_1^{(k+1)} = \dfrac{1}{4}(24 - 3x_2^{(k)}) \\ x_2^{(k+1)} = \dfrac{1}{4}(30 - 3x_1^{(k+1)} + x_3^{(k)}) \\ x_3^{(k+1)} = \dfrac{1}{4}(-24 + x_2^{(k+1)}) \end{cases}$$

对$k=0,1,\cdots$计算

$$\begin{aligned} \boldsymbol{x}^{(1)} &= (5.250000,3.182500,-5.046875)^T \\ \boldsymbol{x}^{(2)} &= (3.140625,3.882813,-5.029297)^T \\ \boldsymbol{x}^{(3)} &= (3.087891,3.926758,-5.018311)^T \\ \boldsymbol{x}^{(4)} &= (3.054932,3.954224,-5.011444)^T \\ &\vdots \\ \boldsymbol{x}^{(21)} &= (3.000019,3.999985,-5.000004)^T \\ \boldsymbol{x}^{(22)} &= (3.000011,3.999998,-5.000002)^T \end{aligned}$$

此时$\|\boldsymbol{x}^{(22)}-\boldsymbol{x}^{(21)}\|<10^{-5}$。

由此例可知，用高斯-赛德尔迭代法、雅克比迭代法求解线性方程组(且取$\boldsymbol{x}^{(0)}=(1,1,1)^T$)均收敛，而高斯-赛德尔迭代法比雅克比迭代法收敛快，(即取相同初始值$\boldsymbol{x}^{(0)}$，在

同样精度要求下,高斯-赛德尔迭代法所需迭代次数较少),但这结论只有当 $\boldsymbol{A}$ 满足一定条件时才成立。

2.6.3　逐次超松弛迭代法(SOR 迭代法)

选取矩阵 $\boldsymbol{A}$ 的下三角矩阵分量并赋予参数 ω 作为分裂矩阵 $\boldsymbol{M}$,即

$$\boldsymbol{M}=\frac{1}{\omega}(\boldsymbol{D}-\omega\boldsymbol{L})$$

其中 $\omega>0$ 为可选择的松弛因子,由式(2.27)可构造一个迭代法,其迭代矩阵为:

$$\boldsymbol{B}_{\mathrm{S}}\equiv\boldsymbol{I}-\omega(\boldsymbol{D}-\omega\boldsymbol{L})^{-1}\boldsymbol{A}=(\boldsymbol{D}-\omega\boldsymbol{L})^{-1}((1-\omega)\boldsymbol{D}+\omega\boldsymbol{U})$$

从而得到求解 $\boldsymbol{Ax}=\boldsymbol{b}$ 的逐次超松弛迭代法(简称 SOR 迭代法):

$$\begin{cases}\boldsymbol{x}^{(0)}(\text{初始向量})\\ \boldsymbol{x}^{(k+1)}=\boldsymbol{B}_{\mathrm{S}}\boldsymbol{x}^{(k)}+\boldsymbol{f}_{\mathrm{S}}\end{cases}\quad(k=0,1,2,\cdots)\tag{2.33}$$

其中 $\boldsymbol{B}_{\mathrm{S}}=(\boldsymbol{D}-\omega\boldsymbol{L})^{-1}((1-\omega)\boldsymbol{D}+\omega\boldsymbol{U})$,$\boldsymbol{f}_{\mathrm{S}}=\omega(\boldsymbol{D}-\omega\boldsymbol{L})^{-1}\boldsymbol{b}$。

下面给出逐次超松弛迭代法的分量计算公式。记 $\boldsymbol{x}^{(k)}=(x_1^{(k)},x_2^{(k)},\cdots,x_n^{(k)})^{\mathrm{T}}$,由式(2.33)可得:

$$(\boldsymbol{D}-\omega\boldsymbol{L})\boldsymbol{x}^{(k+1)}=[(1-\omega)\boldsymbol{D}+\omega\boldsymbol{U}]\boldsymbol{x}^{(k)}+\omega\boldsymbol{b}$$

$$\Leftrightarrow\boldsymbol{D}\boldsymbol{x}^{(k+1)}=\boldsymbol{D}\boldsymbol{x}^{(k)}+\omega(\boldsymbol{b}+\boldsymbol{L}\boldsymbol{x}^{(k+1)}+\boldsymbol{U}\boldsymbol{x}^{(k)}-\boldsymbol{D}\boldsymbol{x}^{(k)})$$

由此可得,求解 $\boldsymbol{Ax}=\boldsymbol{b}$ 的逐次超松弛迭代法的计算公式为:

$$\begin{cases}\boldsymbol{x}^{(0)}=(x_1^{(0)},x_2^{(0)},\cdots,x_n^{(0)})^{\mathrm{T}}(\text{初始向量})\\ x_i^{(k+1)}=x_i^{(k)}+\dfrac{\omega}{a_{ii}}\left(b_i-\sum\limits_{j=1}^{i-1}a_{ij}x_j^{(k+1)}-\sum\limits_{j=i}^{n}a_{ij}x_j^{(k)}\right)\end{cases}\quad(i=1,2,\cdots,n;k=0,1,2,\cdots)\tag{2.34}$$

其中 ω 为松弛因子。

①显然,当 $\omega=1$ 时,SOR 迭代法即为 GS 迭代法。

②SOR 迭代法每迭代一次主要运算量是计算一次矩阵与向量的乘法。

③当 $\omega>1$ 时,称为超松弛法;当 $\omega<1$ 时,称为低松弛法。

④可用 $\max\limits_{1\leqslant i\leqslant n}|x_i^{(k+1)}-x_i^{(k)}|<\varepsilon$ 控制迭代终止。

SOR 迭代法是 GS 迭代法的一种修正,可由下述思想得到:

设已知 $\boldsymbol{x}^{(k)}$ 及已计算出 $\boldsymbol{x}^{(k+1)}$ 的分量 $x_j^{(k+1)}(j=1,2,\cdots,n)$,

①先用 GS 迭代法定义辅助量 $\tilde{x}_i^{(k+1)}$,

$$\tilde{x}_i^{(k+1)}=\frac{1}{a_{ii}}(b_i-\sum_{j=1}^{i-1}a_{ij}x_j^{(k+1)}-\sum_{j=i+1}^{n}a_{ij}x_j^{(k)})\tag{2.35}$$

②再由 $x_i^{(k)}$ 与 $\tilde{x}_i^{(k+1)}$ 加权平均定义 $x_i^{(k+1)}$,即

$$x_i^{(k+1)}=(1-\omega)x_i^{(k)}+\omega\tilde{x}_i^{(k+1)}=x_i^{(k)}+\omega(\tilde{x}_i^{(k+1)}-x_i^{(k)})\tag{2.36}$$

把式(2.35)代入式(2.36)就得到求解 $\boldsymbol{Ax}=\boldsymbol{b}$ 的 SOR 迭代法计算公式(2.34)。

例 2.14　用 SOR 迭代法求解线性方程组:

$$\begin{cases}-4x_1+x_2+x_3+x_4=1\\ x_1-4x_2+x_3+x_4=1\\ x_1+x_2-4x_3+x_4=1\\ x_1+x_2+x_3-4x_4=1\end{cases}$$

它的精确解为 $\boldsymbol{x}^*=(-1,-1,-1,-1)^{\mathrm{T}}$。

解　应用SOR迭代格式，取 $\boldsymbol{x}^{(0)}=(0,0,0,0)^{\mathrm{T}}$，有

$$\begin{cases}x_1^{(k+1)}=x_1^{(k)}-\dfrac{\omega}{4}(1+4x_1^{(k)}-x_2^{(k)}-x_3^{(k)}-x_4^{(k)})\\ x_2^{(k+1)}=x_2^{(k)}-\dfrac{\omega}{4}(1-x_1^{(k+1)}+4x_2^{(k)}-x_3^{(k)}-x_4^{(k)})\\ x_3^{(k+1)}=x_3^{(k)}-\dfrac{\omega}{4}(1-x_1^{(k+1)}-x_2^{(k+1)}+4x_3^{(k)}-x_4^{(k)})\\ x_4^{(k+1)}=x_4^{(k)}-\dfrac{\omega}{4}(1-x_1^{(k+1)}-x_2^{(k+1)}-x_3^{(k+1)}+4x_4^{(k)})\end{cases}$$

取 $\omega=1.3$，第11次迭代结果为

$$x^{(11)}=(-0.99999646,-1.00000310,-0.99999953,-0.99999912)^{\mathrm{T}}$$

$$\|\boldsymbol{\varepsilon}^{(11)}\|_2=\|\boldsymbol{x}^{(11)}-\boldsymbol{x}^*\|_2\leqslant 0.46\times 10^{-5}$$

对 ω 取其他值，迭代结果如表2-1所示，从此例看到，松弛因子选择得好，会使SOR迭代法的收敛速度大大提高，本例中 $\omega=1.3$ 是最佳松弛因子。

表2-1　不同松弛因子下的SOR迭代效果

松弛因子 ω	满足误差 $\|\boldsymbol{x}^{(k)}-\boldsymbol{x}^*\|_2<\frac{1}{2}\times 10^{-5}$ 要求的迭代次数	松弛因子 ω	满足误差 $\|\boldsymbol{x}^{(k)}-\boldsymbol{x}^*\|_2<\frac{1}{2}\times 10^{-5}$ 要求的迭代次数
1.0	22	1.5	17
1.1	17	1.6	23
1.2	12	1.7	33
1.3	11(最少迭代次数)	1.8	53
1.4	14	1.9	109

思考问题：对于线性矩阵方程 $\boldsymbol{AX}=\boldsymbol{B}$（其中 $\boldsymbol{A}$ 是 $n\times n$ 矩阵，$\boldsymbol{X}$ 是 $n\times m$ 矩阵，$\boldsymbol{B}$ 是 $n\times m$ 矩阵），假设其存在唯一解，是否也有类似于线性方程组的雅克比迭代、高斯-赛德尔迭代、逐次超松弛迭代？如果有，其收敛性如何判断？

2.7　迭代法的收敛性

2.7.1　一般迭代法的基本收敛定理

设线性方程组

$$\boldsymbol{Ax}=\boldsymbol{b} \tag{2.37}$$

其中 $\boldsymbol{A}\in\boldsymbol{R}^{n\times n}$ 为非奇异矩阵，记 $\boldsymbol{x}^*$ 为方程组(2.37)的精确解，设有等价线性方程组

$$\boldsymbol{x}=\boldsymbol{Bx}+\boldsymbol{f}$$

于是

$$\boldsymbol{x}^*=\boldsymbol{Bx}^*+\boldsymbol{f} \tag{2.38}$$

设有求解 $\boldsymbol{Ax}=\boldsymbol{b}$ 的一般迭代法：

$$\boldsymbol{x}^{(k+1)}=\boldsymbol{Bx}^{(k)}+\boldsymbol{f} \tag{2.39}$$

那么，重要的问题是：迭代矩阵 $\boldsymbol{B}$ 满足什么条件时，由迭代法产生的向量序列 $\{\boldsymbol{x}^{(k)}\}$ 收敛到 $\boldsymbol{x}^*$。

引入误差向量 $\boldsymbol{\varepsilon}^{(k)}=\boldsymbol{x}^{(k)}-\boldsymbol{x}^*$ $(k=0,1,2,\cdots)$，由式(2.38)和式(2.39)得到误差向量的递推公式：

$$\boldsymbol{\varepsilon}^{(k+1)}=\boldsymbol{B}\,\boldsymbol{\varepsilon}^{(k)}\quad(k=0,1,2,\cdots)$$

从而得

$$\boldsymbol{\varepsilon}^{(k)}=\boldsymbol{B}^k\,\boldsymbol{\varepsilon}^{(0)}\quad(k=0,1,2,\cdots)$$

研究由式(2.39)产生的迭代序列的收敛性问题就是要研究迭代矩阵 $\boldsymbol{B}$ 满足什么条件时有 $\lim\limits_{k\to\infty}\boldsymbol{B}^k=\boldsymbol{0}$，为此先来介绍向量及矩阵序列的极限。

定义 2.10 设 $\{\boldsymbol{x}^{(k)}\}$ 是 $\boldsymbol{R}^n$ 中的向量序列，若存在 $\boldsymbol{x}^*\in\boldsymbol{R}^n$，使得 $\lim\limits_{k\to\infty}\|\boldsymbol{x}^{(k)}-\boldsymbol{x}^*\|=0$，则称向量序列 $\{x^{(k)}\}$ 收敛到向量 $\boldsymbol{x}^*$，记为 $\lim\limits_{k\to\infty}\boldsymbol{x}^{(k)}=\boldsymbol{x}^*$。

值得注意的是，由于 $\boldsymbol{x}^{(k)}=(x_1^{(k)},x_2^{(k)},\cdots,x_n^{(k)})^{\mathrm{T}}$ $(k=0,1,2,\cdots)$，根据 $\boldsymbol{R}^n$ 中向量范数的等价性，在向量序列收敛的定义中，收敛性与选用何种范数无关。

定义 2.11 设 $\{\boldsymbol{A}^{(k)}\}$ 是 $\boldsymbol{R}^{n\times n}$ 中矩阵序列，若存在矩阵 $\boldsymbol{A}\in\boldsymbol{R}^{n\times n}$，使得 $\lim\limits_{k\to\infty}\|\boldsymbol{A}^{(k)}-\boldsymbol{A}\|=\boldsymbol{0}$，则称矩阵序列 $\{\boldsymbol{A}^{(k)}\}$ 收敛于矩阵 $\boldsymbol{A}$，记为 $\lim\limits_{k\to\infty}\boldsymbol{A}^{(k)}=\boldsymbol{A}$。

与向量序列极限类似，有

$$\boldsymbol{A}^{(k)}=\begin{pmatrix} a_{11}^{(k)} & a_{12}^{(k)} & \cdots & a_{1n}^{(k)} \\ a_{21}^{(k)} & a_{22}^{(k)} & \cdots & a_{2n}^{(k)} \\ \vdots & \vdots & & \vdots \\ a_{n1}^{(k)} & a_{n2}^{(k)} & \cdots & a_{nn}^{(k)} \end{pmatrix}$$

根据 $\boldsymbol{R}^{n\times n}$ 中矩阵范数的等价性，定义 2.11 中矩阵序列的收敛性与选用何种矩阵范数无关。

下面给出向量序列和矩阵序列收敛与按分量收敛和元素收敛的等价性条件：

定理 2.10 设 $\boldsymbol{x}^{(k)}=(x_1^{(k)},x_2^{(k)},\cdots,x_n^{(k)})^{\mathrm{T}}$，$\boldsymbol{x}^*=(x_1^*,x_2^*,\cdots,x_n^*)^{\mathrm{T}}$，则有

$$\lim_{k\to\infty}\boldsymbol{x}^{(k)}=\boldsymbol{x}^*\Leftrightarrow\lim_{k\to\infty}x_i^{(k)}=x_i^*\quad(i=1,2,\cdots,n)$$

证明 因为 $\lim\limits_{k\to\infty}\boldsymbol{x}^{(k)}=\boldsymbol{x}^*$ 等价于 $\lim\limits_{k\to\infty}\|\boldsymbol{x}^{(k)}-\boldsymbol{x}^*\|=0$，又有

$$\lim_{k\to\infty}\|\boldsymbol{x}^{(k)}-\boldsymbol{x}^*\|_\infty=0\Leftrightarrow\lim_{k\to\infty}\max_{1\leqslant i\leqslant n}|x_i^{(k)}-x_i^*|=0\Leftrightarrow\lim_{k\to\infty}|x_i^{(k)}-x_i^*|=0\quad(i=1,2,\cdots,n)$$

即得

$$\lim_{k\to\infty}|\boldsymbol{x}_i^{(k)}-\boldsymbol{x}_i^*|=0\Leftrightarrow\lim_{k\to\infty}x_i^{(k)}=x_i^*\quad(i=1,2,\cdots,n)$$

定理 2.11 设 $\boldsymbol{A}^{(k)}=(a_{ij}^{(k)})_{n\times n}$，$\boldsymbol{A}=(a_{ij})_{n\times n}$，则有

$$\lim_{k\to\infty}\boldsymbol{A}^{(k)}=\boldsymbol{A}\Leftrightarrow\lim_{k\to\infty}a_{ij}^{(k)}=a_{ij}\quad(i,j=1,2,\cdots,n)$$

从定理 2.10 和定理 2.11 可以看出，不论是向量序列还是矩阵序列的收敛性都可转化

为其分量或元素的收敛性，即转化为数列的收敛性。

例 2.15 设有矩阵序列

$$\boldsymbol{A}=\begin{bmatrix}\lambda & 1\\0 & \lambda\end{bmatrix},\boldsymbol{A}^2=\begin{bmatrix}\lambda^2 & 2\lambda\\0 & \lambda^2\end{bmatrix},\cdots,\boldsymbol{A}^k=\begin{bmatrix}\lambda^k & k\lambda^{(k-1)}\\0 & \lambda^k\end{bmatrix},\cdots$$

当$|\lambda|<1$时，有

$$\lim_{k\to\infty}\boldsymbol{A}^k=\begin{bmatrix}\lim\limits_{k\to\infty}\lambda^k & \lim\limits_{k\to\infty}k\lambda^{k-1}\\0 & \lim\limits_{k\to\infty}\lambda^k\end{bmatrix}=\begin{bmatrix}0 & 0\\0 & 0\end{bmatrix}$$

定理 2.12 设 $\boldsymbol{A}=(a_{ij})_{n\times n}\in\boldsymbol{R}^{n\times n}$，则$\lim\limits_{k\to\infty}\boldsymbol{A}^k=\boldsymbol{O}$的充要条件是对任何 $\boldsymbol{x}\in\boldsymbol{R}^n$ 有$\lim\limits_{k\to\infty}\boldsymbol{A}^k\boldsymbol{x}=\boldsymbol{O}$。

证明 必要性 若$\lim\limits_{k\to\infty}\boldsymbol{A}^k=\boldsymbol{O}$，则对任一种矩阵从属范数及 $\boldsymbol{x}\in\boldsymbol{R}^n$ 有 $\|\boldsymbol{A}^k\boldsymbol{x}\|\leqslant\|\boldsymbol{A}^k\|\cdot\|\boldsymbol{x}\|$，显然对任何 $\boldsymbol{x}\in\boldsymbol{R}^n$，有$\lim\limits_{k\to\infty}\boldsymbol{A}^k\boldsymbol{x}=\boldsymbol{O}$。

充分性 若对任何 $\boldsymbol{x}\in\boldsymbol{R}^n$ 有 $\lim\limits_{k\to\infty}\boldsymbol{A}^k\boldsymbol{x}=\boldsymbol{0}$，则取 $\boldsymbol{x}$ 依次为 $\boldsymbol{e}_1,\boldsymbol{e}_2,\cdots,\boldsymbol{e}_n$，其中 $\boldsymbol{e}_i=(0,\cdots,0,1,0,\cdots,0)^{\mathrm{T}}$ 为$\boldsymbol{R}^n$ 中第 i 个单位列向量，则有

$$\lim_{k\to\infty}\boldsymbol{A}^k\boldsymbol{e}_i=\boldsymbol{0}\qquad(i=1,2,\cdots,n)$$

从而有

$$\lim_{k\to\infty}\boldsymbol{A}^k\boldsymbol{I}=\lim_{k\to\infty}\boldsymbol{A}^k=\boldsymbol{O}$$

定理 2.13 设有 $\boldsymbol{A}=(a_{ij})_{n\times n}\in\boldsymbol{R}^{n\times n}$，则有$\lim\limits_{k\to\infty}\boldsymbol{A}^k=\boldsymbol{O}$的充要条件为 $\rho(\boldsymbol{A})<1$，其中 $\rho(\boldsymbol{A})=\max\limits_{1\leqslant i\leqslant n}|\lambda_i(\boldsymbol{A})|$为矩阵 $\boldsymbol{A}$ 的谱半径。

证明 由于任何矩阵 $\boldsymbol{A}$ 总能相似于它的若当(Jordan)标准形，并且存在可逆矩阵 $\boldsymbol{P}$，使得$\boldsymbol{P}^{-1}\boldsymbol{A}\boldsymbol{P}=\boldsymbol{J}$，即 $\boldsymbol{A}=\boldsymbol{P}\boldsymbol{J}\boldsymbol{P}^{-1}$，其中 $\boldsymbol{J}$ 是 $\boldsymbol{A}$ 的若当标准形，且 $\boldsymbol{J}$ 为对角分块矩阵：

$$\boldsymbol{J}=\begin{bmatrix}\boldsymbol{J}_1 & & & \\ & \boldsymbol{J}_2 & & \\ & & \ddots & \\ & & & \boldsymbol{J}_r\end{bmatrix}$$

其中$\boldsymbol{J}_i(i=1,2,\cdots,r)$为若当块，且

$$\boldsymbol{J}_i=\begin{bmatrix}\lambda_i & 1 & & \\ & \lambda_i & \ddots & \\ & & \ddots & 1\\ & & & \lambda_i\end{bmatrix}_{n_i\times n_i}$$

其中 n_i 为 $\boldsymbol{A}$ 的特征值λ_i 的重数，并且 $\sum\limits_{i=1}^{r}n_i=n$，因此

$$\boldsymbol{A}^k=\boldsymbol{P}\boldsymbol{J}^k\boldsymbol{P}^{-1}=\boldsymbol{P}\begin{bmatrix}\boldsymbol{J}_1^k & & & \\ & \boldsymbol{J}_2^k & & \\ & & \ddots & \\ & & & \boldsymbol{J}_r^k\end{bmatrix}\boldsymbol{P}^{-1}$$

因此

$$\lim_{k\to\infty}\boldsymbol{A}^k=\boldsymbol{O}\Leftrightarrow\lim_{k\to\infty}\boldsymbol{J}_i^k=\boldsymbol{O}\qquad(i=1,2,\cdots,r)$$

而

$$J_i^k = \begin{bmatrix} \lambda_i^k & C_k^1\lambda_i^{k-1} & \cdots & \cdots & C_k^{n_i-1}\lambda_i^{k+1-n_i} \\ 0 & \lambda_i^k & \ddots & \cdots & \vdots \\ \vdots & \vdots & \ddots & C_k^1\lambda i^{k-1} & \vdots \\ 0 & 0 & \cdots & \lambda_i^k & C_k^1\lambda_i^{k-1} \\ 0 & 0 & \cdots & 0 & \lambda_i^k \end{bmatrix}_{n_i\times n_i}$$

其中 $C_k^m=\dfrac{1}{m!}k(k-1)\cdots(k-m+1)$，因而对任何 $i=1,2,\cdots,r$ 有

$$\lim_{k\to\infty} \boldsymbol{J}_i^k = \boldsymbol{O} \Leftrightarrow \lim_{k\to\infty}\lambda_i^k = 0 \Leftrightarrow \| \lambda_i \| < 1 \Leftrightarrow \rho(\boldsymbol{A}) < 1$$

故

$$\lim_{k\to\infty} \boldsymbol{A}^k = \boldsymbol{O} \Leftrightarrow \rho(\boldsymbol{A}) < 1$$

定理 2.14 （迭代法基本定理）设有线性方程组

$$\boldsymbol{x} = \boldsymbol{B}\boldsymbol{x} + \boldsymbol{f} \tag{2.40}$$

及一般迭代法

$$\boldsymbol{x}^{(k+1)} = \boldsymbol{B}\boldsymbol{x}^{(k)} + \boldsymbol{f} \tag{2.41}$$

对任意选取初始向量 $\boldsymbol{x}^{(0)}$，迭代法(2.41)收敛的充要条件是矩阵 $\boldsymbol{B}$ 的谱半径 $\rho(\boldsymbol{B})<1$。

证明 充分性 设 $\rho(\boldsymbol{B})<1$，易知 $\boldsymbol{A}\boldsymbol{x}=\boldsymbol{b}$（其中 $\boldsymbol{A}=\boldsymbol{I}-\boldsymbol{B}$）有唯一解，记为 $\boldsymbol{x}^*$，则

$$\boldsymbol{x}^* = \boldsymbol{B}\boldsymbol{x}^* + \boldsymbol{f}$$

记误差向量 $\boldsymbol{\varepsilon}^{(k)}=\boldsymbol{x}^{(k)}-\boldsymbol{x}^*$，则

$$\boldsymbol{\varepsilon}^{(k)} = \boldsymbol{B}\,\boldsymbol{\varepsilon}^{(k-1)} \qquad \boldsymbol{\varepsilon}^{(k)} = \boldsymbol{B}^k\,\boldsymbol{\varepsilon}^{(0)} \qquad \boldsymbol{\varepsilon}^{(0)} = \boldsymbol{x}^{(0)} - \boldsymbol{x}^*$$

由于已设 $\rho(\boldsymbol{B})<1$，应用定理 2.13，有 $\lim\limits_{k\to\infty}\boldsymbol{B}^k=\boldsymbol{O}$，于是对任意 $\boldsymbol{x}^{(0)}$ 有 $\lim\limits_{k\to\infty}\boldsymbol{\varepsilon}^{(k)}=\boldsymbol{0}$，即 $\lim\limits_{k\to\infty}\boldsymbol{x}^{(k)}=\boldsymbol{x}^*$，故迭代法(2.41)收敛。

必要性 设对任意 $\boldsymbol{x}^{(0)}$ 有 $\lim\limits_{k\to\infty}\boldsymbol{x}^{(k)}=\boldsymbol{x}^*$，其中 $\boldsymbol{x}^{(k+1)}=\boldsymbol{B}\boldsymbol{x}^{(k)}+\boldsymbol{f}$，显然，极限 $\boldsymbol{x}^*$ 是方程组(2.40)的解，且对任意 $\boldsymbol{x}^{(0)}$ 有

$$\boldsymbol{\varepsilon}^{(k)} = \boldsymbol{x}^{(k)} - \boldsymbol{x}^* = \boldsymbol{B}^k\,\boldsymbol{\varepsilon}^{(0)} \to \boldsymbol{0} \qquad (k\to\infty)$$

即得 $\lim\limits_{k\to\infty}\boldsymbol{B}^k=\boldsymbol{O}$，在由定理 2.13 得 $\rho(\boldsymbol{B})<1$。

定理 2.14 是一般迭代法的基本理论，并且由此可以得出判断各种不同迭代法收敛性的相关结论。

推论 设 $\boldsymbol{A}\boldsymbol{x}=\boldsymbol{b}$，其中 $\boldsymbol{A}=\boldsymbol{D}-\boldsymbol{L}-\boldsymbol{U}$ 为非奇异矩阵，则

①解线性方程组的 J 迭代法收敛的充要条件是 $\rho(\boldsymbol{B}_J)<1$，其中 $\boldsymbol{B}_J=\boldsymbol{D}^{-1}(\boldsymbol{L}+\boldsymbol{U})$；

②解线性方程组的 GS 迭代法收敛的充要条件是 $\rho(\boldsymbol{B}_G)<1$，其中 $\boldsymbol{B}_G=(D-L)^{-1}U$；

③解线性方程组的 SOR 迭代法收敛的充要条件是 $\rho(\boldsymbol{B}_S)<1$，其中 $\boldsymbol{B}_S=(\boldsymbol{D}-\omega\boldsymbol{L})^{-1}((1-\omega)\boldsymbol{D}+\omega\boldsymbol{U})$。

例 2.16 考查用迭代法解线性方程组

$$\boldsymbol{x}^{(k+1)} = \boldsymbol{B}\boldsymbol{x}^{(k)} + \boldsymbol{f}$$

的收敛性，其中 $\boldsymbol{B}=\begin{bmatrix} 0 & 2 \\ 3 & 0 \end{bmatrix}$，$\boldsymbol{f}=\begin{bmatrix} 5 \\ 5 \end{bmatrix}$。

解 矩阵 $\boldsymbol{B}$ 的特征方程为 $\det(\lambda\boldsymbol{I}-\boldsymbol{B})=\lambda^2-6=0$，特征根 $\lambda_{1,2}=\pm\sqrt{6}$，即 $\rho(\boldsymbol{B})>1$，这说

明用迭代法解此方程组不收敛。

迭代法的基本定理在理论上是最重要的。由于迭代矩阵的特征值不易计算，因此要判断迭代矩阵的谱半径是否小于1很困难。由于$\rho(\boldsymbol{B})\leqslant\|\boldsymbol{B}\|$，因此利用迭代矩阵的某一种范数小于1来判定其谱半径小于1就比较方便。下面利用矩阵$\boldsymbol{B}$的范数建立判别迭代法收敛的充分性条件。

定理2.15　(迭代法收敛的充分性条件)设有线性方程组

$$\boldsymbol{x}=\boldsymbol{B}\boldsymbol{x}+\boldsymbol{f},\qquad \boldsymbol{B}\in\boldsymbol{R}^{n\times n}$$

及一般迭代法

$$\boldsymbol{x}^{(k+1)}=\boldsymbol{B}\boldsymbol{x}^{(k)}+\boldsymbol{f}$$

如果矩阵$\boldsymbol{B}$的某种范数满足$\|\boldsymbol{B}\|=q<1$，则

①迭代法收敛，且对任何$\boldsymbol{x}^{(0)}$有

$$\lim_{k\to\infty}\boldsymbol{x}^{(k)}=\boldsymbol{x}^{*}\qquad 且\ \boldsymbol{x}^{*}=\boldsymbol{B}\boldsymbol{x}^{*}+\boldsymbol{f}$$

②$\|\boldsymbol{x}^{(k)}-\boldsymbol{x}^{*}\|\leqslant q^{k}\|\boldsymbol{x}^{(0)}-\boldsymbol{x}^{*}\|$

③$\|\boldsymbol{x}^{(k)}-\boldsymbol{x}^{*}\|\leqslant\dfrac{q}{1-q}\|\boldsymbol{x}^{(k)}-\boldsymbol{x}^{(k-1)}\|$

④$\|\boldsymbol{x}^{(k)}-\boldsymbol{x}^{*}\|\leqslant\dfrac{q^{k}}{1-q}\|\boldsymbol{x}^{(1)}-\boldsymbol{x}^{(0)}\|$

证明　(1)由定理2.14的结论，容易证明式①成立。

(2)显然有关系式

$$\boldsymbol{x}^{(k+1)}-\boldsymbol{x}^{*}=\boldsymbol{B}(\boldsymbol{x}^{(k)}-\boldsymbol{x}^{*})$$

及

$$\boldsymbol{x}^{(k+1)}-\boldsymbol{x}^{(k)}=\boldsymbol{B}(\boldsymbol{x}^{(k)}-\boldsymbol{x}^{(k-1)})$$

于是有

$$\text{(a)}\ \|\boldsymbol{x}^{(k+1)}-\boldsymbol{x}^{*}\|\leqslant q\|\boldsymbol{x}^{(k)}-\boldsymbol{x}^{*}\|$$
$$\text{(b)}\ \|\boldsymbol{x}^{(k+1)}-\boldsymbol{x}^{(k)}\|\leqslant q\|\boldsymbol{x}^{(k)}-\boldsymbol{x}^{(k-1)}\|$$

反复利用(a)即得式②。

(3)由于

$$\begin{aligned}\|\boldsymbol{x}^{(k+1)}-\boldsymbol{x}^{(k)}\|&=\|\boldsymbol{x}^{*}-\boldsymbol{x}^{(k)}-(\boldsymbol{x}^{*}-\boldsymbol{x}^{(k+1)})\|\\&\geqslant\|\boldsymbol{x}^{*}-\boldsymbol{x}^{(k)}\|-\|\boldsymbol{x}^{*}-\boldsymbol{x}^{(k+1)}\|\geqslant(1-q)\|\boldsymbol{x}^{*}-\boldsymbol{x}^{(k)}\|\end{aligned}$$

即

$$\|\boldsymbol{x}^{(k)}-\boldsymbol{x}^{*}\|\leqslant\frac{1}{1-q}\|\boldsymbol{x}^{(k+1)}-\boldsymbol{x}^{(k)}\|\leqslant\frac{q}{1-q}\|\boldsymbol{x}^{(k)}-\boldsymbol{x}^{(k-1)}\|$$

(4)反复利用(b)，结合式③即可得到式④。

关于定理2.14和2.15需要注意的是：

①当$\rho(\boldsymbol{B})\geqslant1$时，并不能说迭代格式(2.41)关于任何初始向量都不收敛，而且有可能存在某些初始向量$\boldsymbol{x}^{(0)}$，使迭代格式关于$\boldsymbol{x}^{(0)}$收敛；

②由于矩阵范数$\|\boldsymbol{B}\|_{1}$，$\|\boldsymbol{B}\|_{\infty}$等容易计算，所以实际判定中常用$\|\boldsymbol{B}\|_{1}<1$或$\|\boldsymbol{B}\|_{\infty}<1$作为收敛的充分性条件。

若$\|\boldsymbol{B}\|_{1}<1$且$\|\boldsymbol{B}\|$越小，$\{\boldsymbol{x}^{(k)}\}$收敛到$\boldsymbol{x}^{*}$的速度就越快，由于$\rho(\boldsymbol{B})\leqslant\|\boldsymbol{B}\|$，因此更

确切地说，谱半径 $\rho(\boldsymbol{B})<1$ 时，$\rho(\boldsymbol{B})$越小，$\{\boldsymbol{x}^{(k)}\}$收敛到 $\boldsymbol{x}^*$ 的速度就越快。

定理 2.15 中的结论②、③、④是关于迭代法误差估计的结论，因此，如果要求迭代 k 次后产生的误差缩小为初始向量的10^{-m}倍，即

$$\|\boldsymbol{x}^{(k)}-\boldsymbol{x}^*\|\leqslant 10^{-m}\|\boldsymbol{x}^{(0)}-\boldsymbol{x}^*\|$$

只要

$$\|\boldsymbol{B}\|_k\leqslant 10^{-m}$$

从此式中解出 k 可得

$$k\geqslant\frac{m\ln 10}{-\ln\|\boldsymbol{B}\|} \tag{2.42}$$

为了达到所提出的误差要求，式(2.42)给出了大约需要迭代的次数，这个次数主要由分母 $T=-\ln\|\boldsymbol{B}\|$ 来确定，T 越大，迭代次数越小，收敛越快，故一般将 T 定义为迭代式(2.41)的收敛速度。

工程计算中，要求解线性方程组 $\boldsymbol{Ax}=\boldsymbol{b}$，其矩阵 $\boldsymbol{A}$ 常常具有某些特性，例如，$\boldsymbol{A}$ 具有对角占优性质或 $\boldsymbol{A}$ 为不可约矩阵，或 $\boldsymbol{A}$ 是对称正定矩阵等等，下面将讨论用各种基本迭代法求解这些线性方程组的收敛性条件。

定义 2.12 （对角占优矩阵）设 $\boldsymbol{A}=(a_{ij})_{n\times n}$，如果矩阵 $\boldsymbol{A}$ 的元素满足

$$\sum_{\substack{j=1\\j\neq i}}^{n}|a_{ij}|\leqslant|a_{ii}|\qquad(i=1,2,\cdots,n)\qquad\left(\text{或}\sum_{\substack{j=1\\j\neq i}}^{n}|a_{ij}|\leqslant|a_{jj}|\qquad(j=1,2,\cdots,n)\right)$$

且上式至少有一个不等式严格成立，则称 $\boldsymbol{A}$ 为按行(或按列)弱对角占优矩阵，若所有不等式都严格成立，则称 $\boldsymbol{A}$ 为按行(或按列)严格对角占优矩阵。按行(或按列)弱对角占优或严格对角占优的矩阵统称为对角占优矩阵。

定义 2.13 （可约与不可约矩阵）设 $\boldsymbol{A}=(a_{ij})_{n\times n}(n\geqslant 2)$，如果存在置换矩阵 $\boldsymbol{P}$ 使得

$$\boldsymbol{P}^{\mathrm{T}}\boldsymbol{AP}=\begin{bmatrix}\boldsymbol{A}_{11} & \boldsymbol{A}_{12}\\ \boldsymbol{O} & \boldsymbol{A}_{22}\end{bmatrix} \tag{2.43}$$

其中$\boldsymbol{A}_{11}$为 r 阶方阵，$\boldsymbol{A}_{22}$为 $n-r$ 阶方阵$(1\leqslant r\leqslant n)$，则称 $\boldsymbol{A}$ 为可约矩阵，否则，如果不存在这样的置换矩阵 $\boldsymbol{P}$ 使式(2.43)成立，则称 $\boldsymbol{A}$ 为不可约矩阵。

根据定义 2.13，$\boldsymbol{A}$ 为可约矩阵也就意味着 $\boldsymbol{A}$ 可经过若干行列重排化为式(2.43)，或者说可以把 $\boldsymbol{Ax}=\boldsymbol{b}$ 化为两个低阶方程组求解。(如果矩阵 $\boldsymbol{A}$ 在经过两行交换的同时进行相应的两列交换，称对 $\boldsymbol{A}$ 进行一次行列重排)。

事实上，由 $\boldsymbol{Ax}=\boldsymbol{b}$ 可得$\boldsymbol{P}^{\mathrm{T}}\boldsymbol{AP}(\boldsymbol{P}^{\mathrm{T}}\boldsymbol{x})=\boldsymbol{P}^{\mathrm{T}}\boldsymbol{b}$，且记

$$\boldsymbol{y}=\boldsymbol{P}^{\mathrm{T}}\boldsymbol{x}=\begin{bmatrix}\boldsymbol{y}_1\\ \boldsymbol{y}_2\end{bmatrix}\qquad\boldsymbol{P}^{\mathrm{T}}\boldsymbol{b}=\begin{bmatrix}\boldsymbol{d}_1\\ \boldsymbol{d}_2\end{bmatrix}$$

其中 $\boldsymbol{y}_1,\boldsymbol{d}_1$ 为 r 维向量，$\boldsymbol{y}_2,\boldsymbol{d}_2$ 为 $n-r$ 维向量，于是求解 $\boldsymbol{Ax}=\boldsymbol{b}$ 化为求解

$$\begin{cases}\boldsymbol{A}_{11}\boldsymbol{y}_1+\boldsymbol{A}_{12}\boldsymbol{y}_2=\boldsymbol{d}_1\\ \boldsymbol{A}_{22}\boldsymbol{y}_2=\boldsymbol{d}_2\end{cases}$$

可由上式第 2 个方程组求出 $\boldsymbol{y}_2$，再将 $\boldsymbol{y}_2$ 代入第一个方程组求出 $\boldsymbol{y}_1$。

显然，如果 $\boldsymbol{A}$ 所有元素都非零，则 $\boldsymbol{A}$ 为不可约矩阵，实际应用中常遇见的矩阵 $\boldsymbol{A}$ 是不可约的。

例如

$$A=\begin{bmatrix} b_1 & c_1 & & & \\ a_2 & b_2 & c_2 & & \\ & \ddots & \ddots & \ddots & \\ & & a_{n-1} & b_{n-1} & c_{n-1} \\ & & & c_n & b_n \end{bmatrix}(a_i,b_i,c_i \text{ 都不为零}) \qquad B=\begin{bmatrix} 4 & -1 & -1 & 0 \\ -1 & 4 & 0 & -1 \\ -1 & 0 & 4 & -1 \\ 0 & -1 & -1 & 4 \end{bmatrix}$$

$\boldsymbol{A},\boldsymbol{B}$ 均为不可约矩阵。

定理 2.16 (对角占优定理)如果 $\boldsymbol{A}=(a_{ij})_{n\times n}$ 为严格对角占优矩阵或 $\boldsymbol{A}$ 为不可约弱对角占优矩阵,则 $\boldsymbol{A}$ 为非奇异矩阵。

证明 仅给出按行严格对角占优时结论正确的证明,其他情况的证明类似。用反证法。假设 $\boldsymbol{A}$ 为奇异矩阵,即 $\det(\boldsymbol{A})=0$,则 $\boldsymbol{Ax}=\boldsymbol{0}$ 有非零解,记此非零解为 $\boldsymbol{x}=(x_1,x_2,\cdots,x_n)^{\mathrm{T}}$,则 $|x_k|=\max\limits_{1\leqslant i\leqslant n}|x_i|\neq 0$,由齐次方程组第 k 个方程 $\sum\limits_{j=1}^{n}a_{kj}x_j=0$,则有

$$|a_{kk}x_k|=\left|\sum_{\substack{j=1\\ j\neq k}}^{n}a_{kj}x_j\right|\leqslant\sum_{\substack{j=1\\ j\neq k}}^{n}|a_{kj}||x_j|\leqslant|x_k|\sum_{\substack{j=1\\ j\neq k}}^{n}|a_{kj}|$$

即

$$|a_{kk}|\leqslant\sum_{\substack{j=1\\ j\neq k}}^{n}|a_{kj}|$$

这与 $\boldsymbol{A}$ 为按行严格对角占优的假设相矛盾,故 $\det(\boldsymbol{A})\neq 0$。

以下我们将给出各迭代法收敛性判定定理及部分定理的证明。

2.7.2 J迭代法和GS迭代法收敛判定定理

定理 2.17 (1)若 $\boldsymbol{A}$ 为按行(或按列)严格对角占优或 $\boldsymbol{A}$ 为按行(或按列)弱对角占优且为不可约矩阵,则 J 迭代法收敛;(2)若 $\boldsymbol{A}$ 为对称正定矩阵,则 J 迭代法收敛的充要条件为矩阵 $2\boldsymbol{D}-\boldsymbol{A}$ 也是对称正定矩阵。

关于结论(1)的证明类似于下面定理 2.18 中关于(1)的证明。

定理 2.18 (1)若 $\boldsymbol{A}$ 为按行(或按列)严格对角占优或 $\boldsymbol{A}$ 为按行(或按列)弱对角占优且为不可约矩阵,则 GS 迭代法收敛;(2)若 $\boldsymbol{A}$ 为对称正定矩阵,则 GS 迭代法收敛。

证明 (1)仅证明当 $\boldsymbol{A}$ 为按行严格对角占优矩阵时,GS 迭代法收敛,其他同理可证。

由假设可知,$a_{ii}\neq 0(i=1,2,\cdots,n)$,求解 $\boldsymbol{Ax}=\boldsymbol{b}$ 的 GS 迭代法的迭代矩阵为 $\boldsymbol{B}_{\mathrm{G}}=(\boldsymbol{D}-\boldsymbol{L})^{-1}\boldsymbol{U}$,$\boldsymbol{A}=(\boldsymbol{D}-\boldsymbol{L}-\boldsymbol{U})$,下面考查矩阵 $\boldsymbol{B}_{\mathrm{G}}$ 特征值的情况。

$$\det(\lambda\boldsymbol{I}-\boldsymbol{B}_{\mathrm{G}})=\det(\lambda\boldsymbol{I}-(\boldsymbol{D}-\boldsymbol{L})^{-1}\boldsymbol{U})=\det(\boldsymbol{D}-\boldsymbol{L})^{-1}\cdot\det(\lambda(\boldsymbol{D}-\boldsymbol{L})-\boldsymbol{U})$$

由于 $\det(\boldsymbol{D}-\boldsymbol{L})^{-1}\neq 0$,于是 $\boldsymbol{B}_{\mathrm{G}}$ 的特征值为 $\det(\lambda(\boldsymbol{D}-\boldsymbol{L})-\boldsymbol{U})=0$ 的根,记

$$\boldsymbol{C}=(\lambda(\boldsymbol{D}-\boldsymbol{L})-\boldsymbol{U})=\begin{bmatrix} \lambda a_{11} & a_{12} & \cdots & a_{1n} \\ \lambda a_{21} & \lambda a_{22} & \cdots & a_{2n} \\ \vdots & \vdots & & \vdots \\ \lambda a_{n1} & \lambda a_{n2} & \cdots & \lambda a_{nn} \end{bmatrix}$$

下面证明,当 $|\lambda|\geqslant 1$ 时,$\det(\boldsymbol{C})\neq 0$,即 $\boldsymbol{B}_{\mathrm{G}}$ 的特征值均满足 $|\lambda|<1$,由迭代法基本定理即可得 GS 迭代法收敛。

事实上，当$|\lambda|\geqslant 1$时，由于$\boldsymbol{A}$为严格对角占优矩阵，则有

$$|c_{ii}|=|\lambda a_{ii}|>|\lambda|\left(\sum_{j=1}^{i-1}|a_{ij}|+\sum_{j=i+1}^{n}|a_{ij}|\right)$$

$$\geqslant\sum_{j=1}^{i-1}|\lambda a_{ij}|+\sum_{j=i+1}^{n}|a_{ij}|=\sum_{\substack{i=1\\j\neq i}}^{n}|c_{ij}|\quad(i=1,2,\cdots,n)$$

这说明，当$|\lambda|\geqslant 1$时，矩阵$\boldsymbol{C}$为严格对角占优阵，再由对角占优定理知$\det(\boldsymbol{C})\neq 0$。

2.7.3 SOR 迭代法收敛性判定定理

定理 2.19 设求解线性方程组$\boldsymbol{Ax}=\boldsymbol{b}$的 SOR 迭代法收敛，则松弛因子$0<\omega<2$。

证明 由 SOR 迭代法收敛，得$\rho(\boldsymbol{B}_S)<1$，设$\boldsymbol{B}_G$的特征值为$\lambda_1,\lambda_2,\cdots,\lambda_n$，则

$$|\det(\boldsymbol{B}_S)|=|\lambda_1\lambda_2\cdots\lambda_n|\leqslant[\rho(\boldsymbol{B}_S)]^n$$

或

$$\sqrt[n]{|\det(\boldsymbol{B}_S)|}\leqslant\rho(\boldsymbol{B}_S)<1$$

另一方面

$$\det(\boldsymbol{B}_S)=\det[(\boldsymbol{D}-\omega\boldsymbol{L})^{-1}]\det[(1-\omega)\boldsymbol{D}+\omega\boldsymbol{U}]=(1-\omega)^n$$

从而

$$\sqrt[n]{|\det(\boldsymbol{B}_S)|}=|1-\omega|<1$$

即

$$0<\omega<2$$

定理 2.20 对线性方程组$\boldsymbol{Ax}=\boldsymbol{b}$，如果(1)$\boldsymbol{A}$为对称正定矩阵，$\boldsymbol{A}=\boldsymbol{D}-\boldsymbol{L}-\boldsymbol{U}$；(2)$0<\omega<2$，则求解线性方程组$\boldsymbol{Ax}=\boldsymbol{b}$的 SOR 迭代法收敛。

证明 在上述假设下，若能证明$\boldsymbol{B}_S$的任一特征值λ都满足$|\lambda|<1$，那么定理得证。

事实上，设$\boldsymbol{y}$为$\boldsymbol{B}_S$对应于特征值λ的特征向量，即$\boldsymbol{y}=(y_1,y_1,\cdots,y_n)^T\neq 0$，且

$$(\boldsymbol{D}-\omega\boldsymbol{L})^{-1}((1-\omega)\boldsymbol{D}+\omega\boldsymbol{U})\boldsymbol{y}=\lambda\boldsymbol{y}$$

亦即

$$((1-\omega)\boldsymbol{D}+\omega\boldsymbol{U})\boldsymbol{y}=\lambda(\boldsymbol{D}-\omega\boldsymbol{L})\boldsymbol{y}$$

为了找到λ的表达式，考虑数量积$(((1-\omega)\boldsymbol{D}+\omega\boldsymbol{U})\boldsymbol{y},\boldsymbol{y})=\lambda((\boldsymbol{D}-\omega\boldsymbol{L})\boldsymbol{y},\boldsymbol{y})$，则

$$\lambda=\frac{(\boldsymbol{Dy},\boldsymbol{y})-\omega(\boldsymbol{Dy},\boldsymbol{y})+\omega(\boldsymbol{Uy},\boldsymbol{y})}{(\boldsymbol{Dy},\boldsymbol{y})-\omega(\boldsymbol{Ly},\boldsymbol{y})}$$

显然

$$(\boldsymbol{Dy},\boldsymbol{y})=\sum_{i=1}^{n}a_{ii}|y_{ii}|^2\equiv\sigma>0\tag{2.44}$$

记$-(\boldsymbol{Ly},\boldsymbol{y})=\alpha+\mathrm{i}\beta$，由于$\boldsymbol{A}=\boldsymbol{A}^T$，所以$\boldsymbol{U}=\boldsymbol{L}^T$，故

$$-(\boldsymbol{Uy},\boldsymbol{y})=-(\boldsymbol{y},\boldsymbol{Ly})=-\overline{(\boldsymbol{Ly},\boldsymbol{y})}=\alpha-\mathrm{i}\beta$$

$$0<(\boldsymbol{Ay},\boldsymbol{y})=((\boldsymbol{D}-\boldsymbol{L}-\boldsymbol{U})\boldsymbol{y},\boldsymbol{y})=\sigma+2\alpha\tag{2.45}$$

所以

$$\lambda=\frac{(\sigma-\omega\sigma-\alpha\omega)+\mathrm{i}\omega\beta}{(\sigma+\alpha\omega)+\mathrm{i}\omega\beta}$$

从而

$$|\lambda|^2=\frac{(\sigma-\omega\sigma-\alpha\omega)^2+\omega^2\beta^2}{(\sigma+\alpha\omega)^2+\omega^2\beta^2}$$

当 $0<\omega<2$ 时，利用式(2.44)和式(2.45)有

$$(\sigma-\omega\sigma-\alpha\omega)^2-(\sigma+\alpha\omega)^2=\omega\sigma(\sigma+\alpha\omega)(\omega-2)<0$$

即 $\boldsymbol{B}_S$ 的任一特征值满足 $|\lambda|<1$，故 SOR 迭代法收敛(注意当 $0<\omega<2$ 时，可以证明 $(\sigma+2\omega)^2+\omega^2\beta^2\neq 0$)。

定理 2.21 设 $\boldsymbol{Ax}=\boldsymbol{b}$，如果(1)$\boldsymbol{A}$ 为严格对角占优矩阵(或 $\boldsymbol{A}$ 为弱对角占优矩阵)；(2)$0<\omega\leqslant 1$，则求解线性方程组 $\boldsymbol{Ax}=\boldsymbol{b}$ 的 SOR 迭代法收敛。

例 2.17 对于线性方程组 $\begin{cases}2x_1-x_2+x_3=2\\x_1+x_2+x_3=3\\x_1+x_2-2x_3=0\end{cases}$，证明在用迭代法求解时，用 J 迭代发散而用 GS 迭代收敛。

解 因为

$$\boldsymbol{A}=\begin{bmatrix}2&-1&1\\1&1&1\\1&1&-2\end{bmatrix}\quad \boldsymbol{L}=\begin{bmatrix}0&0&0\\-1&0&0\\-1&-1&0\end{bmatrix}\quad \boldsymbol{U}=\begin{bmatrix}0&1&-1\\0&0&-1\\0&0&0\end{bmatrix}\quad \boldsymbol{D}=\begin{bmatrix}2&0&0\\0&1&0\\0&0&-2\end{bmatrix}$$

(1)J 迭代法的迭代矩阵为

$$\boldsymbol{B}_J=\boldsymbol{D}^{-1}(\boldsymbol{L}+\boldsymbol{U})=\begin{bmatrix}0&\frac{1}{2}&-\frac{1}{2}\\-1&0&-1\\\frac{1}{2}&\frac{1}{2}&0\end{bmatrix}$$

$$|\lambda\boldsymbol{I}-\boldsymbol{B}_J|=\lambda^3+\frac{5}{4}\lambda=0\qquad \lambda_1=0\qquad \lambda_{2,3}=\pm\frac{\sqrt{5}}{2}\mathrm{i}$$

故 J 迭代法发散。

(2)GS 迭代法的迭代矩阵为

$$\boldsymbol{B}_G=(\boldsymbol{D}-\boldsymbol{L})^{-1}\boldsymbol{U}=\begin{bmatrix}0&\frac{1}{2}&-\frac{1}{2}\\0&-\frac{1}{2}&-\frac{1}{2}\\0&0&-\frac{1}{2}\end{bmatrix}$$

$$|\lambda\boldsymbol{I}-\boldsymbol{B}_G|=\lambda\left(\lambda+\frac{1}{2}\right)^2=0\qquad \lambda_1=0\qquad \lambda_{2,3}=-\frac{1}{2}\qquad \rho(\boldsymbol{B}_G)=\frac{1}{2}<1$$

故 GS 迭代法收敛。

2.8 最速下降法与共轭梯度法

在 2.6 和 2.7 节中我们看到，三种基本迭代算法，J 迭代方法、GS 迭代方法、SOR 迭代方法中，SOR 迭代法含有松弛因子 ω。能使 SOR 迭代法收敛最快的松弛因子称为最佳松弛因子，记为 ω_{opt}。最佳松弛因子的选择往往是很困难的。共轭梯度法是一种不必选择松弛

因子而且收敛速度至少不低于 SOR 迭代法的一种迭代算法。最速下降法和共轭梯度法都是一种变分法，它是求解与线性方程组等价的变分问题的方法。

假定矩阵 $\boldsymbol{A}$ 为对称正定矩阵，线性方程组 $\boldsymbol{Ax}=\boldsymbol{b}$ 的求解问题等价于求二次函数

$$f(\boldsymbol{x}) = (\boldsymbol{Ax},\boldsymbol{x}) - 2(\boldsymbol{b},\boldsymbol{x})$$

的极小值点问题，即方程组 $\boldsymbol{Ax}=\boldsymbol{b}$ 的解是使 $f(\boldsymbol{x})$ 达到极小值的点。反之，$f(\boldsymbol{x})$ 的极小值点是方程组 $\boldsymbol{Ax}=\boldsymbol{b}$ 的解。

事实上，因为 $\boldsymbol{A}$ 对称正定，故 $\boldsymbol{A}^{-1}$ 存在，记 $\boldsymbol{x}^*=\boldsymbol{A}^{-1}\boldsymbol{b}$ 为 $\boldsymbol{Ax}=\boldsymbol{b}$ 的解。则由

$$\begin{aligned} f(\boldsymbol{x}) &= (\boldsymbol{Ax},\boldsymbol{x}) - 2(\boldsymbol{b},\boldsymbol{x}) = (\boldsymbol{Ax},\boldsymbol{x}) - 2(\boldsymbol{Ax}^*,\boldsymbol{x}) \\ &= (\boldsymbol{A}(\boldsymbol{x}-\boldsymbol{x}^*),(\boldsymbol{x}-\boldsymbol{x}^*)) - (\boldsymbol{Ax}^*,\boldsymbol{x}^*) \geqslant -(\boldsymbol{Ax}^*,\boldsymbol{x}^*) = f(\boldsymbol{x}^*) \end{aligned}$$

所以对任何 $\boldsymbol{x}\in\boldsymbol{R}^n$ 都有 $f(\boldsymbol{x})\geqslant f(\boldsymbol{x}^*)$，仅当 $\boldsymbol{x}-\boldsymbol{x}^*=\boldsymbol{0}$ 即 $\boldsymbol{x}=\boldsymbol{x}^*$ 时 $f(\boldsymbol{x})=f(\boldsymbol{x}^*)$。否则就有 $f(\boldsymbol{x})>f(\boldsymbol{x}^*)$。从而，当 $\boldsymbol{A}$ 为对称正定矩阵时，方程组 $\boldsymbol{Ax}=\boldsymbol{b}$ 的求解问题等价于求二次函数 $f(\boldsymbol{x})$ 的极小值问题。

2.8.1 最速下降法

我们知道函数 $f(\boldsymbol{x})$ 的值沿梯度方向上升最快，因此沿负梯度方向下降也最快。任取 $\boldsymbol{x}^{(0)}\in\boldsymbol{R}^n$，$f(\boldsymbol{x})$ 在 $\boldsymbol{x}^{(0)}$ 处的负梯度方向为

$$-\operatorname{grad} f(\boldsymbol{x})\big|_{\boldsymbol{x}=\boldsymbol{x}^{(0)}} = 2(\boldsymbol{b}-\boldsymbol{Ax}^{(0)})$$

令 $\boldsymbol{r}^{(0)}=\boldsymbol{b}-\boldsymbol{Ax}^{(0)}$，即 $\boldsymbol{r}^{(0)}$ 的方向就是负梯度的方向（$\boldsymbol{r}^{(0)}$ 也是 $\boldsymbol{Ax}=\boldsymbol{b}$ 对应于 $\boldsymbol{x}^{(0)}$ 的残向量）。若 $\boldsymbol{r}^{(0)}=\boldsymbol{0}$，则 $\boldsymbol{x}^{(0)}$ 是 $\boldsymbol{Ax}=\boldsymbol{b}$ 的解，若 $\boldsymbol{r}^{(0)}\neq\boldsymbol{0}$，则从 $\boldsymbol{x}^{(0)}$ 出发沿 $\boldsymbol{r}^{(0)}$ 方向的 $\boldsymbol{x}$ 为

$$\boldsymbol{x} = \boldsymbol{x}^{(0)} + \alpha\boldsymbol{r}^{(0)}$$

其中 α 为参数。求 α 使 $f(\boldsymbol{x})=f(\boldsymbol{x}^{(0)}+\alpha\boldsymbol{r}^{(0)})$ 的值最小。为此令

$$\frac{\mathrm{d}}{\mathrm{d}\alpha}f(\boldsymbol{x}) = \frac{\mathrm{d}}{\mathrm{d}\alpha}f(\boldsymbol{x}^{(0)}+\alpha\boldsymbol{r}^{(0)}) = 2[(\boldsymbol{Ax}^{(0)}-\boldsymbol{b},\boldsymbol{r}^{(0)}) + \alpha(\boldsymbol{r}^{(0)},\boldsymbol{Ar}^{(0)})] = 0$$

解得

$$\alpha = \frac{(\boldsymbol{r}^{(0)},\boldsymbol{r}^{(0)})}{(\boldsymbol{r}^{(0)},\boldsymbol{Ar}^{(0)})} \overset{\text{def}}{=} \alpha_0$$

又

$$\frac{\mathrm{d}^2}{\mathrm{d}\alpha^2}f(\boldsymbol{x})\big|_{\alpha=\alpha_0} = (\boldsymbol{Ar}^{(0)},\boldsymbol{r}^{(0)}) > 0$$

从而当 $\alpha=\alpha_0$ 时 $f(\boldsymbol{x})$ 取最小值。令

$$\boldsymbol{x}^{(1)} = \boldsymbol{x}^{(0)} + \alpha_0\boldsymbol{r}^{(0)}$$

从 $\boldsymbol{x}^{(1)}$ 出发沿 $f(\boldsymbol{x})$ 在 $\boldsymbol{x}^{(1)}$ 处的负梯度方向 $\boldsymbol{r}^{(1)}=\boldsymbol{b}-\boldsymbol{Ax}^{(1)}$ 上求使 $f(\boldsymbol{x})$ 的值达到最小值的点，记为 $\boldsymbol{x}^{(2)}$，则

$$\boldsymbol{x}^{(2)} = \boldsymbol{x}^{(1)} + \alpha_1\boldsymbol{r}^{(1)}$$

且

$$\alpha_1 = \frac{(\boldsymbol{r}^{(1)},\boldsymbol{r}^{(1)})}{(\boldsymbol{r}^{(1)},\boldsymbol{Ar}^{(1)})}$$

依次下去，从而我们有最速下降法的计算公式：

任取 $\boldsymbol{x}^{(0)}\in\boldsymbol{R}^n$，对 $m=0,1,2,\cdots$ 计算

$$\begin{cases} r^{(m)} = b - Ax^{(m)} \\ \alpha_m = \dfrac{(r^{(m)}, r^{(m)})}{(Ar^{(m)}, r^{(m)})} \\ x^{(m+1)} = x^{(m)} + \alpha_m r^{(m)} \end{cases}$$

关于最速下降法,我们有以下两个结论:

①最速下降法中第 $m+1$ 次和第 m 次的负梯度方向 $r^{(m+1)}$ 和 $r^{(m)}$ 是正交的,即$(r^{(m+1)}, r^{(m)})=0$。

事实上,由于

$$r^{(m+1)} = b - Ax^{(m+1)} = b - A(x^{(m)} + \alpha_m r^{(m)}) = b - Ax^{(m)} - \alpha_m Ar^{(m)} = r^{(m)} - \alpha_m Ar^{(m)}$$

而

$$\alpha_m = \frac{(r^{(m)}, r^{(m)})}{(Ar^{(m)}, r^{(m)})}$$

故

$$(r^{(m+1)}, r^{(m)}) = (r^{(m)}, r^{(m)}) - \alpha_m (Ar^{(m)}, r^{(m)}) = (r^{(m)}, r^{(m)}) - \frac{(r^{(m)}, r^{(m)})}{(Ar^{(m)}, r^{(m)})}(Ar^{(m)}, r^{(m)}) = 0$$

②最速下降法有如下误差估计:

$$\| x^{(m)} - x^* \|_A \leqslant \left(\frac{\lambda_1 - \lambda_n}{\lambda_1 + \lambda_n}\right)^m \| x^{(0)} - x^* \|_A$$

其中 x^* 是 $f(x)$的最小值点,即 $Ax=b$ 的解,λ_1 和 λ_n 分别是对称正定矩阵 A 的最大和最小特征值,范数 $\| \cdot \|_A$ 定义为 $\| x \|_A^2=(Ax,x)$。由于 A 为对称正定矩阵,故 $\lambda_1 \geqslant \lambda_n > 0$,$0 \leqslant \frac{\lambda_1-\lambda_n}{\lambda_1+\lambda_n} < 1$,从而 $m \to \infty$时 $x^{(m)} \to x^*$。当 $\lambda_1 \gg \lambda_n$ 时,$\frac{\lambda_1-\lambda_n}{\lambda_1+\lambda_n} \approx 1$,在此情况下最速下降法收敛缓慢。

2.8.2 共轭梯度法

最速下降法是沿负梯度方向来寻找新的近似值。1952 年 M·Hestenes 和 F·Stiefel 提出了共轭梯度法,也叫共轭斜向量法,这种方法对大型稀疏线性方程组求解非常有效。

定义 2.14 设 A 为对称正定矩阵,如果向量 $x, y \in R^n$ 满足

$$(Ax, y) = \sum_{i=1}^{n} \sum_{j=1}^{n} a_{ij} x_i y_j = 0$$

则称 x 与 y 为 A -正交或 A -共轭。

如果一个向量组中任意两个向量都是 A -共轭,则称这个向量组为 A -共轭向量组。

容易证明关于 A -共轭的非零向量组是线性无关向量组。因此,关于 A -共轭非零向量组中最多有 n 个线性无关向量。

对于任意线性无关向量组$\{y_1, y_2, \cdots, y_s\}$$(s \leqslant n)$,完全可以用 Schmidt 正交化方法构造出 A -共轭向量组$\{x_1, x_2, \cdots, x_s\}$$(s \leqslant n)$。

事实上,取 $x_1 = y_1$,令 $x_2 = y_2 + \alpha_{11} x_1$,要求 x_2 与 x_1 关于 A -共轭。则有

$$\alpha_{11} = -\frac{(y_2, Ax_1)}{(x_1, Ax_1)}$$

一般地,假设若由 $y_1, y_2, \cdots, y_{k-1}$已构造出关于 A -共轭向量 $x_1, x_2, \cdots, x_{k-1}$,则令

$$\boldsymbol{x}_k=\boldsymbol{y}_k+\sum_{j=1}^{k-1}\alpha_{kj}\boldsymbol{x}_j \qquad (k=2,3,\cdots,s)$$

要求 $\boldsymbol{x}_k$ 与 $\boldsymbol{x}_1,\boldsymbol{x}_2,\cdots,\boldsymbol{x}_{k-1}$ 关于 $\boldsymbol{A}$ -共轭，于是可得

$$\alpha_{kj}=-\frac{(\boldsymbol{y}_k,\boldsymbol{A}\boldsymbol{x}_j)}{(\boldsymbol{x}_j,\boldsymbol{A}\boldsymbol{x}_j)} \qquad (j=1,2,\cdots,k-1)$$

共轭梯度法的基本思想是：由最速下降法中的下降方向向量 $\{\boldsymbol{r}^{(k)}\}$ 构造出关于 $\boldsymbol{A}$ -共轭向量组 $\{\boldsymbol{p}^{(k)}\}$，并以 $\boldsymbol{p}^{(k)}$ 作为下降方向来构造迭代算法。

下面具体介绍共轭梯度法的计算过程。

任给初始向量 $\boldsymbol{x}^{(0)}$，残余向量 $\boldsymbol{r}^{(0)}=\boldsymbol{b}-\boldsymbol{A}\boldsymbol{x}^{(0)}$。

第 1 步：取 $\boldsymbol{p}^{(0)}=\boldsymbol{r}^{(0)}$。假设第 k 步已求出 $\boldsymbol{p}^{(k)}$，现按如下方式来求 $\boldsymbol{p}^{(k+1)}$。

用参数 α_k 与 $\boldsymbol{p}^{(k)}$ 的乘积去修正第 k 步的近似解 $\boldsymbol{x}^{(k)}$，于是有迭代格式

$$\boldsymbol{x}^{(k+1)}=\boldsymbol{x}^{(k)}+\alpha_k\boldsymbol{p}^{(k)}$$

其中 α_k 的选取应使 $f(\boldsymbol{x}^{(k+1)})=f(\boldsymbol{x}^{(k)}+\alpha_k\boldsymbol{p}^{(k)})$ 取最小值，为此令

$$\frac{\mathrm{d}}{\mathrm{d}\alpha}f(\boldsymbol{x}^{(k)}+\alpha\boldsymbol{p}^{(k)})\big|_{\alpha=\alpha_k}=0$$

计算得

$$\alpha_k=\frac{(\boldsymbol{r}^{(k)},\boldsymbol{p}^{(k)})}{(\boldsymbol{A}\boldsymbol{p}^{(k)},\boldsymbol{p}^{(k)})}$$

第 2 步：计算残余向量

$$\boldsymbol{r}^{(k+1)}=\boldsymbol{b}-\boldsymbol{A}\boldsymbol{x}^{(k+1)}$$

然后设

$$\boldsymbol{p}^{(k+1)}=\boldsymbol{r}^{(k+1)}+\beta_k\boldsymbol{p}^{(k)}$$

β_k 的选取使 $\boldsymbol{p}^{(k+1)}$ 与 $\boldsymbol{p}^{(k)}$ 关于 $\boldsymbol{A}$ -共轭，即 $(\boldsymbol{p}^{(k+1)},\boldsymbol{A}\boldsymbol{p}^{(k)})=0$，由此可算得

$$\beta_k=-\frac{(\boldsymbol{r}^{(k+1)},\boldsymbol{A}\boldsymbol{p}^{(k)})}{(\boldsymbol{A}\boldsymbol{p}^{(k)},\boldsymbol{p}^{(k)})}$$

这样便得到

$$\boldsymbol{p}^{(k+1)}=\boldsymbol{r}^{(k+1)}-\frac{(\boldsymbol{r}^{(k+1)},\boldsymbol{A}\boldsymbol{p}^{(k)})}{(\boldsymbol{A}\boldsymbol{p}^{(k)},\boldsymbol{p}^{(k)})}\boldsymbol{p}^{(k)}$$

当 $k=0,1,2,\cdots$ 时，$\boldsymbol{p}^{(0)},\boldsymbol{p}^{(1)},\cdots,\boldsymbol{p}^{(k)},\cdots$ 完全确定。从而就确定了共轭梯度算法的迭代公式

$$\boldsymbol{x}^{(k+1)}=\boldsymbol{x}^{(k)}+\alpha_k\boldsymbol{p}^{(k)}$$

综合以上计算过程可得共轭梯度算法的计算公式

$$\begin{cases}\boldsymbol{p}^{(0)}=\boldsymbol{r}^{(0)}=\boldsymbol{b}-\boldsymbol{A}\boldsymbol{x}^{(0)}\\ \alpha_k=\dfrac{(\boldsymbol{r}^{(k)},\boldsymbol{p}^{(k)})}{(\boldsymbol{A}\boldsymbol{p}^{(k)},\boldsymbol{p}^{(k)})}\\ \boldsymbol{x}^{(k+1)}=\boldsymbol{x}^{(k)}+\alpha_k\boldsymbol{p}^{(k)}\\ \boldsymbol{r}^{(k+1)}=\boldsymbol{b}-\boldsymbol{A}\boldsymbol{x}^{(k+1)}\\ \beta_k=-\dfrac{(\boldsymbol{r}^{(k+1)},\boldsymbol{A}\boldsymbol{p}^{(k)})}{(\boldsymbol{A}\boldsymbol{p}^{(k)},\boldsymbol{p}^{(k)})}\\ \boldsymbol{p}^{(k+1)}=\boldsymbol{r}^{(k+1)}+\beta_k\boldsymbol{p}^{(k)}\end{cases} \qquad (k=0,1,2,\cdots)$$

下面讨论共轭梯度法产生的残余向量系$\{\boldsymbol{r}^{(k)}\}$和关于$\boldsymbol{A}$-共轭的向量系$\{\boldsymbol{p}^{(k)}\}$的性质，进而讨论共轭梯度法的收敛性。

定理 2.22 $(\boldsymbol{r}^{(k)},\boldsymbol{p}^{(k-1)})=0,(\boldsymbol{r}^{(k)},\boldsymbol{p}^{(k)})=(\boldsymbol{r}^{(k)},\boldsymbol{r}^{(k)})$。

证明

$$\boldsymbol{r}^{(k)}=\boldsymbol{b}-\boldsymbol{A}\boldsymbol{x}^{(k)}=\boldsymbol{b}-\boldsymbol{A}(\boldsymbol{x}^{(k-1)}+\alpha_{k-1}\boldsymbol{p}^{(k-1)})=\boldsymbol{r}^{(k-1)}-\alpha_{k-1}\boldsymbol{A}\boldsymbol{p}^{(k-1)}$$

而

$$\alpha_{k-1}=\frac{(\boldsymbol{r}^{(k-1)},\boldsymbol{p}^{(k-1)})}{(\boldsymbol{A}\boldsymbol{p}^{(k-1)},\boldsymbol{p}^{(k-1)})}$$

故

$$(\boldsymbol{r}^{(k)},\boldsymbol{p}^{(k-1)})=(\boldsymbol{r}^{(k-1)},\boldsymbol{p}^{(k-1)})-\alpha_{k-1}(\boldsymbol{A}\boldsymbol{p}^{(k-1)},\boldsymbol{p}^{(k-1)})=0$$

由于$\boldsymbol{p}^{(k)}=\boldsymbol{r}^{(k)}+\beta_{k-1}\boldsymbol{p}^{(k-1)}$，而$(\boldsymbol{r}^{(k)},\boldsymbol{p}^{(k-1)})=0$，故

$$(\boldsymbol{r}^{(k)},\boldsymbol{p}^{(k)})=(\boldsymbol{r}^{(k)},\boldsymbol{r}^{(k)})+\beta_{k-1}(\boldsymbol{p}^{(k-1)},\boldsymbol{r}^{(k)})=(\boldsymbol{r}^{(k)},\boldsymbol{r}^{(k)})$$

定理 2.23 共轭梯度法产生的残余向量系$\{\boldsymbol{r}^{(k)}\}$是正交系，向量系$\{\boldsymbol{p}^{(k)}\}$是$\boldsymbol{A}$-正交系。

证明 用归纳法证明。由于

$$\boldsymbol{r}^{(1)}=\boldsymbol{b}-\boldsymbol{A}\boldsymbol{x}^{(1)}=\boldsymbol{b}-\boldsymbol{A}(\boldsymbol{x}^{(0)}+\alpha_0\boldsymbol{p}^{(0)})=\boldsymbol{r}^{(0)}-\alpha_0\boldsymbol{A}\boldsymbol{p}^{(0)}$$

注意到

$$\alpha_0=\frac{(\boldsymbol{r}^{(0)},\boldsymbol{p}^{(0)})}{(\boldsymbol{A}\boldsymbol{p}^{(0)},\boldsymbol{p}^{(0)})}\qquad \boldsymbol{p}^{(0)}=\boldsymbol{r}^{(0)}$$

则有

$$(\boldsymbol{r}^{(1)},\boldsymbol{r}^{(0)})=(\boldsymbol{r}^{(0)},\boldsymbol{r}^{(0)})-\alpha_0(\boldsymbol{A}\boldsymbol{p}^{(0)},\boldsymbol{r}^{(0)})=0$$

注意到

$$\beta_0=-\frac{(\boldsymbol{r}^{(1)},\boldsymbol{A}\boldsymbol{p}^{(0)})}{(\boldsymbol{A}\boldsymbol{p}^{(0)},\boldsymbol{p}^{(0)})}\qquad \boldsymbol{p}^{(1)}=\boldsymbol{r}^{(1)}+\beta_0\boldsymbol{r}^{(0)}$$

则有

$$(\boldsymbol{p}^{(1)},\boldsymbol{A}\boldsymbol{p}^{(0)})=(\boldsymbol{r}^{(1)},\boldsymbol{A}\boldsymbol{r}^{(0)})+\beta_0(\boldsymbol{r}^{(0)},\boldsymbol{A}\boldsymbol{r}^{(0)})=0$$

假设$\boldsymbol{r}^{(0)},\boldsymbol{r}^{(1)},\cdots,\boldsymbol{r}^{(k-1)},\boldsymbol{r}^{(k)}$两两正交，$\boldsymbol{p}^{(0)},\boldsymbol{p}^{(1)},\cdots,\boldsymbol{p}^{(k-1)},\boldsymbol{p}^{(k)}$两两关于$\boldsymbol{A}$-正交。现在来证明$\boldsymbol{r}^{(k+1)}$与$\boldsymbol{r}^{(i)}(i=0,1,2,\cdots,k)$正交，而$\boldsymbol{p}^{(k+1)}$与$\boldsymbol{p}^{(i)}(i=0,1,2,\cdots,k)$关于$\boldsymbol{A}$-正交。

由于

$$\boldsymbol{r}^{(k+1)}=\boldsymbol{b}-\boldsymbol{A}\boldsymbol{x}^{(k+1)}=\boldsymbol{b}-\boldsymbol{A}(\boldsymbol{x}^{(k)}+\alpha_k\boldsymbol{p}^{(k)})=\boldsymbol{r}^{(k)}-\alpha_k\boldsymbol{A}\boldsymbol{p}^{(k)}$$

$$\boldsymbol{r}^{(i)}=\boldsymbol{p}^{(i)}-\beta_{i-1}\boldsymbol{p}^{(i-1)}$$

于是

$$\begin{aligned}(\boldsymbol{r}^{(k+1)},\boldsymbol{r}^{(i)})&=(\boldsymbol{r}^{(k)},\boldsymbol{r}^{(i)})-\alpha_k(\boldsymbol{A}\boldsymbol{p}^{(k)},\boldsymbol{r}^{(i)})\\&=(\boldsymbol{r}^{(k)},\boldsymbol{r}^{(i)})-\alpha_k(\boldsymbol{A}\boldsymbol{p}^{(k)},\boldsymbol{p}^{(i)})+\alpha_k\beta_{i-1}(\boldsymbol{A}\boldsymbol{p}^{(k)},\boldsymbol{p}^{(i-1)})\end{aligned}$$

若$i\leqslant k-1$，则由归纳法假设上式右端三项全为零；若$i=k$，则右端第三项由归纳法假设可知为零。由α_k的计算公式及定理2.22的结论，上式右端前两项之和为

$$(\boldsymbol{r}^{(k)},\boldsymbol{r}^{(i)})-\frac{(\boldsymbol{r}^{(k)},\boldsymbol{r}^{(k)})}{(\boldsymbol{A}\boldsymbol{p}^{(k)},\boldsymbol{p}^{(k)})}(\boldsymbol{A}\boldsymbol{p}^{(k)},\boldsymbol{p}^{(k)})=0$$

总之有

$$(\boldsymbol{r}^{(k+1)},\boldsymbol{r}^{(i)})=0\qquad(i=0,1,2,\cdots,k)$$

故 $\boldsymbol{r}^{(k+1)}$ 与 $\boldsymbol{r}^{(i)}(i=0,1,2,\cdots,k)$正交。下面证明

$$(\boldsymbol{p}^{(k+1)},\boldsymbol{A}\boldsymbol{p}^{(i)})=0 \qquad (i=0,1,2,\cdots,k)$$

由于

$$\boldsymbol{p}^{(k+1)}=\boldsymbol{r}^{(k+1)}+\beta_k\boldsymbol{p}^{(k)}$$

于是

$$(\boldsymbol{p}^{(k+1)},\boldsymbol{A}\boldsymbol{p}^{(i)})=(\boldsymbol{r}^{(k+1)},\boldsymbol{A}\boldsymbol{p}^{(i)})+\beta_k(\boldsymbol{p}^{(k)},\boldsymbol{A}\boldsymbol{p}^{(i)}) \tag{2.46}$$

如果 $i=k$,则由 β_k 的计算公式可知上式右端两项之和为零;如果 $i\leqslant k-1$,则由

$$\boldsymbol{r}^{(i+1)}=\boldsymbol{b}-\boldsymbol{A}\boldsymbol{x}^{(i+1)}=\boldsymbol{b}-\boldsymbol{A}(\boldsymbol{x}^{(i)}+\alpha_i\boldsymbol{p}^{(i)})=\boldsymbol{r}^{(i)}-\alpha_i\boldsymbol{A}\boldsymbol{p}^{(i)}$$

得到

$$\boldsymbol{A}\boldsymbol{p}^{(i)}=\frac{1}{\alpha_i}(\boldsymbol{r}^{(i)}-\boldsymbol{r}^{(i+1)}) \quad (\alpha_i>0)$$

将 $\boldsymbol{A}\boldsymbol{p}^{(i)}$ 代入式(2.46),再由归纳法假设及定理 2.22 结论可得式(2.46)右端为零。总之对 $i=0,1,2,\cdots,k$ 有$(\boldsymbol{p}^{(k+1)},\boldsymbol{A}\boldsymbol{p}^{(i)})=0$,从而 $\boldsymbol{p}^{(k+1)}$ 与 $\boldsymbol{p}^{(i)}(i=0,1,2,\cdots,k)$关于 $\boldsymbol{A}$ -正交。

由定理 2.22 和定理 2.23 可推得如下关系式:

$$\begin{cases}(\boldsymbol{p}^{(k)},\boldsymbol{r}^{(i)})=0(k<i)\\(\boldsymbol{p}^{(k)},\boldsymbol{r}^{(i)})=(\boldsymbol{r}^{(k)},\boldsymbol{r}^{(k)})(k\geqslant i)\\(\boldsymbol{A}\boldsymbol{p}^{(k)},\boldsymbol{r}^{(k)})=(\boldsymbol{A}\boldsymbol{p}^{(k)},\boldsymbol{p}^{(k)})\\(\boldsymbol{A}\boldsymbol{p}^{(k)},\boldsymbol{r}^{(i)})=0,(i\neq k,k+1)\\\boldsymbol{x}^{(k)}=\boldsymbol{x}^{(0)}+\alpha_0\boldsymbol{p}^{(0)}+\alpha_1\boldsymbol{p}^{(1)}+\cdots+\alpha_{k-1}\boldsymbol{p}^{(k-1)}\\\boldsymbol{x}^{*}=\boldsymbol{x}^{(0)}+\alpha_0\boldsymbol{p}^{(0)}+\alpha_1\boldsymbol{p}^{(1)}+\cdots+\alpha_{n-1}\boldsymbol{p}^{(n-1)}\end{cases}$$

由上述关系式可得 α_k、β_k 的另一种计算公式:

$$\alpha_k=\frac{(\boldsymbol{r}^{(k)},\boldsymbol{r}^{(k)})}{(\boldsymbol{A}\boldsymbol{p}^{(k)},\boldsymbol{p}^{(k)})} \qquad \beta_k=\frac{(\boldsymbol{r}^{(k+1)},\boldsymbol{r}^{(k+1)})}{(\boldsymbol{r}^{(k)},\boldsymbol{r}^{(k)})}$$

事实上,由上述关系第二式可知 α_k 的计算公式是显然成立的。对于 β_k 有

$$\begin{aligned}\beta_k&=-\frac{(\boldsymbol{r}^{(k+1)},\boldsymbol{A}\boldsymbol{p}^{(k)})}{(\boldsymbol{p}^{(k)},\boldsymbol{A}\boldsymbol{p}^{(k)})}=-\frac{(\boldsymbol{r}^{(k+1)},\alpha_k^{-1}(\boldsymbol{r}^{(k)}-\boldsymbol{r}^{(k+1)}))}{(\boldsymbol{p}^{(k)},\boldsymbol{A}\boldsymbol{p}^{(k)})}\\&=\frac{1}{\alpha_k}\cdot\frac{(\boldsymbol{r}^{(k+1)},\boldsymbol{r}^{(k+1)})}{(\boldsymbol{p}^{(k)},\boldsymbol{A}\boldsymbol{p}^{(k)})}=\frac{(\boldsymbol{r}^{(k+1)},\boldsymbol{r}^{(k+1)})}{(\boldsymbol{r}^{(k)},\boldsymbol{r}^{(k)})}\end{aligned}$$

定理 2.24 用共轭梯度法求解系数矩阵是 n 阶对称正定的线性方程组 $\boldsymbol{A}\boldsymbol{x}=\boldsymbol{b}$ 时,最多迭代 n 次就可得到方程组的精确解。

证明 在共轭梯度法的计算公式中,如果残余向量 $\boldsymbol{r}^{(k)}=\boldsymbol{b}-\boldsymbol{A}\boldsymbol{x}^{(k)}=\boldsymbol{0}$,则 $\boldsymbol{x}^{(k)}$ 就是 $\boldsymbol{A}\boldsymbol{x}=\boldsymbol{b}$ 的精确解 $\boldsymbol{x}^{*}$。而如果$(\boldsymbol{A}\boldsymbol{p}^{(k)},\boldsymbol{p}^{(k)})=\boldsymbol{0}$,则因 $\boldsymbol{A}$ 为对称正定矩阵,故必有 $\boldsymbol{p}^{(k)}=\boldsymbol{0}$。由定理 2.23 知$(\boldsymbol{r}^{(k)},\boldsymbol{r}^{(k)})=(\boldsymbol{r}^{(k)},\boldsymbol{p}^{(k)})=\boldsymbol{0}$,故 $\boldsymbol{r}^{(k)}=\boldsymbol{0}$,即 $\boldsymbol{x}^{(k)}$是精确解。由于残余向量 $\boldsymbol{r}^{(0)},\boldsymbol{r}^{(1)},\cdots,\boldsymbol{r}^{(n)}$是正交向量组,而向量空间 $\boldsymbol{r}^{n}$ 中最多有 n 个互相正交的非零向量,故 $\boldsymbol{r}^{(0)},\boldsymbol{r}^{(1)},\cdots,\boldsymbol{r}^{(n)}$ 中至少有一个为零向量,从而便得到精确解。

从定理 2.24 的证明中可以看出,当 $\boldsymbol{r}^{(k)}=\boldsymbol{0}$ 或 $\boldsymbol{p}^{(k)}=\boldsymbol{0}$ 时终止计算,并且 $\boldsymbol{x}^{(k)}=\boldsymbol{x}^{*}$ 为精确解。从理论上讲最多 n 次迭代就可以求出 $\boldsymbol{x}^{*}$,所以共轭梯度法实际上是直接法。但它具有迭代形式,因此,在大型稀疏矩阵情形下,只存储非零元素。存储量较消去法小得多,具有较大优越性。

共轭梯度法也具有缺陷,那就是舍入误差的积累。由于舍入误差的影响,向量组 $\boldsymbol{r}^{(k)}$ 及

$\boldsymbol{p}^{(k)}$很快丧失正交性，因而严重影响计算精度。一般来说 n 步迭代并不能得到方程组的精确解。如何提高计算精度？预处理与共轭梯度的结合是一个较好的解决方法。

例 2.18　用共轭梯度法求解线性方程组

$$\begin{bmatrix}3 & 1\\1 & 2\end{bmatrix}\begin{bmatrix}x_1\\x_2\end{bmatrix}=\begin{bmatrix}5\\5\end{bmatrix}$$

解　不难验证系数矩阵对称正定，取 $\boldsymbol{x}^{(0)}=(0,0)^{\mathrm{T}}$，有

$$\boldsymbol{r}^{(0)}=\boldsymbol{p}^{(0)}=\boldsymbol{b}-\boldsymbol{A}\boldsymbol{x}^{(0)}=(5,5)^{\mathrm{T}}\qquad \alpha_0=\frac{(\boldsymbol{r}^{(0)},\boldsymbol{r}^{(0)})}{(\boldsymbol{A}\boldsymbol{p}^{(0)},\boldsymbol{p}^{(0)})}=\frac{2}{7}$$

$$\boldsymbol{x}^{(1)}=\boldsymbol{x}^{(0)}+\alpha_0\boldsymbol{p}^{(0)}=\left(\frac{10}{7},\frac{10}{7}\right)^{\mathrm{T}}\qquad \boldsymbol{r}^{(1)}=\boldsymbol{r}^{(0)}-\alpha_0\boldsymbol{A}\boldsymbol{p}^{(0)}=\left(-\frac{5}{7},\frac{5}{7}\right)^{\mathrm{T}}$$

类似地计算得 $\beta_0=\frac{1}{49}$，$\boldsymbol{p}^{(1)}=\left(-\frac{30}{49},\frac{40}{49}\right)^{\mathrm{T}}$，$\alpha_1=\frac{7}{10}$，$\boldsymbol{x}^{(2)}=(1,2)^{\mathrm{T}}$ 即得到方程组的精确解。

思考问题：对于线性矩阵方程 $\boldsymbol{AX}=\boldsymbol{B}$(其中 $\boldsymbol{A}$ 是 $n\times n$ 矩阵，$\boldsymbol{X}$ 是 $n\times m$ 矩阵，$\boldsymbol{B}$ 是 $n\times m$ 矩阵)假设其存在唯一解，试问能不能把求解线性方程组的最速下降法和共轭梯度法推广到线性矩阵方程 $\boldsymbol{AX}=\boldsymbol{B}$ 上来？

习题 2

1. 用高斯顺序消去法和高斯列主元消去法求下列线性方程组的解。

$$\begin{cases}x_1+2x_2-x_3=1\\-3x_1+x_2+2x_3=2\\3x_1-2x_2+x_3=3\end{cases}$$

2. 利用杜利脱尔分解计算下列线性方程组的解。

(1) $\begin{bmatrix}1 & 2 & 3\\2 & 5 & 2\\3 & 1 & 5\end{bmatrix}\begin{bmatrix}x_1\\x_2\\x_3\end{bmatrix}=\begin{bmatrix}14\\18\\20\end{bmatrix}$　(2) $\begin{bmatrix}6 & 2 & 1 & -1\\2 & 4 & 1 & 0\\1 & 1 & 4 & -1\\-1 & 0 & -1 & 3\end{bmatrix}\begin{bmatrix}x_1\\x_2\\x_3\\x_4\end{bmatrix}=\begin{bmatrix}6\\-1\\5\\-5\end{bmatrix}$

3. 用平方根法解下列线性方程组。

(1) $\begin{bmatrix}16 & 4 & 8\\4 & 5 & -4\\8 & -4 & 22\end{bmatrix}\begin{bmatrix}x_1\\x_2\\x_3\end{bmatrix}=\begin{bmatrix}-4\\-3\\10\end{bmatrix}$　(2) $\begin{bmatrix}4 & -1 & 0 & 0 & 0\\-1 & 4 & -1 & 0 & 0\\0 & -1 & 4 & -1 & 0\\0 & 0 & -1 & 4 & -1\\0 & 0 & 0 & -1 & 4\end{bmatrix}\begin{bmatrix}x_1\\x_2\\x_3\\x_4\\x_5\end{bmatrix}=\begin{bmatrix}100\\200\\400\\200\\100\end{bmatrix}$

4. 用追赶法求解下述三对角线性方程组。

$$\begin{bmatrix}3 & 2 & 0 & 0\\1 & 3 & 2 & 0\\0 & 1 & 3 & 2\\0 & 0 & 1 & 3\end{bmatrix}\begin{bmatrix}x_1\\x_2\\x_3\\x_4\end{bmatrix}=\begin{bmatrix}0\\0\\0\\-2\end{bmatrix}$$

5. 用改进的平方根法解线性方程组。

$$\begin{bmatrix} 2 & -1 & 1 \\ -1 & -2 & 3 \\ -1 & 3 & 1 \end{bmatrix}\begin{bmatrix} x_1 \\ x_2 \\ x_3 \end{bmatrix}=\begin{bmatrix} 4 \\ 5 \\ 6 \end{bmatrix}$$

6. 设矩阵 $\boldsymbol{A}$ 为 $n\times n$ 对称正定矩阵，试证明：

(1)$\boldsymbol{A}$ 的对角元素 $a_{ii}>0(i=1,2,\cdots,n)$；

(2)设 $\boldsymbol{L}$ 为非奇异矩阵，则 $\boldsymbol{LAL}^{\mathrm{T}}$ 仍为对称正定矩阵；

(3)经过不带行交换的高斯顺序消去法一步后，$\boldsymbol{A}$ 化为

$$\begin{bmatrix} a_{11} & \boldsymbol{a}_1^{\mathrm{T}} \\ \boldsymbol{O} & \boldsymbol{A}_1 \end{bmatrix}$$

其中 $\boldsymbol{a}_1^{\mathrm{T}}$ 为 $n-1$ 维行向量，试证 $\boldsymbol{A}_1$ 也是对称正定矩阵；

(4)$a_{ii}^{(2)}\leqslant a_{ii}(i=2,3,\cdots,n)$。

7. 试推导矩阵 $\boldsymbol{A}$ 的 Crout 分解 $\boldsymbol{A}=\boldsymbol{LU}$ 的计算公式，其中 $\boldsymbol{L}$ 为下三角矩阵，$\boldsymbol{U}$ 为单位上三角矩阵。

8. 设 $\boldsymbol{Ux}=\boldsymbol{d}$，其中 $\boldsymbol{U}$ 为三角矩阵，

(1)求 $\boldsymbol{U}$ 为上及下三角矩阵时的一般求解公式；

(2)计算解三角形线性方程组 $\boldsymbol{Ux}=\boldsymbol{d}$ 的乘除法运算次数；

(3)设 $\boldsymbol{U}$ 为非奇异阵，试推导求 $\boldsymbol{U}^{-1}$ 的计算公式。

9. 下述矩阵能否分解为 $\boldsymbol{LU}$(其中 $\boldsymbol{L}$ 为单位下三角矩阵，$\boldsymbol{U}$ 为上三角矩阵)？若能分解，分解是否唯一？

$$\boldsymbol{A}=\begin{bmatrix} 1 & 2 & 3 \\ 2 & 4 & 1 \\ 4 & 6 & 7 \end{bmatrix}\quad \boldsymbol{B}=\begin{bmatrix} 1 & 1 & 1 \\ 2 & 2 & 1 \\ 3 & 2 & 1 \end{bmatrix}\quad \boldsymbol{C}=\begin{bmatrix} 1 & 2 & 6 \\ 2 & 5 & 15 \\ 6 & 15 & 46 \end{bmatrix}$$

10. 设 $\boldsymbol{A}=\begin{bmatrix} 0.6 & 0.5 \\ 0.1 & 0.3 \end{bmatrix}$，计算 $\boldsymbol{A}$ 的行范数，列范数，2 -范数及 F -范数。

11. 设 $\boldsymbol{A}$ 为 n 阶实对称矩阵，其特征值为 $\lambda_1,\lambda_2,\cdots,\lambda_n$，试证明

$$\|\boldsymbol{A}\|_F=(\lambda_1^2+\lambda_2^2+\cdots+\lambda_n^2)^{\frac{1}{2}}$$

12. 试证向量范数与矩阵范数满足下列不等式：

(a) $\|\boldsymbol{x}\|_\infty\leqslant\|\boldsymbol{x}\|_1\leqslant n\|\boldsymbol{x}\|_\infty$；　(b) $\|\boldsymbol{x}\|_2\leqslant\|\boldsymbol{x}\|_1\leqslant\sqrt{n}\|\boldsymbol{x}\|_2$

(c) $\frac{1}{\sqrt{n}}\|\boldsymbol{A}\|_F\leqslant\|\boldsymbol{A}\|_2\leqslant\|\boldsymbol{A}\|_F$

13. 设 $\boldsymbol{A}\in\boldsymbol{R}^{n\times n}$ 为实对称正定矩阵，定义 $\|\boldsymbol{x}\|_A=(\boldsymbol{Ax},\boldsymbol{x})^{\frac{1}{2}}$，试证明 $\|\boldsymbol{x}\|_A$ 为 $\boldsymbol{R}^n$ 上向量的一种范数。

14. 设 $\boldsymbol{A},\boldsymbol{B}\in\boldsymbol{R}^{n\times n}$ 均为非奇异矩阵，$\|\cdot\|$ 是矩阵的任意范数，证明条件数的下述性质

(1)$\mathrm{cond}(\boldsymbol{A})\geqslant 1$；　(2)$\mathrm{cond}(c\boldsymbol{A})=\mathrm{cond}(\boldsymbol{A})\quad(c\neq 0)$；

(3)$\mathrm{cond}(\boldsymbol{AB})=\mathrm{cond}(\boldsymbol{A})\cdot\mathrm{cond}(\boldsymbol{B})$。

15. 设 $\boldsymbol{A}=\begin{bmatrix} 100 & 99 \\ 99 & 98 \end{bmatrix}$，计算 $\boldsymbol{A}$ 的条件数 $\mathrm{cond}\,(\boldsymbol{A})_\nu(\nu=2,\infty)$。

16. 证明：如果 $\boldsymbol{A}$ 是正交矩阵，则 $\mathrm{cond}\,(\boldsymbol{A})_2=1$。

17. 对线性方程组$\begin{cases}5x_1+2x_2+x_3=-12\\-x_1+4x_2+2x_3=20\\2x_1-3x_2+10x_3=3\end{cases}$,(1)考查用J迭代法和GS迭代法解此方程组时的收敛性;(2)用J迭代法及GS迭代法解此方程组,要求当$\|x^{(k+1)}-x^{(k)}\|_\infty<10^{-4}$时迭代终止。

18. 对线性方程组:

(1)$\begin{cases}x_1+0.4x_2+0.4x_3=1\\0.4x_1+x_2+0.8x_3=2\\0.4x_1+0.8x_2+x_3=3\end{cases}$ (2)$\begin{cases}x_1+2x_2-2x_3=1\\x_1+x_2+x_3=1\\2x_1+23x_2+x_3=1\end{cases}$

试考查解此线性方程组的J迭代法及GS迭代法的收敛性。

19. 设线性方程组的系数矩阵为$A=\begin{bmatrix}a&1&3\\1&a&2\\-3&2&a\end{bmatrix}$,当$a$为何值时,J迭代法收敛?当$a=3$时,GS迭代法是否收敛?

20. 用SOR迭代法求解线性方程组(分别取松弛因子$\omega=1.03,\omega=1,\omega=1.1$)。

$$\begin{cases}4x_1-x_2=1\\-x_1+4x_2-x_3=4\\-x_2+4x_3=-3\end{cases}$$

其精确解为$x^*=(\frac{1}{2},1,-\frac{1}{2})^T$,要求当$\|x^{(k)}-x^*\|_\infty<0.5\times10^{-5}$时迭代终止,并且对每一个$\omega$值确定迭代次数。

21. 设有线性方程组$Ax=b$,其中A为对称正定矩阵,迭代公式

$$x^{(k+1)}=x^{(k)}+\omega(b-Ax^{(k)})\quad(k=0,1,2,\cdots)$$

试证明当$0<\omega<\frac{2}{\beta}$时上述迭代法收敛(其中$0<\omega\leqslant\rho(A)\leqslant\beta$)。

22. 证明矩阵$A=\begin{bmatrix}1&a&a\\a&1&a\\a&a&1\end{bmatrix}$,对于$-\frac{1}{2}<a<\frac{1}{2}$是正定的,且J迭代法只对$-\frac{1}{2}<a<\frac{1}{2}$是收敛的。

23. 设A为严格对角占优矩阵,且$0<\omega\leqslant1$,求证求解$Ax=b$的SOR迭代法收敛。

24. 设$B\in R^{n\times n}$,且$\rho(B)=0$,试证明对任意初始向量$x^{(0)}\in R^n$,用迭代法最多迭代n步就可得到线性方程组$x=Bx+f$的精确解x^*,即$x^{(n)}=x^*$。

第3章　非线性方程(组)数值方法

在科学研究与工程技术中经常会遇到要求非线性方程 $f(x)=0$ 的根的问题。如果 $f(x)$ 是二次、三次、四次代数方程(即多项式方程),可以用求根公式求解(虽然四次代数方程的求根公式比较复杂),而对高于四次的代数方程则无精确的求根公式。对超越方程,就更难求出其精确解了。因此,有必要用数值的方法求方程 $f(x)=0$ 的根,即求出达到一定精度要求的近似根即可。

在本章中,我们将介绍几种非线性方程(组)求根的数值方法。对于代数方程,已经有单根和重根的概念,这个概念可推广到一般方程 $f(x)=0$ 上。

设函数 $f(x)$ 可分解为

$$f(x)=(x-x^*)^m g(x)$$

其中,m 为正整数,$g(x)$ 满足 $g(x^*)\neq 0$。显然 x^* 是 $f(x)$ 的零点,我们称 x^* 是 $f(x)$ 的 m 重零点或称 x^* 是方程 $f(x)=0$ 的 m 重根。若 $g(x)$ 充分光滑,x^* 是 $f(x)$ 的 m 重零点,则有

$$f(x^*)=f'(x^*)=\cdots=f^{(m-1)}(x^*)=0$$

而 $f^{(m)}(x^*)\neq 0$。一般来说方程 $f(x)=0$ 的根可以是实根,也可以是复根,可能有一个或有多个。

对于 n 次多项式方程,由代数基本定理知它在复数域内有且必有 n 个根(重根按重次计算),在实数域内有没有根以及是单根还是重根需要进一步判定。对一般的函数方程 $f(x)=0$,可能有实根,也可能没有实根。在有实根时,可能有一个或多个甚至无穷多个。用数值方法求方程的根,首先要确定方程有根,即讨论方程根的存在性问题。其次,求出根所在的区间,即找到有根的区间,在此区间内,如果方程只有一个根,将有根区间不断缩小,便可逐步求得根的近似值。

3.1　二分法

先介绍单个变量函数方程求根的逐步搜索法。

3.1.1　逐步搜索法

设 $f(x)$ 是定义在区间 $[a,b]$ 上的连续函数,且在 $[a,b]$ 内,$f(x)=0$ 只有一个根 x^*。逐步搜索法如下:

①判断 $f(a)$ 的符号。若 $f(a)=0$,则取 $x^*=a$;若 $f(a)\neq 0$,则不妨设 $f(a)>0$(对

$f(a)<0$,可类似下面内容进行讨论)。

②选择适当步伐,比如 $h=(b-a)/n$(n 是任意取定的一个正整数),向前搜索一步,判断 $f(a+h)$ 的符号,若 $f(a+h)=0$,则取 $x^*=a+h$;若 $f(a+h)<0$,则 $x^*\in(a,a+h)$,比如可取 $a,a+h$ 或 $a+0.5h$ 作为 x^* 的近似值;若 $f(a+h)>0$,则继续向前搜索一步,判断 $f(a+2h)$ 的符号,重复上述操作,直到 $f(a+(k-1)h)$ 与 $f(a+kh)$ 异号,这时则 $x^*\in(a+(k-1)h,a+kh)$,比如可取 $a+(k-1)h,a+kh$ 或 $a+(k-0.5)h$ 作为 x^* 的近似值。

逐步搜索法的缺点是:步长 h 很难确定,若步长 h 过大,近似根精度较差,若步长 h 过小,精度虽然提高了,但计算量大大增加。能较好克服逐步搜索法缺点的方法就是二分法。

3.1.2　二分法

单变量函数方程

$$f(x)=0 \tag{3.1}$$

其中,$f(x)$ 在闭区间 $[a,b]$ 上连续、单调,且 $f(a)f(b)<0$,则由连续函数的介值定理可知,方程(3.1)在 (a,b) 内有且只有一个根 x^*,下面用二分法通过函数在区间端点的符号来确定 x^* 所在区间,将有根区间缩到充分小,从而求出满足给定精度要求的根 x^* 的近似值,其具体作法如下:

记 $a_1=a,b_1=b$,对分区间 $[a_1,b_1]$,计算区间中点 $x_1=\frac{1}{2}(a_1+b_1)$ 及 $f(x_1)$,如果 $f(x_1)=0$,则 $x^*=x_1$,否则有 $f(a_1)f(x_1)<0$ 或 $f(x_1)f(b_1)<0$,不妨设 $f(a_1)f(x_1)<0$,并记 $a_2=a_1,b_2=x_1$,则根 $x^*\in(a_2,b_2)$,这样得到长度缩小一半的有根区间 $[a_2,b_2]$,即 $f(a_2)\cdot f(b_2)<0$,此时 $b_2-a_2=\frac{1}{2}(b_1-a_1)$,对有根区间 $[a_2,b_2]$ 重复上述步骤,即分半求区间中点,判断中点处函数符号,则可得到长度又缩小一半的有根区间 $[a_3,b_3]$,如图 3-1 所示。

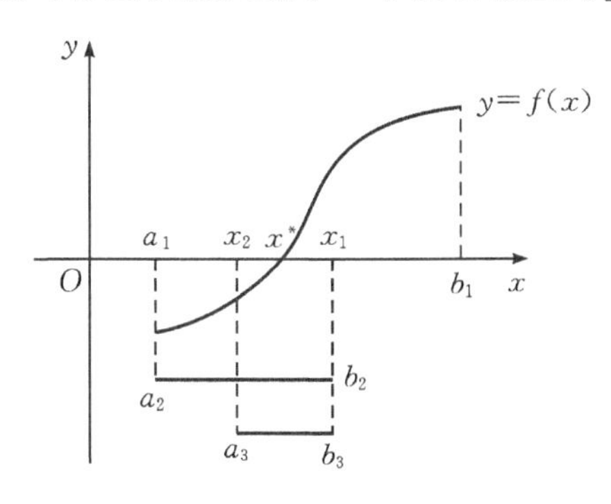

图 3.1　二分法

重复上述过程,第 n 步就得到根 x^* 的近似值序列 $\{x_n\}$ 及包含 x^* 的区间,有如下形式:

① $[a_1,b_1]\supset[a_2,b_2]\supset\cdots\supset[a_n,b_n]\supset\cdots$;

② $f(a_n)f(b_n)<0,x^*\in[a_n,b_n]$;

③ $a_n-b_n=\frac{1}{2}(b_{n-1}-a_{n-1})=\cdots=\frac{1}{2^{n-1}}(b-a)$;

④ $x_n=\frac{a_n+b_n}{2}$,且 $|x_n-x^*|\leqslant\frac{1}{2^n}(b-a)\quad(n=1,2,\cdots)$。　(3.2)

由式(3.2)显然可知$\lim\limits_{n\to\infty}x_n=x^*$，且 x_n 以等比数列的收敛速度收敛于 x^*，因此，用二分法求 $f(x)=0$ 的实根 x^* 可以达到任意指定精度。事实上，对任意给定的精度要求 $\varepsilon>0$，要求 $|x_n-x^*|\leqslant\frac{1}{2^n}(b-a)<\varepsilon$，可得 $n>\frac{\ln(b-a)-\ln\varepsilon}{\ln2}$，即得到区间对分次数 n。

例 3.1 已知方程 $f(x)=x^3+4x^2-10=0$ 在区间[1,2]上有一个实根 x^*，用二分法求该实根，要求 $|x_n-x^*|\leqslant\frac{1}{2}\times10^{-2}$。

解 $f(x)=x^3+4x^2-10, f'(x)=3x^2+8x>0(x\in[1,2])$

$$f(1)=-5<0, f(2)=14>0$$

所以 $f(x)=0$ 在[1,2]内有唯一实根，令

$$n>\frac{\ln(2-1)-\ln\frac{1}{2}\times10^{-2}}{\ln2}$$

解出 $n>6$，即至少对分 7 次，取 $x_1=\frac{1+2}{2}=1.5$ 开始计算，如表 3.1 所示，因此有 $x^*\approx\frac{1}{2}(1.359375+1.367185)\approx1.363$。

表 3.1 二分法计算的结果

n	有根区间$[a_n,b_n]$	x_n	$f(x_n)$符号
1	[1.0,2.0]	1.5	+
2	[1.0,1.5]	1.25	−
3	[1.25,1.5]	1.375	+
4	[1.25,1.375]	1.3125	−
5	[1.315,1.375]	1.34375	−
6	[1.3475,1.375]	1.359375	−
7	[1.359375,1.375]	1.367185	+

二分法的优点是方法及相应的程序都比较简单，且对函数 $f(x)$ 的性质要求不高，只要连续单调即可，但二分法不能用于求方程的复根和重根。

3.2 迭代法

迭代法是一种逐步逼近的方法，它是解代数方程、超越方程、线性方程组、非线性函数方程(组)、微分方程等的一种基本而重要的数值方法。

3.2.1 不动点迭代法

用不动点迭代方法求方程根的基本思想是将方程(3.1)转化为等价的形式

$$x=\varphi(x) \tag{3.3}$$

若 x^* 满足 $f(x^*)=0$，则 x^* 满足 $x^*=\varphi(x^*)$，反之亦然，我们称 x^* 是 $f(x)=0$ 的根，x^* 是

$x=\varphi(x)$的不动点，从而求 $f(x)=0$ 根的问题转化为求 $x=\varphi(x)$的不动点问题。

一般来说，不可能从 $x=\varphi(x)$中直接得到不动点 x^*，需要先给出不动点 x^* 的一个猜测值 x_0(称为初始值)，然后代入式(3.3)右端，按下述公式进行计算：

$$x_{k+1} = \varphi(x_k) \quad (k = 0,1,2,\cdots) \tag{3.4}$$

称迭代式(3.4)为不动点迭代法(也称为简单迭代法或逐步逼近法)，φ 为迭代函数，若式(3.4)产生的序列$\{x_k\}$收敛到 x^*，则 x^* 就是 $x=\varphi(x)$的不动点，即为方程 $f(x)=0$ 的根。

我们可以通过不同的途径将方程(3.1)化成等价的式(3.3)形式，现举例如下：

例 3.2 已知方程 $x^3+4x^2-10=0$ 在区间$[1,2]$上有一个根，可以采用不同的代数运算得到不同形式的式(3.3)。

方法一： $x=x^3+4x^2+x-10$ 即 $\varphi_1(x)=x^3+4x^2+x-10$

方法二： $x=\frac{1}{2}(10-x^3)^{\frac{1}{2}}$ 即 $\varphi_2(x)=\frac{1}{2}(10-x^3)^{\frac{1}{2}}$

方法三： $x=\left(\frac{10}{x}-4x\right)^{\frac{1}{2}}$ 即 $\varphi_3(x)=\left(\frac{10}{x}-4x\right)^{\frac{1}{2}}$

方法四： $x=\left(\frac{10}{4+x}\right)^{\frac{1}{2}}$ 即 $\varphi_4(x)=\left(\frac{10}{4+x}\right)^{\frac{1}{2}}$

方法五： $x=x-\frac{x^3+4x^2-10}{3x^2+8x}$ 即 $\varphi_5(x)=x-\frac{x^3+4x^2-10}{3x^2+8x}$

取 $x_0=1.5$。用以上五种方法进行迭代计算(精确到10^{-10})，结果见表 3.2。

表 3.2 五种不同方法计算结果

k	方法一	方法二	方法三	方法四	方法五
0	1.5	1.5	1.5	1.5	1.5
1	−0.875	1.286953768	0.81649658	1.348399725	1.373333333
2	6.73242187	1.402540840	2.996908806	1.367376372	1.365262015
3	−469.720012	1.345458734	$\sqrt{-8.650863688}$	1.364957015	1.365230014
4	1.02754555×10^8	1.375170253	—	1.365264748	1.365230013
5	—	1.360094193	—	1.365225594	—
…	—	…	—	…	—
10	—	1.365410061	—	1.365230014	—
11	—	1.365137821	—	1.365230013	—
…	—	…	—	—	—
29	—	1.365230013	—	—	—

由表 3.2 可以看出：方法一不收敛，而方法三出现负数开平方不能继续作实数运算，方法二算出 $x_{29}=1.365230013$，这与方法四中 x_{11} 与方法五中 x_4 相同。它们在字长范围内完全达到精度要求，因此可见，迭代函数 $\varphi(x)$选取的不同，相应$\{x_k\}$的收敛情况也不同。

由迭代格式(3.4)求方程 $f(x)=0$ 的近似根。应该选择什么样的迭代函数 $\varphi(x)$，使由迭代格式 $x_{k+1}=\varphi(x_k)$产生的序列$\{x_k\}$收敛呢？如果有多种迭代格式哪一种迭代格式产生的序列收敛得更快呢？现在给出一般的收敛理论。

3.2.2　不动点迭代的一般理论

定理 3.1　设与方程 $f(x)=0$ 等价的形式 $x=\varphi(x)$，其中 $\varphi(x)$ 在区间 $[a,b]$ 上具有连续的一阶导数，且

①当 $x\in[a,b]$ 时总有 $\varphi(x)\in[a,b]$；

②存在常数 L，$0\leqslant L<1$，使得对任意 $x\in(a,b)$ 都有 $|\varphi'(x)|\leqslant L$；

则

(1)$x=\varphi(x)$ 在 $[a,b]$ 内有唯一不动点 x^*；

(2)对任意初始值 $x_0\in[a,b]$，由迭代格式 $x_{k+1}=\varphi(x_k)(k=0,1,2,\cdots)$ 产生的序列 $\{x_k\}$ 均收敛于 x^*；

(3)
$$|x_k-x^*|\leqslant\frac{1}{1-L}|x_{k+1}-x_k| \tag{3.5}$$

$$|x_k-x^*|\leqslant\frac{L^k}{1-L}|x_1-x_0| \tag{3.6}$$

证明　(1)先证方程 $x=\varphi(x)$ 在区间 $[a,b]$ 上有唯一不动点。令 $f(x)=x-\varphi(x)$，则 $f(x)$ 在 $[a,b]$ 上连续，由条件(1)可知 $f(a)=a-\varphi(a)\leqslant0$，$f(b)=b-\varphi(b)\geqslant0$，从而至少有 $x^*\in[a,b]$，使得 $f(x^*)=0$，即 $x^*=\varphi(x^*)$(零点定理)。

若在区间 $[a,b]$ 上还有一点 $\bar{x}$，使 $\bar{x}=\varphi(\bar{x})$，则

$$x^*-\bar{x}=\varphi(x^*)-\varphi(\bar{x})=\varphi'(\xi)(x^*-\bar{x})\quad(\xi\text{介于}x^*\text{与}\bar{x}\text{之间})$$

若 $\bar{x}\neq x^*$，则 $\varphi'(\xi)=1$，与假设条件 $|\varphi'(x)|\leqslant L<1$ 矛盾，因此有 $\bar{x}=x^*$，即不动点 x^* 是唯一的，如图 3.2 所示。

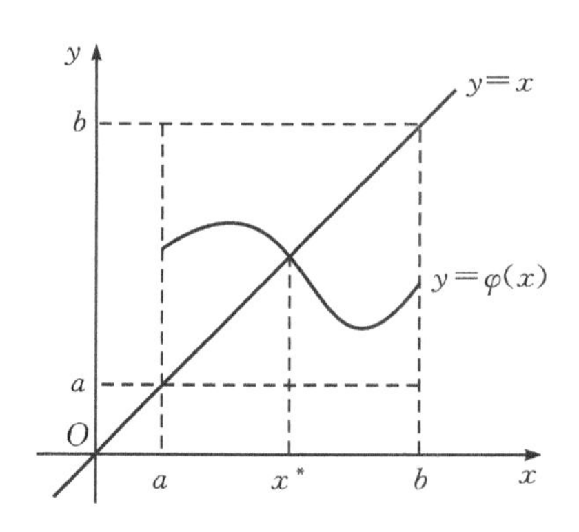

图 3.2　不动点存在

(2)由假设条件①和②可知：对任意正整数 k 都有 $x_{k+1}=\varphi(x_k)\in[a,b]$，因此 $|x_{k+1}-x^*|=|\varphi(x_k)-\varphi(x^*)|=|\varphi'(\xi)||x_k-x^*|\leqslant L|x_k-x^*|<L^2|x_{k-1}-x^*|<\cdots<L^{k+1}|x_0-x^*|$，从而 $\lim\limits_{k\to\infty}x_{k+1}=x^*$，即迭代序列 $\{x_k\}$ 收敛于不动点 x^*。

(3)因为

$$\begin{aligned}|x_{k+1}-x_k|&=|(x_{k+1}-x^*)+(x^*-x_k)|\geqslant|x_k-x^*|-|x_{k+1}-x^*|\\&\geqslant|x_k-x^*|-L|x_k-x^*|=(1-L)|x_k-x^*|\end{aligned}$$

从而

$$|x_k - x^*| \leqslant \frac{1}{1-L}|x_{k+1} - x_k|$$

又由于

$$|x_{k+1} - x_k| = |\varphi(x_k) - \varphi(x_{k-1})| = |\varphi'(\zeta)||x_k - x_{k-1}| \leqslant L|x_k - x_{k-1}| \leqslant \cdots \leqslant L^k|x_1 - x_0|$$

所以

$$|x_k - x^*| \leqslant \frac{L^k}{1-L}|x_1 - x_0|$$

定理 3.1 的几何意义是明显的，它表明在不动点 x^* 附近，$y=\varphi(x)$ 的切线不能太陡，不动点 x^* 实际就是直线 $y=x$ 与曲线 $y=\varphi(x)$ 的交点，图 3.3 和图 3.4 分别给出了发散与收敛的几何说明。

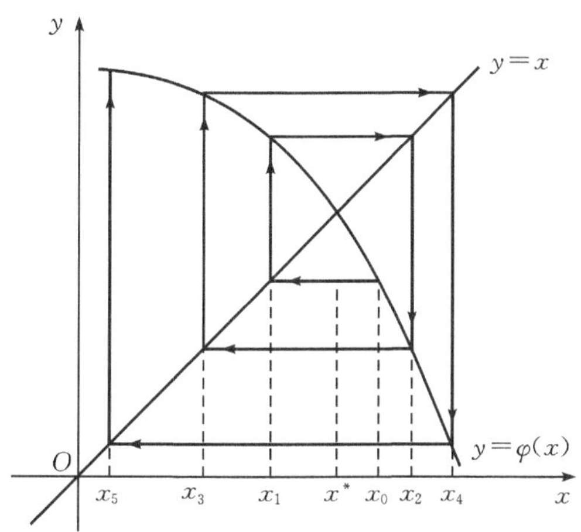

图 3.3　迭代序列发散

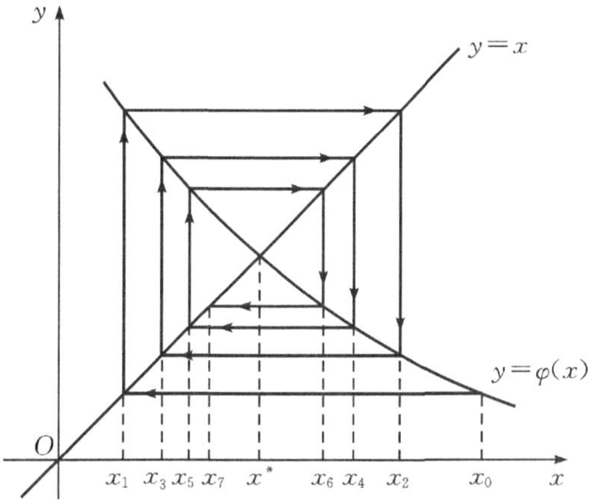

图 3.4　迭代序列收敛

对于不等式(3.6)，由于 $|x_1 - x_0|$ 与 k 无关，是定值。若 $L\approx1$ 时，x_k 收敛于 x^* 时很缓慢。若 $L\ll1$ 时，x_k 收敛于 x^* 就很快，因此，L 的值可以表示出 x_k 收敛于 x^* 的快慢情况。此外，给定 x_0(从而 x_1 也给定)及误差要求 ε。从式(3.6)中可估计出需要迭代的次数，显然迭代次数与 L 有关。

下面，利用定理 3.1 来分析例 3.2 的几种迭代方法的收敛性问题。

对于函数 $\varphi_1(x)$，$\varphi'_1(x)=3x^2+8x+1$，$x^*=1.365230013$，找不到包含 x^* 的区间 $[a,b]\subseteq[1,2]$，使在其中 $|\varphi'_1(x)|<1$，故不能用定理 3.1 保证其收敛性。

对于函数 $\varphi_2(x)$，$\varphi'_2(x)=-\frac{3}{4}x^2(10-x^3)^{-\frac{1}{2}}$，若取 $[a,b]=[1,1.5]$，则有 $|\varphi'_2(x)|\leqslant|\varphi_2{}'(1.5)|\approx0.66$，而 $\varphi_2(x)$ 是 x 的减函数。$1.28\approx\varphi_2(1.5)\leqslant\varphi_2(x)\leqslant\varphi_2(1)=1.5$，在 $[1,1.5]$ 上 $\varphi_2(x)$ 满足定理 3.1 全部条件。若取 $x_0\in[1,1.5]$，则迭代格式产生的迭代序列收敛。

对于函数 $\varphi_3(x)$，$\varphi_3(x)=\left(\frac{10}{x}-4x\right)^{\frac{1}{2}}$，设 $[a,b]=[1,2]$，不能保证 $a\leqslant x\leqslant b$ 时，$a\leqslant\varphi_3(x)\leqslant b$，同时，也没有区间 $[a,b]\subset[1,2]$，使 $|\varphi'_3(x)|<1$ 成立，故不能用定理 3.1 来保证其收敛性。

对 $\varphi_4(x)$、$\varphi_5(x)$可作类似分析，可得估计$|\varphi'_4(x)|<0.15(1\leqslant x\leqslant 2)$，$\varphi_4(x)$对应的 L 值比$\varphi_2(x)$对应的 L 值要小，故由 $x=\varphi_4(x)$产生的迭代序列比由 $x=\varphi_2(x)$产生的迭代序列收敛要快些。而 $\varphi_5(x)$对应的 L 值比 $\varphi_4(x)$和 $\varphi_2(x)$对应的 L 值都要小得多，因此，由 $x=\varphi_5(x)$产生的迭代序列收敛最快。

从以上分析可以看出，利用定理 3.1 分析区间$[a,b]$上不同迭代方法的收敛性是比较困难的，定理 3.1 给出的是区间$[a,b]$上的收敛性，称为全局收敛，下面我们讨论局部收敛性的概念。

定义 3.1 对于 $x^*=\varphi(x^*)$，若存在 x^* 的一个闭邻域 $U(x^*,\delta)=[x^*-\delta,x^*+\delta]$ $(\delta>0)$使得对任意 $x_0\in U(x^*,\delta)$，由迭代格式 $x_{k+1}=\varphi(x_k)(k=0,1,2,\cdots)$产生的迭代序列$\{x_k\}$都收敛到 x^*，则称迭代格式 $x_{k+1}=\varphi(x_k)$在 x^* 的闭邻域 $U(x^*,\delta)$内是局部收敛的。

定理 3.2 设 $\varphi(x)$ 在 $x=\varphi(x)$ 的不动点 x^* 的某邻域内有一阶连续导数，且$|\varphi'(x^*)|\leqslant L<1$，则迭代格式 $x_{k+1}=\varphi(x_k)(k=0,1,2,\cdots)$具有局部收敛性。

证明 因为$|\varphi'(x^*)|<1$，又 $\varphi'(x)$在 x^* 的某个邻域内连续，故存在 x^* 的某个邻域 $U(x^*,\delta)$，使得在此邻域内恒有$|\varphi'(x)|\leqslant L<1$，且对任意 $x\in U(x^*,\delta)$有

$$|\varphi(x)-\varphi(x^*)|=|\varphi'(\xi)||x-x^*|\leqslant L|x-x^*|<|x-x^*|<\delta$$

从而也有 $\varphi(x)\in U(x^*,\delta)$，根据定理 3.1 可知迭代格式 $x_{k+1}=\varphi(x_k)$对任意 $x_0\in U(x^*,\delta)$均收敛，即具有局部收敛性。

例 3.3 用迭代法求方程 $x^3-x^2-1=0$ 在区间$[1.4,1.5]$内的根，要求精确到小数点后第 4 位。

解 (1)构造迭代格式。

方程 $x^3-x^2-1=0$ 的等价形式为

$$x=\sqrt[3]{x^2+1}=\varphi(x)$$

迭代格式为

$$x_{k+1}=\sqrt[3]{x_k^2+1}$$

(2)由定理 3.2 可知 $\varphi'(x)=\dfrac{2x}{3\sqrt[3]{(x^2+1)^2}}$在区间(1.4,1.5)内满足$|\varphi'(x)|\leqslant 0.5<1$，因此迭代序列收敛。

(3)计算结果见如表 3.3。

表 3.3 计算结果

k	x_k	$\|x_{k+1}-x_k\|\leqslant 0.00005$
0	1.5000000	$\|x_1-x_0\|\approx 0.02$
1	1.4812480	$\|x_2-x_1\|\approx 0.009$
2	1.4727057	$\|x_3-x_2\|\approx 0.004$
3	1.4688173	$\|x_4-x_3\|\approx 0.002$
4	1.4670480	$\|x_5-x_4\|\approx 0.0009$
5	1.4662430	$\|x_6-x_5\|\approx 0.0004$
6	1.4658786	$\|x_7-x_6\|\approx 0.0002$

续表

k	x_k	$\lvert x_{k+1}-x_k\rvert\leqslant 0.00005$
7	1.4657020	$\lvert x_8-x_7\rvert\approx 0.00007$
8	1.4656344	$\lvert x_9-x_8\rvert\approx 0.00005$
9	1.4656000	—

最后,给出迭代格式的阶的概念,它是衡量一种迭代法收敛快慢的标志。

定义 3.2 设序列$\{x_k\}$收敛到x^*,记误差$e_k=x_k-x^*$,若存在实数$p\geqslant 1$及非零常数$C>0$,使得

$$\lim_{k\to\infty}\frac{|e_{k+1}|}{|e_k|^p}=C$$

则称序列$\{x_k\}$是p阶收敛的,且C称为渐近误差常数。当$p=1$且$0<C<1$时,称$\{x_k\}$为线性收敛,当$p>1$时称为超线性收敛,$p=2$称为平方收敛或二次收敛。

一般地,若由迭代格式$x_{k+1}=\varphi(x_k)$产生的序列$\{x_k\}$是p阶收敛的,就称迭代格式$x_{k+1}=\varphi(x_k)$为p阶收敛。

3.3 加速迭代收敛的方法

3.3.1 两个迭代值组合的加速方法

将式(3.3)两边同时减去θx,得

$$(1-\theta)x=\varphi(x)-\theta x$$

当$\theta\neq 0$且$\theta\neq 1$时,可将这个方程变形为

$$x=\frac{1}{1-\theta}[\varphi(x)-\theta x] \tag{3.7}$$

相应的迭代格式为

$$x_{k+1}=\frac{1}{1-\theta}[\varphi(x_k)-\theta x_k]\qquad(k=0,1,2,\cdots) \tag{3.8}$$

迭代格式(3.8)也可以写成

$$x_{k+1}=\frac{\theta}{1-\theta}[\varphi(x_k)-x_k]+\varphi(x_k)\qquad(k=0,1,2,\cdots) \tag{3.9}$$

对式(3.9)中的θ取不同的值或表达式,就可得到不同的迭代方法,选取特殊的θ,有可能使迭代序列加速收敛。

如取$\theta=-1$,则式(3.8)变成

$$x_{k+1}=\frac{1}{2}[\varphi(x_k)+x_k]\qquad(k=0,1,2,\cdots) \tag{3.10}$$

下面举例说明这种迭代格式确能加速迭代序列的收敛性。

例 3.4 用式(3.10)及例3.2中的$\varphi_2(x)$,求方程$x^3+4x^2-10=0$在$[1,2]$上的根x^*。

解 $\varphi_2(x)=\frac{1}{2}(10-x^3)^{\frac{1}{2}}$,仍取$x_0=1.5$,利用(3.10)计算结果列于表3.4中。

表 3.4　计算的结果

k	x_k	k	x_k	k	x_k
0	1.5	5	1.365326571	10	1.365230097
1	1.393476884	6	1.365253573	11	1.365230034
2	1.371931816	7	1.365235762	12	1.365230018
3	1.366854766	8	1.365231416	13	1.365230015
4	1.365625862	9	1.365230356	14	1.365230014

与例 3.2 对比可以看出式(3.10)确能加速迭代序列的收敛性，需要指出的是，若$\{x_k\}$单调趋于x^*时，式(3.10)不能加速收敛，只有当$0 \geqslant \varphi'(x) \geqslant -L > -1$且$L$较大时，加速效果才会明显。

由式(3.8)有

$$x_{k+1} = \frac{1}{1-\theta}[\varphi(x_k) - \theta x_k] = \frac{1}{1-\theta}\varphi(x_k) - \frac{\theta}{1-\theta}x_k$$

再令$\omega = \frac{1}{1-\theta}$，上式变为

$$x_{k+1} = (1-\omega)x_k + \omega\varphi(x_k)$$

ω称为松弛因子，上述方法称为松弛迭代法，用松弛迭代法计算时要确定松弛因子ω，从理论上可以证明，取$\omega = \frac{1}{1-\varphi'(x_k)}$最有效，但在实际应用上不太方便，因为每迭代一次松弛因子都要改变，实际应用时用$\varphi'(x_0)$来近似代替$\varphi'(x_k)$，也能达到较好的效果。

例 3.5　求方程$x = e^{-x}$在$x = 0.5$附近的一个不动点，精度要求达到10^{-8}。

解　方法一　一般迭代法。取

$$\varphi(x) = e^{-x}, x \in [0.5, 0.6]$$

令

$$f(x) = x - e^{-x}$$

容易验证$f(x) = 0$在$[0.5, 0.6]$内有唯一根x^*，又$|\varphi'(x)| = e^{-x}$，当$x \in [0.5, 0.6]$时，$|\varphi'(x)| \approx 0.607 < 1$，故迭代格式$x_{k+1} = e^{-x_k}$所产生的迭代序列必收敛。取$x_0 = 0.5$，计算结果见表 3.5。

表 3.5　一般迭代法计算结果

k	x_k	k	x_k	k	x_k
0	0.5	12	0.567064864	24	0.567143376
1	0.606530659	13	0.567187771	25	0.567143241
2	0.545239212	14	0.567118064	26	0.567143789
3	0.59703094	15	0.567157597	27	0.567143007
4	0.560064628	16	0.567135176	28	0.567143451
5	0.571172148	17	0.567138487	29	0.567143199
6	0.564862947	18	0.567146014	30	0.567143366

续表

k	x_k	k	x_k	k	x_k
7	0.568438047	19	0.567141745	31	0.567143319
8	0.566385424	20	0.567144166	32	0.567143311
9	0.567573272	21	0.567142793	33	0.567143290
10	0.566899481	22	0.567143572	34	0.567143290
11	0.567281582	23	0.567143139	—	—

方法二　应用加速迭代公式。取 $\theta=-0.566\approx\varphi'(0.5)$，则加速迭代公式为

$$\bar{x}_{k+1}=\frac{1}{1.6}(\mathrm{e}^{-\bar{x}_k}+0.6\bar{x}_k)$$

取 $x_0=0.5$，计算结果见表3.6。

表3.6　加速迭代法计算结果

k	x_k	k	x_k
0	0.5	4	0.567143285
1	0.566581661	5	0.567143290
2	0.567131793	6	0.567143290
3	0.567143054	—	—

加速迭代法只要迭代5次便可得到结果，与一般迭代法相比，加速效果非常明显。

3.3.2　三个迭代值组合的加速方法

前面在由两个迭代值组合的加速方法中，要计算 $\varphi'(x)\approx\theta$，在实际计算中，导数的求值比较麻烦，因而想把 θ 去掉。

下面，我们从几何意义上寻求一种解决途径。

由初值 x_0 出发，计算出 $\bar{x}_1=\varphi(x_0)$，$\bar{x}_2=\varphi(\bar{x}_1)$后，便可在曲线 $y=\varphi(x)$上找到两个点 $P_0(x_0,\bar{x}_1)$和 $P_1(\bar{x}_1,\bar{x}_2)$，见图3.5，用直线连接 P_0 和 P_1 两点，它与直线 $y=x$ 的交点设为 P_3，则 P_3 点的坐标(x_1,y_1)应满足：

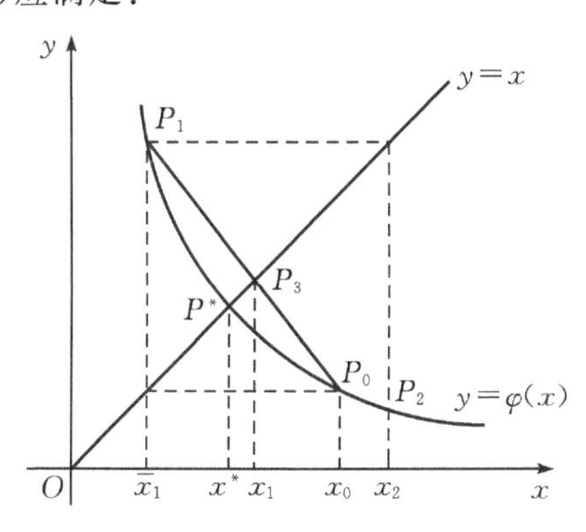

图3.5　三个迭代值组合加速方法

$$\frac{x_1-\bar{x}_1}{x_1-x_0}=\frac{\bar{x}_2-\bar{x}_1}{x_1-x_0}$$

由此式解出 x_1，得

$$x_1=\frac{x_0\bar{x}_2-\bar{x}_1^2}{x_0-2\bar{x}_1+\bar{x}_2}$$

将 x_1 视为新的初值，重复上述步骤可得

$$x_2=\frac{x_1\bar{x}_3-\bar{x}_2^2}{x_1-2\bar{x}_2+\bar{x}_3}$$

其中，$\bar{x}_2=\varphi(x_1)$，$\bar{x}_3=\varphi(\bar{x}_2)$，其一般形式由 x_k，$\bar{x}_{k+1}=\varphi(x_k)$，$\bar{x}_{k+2}=\varphi(\bar{x}_{k+1})$ 组合而成。

$$x_{k+1}=\frac{x_k\bar{x}_{k+2}-\bar{x}_{k+1}^2}{x_k-2\bar{x}_{k+1}+\bar{x}_{k+2}}=\frac{x_k\varphi(\varphi(x_k))-[\varphi(x_k)]^2}{x_k-2\varphi(x_k)+\varphi(\varphi(x_k))}$$

或写成

$$x_{k+1}=x_k-\frac{(\bar{x}_{k+1}-x_k)^2}{\bar{x}_{k+2}-2\bar{x}_{k+1}+x_k}=x_k-\frac{(\varphi(x_k)-x_k)^2}{\varphi(\varphi(x_k))-2\varphi(x_k)+x_k} \tag{3.11}$$

这个方法称为**艾特肯(Aitken)加速收敛法**。

若记 $y_k=\varphi(x_k)$，$\zeta_k=\varphi(y_k)$，$k=0,1,2,\cdots$，则式(3.11)可以写成如下所谓的**斯蒂芬森(Steffensen)迭代法**

$$\begin{cases} y_k=\varphi(x_k),\zeta_k=\varphi(y_k) \\ x_{k+1}=x_k-\dfrac{(y_k-x_k)^2}{\zeta_k-2y_k+x_k} \end{cases} \quad (k=0,1,2,\cdots) \tag{3.12}$$

例 3.6 用斯蒂芬森加速法求方程 $x^3-x^2-1=0$ 在区间[1.4,1.5]内的根，要求精确到小数点后第四位。

解 由斯蒂芬森迭代格式(3.12)，计算结果见表 3.7。

表 3.7 斯蒂芬森加速法计算结果

k	y_k	ζ_k	x_k	$\lvert x_{k+1}-x_k\rvert \leqslant 10^{-4}$
0	—	—	1.5	—
1	1.481248	1.474706	1.465559	
2	1.465565	1.465569	1.465570	0.5×10^{-5}

斯蒂芬森加速公式

$$\begin{cases} y_k=\sqrt[3]{x_k^2+1} \\ \zeta_k=\sqrt[3]{y_k^2+1} \\ x_{k+1}=x_k-\dfrac{(y_k-x_k)^2}{\zeta_k-2y_k+x_k} \end{cases} \quad k=0,1,2\cdots$$

由此，第二次迭代结果已经满足精度要求，故取 $x^*\approx1.4656$。

3.4 牛顿迭代法

牛顿迭代法适用求方程 $f(x)=0$ 的单根、重根等情形，下面讨论牛顿迭代法。先对单

根情形的牛顿迭代法进行介绍。

3.4.1 单根情形的牛顿迭代法

我们假设方程 $f(x)=0$ 在其根 x^* 的某个领域 $U(x^*,\delta)$ 内有一阶连续导数，且 $f'(x^*)\neq 0$。

要求 $f(x)=0$ 的根 x^*，关键问题是要把 $f(x)=0$ 转化为等价形式 $x=\varphi(x)$，并使得 $\varphi(x)$ 满足3.3节中的定理3.1或定理3.2的条件。一个较为自然的选择是取 $\varphi(x)=x+Cf(x)$（其中 C 为非零常数），显然 $f(x^*)=0$ 当且仅当 $x^*=\varphi(x^*)$，为了加速不动点迭代过程的收敛速度，应尽量使迭代函数 $\varphi(x)$ 在 $x=x^*$ 处有更高阶导数为零，而 $\varphi'(x)=1+Cf'(x)$，要使 $\varphi'(x^*)=0$，就有 $C=-\dfrac{1}{f'(x^*)}$，但是 x^* 未知，因而 C 值不确定。

若令

$$\varphi(x)=x+h(x)f(x)$$

由 $\varphi'(x^*)=0$ 来确定 $h(x)$ 的结构，根据

$$\varphi'(x^*)=1+h'(x^*)f(x^*)+h(x^*)f'(x^*)=1+h(x^*)f'(x^*)=0$$

可得 $h(x^*)=-\dfrac{1}{f'(x^*)}$。

由于假定 $f'(x^*)\neq 0$，且 $f'(x)$ 连续，因此当 $h(x)=-\dfrac{1}{f'(x)}$ 时，就能保证 $\varphi'(x^*)=0$，即令 $\varphi(x)=x-\dfrac{f(x)}{f'(x)}$，从而有迭代格式

$$x_{k+1}=x_k-\frac{f(x_k)}{f'(x_k)}\qquad(k=0,1,2\cdots)\tag{3.13}$$

此迭代方法称为**牛顿-拉夫森(Newton-Raphson)方法**，简称**牛顿法。**

在牛顿法中，每次都要计算 $f'(x_k)$ 比较麻烦，因为在 x^* 的邻域 $U(x^*,\delta)$ 内取 x_0，以至于 $x_1,x_2,\cdots$ 都在此邻域内，从而当 δ 较小时，用 $f'(x_0)$ 近似代替 $f'(x_k)$，就有迭代格式

$$x_{k+1}=x_k-\frac{f(x_k)}{f'(x_0)}\qquad(k=0,1,2\cdots)\tag{3.14}$$

这个迭代方法称为**简化牛顿法**。

牛顿法有明显的几何意义。

方程 $f(x)=0$ 的根 x^* 就是曲线 $y=f(x)$ 与 x 轴交点的横坐标，x^* 的某个近似值过曲线 $y=f(x)$ 上相应点 $P_k(x_k,f(x_k))$ 的切线方程为 $Y=f(x_k)+f'(x_k)(x-x_k)$，此切线与 x 轴交点的横坐标记为 x_{k+1}，它作为 x^* 的一个新的近似值，即有 $x_{k+1}=x_k-\dfrac{f(x_k)}{f'(x_k)}$，因此，牛顿法也称切线图法，其基本思想是将非线性方程 $f(x)=0$ 的求解转化为一次次用切线方程来求解，牛顿法和简化牛顿法的几何意义如图3.6和图3.7所示。

关于牛顿迭代法有如下的收敛性定理。

定理3.3 设 x^* 是方程 $f(x)=0$ 的根，在 x^* 的某个开区间内 $f''(x)$ 连续且 $f'(x)\neq 0$，则存在 $\delta>0$，当 $x_0\in[x^*-\delta,x^*+\delta]$ 时，由牛顿迭代法式(3.13)产生的序列 $\{x_k\}$ 是以不低于二阶的收敛速度收敛到 x^*。证明略。

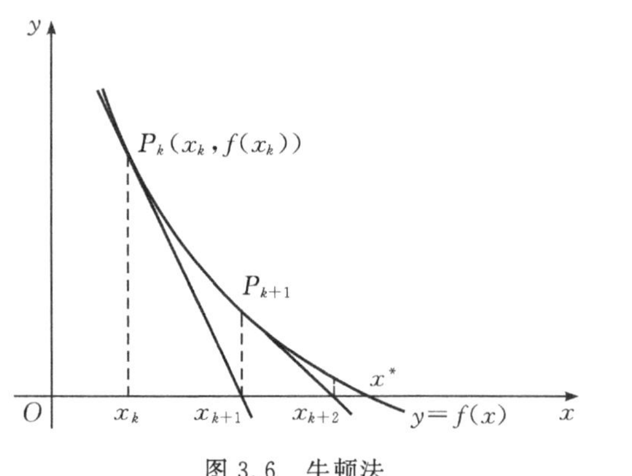

图 3.6 牛顿法

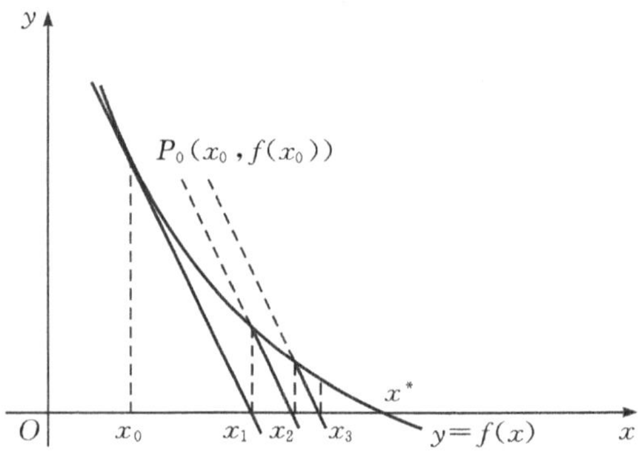

图 3.7 简化牛顿法

定理 3.4 对于方程 $f(x)=0$,设 $f(x)$在$[a,b]$上有二阶连续的导数,且满足下述条件:

(1)$f(a)f(b)<0$;

(2)对任意 $x\in[a,b]$,有 $f'(x)\neq 0, f''(x)\neq 0$;

(3)存在 $x_0\in[a,b]$,使 $f(x_0)f''(x_0)>0$。

则由牛顿迭代法式(3.13)产生的迭代序列$\{x_k\}$收敛到 $f(x)=0$ 的根 x^*,且

$$\lim_{k\to\infty}\frac{x_{k+1}-x^*}{(x_k-x^*)^2}=\frac{f''(x^*)}{2f'(x^*)}$$

证明 $f(x)$在$[a,b]$上连续,由条件(1)、(2)可知 $f(x)=0$ 在$[a,b]$内有唯一根 x^*。由条件(1)和 $f''(x)\neq 0$ 可知,有如下四种情形:

①$f(a)<0, f(b)>0$,当 $x\in[a,b]$时 $f''(x)>0$;

②$f(a)<0, f(b)>0$,当 $x\in[a,b]$时 $f''(x)<0$;

③$f(a)>0, f(b)<0$,当 $x\in[a,b]$时 $f''(x)>0$;

④$f(a)>0, f(b)<0$,当 $x\in[a,b]$时 $f''(x)<0$。

我们给出情形①的证明:

由中值定理知,存在 $\zeta\in(a,b)$使得 $f'(\zeta)=\dfrac{f(b)-f(a)}{b-a}>0$,由于在$[a,b]$上 $f'(x)\neq 0$,故在$[a,b]$上恒大于零,从而 $f(x)$在$[a,b]$上单调增加。

由 $x_0\in[a,b]$且 $f(x_0)f''(x)>0$ 知 $f(x_0)>0$,而 $f(x^*)=0$,从而 $x_0>x^*$,由牛顿迭代法知 $x_1=x_0-\dfrac{f(x_0)}{f'(x_0)}<x_0$。又由泰勒展开式得:

$$f(x)=f(x_0)+f'(x_0)(x-x_0)+\frac{1}{2!}f''(\zeta_0)(x-x_0)^2 \quad (\zeta_0\text{ 介于 }x\text{ 与 }x_0\text{ 之间})$$

把 $x=x^*$ 代入上式,并由 $f(x^*)=0$ 得

$$f(x_0)+f'(x_0)(x^*-x_0)+\frac{1}{2!}f''(\bar{\zeta}_0)(x^*-x_0)^2=0$$

其中 $\bar{\zeta}_0$ 介于 x_0 与 x^* 之间,也就有

$$x^*=x_0-\frac{f(x_0)}{f'(x_0)}-\frac{1}{2}\frac{f''(\bar{\zeta}_0)}{f'(x_0)}(x^*-x_0)^2=x_1-\frac{1}{2}\frac{f''(\bar{\zeta}_0)}{f'(x_0)}(x^*-x_0)^2$$

由于已假设当 $x\in[a,b]$时,有 $f''(x)>0, f'(x)>0$,以及前面已证明 $x_1<x_0$,有 $x^*<x_1<x_0$。

一般地假设 $x^* < x_k < x_{k-1}$，下面证明也有 $x^* < x_{k+1} < x_k$。

由假设 $x^* < x_k$，可知 $f(x_k) > f(x^*) = 0$，且由牛顿迭代法有 $x_{k+1} = x_k - \dfrac{f(x_k)}{f'(x_k)} < x_k$，再由泰勒展开式有

$$f(x) = f(x_k) + f'(x_k)(x - x_k) + \frac{1}{2!}f''(\zeta_k)(x - x_k) \qquad (\zeta_k \text{ 介于 } x_k \text{ 与 } x \text{ 之间})$$

把 $x = x^*$ 代入上式，并由 $f(x^*) = 0$ 有

$$f(x_k) + f'(x_k)(x^* - x_k) + \frac{1}{2}f''(\bar{\zeta}_k)(x - x_k)^2 = 0 \quad (\bar{\zeta}_k \text{ 介于 } x_k \text{ 与 } x^* \text{ 之间})$$

也有

$$x^* = x_k - \frac{f(x_k)}{f'(x_k)} - \frac{1}{2}\frac{f''(\bar{\zeta}_k)}{f'(x_k)}(x^* - x_k)^2 = x_{k+1} - \frac{1}{2}\frac{f''(\bar{\zeta}_k)}{f'(x_k)}(x^* - x_k)^2 < x_{k+1} < x_k \tag{3.15}$$

由归纳法可知，数列 $\{x_k\}$ 单调下降且有下界 x^*，由单调有界原理可知 $\{x_k\}$ 必有极限 l，对迭代公式 $x_{k+1} = x_k - \dfrac{f(x_k)}{f'(x_k)}$ 两边取 $k \to \infty$ 的极限。由 $f(x)$、$f'(x)$ 的连续性及 $f'(x) > 0$ 知 $f(l) = 0$，由根的唯一性知 $l = x^*$。

由式(3.15)有

$$\frac{x_{k+1} - x^*}{(x_k - x^*)^2} = \frac{1}{2}\frac{f''(\bar{\zeta}_k)}{f'(x_k)}$$

由 $f'(x)$、$f''(x)$ 的连续性及 $f'(x) \neq 0$ 可得

$$\lim_{k \to \infty}\frac{x_{k+1} - x^*}{(x_k - x^*)^2} = \frac{f''(x^*)}{2f'(x^*)}$$

由定理 3.4 及其证明可看出牛顿迭代法对其初值 x_0 的选取带有挑选性。

定理 3.5 对方程 $f(x) = 0$，若 $f(x)$ 在 $[a,b]$ 上有连续的二阶导数且满足下述条件：

①$f(a)f(b) < 0$；

②对任何 $x \in [a,b]$ 有 $f'(x) \neq 0$、$f''(x) \neq 0$；

③$\left|\dfrac{f(a)}{f'(a)}\right| < b - a$，$\left|\dfrac{f(b)}{f'(b)}\right| < b - a$。

则对任何 $x_0 \in [a,b]$，牛顿迭代法产生的序列 $\{x_k\}$ 都收敛于 $f(x) = 0$ 的根 x^*。

定理 3.5 的几何意义见图 3.8。

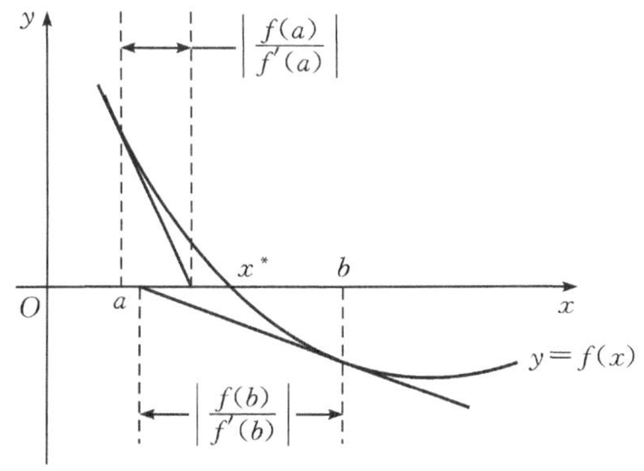

图 3.8 定理 3.5 的几何意义

条件③保证了从 x^* 两侧任取 x_0，如 $x_0=a$ 或 b 所得到的迭代序列 $\{x_k\}$ 均在 $[a,b]$ 内。

例 3.7 设 $a>0$，试建立求二次方程 $x^2-a=0$ 的根的收敛牛顿迭代格式，并对 $a=3$ 给出计算结果。

解 令 $f(x)=x^2-a(x>0)$，$f'(x)=2x>0$，由牛顿迭代格式得

$$x_{k+1}=x_k-\frac{x_k^2-a}{2x_k}=\frac{1}{2}\left(x_k+\frac{a}{x_k}\right)\quad(k=0,1,2,\cdots)\tag{3.16}$$

此公式可以理解为 x_k 是 $\sqrt{a}$ 的近似值，$\frac{a}{\sqrt{a}}$ 也是 $\sqrt{a}$ 的近似值，它们两个的算术平均值将是 $\sqrt{a}$ 更好的近似值。

下面证明迭代格式(3.16)对于任意初始值 $x_0>0$ 都是平方收敛的。

由于

$$x_{k+1}=\frac{1}{2}\left(x_k+\frac{a}{x_k}\right)$$

从而得

$$x_{k+1}-\sqrt{a}=\frac{1}{2}\frac{1}{x_k}(x_k-\sqrt{a})^2\tag{3.17}$$

同样也可得到

$$x_{k+1}+\sqrt{a}=\frac{1}{2}\frac{1}{x_k}(x_k+\sqrt{a})^2$$

上述两式相除得

$$\frac{x_{k+1}-\sqrt{a}}{x_{k+1}+\sqrt{a}}=\left[\frac{x_k-\sqrt{a}}{x_k+\sqrt{a}}\right]^2\quad(k=0,1,2,\cdots)$$

依次递推可得

$$\frac{x_{k+1}-\sqrt{a}}{x_{k+1}+\sqrt{a}}=\left[\frac{x_0-\sqrt{a}}{x_0+\sqrt{a}}\right]^{2^{k+1}}$$

令 $q=\frac{x_0-\sqrt{a}}{x_0+\sqrt{a}}$，则 $x_k-\sqrt{a}=(x_k+\sqrt{a})q^{2^k}$，得 $x_k=\frac{1+q^{2^k}}{1-q^{2^k}}\sqrt{a}$，显然对任意 $x_0>0$，都有 $q<1$，故 $x_k\to\sqrt{a}\,(k\to\infty)$，令 $e_k=x_k-\sqrt{a}$，则由式(3.17)可得

$$\frac{e_{k+1}}{e_k^2}=\frac{1}{2x_k}\to\frac{1}{2\sqrt{a}}(k\to\infty)$$

从而迭代格式(3.16)为平方收敛。

当 $a=3$ 时，式(3.16)变为

$$x_{k+1}=\frac{1}{2}\left(x_k+\frac{3}{x_k}\right)\quad(k=0,1,2\cdots)$$

取 $x_0=1$ 得

$$x_1=2.000000000\qquad x_2=1.750000000$$
$$x_3=1.732142857\qquad x_4=1.732050810$$
$$x_5=1.732050808\qquad x_6=1.732050808$$

x_5 与精确解取十位有效数字时完全相同。

例 3.8 用牛顿法建立计算$\sqrt{c}(c>0)$近似值的迭代公式。

解 令 $x=\sqrt{c}$,则可将以上问题化为求解方程 $f(x)=x^2-c=0$ 的正根。牛顿迭代格式为

$$x_{k+1}=x_k-\frac{x_k^2-c}{2x_k}=\frac{1}{2}\left(x_k+\frac{c}{x_k}\right)$$

因为 $x>0, f'(x)>0, f''(x)=2>0$,所以任取 $x_0>\sqrt{c}$作为初始值,迭代序列必收敛于$\sqrt{c}$,故迭代格式是收敛的。

3.4.2 重根情形的牛顿迭代法

在前面的讨论中,我们始终假设 $f'(x^*)\neq 0$,即 x^* 是 $f(x)=0$ 的单根。那么当 x^* 是 $f(x)=0$的重根时,牛顿迭代法的收敛情况如何?下面我们来讨论这个问题。

假设 x^* 是 $f(x)=0$ 的 $m(m\geqslant 2)$重根,$f(x)$在 x^* 的某个邻域内有 m 阶连续导数,此时必有

$$f(x^*)=f'(x^*)=\cdots=f^{(m-1)}(x^*)=0, f^{(m)}(x^*)\neq 0$$

由泰勒公式得

$$f(x)=\frac{1}{m!}f^{(m)}(\xi_1)(x-x^*)^m$$

$$f'(x)=\frac{1}{(m-1)!}f^{(m)}(\xi_2)(x-x^*)^{m-1}$$

$$f''(x)=\frac{1}{(m-2)!}f^{(m)}(\xi_3)(x-x^*)^{m-2}$$

其中 ξ_1,ξ_2,ξ_3 均在 x 与 x^* 之间。由牛顿法迭代函数 $\varphi(x)=x-\dfrac{f(x)}{f'(x)}$可得

$$\varphi(x^*)=\lim_{x\to x^*}\varphi(x)=\lim_{x\to x^*}\left[x-\frac{(x-x^*)f^{(m)}(\xi_1)}{mf^{(m)}(\xi_2)}\right]=x^*$$

$$\varphi'(x^*)=\lim_{x\to x^*}\varphi'(x)=\lim_{x\to x^*}\frac{f'(x)f''(x)}{[f'(x)]^2}=\lim_{x\to x^*}\frac{(m-1)f^{(m)}(\xi_1)f^{(m)}(\xi_3)}{m[f^{(m)}(\xi_2)]^2}=1-\frac{1}{m}$$

由于 $0<\varphi'(x^*)<1$,所以对于 $f(x)=0$ 的 $m(m\geqslant 2)$重根 x^*,牛顿迭代法仍然收敛,但只是线性收敛。

容易从上述分析看出,当 $\varphi(x)=x-m\dfrac{f(x)}{f'(x)}$时,就有 $\varphi'(x^*)=0$。此时得到平方收敛迭代格式

$$x_{k+1}=x_k-m\frac{f(x_k)}{f'(x_k)}\quad(k=0,1,2,\cdots)$$

困难的问题是事先并不知道根 x^* 的重数,因此很难选定上式中的 m,因而就无法使用上式进行迭代求解。

一个修改的方法是令 $U(x)=\dfrac{f(x)}{f'(x)}$,若 x^* 是 $f(x)=0$ 的 m 重根,则 x^* 是 $U(x)=0$ 的单根。取迭代函数

$$\varphi(x)=x-\frac{U(x)}{U'(x)}=x-\frac{f(x)f'(x)}{[f'(x)]^2-f(x)f''(x)}$$

则迭代格式为

$$x_{k+1}=x_k-\frac{f(x_k)f'(x_k)}{[f'(x_k)]^2-f(x_k)f''(x_k)}\quad(k=0,1,2,\cdots)$$

此迭代格式是二阶收敛的,但缺点是每次需要计算 $f''(x_k)$,计算量大。

3.4.3 牛顿下山法

从牛顿迭代法的收敛性定理可知,牛顿迭代法对初始值 x_0 的选取要求很苛刻。

例如:$f(x)=\arctan x=0$,在$(-\infty,+\infty)$内有唯一零点 $x^*=0$。用牛顿迭代法求解时迭代格式为

$$x_{k+1}=x_k-(1+x_k^2)\arctan x_k\quad(k=0,1,2,\cdots)$$

如果 x_0 满足 $\arctan|x^0|>\frac{2|x_0|}{1+x_0^2}$,则牛顿迭代序列将发散。

在实际应用中往往很难选出较好的初值 x_0,而**牛顿下山法**或称为**阻尼牛顿法**则是一种降低对初值要求的修正牛顿法。

方程 $f(x)=0$ 的根 x^* 也是 $|f(x)|$ 的最小值点。若把 $|f(x)|$ 看成 $f(x)$ 在 x 处的高度,则 x^* 是山谷的最低点。若序列 $\{x_k\}$ 满足 $|f(x_{k+1})|<|f(x_k)|$,则称序列 $\{x_k\}$ 为 $f(x)$ 的一个下山序列。下山序列的一个极限点不一定是 $f(x)=0$ 的根,但收敛的牛顿迭代序列除去有限点外一定是下山序列。

事实上,只要注意到 $f(x^*)=0$ 及 $f''(x)$存在,由式(3.15)可以得到

$$\begin{aligned}f(x_{k+1})&=f(x_{k+1})-f(x^*)=f'(\xi_{k+1})(x_{k+1}-x^*)\\&=f'(\xi_{k+1})\cdot\frac{f''(\eta_k)}{2f'(x_k)}(x_k-x^*)^2=\frac{f'(\xi_{k+1})f''(\eta_k)}{2f'(x_k)}\left[\frac{f(x_k)}{f'(\xi_k)}\right]^2\end{aligned}$$

其中,ξ_{k+1} 在 x_{k+1} 与 x^* 之间,ξ_k、η_k 在 x_k 与 x^* 之间,且

$$f(x_k)=f'(\xi_k)(x_k-x^*)$$

故

$$\frac{f(x_{k+1})}{[f(x_k)]^2}=\frac{f'(\xi_{k+1})f''(\eta_k)}{2f'(x_k)[f'(\xi_k)]^2}\to\frac{f''(x^*)}{2[f'(x^*)]^2}\quad(k\to\infty)$$

因此,当 k 充分大时有 $|f(x_{k+1})|<|f(x_k)|$。

引理 3.1 若 $f(x)$在$[a,b]$上有一阶连续导数,$f'(x)\neq0$,除 $f(x)=0$ 点外,存在 $\delta>0$,使当 $0<t<\delta$ 时有

$$|f(x-t\alpha)|<|f(x)|\qquad x\in[a,b]$$

对 $f(x)\neq0$ 点均成立,其中 $\alpha=\frac{f(x)}{f'(x)}$。

证明 由假设条件,将 $f(x-t\alpha)$在 x 处展开,有

$$f(x-t\alpha)=f(x)-f'(x)\cdot t\alpha+O(t^2)=(1-t)f(x)+O(t^2)$$

因此

$$\lim_{t\to0}\frac{f(x-t\alpha)-(1-t)f(x)}{t}=0$$

故存在 $0<\delta<1$,当 $t\in(0,\delta)$时,对 $f(x)\neq0$ 有下式成立。

$$|f(x-t\alpha)-(1-t)f(x)|\leqslant\frac{t}{2}|f(x)|$$

从而当 $0<t<\delta<1$ 时有

$$|f(x-t\alpha)| \leqslant |f(x-t\alpha)-(1-t)f(x)|+(1-t)|f(x)| \leqslant (1-\frac{t}{2})|f(x)| < |f(x)|$$

对 $f(x)\neq 0$ 成立。

此引理表示 α 是 $f(x)$ 在 x 处的下山方向,我们选择适当的 $\lambda_k>0$,使 $x_{k+1}=x_k-\lambda_k\dfrac{f(x_k)}{f'(x_k)}$ 满足 $|f(x_{k+1})|<|f(x_k)|(k=0,1,2,\cdots)$。因此,在牛顿迭代法中引入下山因子 $\lambda_k\in(0,1]$,将迭代格式修正为

$$x_{k+1}=x_k-\lambda_k\frac{f(x_k)}{f'(x_k)} \quad (k=0,1,2,\cdots) \tag{3.18}$$

由引理知存在 λ_k 使 $|f(x_{k+1})|<|f(x_k)|$。式(3.18)称为**牛顿下山迭代格式**,λ_k 为**下山因子**。

事实上,牛顿下山法可从加速收敛法导出。对牛顿迭代法 $\bar{x}_{k+1}=x_k-\dfrac{f(x_k)}{f'(x_k)}$,我们将前一步的结果 x_k 与下一步的结果 $\bar{x}_{k+1}$ 作适当的加权平均,作为新的近似值 x_{k+1},即

$$x_{k+1}=\lambda\bar{x}_{k+1}+(1-\lambda)x_k=\lambda(x_k-\frac{f(x_k)}{f'(x_k)})+(1-\lambda)x_k=x_k-\lambda\frac{f(x_k)}{f'(x_k)} \quad (0<\lambda\leqslant 1)$$

这样,每次迭代都来选一个 λ,使之满足 $|f(x_{k+1})|<|f(x_k)|$。也就是有

$$x_{k+1}=x_k-\lambda_k\frac{f(x_k)}{f'(x_k)} \quad (k=0,1,2,\cdots)$$

这就是**牛顿下山法**。

下山因子的选取一般是从 $\lambda=1$ 开始,反复将 λ 减半进行试算,一旦满足下降条件 $|f(x_{k+1})|<|f(x_k)|$,则取定 λ_k。当然 λ_k 不能太小,这是为了保证收敛性。为了保证牛顿下山法的高阶(二阶)收敛性,又希望 k 充分大时,$\lambda_k\approx 1$,从而转化为牛顿法,因而每次迭代,都从 $\lambda=1$ 开始选下山因子。因此可知,牛顿下山法运算量较大。

3.5 弦割法与抛物线法

3.5.1 弦割法

牛顿法是二阶方法,每步都要计算 $f(x_k)$ 和 $f'(x_k)$,而 $f'(x_k)$ 计算比较困难,而牛顿法的一种修正是用 x_{k-1} 和 x_k 两点处的割线斜率 $\dfrac{f(x_k)-f(x_{k-1})}{x_k-x_{k-1}}$ 代替 x_k 处切线斜率 $f'(x_k)$,即得到:

$$x_{k+1}=x_k-\frac{f(x_k)(x_k-x_{k-1})}{f(x_k)-f(x_{k-1})}=\frac{x_{k-1}f(x_k)-x_kf(x_{k-1})}{f(x_k)-f(x_{k-1})} \tag{3.19}$$

这就是弦割法的迭代格式,其几何意义如图3.9所示。

弦割法不是用 $f(x_k)$ 的切线方程与 x 轴交点的横坐标近似代替 $f(x_k)$ 的零点,而是用通过两点 $(x_{k-1},f(x_{k-1}))$ 和 $(x_k,f(x_k))$ 的弦所在直线(简称弦线)与 x 轴交点的横坐标近似代替 $f(x_k)$ 的零点。过 $(x_{k-1},f(x_{k-1}))$ 和 $(x_k,f(x_k))$ 的弦线方程为:

$$Y=f(x_k)+\frac{f(x_k)-f(x_{k-1})}{x_k-x_{k-1}}(X-x_k)$$

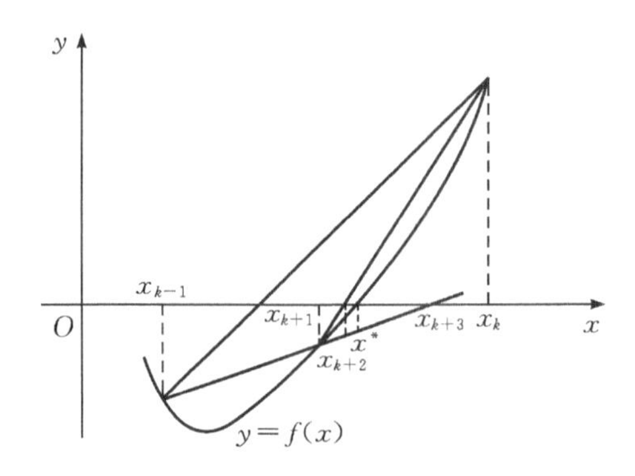

图 3.9 弦割法几何意义

其零点为

$$X = x_k - \frac{f(x_k)(x_k - x_{k-1})}{f(x_k) - f(x_{k-1})}$$

把 X 用 x_{k+1} 表示即得到迭代格式(3.19),它又称为**双点弦割法**,需要两个初值。

为了给出弦割法的收敛性条件,先证明如下引理:

引理 3.2 设 $f(x)$ 在其零点 x^* 的某个邻域 $U(x^*,\delta)=(x^*-\delta,x^*+\delta)$ 内具有二阶连续导数,且 $f'(x)\neq 0$,又设 x_{k-1} 和 $x_k\in U(x^*,\delta)$。且 x_{k-1},x_k,x^* 互异,记 $e_k=x_k-x^*$,则

$$e_{k+1} = \frac{f''(\eta_k)}{2f'(\xi_k)}e_{k-1}e_k$$

其中 x_{k+1} 由弦割法式(3.19)产生,η_k 和 ξ_k 介于 $\min\{x_{k-1},x_k,x^*\}$ 和 $\max\{x_{k-1},x_k,x^*\}$ 之间。

证明 记过 $(x_{k-1},f(x_{k-1}))$ 和 $(x_k,f(x_k))$ 的直线方程为 $L(x)$,则

$$f(x) - L(x) = \frac{1}{2}f''(\eta_k)(x - x_{k-1})(x - x_k)$$

其中 η_k 介于 x_{k-1} 与 x_k 之间,由于 $f(x^*)=0$,故

$$L(x^*) = -\frac{1}{2}f''(\eta_k)(x^* - x_{k-1})(x^* - x_k) = -\frac{1}{2}f''(\eta_k)e_{k-1}e_k$$

其中 η_k 介于 x_{k-1} 与 x_k 之间。另一方面,由于 x_{k+1} 是 $L(x)=0$ 的根,故

$$L(x^*) = L(x^*) - L(x_{k+1}) = L'(\xi)(x^* - x_{k+1}) = -\frac{f(x_k) - f(x_{k-1})}{x_k - x_{k-1}}e_{k+1} = -f'(\xi_k)e_{k+1}$$

其中 ξ_k 介于 x_{k-1} 与 x_k 之间,联立上述两式得

$$e_{k+1} = \frac{f''(\eta_k)}{2f'(\xi_k)}e_{k-1}e_k$$

其中 η_k 和 ξ_k 均在 x_{k-1},x_k,x^* 所界定的范围内,当 $x_{k-1},x_k\in U(x^*,\delta)$ 时,η_k 和 $\xi_k\in U(x^*,\delta)$。

对弦割法有如下局部收敛定理。

定理 3.6 设 $f(x)$ 在其零点 x^* 的邻域 $U(x^*,\delta)=(x^*-\delta,x^*+\delta)(\delta>0)$ 内有二阶连续导数,$f'(x^*)\neq 0$,则当 $x_0\in U(x^*,\delta)$ 时,由弦割法(3.19)产生的序列 $\{x_k\}$ 收敛于 x^*,且收敛的阶为 1.618。

证明 分三步:(1)证明存在 x^* 的邻域 $U(x^*,\delta)=(x^*-\delta,x^*+\delta)$,当 x_0、$x_1\in U(x^*,\delta)$ 时,由式(3.19)产生的 $x_k(k\geqslant 2)$ 均在 $U(x^*,\delta)$ 内,由于 $f'(x)$,$f''(x)$ 在 $U(x^*,\delta)$ 内连续,且 $f'(x^*)\neq 0$,故存在 $\varepsilon>0$,当 $x\in U(x^*,\varepsilon)=[x^*-\varepsilon,x^*+\varepsilon]$ 时,有 $f'(x)\neq 0$。令

$$M_\varepsilon=\frac{\max\limits_{x\in U(x^*,\varepsilon)}|f''(x)|}{2\min\limits_{x\in U(x^*,\varepsilon)}|f'(x)|}$$

则对一切 $x_0,x_1\in U(x^*,\varepsilon)$，由引理 3.2 知 $|e_2|\leqslant M_\varepsilon|e_0||e_1|$，取 $\delta>0$，且 $\delta<\varepsilon,\delta M_\delta<1$，则当 $x_0,x_1\in U(x^*,\varepsilon)$ 时，有 $|e_0|<\delta,|e_1|<\delta$，再由引理 3.2 可知 $|e_2|\leqslant M_\delta\cdot\delta\cdot\delta=\delta M_\delta\delta<\delta$，即 $x_2\in U(x^*,\varepsilon)$，一般地，若 $x_{k-1},x_k\in U(x^*,\varepsilon)$，由引理 3.2 可知 $|e_{k+1}|\leqslant M_\delta|e_{k-1}||e_k|\leqslant M_\delta\delta\cdot\delta<\delta$，即得 $x_{k+1}\in U(x^*,\delta)$。

(2)证明序列 $\{x_k\}$ 收敛。由引理 3.2 及递推关系知，当 $k\geqslant1$ 时，有

$$|e_k|\leqslant M_\delta|e_{k-2}||e_{k-1}|\leqslant M_\delta\delta|e_{k-1}|\leqslant(\delta M_\delta)^2|e_{k-2}|\leqslant\cdots\leqslant(\delta M_\delta)^k|e_0|$$

因 $\delta M_\delta<1$，所以 $k\to\infty$ 时 $e_k\to0$，即 $\{x_k\}$ 收敛于 x^*。

(3)收敛阶分析。令 $M^*=\dfrac{|f''(x^*)|}{2|f'(x^*)|}$，显然有 $M^*\leqslant M_\delta$，因为 $\{x_k\}$ 收敛，当 k 充分大时，引理 3.2 的结论可写成

$$|e_{k+1}|\approx M^*|e_{k-1}||e_k| \tag{3.20}$$

令 $d_k=M^*|e_k|,d=M_\delta\cdot\delta$，显然有 $d_k\leqslant d<1$，对式(3.20)两边同乘以 M^* 可得

$$d_{k+1}\approx d_kd_{k-1} \tag{3.21}$$

设 $d_k=d^{m_k}(k=0,1,2,\cdots)$，则 $\{m_k\}$ 满足差分方程

$$m_{k+1}=m_k+m_{k-1}\quad(k=0,1,2,\cdots) \tag{3.22}$$

初始条件 m_0,m_1 由迭代初值决定，由 $d_0\leqslant d,d_1\leqslant d$ 知，差分方程(3.22)的初始条件 $m_0\geqslant1$，$m_1\geqslant1$，差分方程(3.22)的特征方程为 $\lambda^2-\lambda-1=0$，特征根为 $\lambda_1=\dfrac{1}{2}(1+\sqrt{5})\approx1.618,\lambda_2=\dfrac{1}{2}(1-\sqrt{5})\approx-0.618$。

因而 m_k 可以表示为

$$m_k=\alpha_1\lambda_1^k+\alpha_2\lambda_2^k \tag{3.23}$$

α_1,α_2 由 $m_0\geqslant1,m_1\geqslant1$ 来确定，从而得到

$$\alpha_1=\frac{m_1-\lambda_2m_0}{\lambda_1-\lambda_2}=\frac{m_1+|\lambda_2|m_0}{2a}>0\qquad\alpha_2=\frac{\lambda_1m_0-m_1}{\lambda_1-\lambda_2}$$

因为 $|\lambda_1|>|\lambda_2|$，且 $\alpha_1\neq0$，故当 k 充分大时有 $m_k\approx\alpha_1\lambda_1^k$，因此

$$d_k=d^{m_k}\approx d^{\alpha_1\lambda_1^k}$$

$$\frac{d_{k+1}}{d_k^{\lambda_1}}\approx1\text{ 或}\frac{M^*|e_{k+1}|}{(M^*|e_k|)^{\lambda_1}}\approx1$$

所以有 $\dfrac{|e_{k+1}|}{|e_k|^{\lambda_1}}\approx(M^*)^{\lambda_1-1}=\left|\dfrac{f''(x^*)}{2f'(x^*)}\right|^{0.618}$，这表明弦割法的收敛阶 $p=1.618$。

弦割法不必计算 $f'(x_k)$，但其收敛阶要比牛顿法低，我们有如下的局部收敛性定理。

定理 3.7　设 $f''(x)$ 在区间 $[a,b]$ 上连续，且

① $f(a)f(b)<0$；

②对任何 $x\in[a,b]$，有 $f'(x)\neq0,f''(x)\neq0$；

③ $\dfrac{f(a)}{f'(a)}\leqslant b-a$。

则对任意初始值 $x_0,x_1\in[a,b]$，弦割法产生的迭代序列 $\{x_k\}$ 收敛于 $f(x)=0$ 的唯一根 x^*。

弦割法与斯蒂芬森迭代法有着密切关系。

设 $f(x)=0$ 的等价方程为

$$x = \varphi(x) \quad y_k = \varphi(x_k) \quad z_k = \varphi(y_k) = \varphi(\varphi(x_k))$$

对 $g(x)=x-\varphi(x)=0$ 在 $(x_k,g(x_k))$，$(y_k,g(y_k))$ 两点处使用弦割法，得到割线方程为

$$Y = g(x_k) + \frac{g(y_k)-g(x_k)}{y_k-x_k}(X-x_k)$$

此割线与 x 轴交点的横坐标为 x_{k+1}，则有：

$$x_{k+1} = x_k - \frac{y_k-x_k}{g(y_k)-g(x_k)}g(x_k) = x_k - \frac{(y_k-x_k)^2}{z_k-2y_k+x_k} = x_k - \frac{(\varphi(x_k)-x_k)^2}{\varphi(\varphi(x_k))-2\varphi(x_k)+x_k} \tag{3.24}$$

这就是**斯蒂芬森迭代格式**。

此迭代格式称为斯蒂芬森方法，它是牛顿法和弦割法的一种修正，这个迭代格式不需要计算 $f'(x_k)$，也不需要两个初值，是一种单点迭代法，在一定条件下可以证明它还是二阶收敛的。

在弦割法中若固定 x_0，让 x_k 变动，即 $x_{k+1}, x_{k+2}, \cdots$，得到简化弦割法迭代格式

$$x_{k+1} = x_k - \frac{f(x_k)}{f(x_k)-f(x_0)}(x_k-x_0) = \frac{x_0 f(x_k) - x_k f(x_0)}{f(x_k)-f(x_0)}$$

也称**单点弦割法**，单点弦割法是线性收敛的，其迭代函数为

$$\varphi(x) = x - \frac{f(x)}{f(x)-f(x_0)}(x-x_0)$$

例 3.9 用弦割法和斯蒂芬森迭代格式求方程 $x^3+4x^2-10=0$ 在[1,2]上的根，要求 $|x_{k+1}-x_k|<10^{-9}$。

解 用弦割法求解。

设 $f(x)=x^3+4x^2-10$，则 $f(1)=-5$，$f(2)=14$，取 $x_0=1$，$x_1=2$，用式(3.19)计算结果见表 3.8。

表 3.8 弦割法计算结果

k	x_k	$f(x_k)$
0	1.0	−5.0
1	2.0	14.0
2	1.263157895	−1.602274384
3	1.338827839	−0.430364744
4	1.366616395	−0.022909427
5	1.365211903	-2.990671×10^{-4}
6	1.365230001	-2.0416×10^{-7}
7	1.365230013	0.0
8	1.365230013	0.0

用斯蒂芬森方法求解。

取 $x_0=1.5$，利用式(3.24)计算，结果如表 3.9 所示。

表 3.9　斯蒂芬森法计算结果

k	x_k	$f(x_k)$
0	1.5	2.375
1	1.446722748	1.400027257
2	1.402262394	0.622683675
3	1.374728399	0.157581871
4	1.365960464	0.012066536
5	1.365234573	0.000075301
6	1.365230014	0.000000003
7	1.365230013	0.000000000

3.5.2　抛物线法

弦割法以过两点$(x_{k-1},f(x_{k-1}))$和$(x_k,f(x_k))$的直线与x轴交点的横坐标作为x_{k+1}，我们想看用过三点$(x_{k-2},f(x_{k-2}))$，$(x_{k-1},f(x_{k-1}))$，$(x_k,f(x_k))$的抛物线

$$\Gamma(x)=\frac{(x-x_{k-1})(x-x_k)}{(x_{k-2}-x_{k-1})(x_{k-2}-x_k)}f(x_{k-2})+\frac{(x-x_{k-2})(x-x_k)}{(x_{k-1}-x_{k-2})(x_{k-1}-x_k)}f(x_{k-1})+\frac{(x-x_{k-2})(x-x_{k-1})}{(x_k-x_{k-2})(x_k-x_{k-1})}f(x_k) \tag{3.25}$$

与x轴交点的横坐标x_{k+1}，是否会比用直线能得到更好的近似点？用这种方法得到的迭代法称为**抛物线法**，也称 **Muller 方法**。

一条抛物线有两个实零点时，取与x_k较近的那个零点作为x_{k+1}，另外，关于抛物线法有计算其零点x_{k+1}的规范计算公式。令

$$\begin{cases}\lambda=\dfrac{x-x_k}{x_k-x_{k-1}}\\[2mm]\lambda_3=\dfrac{x_k-x_{k-1}}{x_{k-1}-x_{k-2}}\\[2mm]\delta=1+\lambda_3=\dfrac{x_k-x_{k-2}}{x_{k-1}-x_{k-2}}\end{cases} \tag{3.26}$$

则过三点$(x_{k-2},f(x_{k-2}))$，$(x_{k-1},f(x_{k-1}))$，$(x_k,f(x_k))$的抛物线式(3.25)可表示成λ的二次函数

$$\Gamma(\lambda)=\frac{1}{\delta}(a\lambda^2+b\lambda+c) \tag{3.27}$$

其中

$$\begin{cases}a=f(x_{k-2})\lambda_3^2-f(x_{k-1})\lambda_3\delta+f(x_k)\lambda_3\\ b=f(x_{k-2})\lambda_3^2-f(x_{k-1})\delta^2+f(x_k)(\lambda_3+\delta)\\ c=f(x_k)\delta\end{cases} \tag{3.28}$$

式(3.27)的两个零点为

$$\lambda_{1,2}=\frac{-b\pm\sqrt{b^2-4ac}}{2a}=\frac{-2c}{b\pm\sqrt{b^2-4ac}} \tag{3.29}$$

从 λ 的表达式可知，取模较小的 λ 得到的 x_{k+1} 与 x_k 较为接近，故取式(3.29)中分母较大的零点作为 λ_4，即

$$\lambda_4 = \frac{-2c}{b + \text{sign}(b)\sqrt{b^2 - 4ac}} \tag{3.30}$$

由 λ 的表达式知，x^* 新的近似值为

$$x_{k+1} = x_k + \lambda_4(x_k - x_{k-1}) \tag{3.31}$$

总之，抛物线法的规范计算步骤为：

①由式(3.26)计算 λ_3，δ；

②由式(3.28)计算 a,b,c；

③由式(3.30)计算 λ_4；

④由式(3.31)计算 x_{k+1}；

⑤由 x_{k-1}，x_k，x_{k+1} 分别代替 x_{k-2}，x_{k-1}，x_k，用 $f(x_{k-1})$，$f(x_k)$，$f(x_{k+1})$ 分别代替 $f(x_{k-2})$，$f(x_{k-1})$，$f(x_k)$，作下一步迭代。

抛物线法的几何意义如图 3.10 所示。

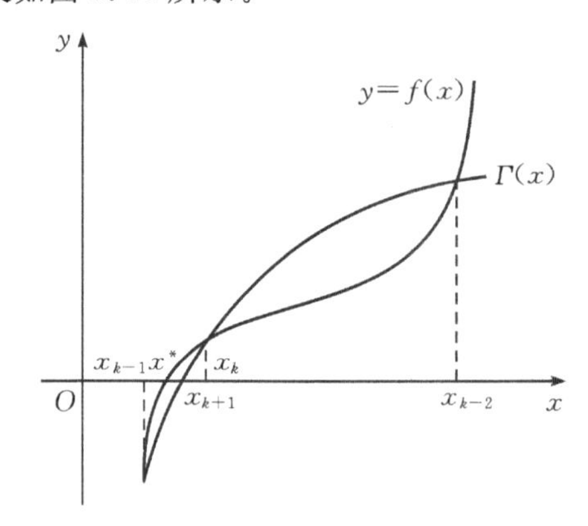

图 3.10 抛物线法的几何意义

关于抛物线法有如下收敛性定理。

定理 3.8 设 $f(x)$在其零点 x^* 的某个领域内有三阶连续导数且 $f'(x^*)\neq 0$，则存在 x^* 的一个闭邻域 $U(x^*,\delta)=[x^*-\delta,x^*+\delta](\delta>0)$，当 $x_0,x_1,x_2\in U(x^*,\delta)$时，由抛物线法产生的序列$\{x_k\}$收敛到 x^*，且

$$\lim_{k\to\infty}\frac{|x_{k+1}-x^*|}{|x_k-x^*|^p} = \left|\frac{f''(x^*)}{6f'(x^*)}\right|^{\frac{p-1}{2}}$$

其中 $p=1.839$，是方程 $\lambda^3-(\lambda^2+\lambda+1)=0$ 的根。

抛物线法对初值的选取范围较牛顿法和弦割法要宽一些，对弦割法在 x^* 是 $f(x)=0$ 的重根时有可能不收敛，而抛物线法仍收敛，但收敛速度较慢，因此，抛物线法是一个比较有效的求根方法，它的缺点是每一步迭代所需的计算量较大。

例 3.10 用抛物线法求方程 $x^3+4x^2-10=0$ 在[1,2]的根，要求 $|x_{k+1}-x_k|<10^{-9}$。

解 取初始值 $x_0=1.0$，$x_1=1.5$，$x_2=2.0$，按计算步骤，计算结果见表 3.10。

表 3.10 抛物线法计算结果

k	0	1	2	3	4	5	6
x_k	1.0	1.5	2.0	1.367098179	1.365220284	1.365230014	1.365230013

与例 3.9 相比,抛物线法比弦割法收敛快,但比牛顿法收敛要慢。

3.6 非线性方程组零点的迭代方法

在科学研究或工程计算中经常会遇到要求解多个变量的非线性方程组根的问题,如在微分方程稳定性理论中要研究解的大范围性质,首先要求微分方程所定义的向量场的平衡点,即要求非线性方程组的根。非线性方程组是指 n 个变量 n 个方程的方程组

$$\begin{cases} f_1(x_1,x_2,\cdots,x_n)=0 \\ f_2(x_1,x_2,\cdots,x_n)=0 \\ \quad\vdots \\ f_n(x_1,x_2,\cdots,x_n)=0 \end{cases} \tag{3.32}$$

其中 $f_i(x_1,x_2,\cdots,x_n)(i=1,2,\cdots,n)$是定义在 $D\subset\boldsymbol{R}^n$ 中的 n 个自变量 $x_1,x_2,\cdots,x_n$ 的实值函数,且 $f_i(x_1,x_2,\cdots,x_n)$中至少有一个是非线性的。若 $f_i(x_1,x_2,\cdots,x_n)$全为线性函数,则成为线性方程组。对 $n=1$,则为前面已经讨论过的单个方程求根问题。在下面的讨论中始终假设 $n\geqslant 2$。

完全可以把求单个非线性方程根的方法推广到求非线性方程组的根上来。由于非线性方程组具有比单个方程更复杂的性质,且有比单个方程求解方法更多的新方法,因此有必要给出求解非线性方程组根的基本数值方法。

为了方便讨论,引进向量记法。令

$$\boldsymbol{x}=(x_1,x_2,\cdots,x_n) \qquad \boldsymbol{F}(\boldsymbol{x})=(f_1(\boldsymbol{x}),f_2(\boldsymbol{x}),\cdots,f_n(\boldsymbol{x}))^{\mathrm{T}}$$

则方程组(3.32)可以写成向量形式

$$\boldsymbol{F}(\boldsymbol{x})=\boldsymbol{0} \tag{3.33}$$

其中 $\boldsymbol{F}:D\subset\boldsymbol{R}^n\to\boldsymbol{R}^n$,即 $\boldsymbol{F}$ 是定义在区域 $D\subset\boldsymbol{R}^n$ 上且取值于 $\boldsymbol{R}^n$ 中的 n 维实值向量函数。若存在 $\boldsymbol{x}^*\in D$ 使得 $\boldsymbol{F}(\boldsymbol{x}^*)=\boldsymbol{0}$,则称 $\boldsymbol{x}^*$ 是方程组(3.33)的根。

3.6.1 实值向量函数的基本概念与性质

设 $\boldsymbol{F}:D\subset\boldsymbol{R}^n\to\boldsymbol{R}^m$,即

$$\boldsymbol{F}(\boldsymbol{x})=\begin{bmatrix} f_1(x_1,x_2,\cdots,x_n) \\ f_2(x_1,x_2,\cdots,x_n) \\ \vdots \\ f_m(x_1,x_2,\cdots,x_n) \end{bmatrix}=\begin{bmatrix} f_1(\boldsymbol{x}) \\ f_2(\boldsymbol{x}) \\ \vdots \\ f_m(\boldsymbol{x}) \end{bmatrix}$$

当 $m=1$ 时,$\boldsymbol{F}(\boldsymbol{x})=f(x_1,x_2,\cdots,x_n)$就是多元函数。因此,关于 $\boldsymbol{F}(\boldsymbol{x})$的连续与可导等概念是多元函数 $f(x_1,x_2,\cdots,x_n)$连续与可导等概念的推广。

定义 3.3 对于 $\boldsymbol{F}(\boldsymbol{x})$,若对于任意给定的 $\varepsilon>0$,存在 $\delta>0$,使得当 $\boldsymbol{x}\in U(\boldsymbol{x}^0,\delta)=\{\boldsymbol{x}\,\|\,\boldsymbol{x}-\boldsymbol{x}^0\,\|<\delta\}\subset D$ 时,有

$$\| \boldsymbol{F}(\boldsymbol{x}) - \boldsymbol{F}(\boldsymbol{x}^0) \| < \varepsilon$$

则称 $\boldsymbol{F}(\boldsymbol{x})$在点 $\boldsymbol{x}^0 \in \mathrm{int}(D)$($\mathrm{int}(D)$是表示由 D 的内点所组成的点集)连续。若 $\boldsymbol{F}(\boldsymbol{x})$在 D 内每一点都连续,则称 $\boldsymbol{F}(\boldsymbol{x})$在区域 D 内连续。

如果任意给定 $\varepsilon>0$,存在 $\delta=\delta(\varepsilon)>0$,使得对任何 $\boldsymbol{x},\boldsymbol{y}\in \Omega\subset D$,只要 $\| \boldsymbol{x}-\boldsymbol{y} \| <\delta$,就有

$$\| \boldsymbol{F}(\boldsymbol{x}) - \boldsymbol{F}(\boldsymbol{y}) \| < \varepsilon$$

则称 $\boldsymbol{F}(\boldsymbol{x})$在 Ω 上**一致连续**。

显然,若 $\boldsymbol{F}(\boldsymbol{x})$在 Ω 上一致连续,则 $\boldsymbol{F}(\boldsymbol{x})$在 Ω 上必连续,反之不一定成立,但是若 $\boldsymbol{F}(\boldsymbol{x})$在有界闭区域 $\overline{D}$ 上连续,则它也是一致连续的。

定义 3.4 设 $\boldsymbol{F}(\boldsymbol{x})$是定义在有界闭区域 $\overline{D}$ 上的函数,若存在常数 $L>0$,使得对任何 $\boldsymbol{x}$,$\boldsymbol{y}\in\overline{D}$ 都有

$$\| \boldsymbol{F}(\boldsymbol{x}) - \boldsymbol{F}(\boldsymbol{y}) \| \leqslant L \| \boldsymbol{x} - \boldsymbol{y} \|^p$$

成立,其中 $0<p<1$,则称 $\boldsymbol{F}(\boldsymbol{x})$在区域 $\overline{D}$ 上是赫尔德(Holder)连续。如果 $p=1$,则称 $\boldsymbol{F}(\boldsymbol{x})$在区域 $\overline{D}$ 上是李谱希兹(Lipschitz)连续。

显然李谱希兹连续可以推出赫尔德连续,赫尔德连续可以推出一致连续。

定义 3.5 设 $\boldsymbol{F}(\boldsymbol{x})$在 D 上有定义,对 $\boldsymbol{x}\in\mathrm{int}(D)$及任意 $\boldsymbol{h}\in\boldsymbol{R}^n$,若存在 $\boldsymbol{A}(\boldsymbol{x})\in\boldsymbol{R}^{m\times n}$,使得

$$\lim_{\boldsymbol{h}\to\boldsymbol{0}} \frac{\| \boldsymbol{F}(\boldsymbol{x}+\boldsymbol{h}) - \boldsymbol{F}(\boldsymbol{x}) - \boldsymbol{A}(\boldsymbol{x})\boldsymbol{h} \|}{\| \boldsymbol{h} \|} = 0 \tag{3.34}$$

则称 $\boldsymbol{F}(\boldsymbol{x})$在 $\boldsymbol{x}$ 处可微,称 $\boldsymbol{A}(\boldsymbol{x})$为 $\boldsymbol{F}(\boldsymbol{x})$在点 $\boldsymbol{x}$ 处的导数,记为 $\boldsymbol{F}'(\boldsymbol{x})=\boldsymbol{A}(\boldsymbol{x})$。

上述定义的导数称为弗雷歇(Frechet)导数,并称为 $\boldsymbol{F}$-导数。如果 $\boldsymbol{F}(\boldsymbol{x})$在 D 内每一点都可导,则称 $\boldsymbol{F}(\boldsymbol{x})$在 D 内可导。由向量范数的等价性可知,式(3.34)中可任取一种向量范数。

对 $m=1$ 情形,即 $\boldsymbol{F}(\boldsymbol{x})=f(x_1,x_2,\cdots,x_n)$,有如下结论。

定理 3.9 设 $f:D\subset\boldsymbol{R}^n\to\boldsymbol{R}$,在点 $\boldsymbol{x}\in\mathrm{int}(D)$可导,则 f 在点 $\boldsymbol{x}$ 处的偏导数 $\frac{\partial f(\boldsymbol{x})}{\partial x_i}$($i=1,2,\cdots,n$)存在,且

$$f'(\boldsymbol{x}) = \left(\frac{\partial f(\boldsymbol{x})}{\partial x_1},\frac{\partial f(\boldsymbol{x})}{\partial x_2},\cdots,\frac{\partial f(\boldsymbol{x})}{\partial x_n}\right) = \nabla f(\boldsymbol{x})$$

证明 记 $\alpha^{\mathrm{T}}(\boldsymbol{x})=(\alpha_1(\boldsymbol{x}),\alpha_2(\boldsymbol{x}),\cdots,\alpha_n(\boldsymbol{x}))$,由 $\boldsymbol{F}$-导数可知

$$\lim_{\boldsymbol{h}\to\boldsymbol{0}} \frac{\| f(\boldsymbol{x}+\boldsymbol{h}) - f(\boldsymbol{x}) - \alpha^{\mathrm{T}}(\boldsymbol{x})\boldsymbol{h} \|}{\| \boldsymbol{h} \|} = 0$$

依次取 $\boldsymbol{h}=h_j\boldsymbol{e}_j$($\boldsymbol{e}_j$ 是 n 维行向量,第 j 个分量是 1,其他分量都是 0),由上式可得

$$\lim_{h_j\to 0} \frac{f(\boldsymbol{x}+h_j\boldsymbol{e}_j) - f(\boldsymbol{x}) - \alpha_j(\boldsymbol{x})h_j}{h_j} = 0 \quad (j=1,2,\cdots,n)$$

则有

$$\alpha_j(\boldsymbol{x}) = \lim_{h_j\to 0} \frac{f(\boldsymbol{x}+h_j\boldsymbol{e}_j) - f(\boldsymbol{x})}{h_j} = \frac{\partial f(\boldsymbol{x})}{\partial x_j} \quad (j=1,2,\cdots,n)$$

从而得到

$$\alpha^{\mathrm{T}}(\boldsymbol{x}) = \left(\frac{\partial f(\boldsymbol{x})}{\partial x_1},\frac{\partial f(\boldsymbol{x})}{\partial x_2},\cdots,\frac{\partial f(\boldsymbol{x})}{\partial x_n}\right) = \nabla f(\boldsymbol{x})$$

即 $f(\boldsymbol{x})$的导数就是 $f(\boldsymbol{x})$的梯度 $\nabla f(\boldsymbol{x})=\mathrm{grad}f(\boldsymbol{x})$。

对于 $\boldsymbol{F}:D\subset\boldsymbol{R}^n\to\boldsymbol{R}^m$,如果 $\boldsymbol{F}(\boldsymbol{x})$在点 $\boldsymbol{x}$ 处可导,对每个分量 $f_i(\boldsymbol{x})$应用定理 3.9 的结论,可知

$$\alpha_i^{\mathrm{T}}(\boldsymbol{x}) = \nabla f_i(\boldsymbol{x}) \quad (i=1,2,\cdots,m)$$

从而可得 $\boldsymbol{F}(\boldsymbol{x})$ 在点 $\boldsymbol{x}$ 处的导数就是 $\boldsymbol{F}(\boldsymbol{x})$ 的雅克比矩阵，即

$$\boldsymbol{F}'(\boldsymbol{x}) = \begin{bmatrix} \dfrac{\partial f_1(\boldsymbol{x})}{\partial x_1} & \dfrac{\partial f_1(\boldsymbol{x})}{\partial x_2} & \cdots & \dfrac{\partial f_1(\boldsymbol{x})}{\partial x_n} \\ \dfrac{\partial f_2(\boldsymbol{x})}{\partial x_1} & \dfrac{\partial f_2(\boldsymbol{x})}{\partial x_2} & \cdots & \dfrac{\partial f_2(\boldsymbol{x})}{\partial x_n} \\ \vdots & \vdots & & \vdots \\ \dfrac{\partial f_m(\boldsymbol{x})}{\partial x_1} & \dfrac{\partial f_m(\boldsymbol{x})}{\partial x_2} & \cdots & \dfrac{\partial f_m(\boldsymbol{x})}{\partial x_n} \end{bmatrix}$$

关于实值向量函数有如下导数性质和中值定理。

定理 3.10　对 $\boldsymbol{F}: D \subset \boldsymbol{R}^n \to \boldsymbol{R}^m, x \in D$。

①若 $\boldsymbol{F}(\boldsymbol{x})$ 在点 $\boldsymbol{x}$ 处可导，则 $\boldsymbol{F}(\boldsymbol{x})$ 在点 $\boldsymbol{x}$ 处连续；

②若 $\boldsymbol{F}(\boldsymbol{x})$ 在 D 内可导，D 为凸区域，则存在 $\xi_i \in (0,1)(i=1,2,\cdots,m)$，使得

$$F(\boldsymbol{x}+\boldsymbol{h}) - F(\boldsymbol{x}) = \begin{bmatrix} \nabla f_1(\boldsymbol{x}+\xi_1\boldsymbol{h}) \\ \nabla f_2(\boldsymbol{x}+\xi_2\boldsymbol{h}) \\ \vdots \\ \nabla f_m(\boldsymbol{x}+\xi_m\boldsymbol{h}) \end{bmatrix} \boldsymbol{h}$$

③对任意 $\boldsymbol{x},\boldsymbol{y},\boldsymbol{z} \in D$ 有

$$\| \boldsymbol{F}(\boldsymbol{x}) - \boldsymbol{F}(\boldsymbol{y}) \| \leqslant \sup_{0 \leqslant t \leqslant 1} \| \boldsymbol{F}'(\boldsymbol{x} + t(\boldsymbol{y}-\boldsymbol{x})) \| \, \| \boldsymbol{y} - \boldsymbol{x} \|$$

$$\| \boldsymbol{F}(\boldsymbol{y}) - \boldsymbol{F}(\boldsymbol{z}) - \boldsymbol{F}'(\boldsymbol{x})(\boldsymbol{y}-\boldsymbol{z}) \| \leqslant \sup_{0 \leqslant t \leqslant 1} \| \boldsymbol{F}'(\boldsymbol{z}+t(\boldsymbol{y}-\boldsymbol{z})) - \boldsymbol{F}'(\boldsymbol{x}) \| \, \| \boldsymbol{y} - \boldsymbol{z} \|$$

证明略。

定理 3.11　设 $\boldsymbol{F}: D \subset \boldsymbol{R}^n \to \boldsymbol{R}^m$，$D$ 为开的凸区域，$\boldsymbol{F}(\boldsymbol{x})$ 在 D 内可导，若对任意 $\boldsymbol{x},\boldsymbol{y} \in D$，存在常数 $\alpha > 0$，使得

$$\| \boldsymbol{F}'(\boldsymbol{y}) - \boldsymbol{F}'(\boldsymbol{x}) \| \leqslant \alpha \| \boldsymbol{y} - \boldsymbol{x} \| \tag{3.35}$$

则对任何 $\boldsymbol{x},\boldsymbol{y} \in D$ 有

$$\| \boldsymbol{F}(\boldsymbol{y}) - \boldsymbol{F}(\boldsymbol{x}) - \boldsymbol{F}'(\boldsymbol{x})(\boldsymbol{y}-\boldsymbol{x}) \| \leqslant \frac{\alpha}{2} \| \boldsymbol{y} - \boldsymbol{x} \|^2 \tag{3.36}$$

证明　定义函数 $\boldsymbol{f}: [0,1] \subset \boldsymbol{R} \to \boldsymbol{R}^m$ 为

$$\boldsymbol{f}(t) = \boldsymbol{F}(\boldsymbol{x} + t(\boldsymbol{y}-\boldsymbol{x})) \quad t \in [0,1]$$

令 $\boldsymbol{h}(t) = (t'-t)(\boldsymbol{y}-\boldsymbol{x})$，其中 $\boldsymbol{x},\boldsymbol{y}$ 固定。当 $t' \to t$ 时，由 $\boldsymbol{F}(\boldsymbol{x})$ 可导得

$$\boldsymbol{f}'(t) = \boldsymbol{F}'(\boldsymbol{x} + t(\boldsymbol{y}-\boldsymbol{x}))(\boldsymbol{y}-\boldsymbol{x}) \quad t \in [0,1]$$

于是对 $t \in [0,1]$，由式(3.35)有

$$\| \boldsymbol{f}'(t) - \boldsymbol{f}'(0) \| \leqslant \| \boldsymbol{F}'(\boldsymbol{x}+t(\boldsymbol{y}-\boldsymbol{x})) - \boldsymbol{F}'(\boldsymbol{x}) \| \, \| \boldsymbol{y} - \boldsymbol{x} \| \leqslant \alpha t \| \boldsymbol{y} - \boldsymbol{x} \|^2$$

从而得

$$\begin{aligned} \| \boldsymbol{F}(\boldsymbol{y}) - \boldsymbol{F}(\boldsymbol{x}) - \boldsymbol{F}'(\boldsymbol{x})(\boldsymbol{y}-\boldsymbol{x}) \| &= \| \boldsymbol{f}(1) - \boldsymbol{f}(0) - \boldsymbol{f}'(0) \| \\ &= \left\| \int_0^1 [\boldsymbol{f}'(t) - \boldsymbol{f}'(0)] \mathrm{d}t \right\| \\ &\leqslant \int_0^1 \| \boldsymbol{f}'(t) - \boldsymbol{f}'(0) \| \mathrm{d}t \\ &\leqslant \alpha \| \boldsymbol{y} - \boldsymbol{x} \|^2 \int_0^1 t \mathrm{d}t \leqslant \frac{\alpha}{2} \| \boldsymbol{y} - \boldsymbol{x} \|^2 \end{aligned}$$

则式(3.36)成立。

定义 3.6 若 $\boldsymbol{F}:D\subset\boldsymbol{R}^n\to\boldsymbol{R}^m$ 的各个分量 $f_i(\boldsymbol{x})(i=1,2,\cdots,m)$的二阶偏导数在 $\boldsymbol{x}\in\mathrm{int}(D)$处连续,则称 $\boldsymbol{F}(\boldsymbol{x})$在 $\boldsymbol{x}$ 处二次连续可微。

定义 3.7 向量序列$\{\boldsymbol{x}_k\}$收敛于向量 $\boldsymbol{x}^*$,$\boldsymbol{e}_k=\boldsymbol{x}_k-\boldsymbol{x}^*\neq 0(k=0,1,2,\cdots)$,若存在常数 $p\geqslant 1$和常数 $C>0$,使等式

$$\lim_{k\to\infty}\frac{\|\boldsymbol{e}_{k+1}\|}{\|\boldsymbol{e}_k\|^p}=C$$

成立,或者当 $k\geqslant K$(K 是某个正整数)时,有

$$\|\boldsymbol{e}_{k+1}\|\leqslant C\|\boldsymbol{e}_k\|^p$$

成立,则称序列$\{\boldsymbol{x}_k\}$是 p 阶收敛。C 为收敛因子,当 $p=1$ 时,称序列$\{\boldsymbol{x}_k\}$是线性收敛,此时必有 $0<C<1$;当 $p>1$ 时,称序列$\{\boldsymbol{x}_k\}$是超线性收敛;当 $p=2$ 时,称序列$\{\boldsymbol{x}_k\}$是平方收敛或二次收敛。

在前面的讨论中对 $m=n$ 也成立。在非线性方程组的数值解法研究中,主要应用 $m=n$ 的结论。

3.6.2 压缩映射原理与不动点迭代法

把非线性方程组 $\boldsymbol{F}(\boldsymbol{x})=\boldsymbol{0}$ 改写成与之等价的形式

$$\boldsymbol{x}=\varphi(\boldsymbol{x}) \tag{3.37}$$

其中 $\varphi:D\subset\boldsymbol{R}^n\to\boldsymbol{R}^n$。若 $\boldsymbol{x}^*\in D$ 满足 $\boldsymbol{x}^*=\varphi(\boldsymbol{x}^*)$,则称 $\boldsymbol{x}^*$ 为函数 $\varphi(\boldsymbol{x})$的不动点。因此,求方程 $\boldsymbol{F}(\boldsymbol{x})=\boldsymbol{0}$ 的根就转化为求 $\varphi(\boldsymbol{x})$的不动点。

定义 3.8 选取 $\boldsymbol{x}^{(0)}\in D$ 作为初始向量,由式(3.37)构造迭代格式

$$\boldsymbol{x}^{(k+1)}=\varphi(\boldsymbol{x}^{(k)})\quad(k=0,1,2,\cdots) \tag{3.38}$$

则式(3.38)称为求方程组(3.37)的不动点迭代法或简单迭代法,$\varphi(\boldsymbol{x})$称为迭代函数。

定义 3.9 设 $\varphi:D\subset\boldsymbol{R}^n\to\boldsymbol{R}^n$,若存在常数 $L\in(0,1)$,使得对任意 $\boldsymbol{x},\boldsymbol{y}\in D_0\subset D$,都有

$$\|\varphi(\boldsymbol{x})-\varphi(\boldsymbol{y})\|\leqslant L\|\boldsymbol{x}-\boldsymbol{y}\| \tag{3.39}$$

则称 $\varphi(\boldsymbol{x})$在 D_0 上是压缩映射,L 为压缩系数。

从定义可知,若 $\varphi(\boldsymbol{x})$在 D_0 上是压缩映射,则 $\varphi(\boldsymbol{x})$在 D_0 上是连续函数,其次,压缩与所取的范数有关,即 $\varphi(\boldsymbol{x})$对某一种范数是压缩的而对另一种范数可能不是压缩的。

定理 3.12 (压缩映射原理)设 $\varphi:D\subset\boldsymbol{R}^n\to\boldsymbol{R}^n$ 在闭区域 $D_0\subset D$ 上满足:

①φ 把 D_0 映入它自身,即 $\varphi(D_0)\subset D_0$;

②φ 在 D_0 上是压缩映射,压缩因子是 L;

则下列结论成立:

(1)φ 在 D_0 上存在唯一不动点 $\boldsymbol{x}^*$;

(2)对任意初始值 $\boldsymbol{x}^{(0)}\in D_0$,不动点迭代法式(3.38)产生的序列$\{\boldsymbol{x}^{(k)}\}\subset D_0$,且收敛于 $\boldsymbol{x}^*$;

(3)有如下误差估计式:

$$\|\boldsymbol{x}^{(k)}-\boldsymbol{x}^*\|\leqslant\frac{L^k}{1-L}\|\boldsymbol{x}^{(1)}-\boldsymbol{x}^{(0)}\|\qquad\|\boldsymbol{x}^{(k)}-\boldsymbol{x}^*\|\leqslant\frac{L}{1-L}\|\boldsymbol{x}^{(k)}-\boldsymbol{x}^{(k-1)}\|$$

证明 由 $\boldsymbol{x}^{(0)}\in D_0$ 及条件①知,迭代格式产生的序列$\{\boldsymbol{x}^{(k)}\}\subset D_0$。又由条件②得到

$$\|\boldsymbol{x}^{(k+1)}-\boldsymbol{x}^{(k)}\|=\|\varphi(\boldsymbol{x}^{(k)})-\varphi(\boldsymbol{x}^{(k-1)})\|\leqslant L\|\boldsymbol{x}^{(k)}-\boldsymbol{x}^{(k-1)}\|\leqslant\cdots\leqslant L^k\|\boldsymbol{x}^{(1)}-\boldsymbol{x}^{(0)}\|$$

从而对正整数 $m\geqslant 1$ 有

$$\begin{aligned}\| \boldsymbol{x}^{(k+m)}-\boldsymbol{x}^{(k)} \| &\leqslant \sum_{i=1}^{m} \| \boldsymbol{x}^{(k+i)}-\boldsymbol{x}^{(k+i-1)} \| \\ &\leqslant \sum_{i=1}^{m} L^{k+i-1} \| \boldsymbol{x}^{(1)}-\boldsymbol{x}^{(0)} \| \leqslant \frac{L^{k}}{1-L} \| \boldsymbol{x}^{(1)}-\boldsymbol{x}^{(0)} \|\end{aligned} \tag{3.40}$$

因为 $L\in(0,1)$，由柯西(Cauchy)收敛原理知，序列 $\{\boldsymbol{x}^{(k)}\}$ 收敛。又由 D_0 是闭区域，故存在 $\boldsymbol{x}^*\in D_0$ 使得 $\lim\limits_{k\to\infty}\boldsymbol{x}^{(k)}=\boldsymbol{x}^*$。由 $\varphi(\boldsymbol{x})$ 的压缩性、连续性有

$$\boldsymbol{x}^* = \lim_{k\to\infty}\boldsymbol{x}^{(k)} = \lim_{k\to\infty}\varphi(\boldsymbol{x}^{(k-1)}) = \varphi(\boldsymbol{x}^*)$$

故 $\boldsymbol{x}^*$ 是 $\varphi(\boldsymbol{x})$ 的不动点。

若 $\boldsymbol{x}^*,\bar{\boldsymbol{x}}^*\in D_0$ 是 $\varphi(\boldsymbol{x})$ 的两个不动点，由于 $\varphi(\boldsymbol{x})$ 在 D_0 内为压缩映射，于是有

$$\| \boldsymbol{x}^*-\bar{\boldsymbol{x}}^* \| = \| \varphi(\boldsymbol{x}^*)-\varphi(\bar{\boldsymbol{x}}^*) \| \leqslant L \| \boldsymbol{x}^*-\bar{\boldsymbol{x}}^* \| < \| \boldsymbol{x}^*-\bar{\boldsymbol{x}}^* \|$$

从而必有 $\boldsymbol{x}^*=\bar{\boldsymbol{x}}^*$，即 $\varphi(\boldsymbol{x})$ 的不动点唯一。

在式(3.40)两边令 $m\to\infty$，即有

$$\| \boldsymbol{x}^{(k)}-\boldsymbol{x}^* \| \leqslant \frac{L^k}{1-L} \| \boldsymbol{x}^{(1)}-\boldsymbol{x}^{(0)} \|$$

又当 $m\geqslant 1$ 时有

$$\| \boldsymbol{x}^{(k+m)}-\boldsymbol{x}^{(k)} \| \leqslant \sum_{i=1}^{m} \| \boldsymbol{x}^{(k+i)}-\boldsymbol{x}^{(k+i-1)} \| \leqslant \sum_{i=1}^{m} L^{i} \| \boldsymbol{x}^{(k)}-\boldsymbol{x}^{(k-1)} \| \leqslant \frac{L}{1-L} \| \boldsymbol{x}^{(k)}-\boldsymbol{x}^{(k-1)} \|$$

再令 $m\to\infty$ 有

$$\| \boldsymbol{x}^{(k)}-\boldsymbol{x}^* \| \leqslant \frac{L}{1-L} \| \boldsymbol{x}^{(k)}-\boldsymbol{x}^{(k-1)} \|$$

在定理条件下，容易得到不动点迭代格式(3.38)产生的序列 $\{\boldsymbol{x}^{(k)}\}$ 满足

$$\| \boldsymbol{x}^{(k+1)}-\boldsymbol{x}^* \| = \| \varphi(\boldsymbol{x}^{(k)})-\varphi(\boldsymbol{x}^*) \| \leqslant L \| \boldsymbol{x}^{(k)}-\boldsymbol{x}^* \|$$

其中 $L\in(0,1)$，因而序列 $\{\boldsymbol{x}^{(k)}\}$ 是线性收敛。

实际应用时，由于定理3.12中 $\varphi(\boldsymbol{x})$ 为压缩映射这一条件难以验证，通常情况下，应用一个更强的条件"φ 在 D_0 上连续可微，且对任何 $\boldsymbol{x}\in D_0$ 都有 $\| \varphi'(\boldsymbol{x}) \| \leqslant L<1$"来代替，其中矩阵范数 $\| \varphi'(\boldsymbol{x}) \|$ 是向量范数的从属范数。

对不动点迭代格式(3.38)，当 $\boldsymbol{x}^{(0)}$ 在不动点 $\boldsymbol{x}^*$ 附近时，有下面局部收敛定理。

定理 3.13　若映射 $\varphi(\boldsymbol{x})$ 在不动点 $\boldsymbol{x}^*$ 的 δ 邻域

$$U(\boldsymbol{x}^*,\delta) = \{\boldsymbol{x} \mid \| \boldsymbol{x}-\boldsymbol{x}^* \| < \delta\} \subset D_0$$

内满足条件：对任何 $\boldsymbol{x}\in U(\boldsymbol{x}^*,\delta)$ 都有

$$\| \varphi(\boldsymbol{x})-\varphi(\boldsymbol{x}^*) \| \leqslant L \| \boldsymbol{x}-\boldsymbol{x}^* \| \qquad 0<L<1$$

则对任意 $\boldsymbol{x}^{(0)}\in U(\boldsymbol{x}^*,\delta)$，由不动点迭代格式(3.38)产生的序列 $\{\boldsymbol{x}^{(k)}\}$ 收敛到 $\boldsymbol{x}^*$，且有估计式

$$\| \boldsymbol{x}^{(k)}-\boldsymbol{x}^* \| \leqslant L^k \| \boldsymbol{x}^{(0)}-\boldsymbol{x}^* \| \qquad (k=0,1,2,\cdots)$$

定理 3.14　设 $\varphi(\boldsymbol{x})$ 在不动点 $\boldsymbol{x}^*$ 处可微，且 $\varphi'(\boldsymbol{x}^*)$ 的谱半径 $\rho(\varphi'(\boldsymbol{x}^*))<1$，则存在开球：$B_0=\{\boldsymbol{x} \mid \| \boldsymbol{x}-\boldsymbol{x}^* \| <\delta,\delta>0\}\subset D$，使得对任意 $\boldsymbol{x}^{(0)}\in B_0$，由迭代格式(3.38)产生的序列 $\{\boldsymbol{x}^{(k)}\}\subset B_0$，且收敛到 $\boldsymbol{x}^*$。

定理3.13及定理3.14的证明略去，有兴趣的读者可参考相关文献。

例 3.11　用不动点迭代格式(3.38)求解下列非线性方程组

$$\begin{cases}4x_1 - x_2 + 0.1e^{x_1} = 1\\ -x_1 + 4x_2 + \frac{1}{8}x_1^2 = 0\end{cases}$$

解 将方程组改写成等价形式 $\boldsymbol{x}=\varphi(\boldsymbol{x})$,其中

$$\boldsymbol{x} = \begin{bmatrix}x_1\\ x_2\end{bmatrix} \qquad \varphi(\boldsymbol{x}) = \begin{bmatrix}\varphi_1(\boldsymbol{x})\\ \varphi_2(\boldsymbol{x})\end{bmatrix} = \begin{bmatrix}\frac{1}{4}(1 + x_2 - 0.1e^{x_1})\\ \frac{1}{4}(x_1 - \frac{1}{8}x_1^2)\end{bmatrix}$$

设 $B_0=\{(x_1,x_2)\,|\,0\leqslant x_1\leqslant 0.5, 0\leqslant x_2\leqslant 0.5\}$,容易验证

$$0 \leqslant \varphi_1(\boldsymbol{x}) < 0.5 \qquad 0 \leqslant \varphi_2(\boldsymbol{x}) < 0.5$$

故有 $\varphi(B_0)\subset B_0$,对任意 $\boldsymbol{x},\boldsymbol{y}\in B_0$ 有

$$|\varphi_1(\boldsymbol{y}) - \varphi_1(\boldsymbol{x})| = \frac{1}{4}|y_2 - x_2 - 0.1e^{y_1} + 0.1e^{x_1}| \leqslant \frac{4}{10}(|y_1 - x_1| + |y_2 - x_2|)$$

$$|\varphi_2(\boldsymbol{y}) - \varphi_2(\boldsymbol{x})| = \frac{1}{4}\left|y_1 - x_1 - \frac{1}{8}y_1^2 + \frac{1}{8}x_1^2\right| \leqslant \frac{9}{32}(|y_1 - x_1| + |y_2 - x_2|)$$

于是对任何 $\boldsymbol{x},\boldsymbol{y}\in B_0$ 有

$$\|\varphi(\boldsymbol{y}) - \varphi(\boldsymbol{x})\|_1 \leqslant \frac{109}{160}\|\boldsymbol{y} - \boldsymbol{x}\|_1 \qquad 0 < L = \frac{109}{160} < 1$$

故 $\varphi(\boldsymbol{x})$满足压缩条件,根据压缩映射原理,$\varphi(\boldsymbol{x})$在 B_0 内存在唯一不动点 $\boldsymbol{x}^*$。取 $\boldsymbol{x}^{(0)}=(0,0)^{\mathrm{T}}$,由 $\boldsymbol{x}^{(k+1)}=\varphi(\boldsymbol{x}^{(k)})(k=0,1,2,\cdots)$进行迭代,当 $\|\boldsymbol{x}^{(k+1)}-\boldsymbol{x}^{(k)}\|_1<10^{-9}$时结果为:

$$\boldsymbol{x}^{(1)} = (0.225, 0)^{\mathrm{T}}$$
$$\boldsymbol{x}^{(2)} = (0.2186919321, 0.05466796875)^{\mathrm{T}}$$
$$\boldsymbol{x}^{(3)} = (0.232557961, 0.05317841549)^{\mathrm{T}}$$
$$\boldsymbol{x}^{(4)} = (0.2317490286, 0.05644888033)^{\mathrm{T}}$$
$$\vdots$$
$$\boldsymbol{x}^{(17)} = (0.2325670051, 0.05645151964)^{\mathrm{T}}$$
$$\boldsymbol{x}^{(18)} = (0.2325670051, 0.05645151965)^{\mathrm{T}}$$

由于

$$\varphi'(\boldsymbol{x}) = \begin{bmatrix}\frac{\partial\varphi_1}{\partial x_1} & \frac{\partial\varphi_1}{\partial x_2}\\ \frac{\partial\varphi_2}{\partial x_1} & \frac{\partial\varphi_2}{\partial x_2}\end{bmatrix} = \begin{bmatrix}-\frac{1}{40}e^{x_1} & \frac{1}{4}\\ \frac{1}{4} - \frac{1}{16}x_1 & 0\end{bmatrix}$$

故

$$\varphi'(\boldsymbol{x}^*) = \begin{bmatrix}-0.0316 & 0.250\\ 0.218 & 0\end{bmatrix} \qquad \|\varphi'(\boldsymbol{x}^*)\|_1 = 0.25 < 1$$

因此

$$\rho(\varphi'(\boldsymbol{x}^*)) \leqslant 0.25 < 1$$

表明定理 3.14 条件成立。

不动点迭代格式类似于解线性方程组的雅克比算法。同样,可以给出求解非线性方程组时完全类似于线性方程组迭代格式中的 GS 迭代法、SOR 迭代法和 SSOR 迭代法等公式,只不过在非线性方程组求解迭代格式的迭代过程中,由于非线性的困难,有些公式的形式比较

复杂,难以得到收敛性和收敛阶的判定条件,把SOR迭代法和牛顿法联合使用,可以得到Newton-SOR法、非线性SOR-Newton法等,有兴趣的读者可参考相关文献。

3.6.3 牛顿迭代法

在非线性方程 $f(x)=0$ 求根时,用泰勒展开法将非线性方程近似地化为线性方程得到过牛顿迭代法,同样,对多元非线性方程组 $\boldsymbol{F}(\boldsymbol{x})=\boldsymbol{0}$,也可用泰勒展开法得到牛顿迭代法。

设 $\boldsymbol{F}(\boldsymbol{x})=\boldsymbol{0}$ 存在解 $\boldsymbol{x}^*\in\operatorname{int}(D)$, $\boldsymbol{F}(\boldsymbol{x})$ 在 $\boldsymbol{x}^*$ 的某个开邻域 $U(\boldsymbol{x}^*,\delta)=\{\boldsymbol{x}\mid\|\boldsymbol{x}-\boldsymbol{x}^*\|<\delta,\delta>0\}\subset D$ 内可微,设 $\boldsymbol{x}^{(k)}\in U(\boldsymbol{x}^*,\delta)$ 是 $\boldsymbol{F}(\boldsymbol{x})=\boldsymbol{0}$ 的第 k 次近似解,由泰勒公式有

$$f_i(\boldsymbol{x})\approx f_i(\boldsymbol{x}^{(k)})+\sum_{j=1}^{n}\frac{\partial f_i(\boldsymbol{x}^{(k)})}{\partial x_j}(x_j-x_j^{(k)})\boldsymbol{x}\quad(i=1,2,\cdots,n)$$

用线性方程组

$$f_i(\boldsymbol{x}^{(k)})+\sum_{j=1}^{n}\frac{\partial f_i(\boldsymbol{x}^{(k)})}{\partial x_j}(x_j-x_j^{(k)})=0\quad(i=1,2,\cdots,n)$$

即

$$\boldsymbol{F}'(\boldsymbol{x}^{(k)})(\boldsymbol{x}-\boldsymbol{x}^{(k)})=-\boldsymbol{F}(\boldsymbol{x}^{(k)})\tag{3.41}$$

近似代替非线性方程组 $\boldsymbol{F}(\boldsymbol{x})=\boldsymbol{0}$。用线性方程组(3.41)的解作为非线性方程组 $\boldsymbol{F}(\boldsymbol{x})=\boldsymbol{0}$ 的第 $k+1$ 次近似解,即得到求解非线性方程组的牛顿迭代法

$$\boldsymbol{x}^{(k+1)}=\boldsymbol{x}^{(k)}-[\boldsymbol{F}'(\boldsymbol{x}^{(k)})]^{-1}\boldsymbol{F}(\boldsymbol{x}^{(k)})\qquad(k=0,1,2,\cdots)\tag{3.42}$$

关于非线性方程组 $\boldsymbol{F}(\boldsymbol{x})=\boldsymbol{0}$ 的牛顿迭代法有如下收敛定理。

定理3.15 设 $\boldsymbol{x}^*$ 是 $\boldsymbol{F}(\boldsymbol{x})=\boldsymbol{0}$ 的解,$\boldsymbol{x}^*\in\operatorname{int}(D)$,$\boldsymbol{F}(\boldsymbol{x})$ 在包含 $\boldsymbol{x}^*$ 的某个开邻域 $S\subset D$ 内连续可微,且 $\boldsymbol{F}'(\boldsymbol{x})$ 非奇异,则存在闭球 $D_0=\{\boldsymbol{x}\|\boldsymbol{x}-\boldsymbol{x}^*\|\leqslant\delta,\delta>0\}\subset S$,使得对任意 $\boldsymbol{x}^{(0)}\in D_0$,由牛顿法式(3.42)产生的序列 $\{\boldsymbol{x}^{(k)}\}$ 超线性收敛到 $\boldsymbol{x}^*$,若还存在常数 $L>0$,使得对任何 $\boldsymbol{x}\in D_0$ 有

$$\|\boldsymbol{F}'(\boldsymbol{x})-\boldsymbol{F}'(\boldsymbol{x}^*)\|\leqslant L\|\boldsymbol{x}-\boldsymbol{x}^*\|$$

则迭代序列 $\{\boldsymbol{x}^{(k)}\}$ 至少是平方收敛。

证明 因为 $\boldsymbol{F}'(\boldsymbol{x})$ 非奇异,令 $\beta=\|\boldsymbol{F}'(\boldsymbol{x}^*)^{-1}\|>0$,又由 $\boldsymbol{F}'(\boldsymbol{x})$ 连续,故对满足 $0<\varepsilon<\frac{1}{2\beta}$ 的 ε,存在 $\delta>0$,当 $\boldsymbol{x}\in D_0=\{\boldsymbol{x}\mid\|\boldsymbol{x}-\boldsymbol{x}^*\|\leqslant\delta,\delta>0\}\subset S$ 时,有

$$\|\boldsymbol{F}'(\boldsymbol{x})-\boldsymbol{F}'(\boldsymbol{x}^*)\|<\varepsilon\tag{3.43}$$

因此由连续性质知 $\boldsymbol{F}'(\boldsymbol{x})^{-1}$ 存在,且对任何 $\boldsymbol{x}\in D_0$ 有

$$\|\boldsymbol{F}'(\boldsymbol{x})^{-1}\|\leqslant\frac{\beta}{1-\varepsilon\beta}<2\beta\tag{3.44}$$

从而映射 $\varphi(\boldsymbol{x})=\boldsymbol{x}-[\boldsymbol{F}'(\boldsymbol{x})]^{-1}\boldsymbol{F}(\boldsymbol{x})$ 在 $\boldsymbol{x}\in D_0$ 上有定义,而且 $\boldsymbol{x}^*=\varphi(\boldsymbol{x}^*)$。由式(3.43)得

$$\begin{aligned}\|\varphi(\boldsymbol{x})-\varphi(\boldsymbol{x}^*)\|&=\|\boldsymbol{x}-[\boldsymbol{F}'(\boldsymbol{x})]^{-1}\boldsymbol{F}(\boldsymbol{x})-\boldsymbol{x}^*\|\\&=\|-\boldsymbol{F}'(\boldsymbol{x})^{-1}[\boldsymbol{F}(\boldsymbol{x})-\boldsymbol{F}'(\boldsymbol{x}^*)(\boldsymbol{x}-\boldsymbol{x}^*)+\\&\quad(\boldsymbol{F}'(\boldsymbol{x}^*)-\boldsymbol{F}'(\boldsymbol{x}))(\boldsymbol{x}-\boldsymbol{x}^*)]\|\\&\leqslant2\beta[\|\boldsymbol{F}(\boldsymbol{x})-\boldsymbol{F}(\boldsymbol{x}^*)-\boldsymbol{F}'(\boldsymbol{x}^*)(\boldsymbol{x}-\boldsymbol{x}^*)\|+\\&\quad\|\boldsymbol{F}'(\boldsymbol{x})-\boldsymbol{F}'(\boldsymbol{x}^*)\|\|\boldsymbol{x}-\boldsymbol{x}^*\|]\end{aligned}\tag{3.45}$$

由于 $\boldsymbol{F}'(\boldsymbol{x}^*)$存在，由导数定义知，对充分小 $\delta>0$，对一切 $\boldsymbol{x}\in D_0$ 有

$$\|\boldsymbol{F}(\boldsymbol{x})-\boldsymbol{F}(\boldsymbol{x}^*)-\boldsymbol{F}'(\boldsymbol{x}^*)(\boldsymbol{x}-\boldsymbol{x}^*)\|<\varepsilon\|\boldsymbol{x}-\boldsymbol{x}^*\|$$

由式(3.43)知式(3.45)可变为

$$\|\varphi(\boldsymbol{x})-\varphi(\boldsymbol{x}^*)\|\leqslant 2\beta(\varepsilon+\varepsilon)\|\boldsymbol{x}-\boldsymbol{x}^*\|=4\beta\varepsilon\|\boldsymbol{x}-\boldsymbol{x}^*\|$$

或

$$\frac{\|\varphi(\boldsymbol{x})-\varphi(\boldsymbol{x}^*)-\boldsymbol{0}(\boldsymbol{x}-\boldsymbol{x}^*)\|}{\|\boldsymbol{x}-\boldsymbol{x}^*\|}\leqslant 4\beta\varepsilon$$

此处 $\boldsymbol{0}$ 表示零矩阵。由导数定义知，显然 $\varphi'(\boldsymbol{x}^*)=\boldsymbol{0}$，所以 $\rho(\varphi'(\boldsymbol{x}^*))=0<1$。由定理 3.14 知，迭代序列$\{\boldsymbol{x}^{(k)}\}$收敛到 $\boldsymbol{x}^*$，并且$\lim\limits_{k\to\infty}\dfrac{\|\boldsymbol{x}^{(k+1)}-\boldsymbol{x}^*\|}{\|\boldsymbol{x}^{(k)}-\boldsymbol{x}^*\|}=0$，它表示$\{\boldsymbol{x}^{(k)}\}$是超线性收敛。

如果条件 $\|\boldsymbol{F}'(\boldsymbol{x})-\boldsymbol{F}'(\boldsymbol{x}^*)\|\leqslant L\|\boldsymbol{x}-\boldsymbol{x}^*\|$ 成立，则由定理 3.11 和式(3.45)有

$$\begin{aligned}\|\boldsymbol{x}^{(k+1)}-\boldsymbol{x}^*\|&=\|\varphi(\boldsymbol{x}^{(k)})-\varphi(\boldsymbol{x}^*)\|\\&\leqslant 2\beta(\|\boldsymbol{F}(\boldsymbol{x}^{(k)})-\boldsymbol{F}(\boldsymbol{x}^*)-\boldsymbol{F}'(\boldsymbol{x}^*)(\boldsymbol{x}^{(k)}-\boldsymbol{x}^*)\|+\\&\qquad\|\boldsymbol{F}'(\boldsymbol{x}^{(k)})-\boldsymbol{F}'(\boldsymbol{x}^*)\|\,\|\boldsymbol{x}^{(k)}-\boldsymbol{x}^*\|)\\&\leqslant 2\beta\left(\frac{L}{2}\|\boldsymbol{x}^{(k)}-\boldsymbol{x}^*\|^2+L\|\boldsymbol{x}^{(k)}-\boldsymbol{x}^*\|^2\right)=3\beta L\|\boldsymbol{x}^{(k)}-\boldsymbol{x}^*\|^2\end{aligned}$$

此式表明迭代序列$\{\boldsymbol{x}^{(k)}\}$至少是二阶收敛。

定理 3.16　设 $\boldsymbol{F}:D\subset\boldsymbol{R}^n\to\boldsymbol{R}^n$，若存在 $\boldsymbol{x}^{(0)}\in U(\boldsymbol{x}^{(0)},\delta)\subset D(\delta>0)$，使得对任何 $\boldsymbol{x},\boldsymbol{y}\in U(\boldsymbol{x}^0,\delta)$，存在常数 $\nu>0$，有

$$\|\boldsymbol{F}'(\boldsymbol{x})-\boldsymbol{F}'(\boldsymbol{y})\|\leqslant\nu\|\boldsymbol{x}-\boldsymbol{y}\|$$

并且 $\|\boldsymbol{F}'(\boldsymbol{x}^{(0)})^{-1}\|\leqslant\beta$，$\|\boldsymbol{F}'(\boldsymbol{x}^{(0)})^{-1}\boldsymbol{F}(\boldsymbol{x}^{(0)})\|\leqslant\eta$ 及 $h=\beta\eta\nu<\dfrac{1}{2}$，则牛顿法所产生的迭代序列$\{\boldsymbol{x}^{(k)}\}$均在球 $D_0=\{\boldsymbol{x}\mid\|\boldsymbol{x}-\boldsymbol{x}^{(0)}\|<t^*\}\subset U(\boldsymbol{x}^{(0)},\delta)$内，其中 $t^*=\dfrac{1-\sqrt{1-2h}}{h}\eta$，且迭代序列$\{\boldsymbol{x}^{(k)}\}$收敛到 $\boldsymbol{F}(\boldsymbol{x})=\boldsymbol{0}$ 在 $U(\boldsymbol{x}^{(0)},t^{**})\cap U(\boldsymbol{x}^{(0)},\delta)$内的唯一解 $\boldsymbol{x}^*$，其中 $t^{**}=\dfrac{1+\sqrt{1-2h}}{h}\eta$，并有误差估计式

$$\|\boldsymbol{x}^{(k)}-\boldsymbol{x}^*\|\leqslant\frac{\eta}{2^{k-1}}(2h)^{2^k-1}$$

应当注意：

①在定理 3.15 中，假设 $\boldsymbol{F}(\boldsymbol{x})$在包含 $\boldsymbol{x}^*$ 的某个开邻域 $S\subset D$ 内连续可微，则迭代序列$\{\boldsymbol{x}^{(k)}\}$至少是平方收敛于 $\boldsymbol{x}^*$。此条件较定理 3.16 中假设条件强，但易于验证。

②定理 3.16 就是著名的半局部收敛定理，也就是**牛顿-康托洛维奇(Newton-Kantorovich)定理**。

例 3.12　用牛顿法求例 3.11 中非线性方程组的解。

解

$$\boldsymbol{F}(\boldsymbol{x})=\begin{bmatrix}4x_1-x_2+0.1\mathrm{e}^{x_1}-1\\-x_1+4x_2+\dfrac{1}{8}x_1^2\end{bmatrix}$$

$$\boldsymbol{F}'(\boldsymbol{x})=\begin{bmatrix}4+0.1\mathrm{e}^{x_1}&-1\\-1+\dfrac{1}{4}x_1&4\end{bmatrix}$$

牛顿迭代格式为

$$\begin{cases} x_1^{(k+1)} = x_1^{(k)} - (4f_1 + f_2)/D \\ x_2^{(k+1)} = x_2^{(k)} - [(4 + 0.1e^{x_1^{(k)}})f_2 - (-1 + \frac{1}{4}x_1^{(k)})f_1]/D \end{cases}$$

其中

$$f_1 = 4x_1^{(k)} - x_2^{(k)} + 0.1e^{x_1^{(k)}} - 1 \qquad f_2 = x_1^{(k)} + 4x_2^{(k)} + \frac{1}{8}(x_1^{(k)})^2$$

$$D = 15 + 0.4e^{x_1^{(k)}} + \frac{1}{4}x_1^{(k)}$$

取 $\boldsymbol{x}^{(0)}=(0,0)^{\mathrm{T}}$,令 $k=0,1,2,\cdots$计算得

$$\boldsymbol{x}^{(1)} = (0.2337662338, 0.05844155844)^{\mathrm{T}}$$

$$\boldsymbol{x}^{(2)} = (0.2325670400, 0.05645157281)^{\mathrm{T}}$$

$$\boldsymbol{x}^{(3)} = (0.2325670051, 0.05645151965)^{\mathrm{T}} = \boldsymbol{x}^{(4)}$$

故 $\boldsymbol{x}^* \approx \boldsymbol{x}^{(3)}$。

用牛顿迭代算法(3.42)求非线性方程组 $\boldsymbol{F}(\boldsymbol{x})=\boldsymbol{0}$ 的根 $\boldsymbol{x}^*$ 的一般步骤如下:

①在 $\boldsymbol{x}^*$ 附近选取 $\boldsymbol{x}^{(0)} \in D$,给定误差限 $\varepsilon>0$ 和最大迭代次数 $k_{\max}$;

②对于 $k=0,1,2,\cdots$和 $k_{\max}$执行:

a. 计算 $\boldsymbol{F}(\boldsymbol{x}^{(k)})$和 $\boldsymbol{F}'(\boldsymbol{x}^{(k)})$;

b. 求解关于 $\Delta\boldsymbol{x}^{(k)}=\boldsymbol{x}^{(k+1)}-\boldsymbol{x}^{(k)}$ 的线性方程组

$$\boldsymbol{F}'(\boldsymbol{x}^{(k)})\Delta\boldsymbol{x}^{(k)} = -\boldsymbol{F}(\boldsymbol{x}^{(k)})$$

c. 计算 $\boldsymbol{x}^{(k+1)}=\boldsymbol{x}^{(k)}+\Delta\boldsymbol{x}^{(k)}$;

d. 若 $\frac{\|\Delta\boldsymbol{x}^{(k)}\|}{\|\boldsymbol{x}^{(k)}\|}<\varepsilon$,则 $\boldsymbol{x}^* \approx \boldsymbol{x}^{(k+1)}$,停止计算,否则将 $\boldsymbol{x}^{(k+1)}$ 作为新的 $\boldsymbol{x}^{(k)}$,转 e;

e. 若 $k<k_{\max}$,则继续,否则输出 $k_{\max}$次迭代不成功的信息,并停止计算。

牛顿法的优点是速度快,一般达到平方收敛,牛顿法的明显不足是:①计算量大。这是因为牛顿法每步都要计算 $\boldsymbol{F}'(\boldsymbol{x}^{(k)})$,其中 $\boldsymbol{F}'(\boldsymbol{x}^{(k)})$中有 n^2 个偏导数值,并且要解线性方程组 $\boldsymbol{F}'(\boldsymbol{x}^{(k)})\Delta\boldsymbol{x}^{(k)}=-\boldsymbol{F}(\boldsymbol{x}^{(k)})$,工作量也相当大。②初值 $\boldsymbol{x}^{(0)}$ 的选取要求严格。在实际应用中难以给出确保收敛的初值。而非线性问题通常又是多解问题,给出收敛到所需要的解的初值就显得更加困难。③如果某一步 $\boldsymbol{x}^{(k)}$ 处的 $\boldsymbol{F}'(\boldsymbol{x}^{(k)})$奇异或几乎奇异,则牛顿法的计算将无法进行下去,特别在 $\boldsymbol{F}(\boldsymbol{x})=\boldsymbol{0}$ 的解 $\boldsymbol{x}^*$ 处有 $\boldsymbol{F}'(\boldsymbol{x}^*)$奇异,即 $\boldsymbol{F}(\boldsymbol{x})=\boldsymbol{0}$ 的根 $\boldsymbol{x}^*$ 为重根,此种情况是非常复杂的问题。

为了解决牛顿法存在的上述缺点,有许多变形的牛顿法。

1. 简化牛顿法

在牛顿法迭代过程中,把 $\boldsymbol{x}^{(k)}$ 处的导数 $\boldsymbol{F}'(\boldsymbol{x}^{(k)})$改为 $\boldsymbol{x}^{(0)}$ 处于的导数 $\boldsymbol{F}'(\boldsymbol{x}^{(0)})$,此时的迭代格式为

$$f_i(\boldsymbol{x}^{(k)}) + \sum_{j=1}^{n} \frac{\partial f_i(\boldsymbol{x}^{(0)})}{\partial x_j}(x_j - x_j^{(k)}) = 0 \qquad (i = 1,2,\cdots,n; k = 0,1,2,\cdots)$$

其矩阵向量形式为

$$\boldsymbol{x}^{(k+1)} = \boldsymbol{x}^{(k)} - [\boldsymbol{F}'(\boldsymbol{x}^{(0)})]^{-1}\boldsymbol{F}(\boldsymbol{x}^{(k)}) \qquad (k = 0,1,2,\cdots)$$

这种迭代格式称为**简化牛顿法**。

简化牛顿法的优点：每次迭代不必计算 $\boldsymbol{F}'(\boldsymbol{x}^{(k)})$，计算量大大减少。缺点：收敛速度较慢，一般只有线性收敛。

2. 离散牛顿法(或弦割法)

在牛顿法迭代过程中，把 $\boldsymbol{x}^{(k)}$ 处的导数 $\boldsymbol{F}'(\boldsymbol{x}^{(k)})$ 改用差商代替，得到如下迭代格式：

$$f_i(\boldsymbol{x}^{(k)})+\sum_{j=1}^{n}\frac{1}{h}[f_i(x_1^{(k)},\cdots,x_{j-1}^{(k)},x_j^{(k)}+h,x_{j+1}^{(k)},\cdots,x_n^{(k)})-$$
$$f_i(x_1^{(k)},\cdots,x_{j-1}^{(k)},x_j^{(k)},x_{j+1}^{(k)},\cdots,x_n^{(k)})](x_j-x_j^{(k)})=0$$
$$(i=1,2,\cdots,n;k=0,1,2,\cdots)$$

此迭代格式为**离散牛顿法**或**弦割法**。

离散牛顿法的优点：计算量介于牛顿法与简化牛顿法之间，收敛速度也在它们之间。

3. 牛顿下山法

为了克服牛顿法中对初始值 $\boldsymbol{x}^{(0)}$ 限制的要求，在牛顿法中引入松弛参数 $\omega_k>0$，即得到迭代格式：

$$\boldsymbol{x}^{(k+1)}=\boldsymbol{x}^{(k)}-\omega_k[\boldsymbol{F}'(\boldsymbol{x}^{(k)})]^{-1}\boldsymbol{F}(\boldsymbol{x}^{(k)})\qquad(k=0,1,2,\cdots)$$

一般取 $0<\omega_k\leqslant 1$，使得

$$\|\boldsymbol{F}(\boldsymbol{x}^{(k+1)})\|<\|\boldsymbol{F}(\boldsymbol{x}^{(k)})\|$$

此迭代格式称为**牛顿下山法**，当 $\omega_k=1$ 即为牛顿法。

4. 阻尼牛顿法

在牛顿法迭代中还要求 $\boldsymbol{F}'(\boldsymbol{x}^{(k)})$ 非奇异，故当 $\boldsymbol{F}'(\boldsymbol{x}^{(k)})$ 奇异或严重病态时，牛顿迭代法就不能迭代下去。为了解决这个问题，在牛顿迭代格式中引进参数 λ_k，迭代格式变为：

$$\boldsymbol{x}^{(k+1)}=\boldsymbol{x}^{(k)}-[\boldsymbol{F}'(\boldsymbol{x}^{(k)})+\lambda_k\boldsymbol{I}]^{-1}\boldsymbol{F}(\boldsymbol{x}^{(k)})\qquad(k=0,1,2,\cdots)$$

λ_k 称为阻尼参数，此迭代格式称为**阻尼牛顿法**。适当选取 λ_k，可使 $\boldsymbol{F}'(\boldsymbol{x}^{(k)})+\lambda_k\boldsymbol{I}$ 非奇异，从而使牛顿迭代过程可以进行下去。阻尼牛顿法只有线性收敛速度。

此外还有牛顿-斯蒂芬森方法、牛顿松弛型迭代法、牛顿-布罗登方法等，详细内容可参阅相关文献。

习题 3

1. 用二分法求方程 $e^x+10x-2=0$ 在 $[0,1]$ 内的根，要求精确到 $|x_k-x^*|<10^{-3}$，若要求精确到 $|x_k-x^*|\leqslant 10^{-6}$，区间需要二分多少次？

2. 为求方程 $x^3-2x-5=0$ 在 $(2,3)$ 内的根，现将方程改为下列等价形式，建立相应的迭代格式。

(1) $x=\sqrt[3]{2x+5}$ $\qquad x_{k+1}=\sqrt[3]{2x_k+5}$

(2) $x=\dfrac{x^3-5}{2}$ $\qquad x_{k+1}=\dfrac{x_k^3-5}{2}$

(3) $x=\dfrac{2x^3+5}{3x^2-2}$ $\qquad x_{k+1}=\dfrac{2x_k^3+5}{3x_k^2-2}$

试分析每一种迭代格式的收敛性，任选其中一种收敛的迭代格式计算方程 $x^3-2x-5=0$

的根,要求$|x_{k+1}-x_k|<10^{-9}$。

3. 对第2题中的方程及三种迭代格式,用斯蒂芬森迭代法求其根。

4. 用迭代法求$x^5-x-0.2=0$的正根,要求准确到小数点后第5位。

5. 已知在区间$[a,b]$上,$|\varphi'(x)|\geqslant k>1$,$x=\varphi(x)$只有一根,试写出收敛的迭代格式,求$x=\tan x$在$x=4.5$附近的根,要求$|x_{k+1}-x_k|<10^{-5}$。

6. 用牛顿迭代法求解方程$x^2+2xe^x+e^{2x}=0$,取$x_0=0$,当$|x_{k+1}-x_k|<10^{-5}$时结束迭代。

7. 应用牛顿法求方程$f(x)=x^n-a=0$和$f(x)=1-\dfrac{a}{x^n}=0$的根,分别导出求$\sqrt[n]{a}$的迭代公式,并求$\lim\limits_{k\to\infty}\dfrac{(\sqrt[n]{a}-x_{k+1})}{(\sqrt[n]{a}-x_k)^2}$。

8. 证明计算$\sqrt[3]{c}$的牛顿迭代公式为$x_{k+1}=\dfrac{1}{3}\left(2x_k+\dfrac{c}{x_k^2}\right)$,取$x_0=1$,计算$\sqrt[3]{3}$,要求$|x_{k+1}-x_k|\leqslant\dfrac{1}{2}\times10^{-6}$。

9. 怎样选取函数$b(x)$,使

$$\varphi(x)=x-\frac{f(x)}{f'(x)}+b(x)\left(\frac{f(x)}{f'(x)}\right)^2$$

时,简单迭代格式$x_{k+1}=\varphi(x_k)$三阶收敛。

10. 给定非线性方程组

$$\begin{cases}x_1=0.75\sin x_1+0.2\cos x_2=\varphi_1(x_1,x_2)\\x_2=0.70\cos x_1+0.2\sin x_2=\varphi_2(x_1,x_2)\end{cases}$$

(1)应用压缩映射原理证明$\varphi(\boldsymbol{x})=\begin{bmatrix}\varphi_1(x_1,x_2)\\\varphi_2(x_1,x_2)\end{bmatrix}$在$D=\{(x_1,x_2)\mid 0\leqslant x_1,x_2\leqslant1.0\}$内有唯一不动点。

(2)用不动点迭代法求方程组的解,要求$\|\boldsymbol{x}^{(k+1)}-\boldsymbol{x}^{(k)}\|_2<\dfrac{1}{2}\times10^{-3}$。

11. 用牛顿迭代法求非线性方程组

$$\begin{cases}x_1+2x_2-3=0\\2x_1^2+x_2^2-5=0\end{cases}$$

的解,初值取$\boldsymbol{x}^{(0)}=(-1,2)^{\mathrm{T}}$,要求$\|\boldsymbol{x}^{(k+1)}-\boldsymbol{x}^{(k)}\|_2<10^{-3}$。

12. 用牛顿迭代法求非线性方程组

$$\begin{cases}x^2+xy^3=9\\3x^2y-y^3=4\end{cases}$$

的解,初值分别取$(1.2,2.5)^{\mathrm{T}}$,$(-2,2.5)^{\mathrm{T}}$,$(2,-2.5)^{\mathrm{T}}$,观察迭代序列收敛于哪组解及收敛速度。

第 4 章　函数插值

在科学研究与工程技术中，我们经常会遇到这样的问题：一种情况是函数 $y=f(x)$ 的具体表达式未知，但知其在区间 $[a,b]$ 内有限个点处的函数值及其部分导数值；另一种情况是函数 $y=f(x)$ 的表达式虽已知，但由于表达式过于复杂，不易于计算它在其他点处的函数值及导数值等。对于这类问题，我们处理的方法是：寻找一个表达式简单，易于求函数值及其导数值的函数 $y=p(x)$，在区间 $[a,b]$ 上来近似代替 $y=f(x)$，$p(x)$ 称为插值函数或逼近函数，而 $f(x)$ 称为被插值函数或被逼近函数。根据 $p(x)$ 的选取及用 $p(x)$ 近似代替 $f(x)$ 的不同要求，有函数插值和函数逼近两大类，函数插值又称为代数插值。由于代数多项式是最简单而又便于计算的函数，因此，我们常选用多项式作为插值函数，本章介绍函数插值的一些基本方法，第 5 章介绍函数逼近的一些基本方法。

4.1　多项式插值问题

多项式插值问题（也称代数插值问题）从解决的难易方面可分为两种：

①仅知函数 $y=f(x)$ 在区间 $[a,b]$ 内有限个点处的函数值，需要构造一个简单函数 $p(x)$，在 $x\in[a,b]$ 内用 $y=p(x)$ 近似代替 $y=f(x)$。

②不仅知道函数 $y=f(x)$ 在区间 $[a,b]$ 内有限个点处的函数值，而且知道其导数值（也可以为高阶导数值），要构造一个函数 $y=H(x)$，在 $x\in[a,b]$ 内用 $y=H(x)$ 近似代替 $y=f(x)$。

本节就第一种问题给出多项式插值的定义及多项式插值函数 $y=p(x)$ 的存在唯一性和误差估计。第二种问题将在 4.5 节中讨论。

4.1.1　代数插值问题

先给出代数插值的定义。

定义 4.1　设函数 $y=f(x)$ 在区间 $[a,b]$ 上有定义，且已知函数 $f(x)$ 在 $[a,b]$ 内 $n+1$ 个互异点 $a=x_0<x_1<\cdots<x_n=b$ 处的函数值为 $y_0,y_1,\cdots,y_n$，若存在一个次数不超过 n 的多项式

$$p_n(x)=a_0+a_1x+a_2x^2+\cdots+a_nx^n$$

其中 $a_i(i=0,1,2,\cdots,n)$ 为实数，使得满足条件

$$p_n(x_i)=f(x_i)\quad(i=0,1,2,\cdots,n)\tag{4.1}$$

则称 $p_n(x)$ 为函数 $y=f(x)$ 的 n 次代数插值多项式（或插值函数）。点 $x_0,x_1,x_2,\cdots,x_n$ 称为插值节点，$f(x)$ 称为被插值函数，包含节点的区间 $[a,b]$ 称为插值区间，式(4.1)称为插值

条件，求 $p_n(x)$ 的方法称为代数插值法。用 $p_n(x)$ 近似代替 $f(x)$，当 x 在插值节点形成的区间内时，称该方法为内插法；当 x 不在插值节点形成的区间内时，则称该方法为外插法。

代数插值的几何意义：过平面上 $n+1$ 个互异点 $(x_i,f(x_i))(i=0,1,2,\cdots,n)$ 作一条不超过 n 次的代数曲线 $y=p_n(x)$，用 $y=p_n(x)$ 来近似表示曲线 $y=f(x)$，如图 4.1 所示。

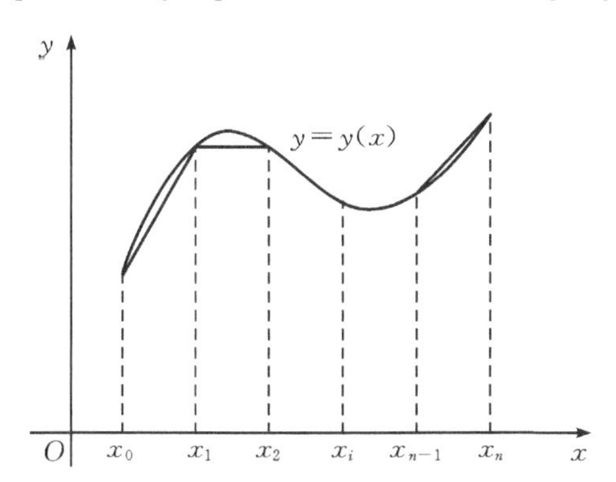

图 4.1　代数插值的几何意义

由曲线易见，在区间 $[a,b]$ 上用 $y=p_n(x)$ 近似代替 $y=f(x)$ 时，在插值节点 x_i 处，$p_n(x_i)=f(x_i)$，但在其他 $x\neq x_i$ 点处，$p_n(x)\approx f(x)$，即非插值节点处有误差。

令

$$R_n(x)=f(x)-p_n(x)\quad x\in[a,b]$$

则称 $R_n(x)$ 为被插值函数 $f(x)$ 与插值函数 $p_n(x)$ 之间的误差或插值余项。

4.1.2　代数插值多项式的存在性与唯一性

定理 4.1　满足插值条件式(4.1)，次数不超过 n 次的插值多项式 $p_n(x)$ 存在且唯一。

证明　设 n 次代数插值多项式为

$$p_n(x)=a_0+a_1x+a_2x^2+\cdots+a_nx^n$$

若能唯一确定 $p_n(x)$ 中 $n+1$ 个系数 $a_0,a_1,\cdots,a_n$，则该插值多项式存在且唯一。

由于 $p_n(x)$ 应满足插值条件式(4.1)，可得到关于系数 $a_0,a_1,\cdots,a_n$ 为 $n+1$ 个未知元的线性方程组：

$$\begin{pmatrix}1 & x_0 & x_0^2 & \cdots & x_0^n\\ 1 & x_1 & x_1^2 & \cdots & x_1^n\\ \vdots & \vdots & \vdots & & \vdots\\ 1 & x_n & x_n^2 & \cdots & x_n^n\end{pmatrix}\begin{pmatrix}a_0\\ a_1\\ \vdots\\ a_n\end{pmatrix}=\begin{pmatrix}f(x_0)\\ f(x_1)\\ \vdots\\ f(x_n)\end{pmatrix}\tag{4.2}$$

方程组(4.2)中系数矩阵的行列式为范德蒙德(Vandermonde)行列式，即

$$\mathbf{V}(x_0,x_1,\cdots,x_n)=\begin{vmatrix}1 & x_0 & x_0^2 & \cdots & x_0^n\\ 1 & x_1 & x_1^2 & \cdots & x_1^n\\ \vdots & \vdots & \vdots & & \vdots\\ 1 & x_n & x_n^2 & \cdots & x_n^n\end{vmatrix}=\prod_{0\leqslant j<i\leqslant n}(x_i-x_j)$$

因为节点 $x_i(i=0,1,2,\cdots,n)$ 互不相同，故 $\mathbf{V}(x_0,x_1,\cdots,x_n)\neq0$。由线性方程组的克莱姆法则知，方程组(4.2)有唯一解 $a_0,a_1,\cdots,a_n$，即证得插值多项式 $p_n(x)$ 存在且唯一。

此定理表明，不论用何种方法来构造 n 次代数插值多项式，只要其满足插值条件式(4.1)，则所得 $p_n(x)$ 都相同。

4.1.3　误差估计

定理 4.2　设 $f(x)$ 在 $[a,b]$ 内具有 $n+1$ 阶连续导数，$p_n(x)$ 是满足插值条件式(4.1)的次数不超过 n 的插值多项式，则对任意 $x\in[a,b]$，存在 $\zeta=\zeta(x)\in[a,b]$，使得误差

$$R_n(x)=f(x)-p_n(x)=\frac{f^{(n+1)}(\zeta)}{(n+1)!}\omega_{n+1}(x) \tag{4.3}$$

成立，其中 $\omega_{n+1}(x)=\prod_{i=0}^{n}(x-x_i)$，若当 $x\in[a,b]$ 时有 $|f^{(n+1)}(x)|\leqslant M_{n+1}$，则有

$$|R_n(x)|\leqslant\frac{M_{n+1}}{(n+1)!}|\omega_{n+1}(x)| \tag{4.4}$$

证明　由式(4.1)可知

$$R_n(x_i)=f(x_i)-p_n(x_i)=0\quad(i=0,1,2,\cdots,n)$$

设插值余项

$$R_n(x)=k(x)\omega_{n+1}(x) \tag{4.5}$$

分两种情况证明：

①当 $x=x_i\in[a,b]$ 时，显然，对任意 $\zeta\in[a,b]$ 有式(4.3)成立。

②当 $x\neq x_i$，但 $x\in[a,b]$ 时，作辅助函数

$$g(t)=f(t)-p_n(t)-k(x)\omega_{n+1}(t)$$

容易知道

$$g(x)=g(x_0)=g(x_1)=\cdots=g(x_n)=0$$

即 $g(t)$ 在区间 $[a,b]$ 内有 $n+2$ 个互异零点 $x,x_0,x_1,\cdots,x_n$，且它们形成 $n+1$ 个子区间，在这 $n+1$ 个子区间上满足罗尔定理条件，由罗尔定理可得 $g'(t)$ 在 $[a,b]$ 内至少有 $n+1$ 个互异零点，且形成 n 个子区间。对 $g'(t)$ 在这 n 个子区间上再应用罗尔定理，可得 $g''(t)$ 在 $[a,b]$ 内至少有 $n-1$ 个互异零点，且形成 $n-1$ 个子区间，再次应用罗尔定理，依次类推，可得 $g^{(n+1)}(t)$ 在区间 $[a,b]$ 内至少有一个零点，$\xi=\xi(x,x_0,x_1,\cdots,x_n)$，即

$$g^{(n+1)}(\xi)=0$$

而

$$g^{(n+1)}(t)=f^{(n+1)}(t)-p_n^{(n+1)}(t)-k(x)\omega_{n+1}^{(n+1)}(t)=f^{(n+1)}(t)-k(x)(n+1)!$$

由于 $p_n(t)$ 是 t 的 n 次多项式，因此 $p_n^{(n+1)}(t)=0$，故由 $g^{(n+1)}(\xi)=0$，得

$$k(x)=\frac{1}{(n+1)!}f^{(n+1)}(\xi)$$

把此式代入式(4.5)可得式(4.3)，由式(4.3)可直接得到式(4.4)。

由定理 4.2 可以看出，插值误差与节点 x_i 和 x 的距离有关。x 离插值节点越近，一般误差越小，因此，内插比外插效果要好。另外，若 $f(x)$ 本身就是不超过 n 次的代数多项式，则 $p_n(x)=f(x)$。

如何求插值函数，方法比较多。下面主要介绍**拉格朗日(Lagrange)插值法**和**牛顿(Newton)插值法**。

思考问题：对多元函数(特别是二元函数)有没有插值函数的概念？如果有，如何求得插

值函数?

4.2 拉格朗日插值法

由线性方程组(4.2)可见,寻找插值函数 $p_n(x)$,需要解线性方程组,很不方便,下面介绍简便实用的拉格朗日(Lagrange)插值法。

满足插值条件

$$L_n(x_i) = f(x_i) \quad (i = 0,1,2,\cdots,n)$$

的 n 次插值多项式函数 $L_n(x)$ 称为拉格朗日插值多项式。

4.2.1 拉格朗日插值基函数

下面我们从一次、二次插值多项式类推给出拉格朗日插值基函数的概念。

先看最简单的一次插值多项式(也称线性插值函数)。

条件:已知函数 $y=f(x)$ 在两个互异点 x_0, x_1 上的函数值分别为 $y_0=f(x_0)$,$y_1=f(x_1)$;

问题:作一个一次插值多项式 $L_1(x)$,使其满足插值条件

$$L_1(x_i) = f(x_i) \quad (i = 0,1) \tag{4.6}$$

求解:由一次插值多项式的几何意义可知,它是用过平面上两点 $A(x_0,f(x_0))$,$B(x_1,f(x_1))$ 的直线来近似代替曲线 $y=f(x)$,如图4.2所示。

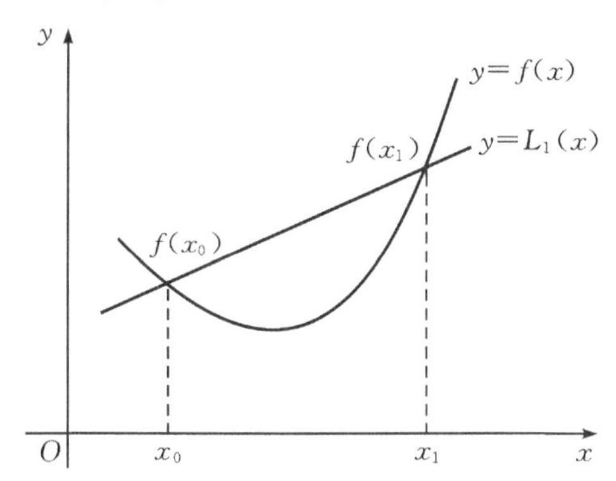

图4.2 一次插值多项式的几何意义

由两点式直线方程可得插值函数为:

$$L_1(x) = \frac{x-x_1}{x_0-x_1}y_0 + \frac{x-x_0}{x_1-x_0}y_1 \tag{4.7}$$

令 y_0, y_1 系数为

$$l_0(x) = \frac{x-x_1}{x_0-x_1} \qquad l_1(x) = \frac{x-x_0}{x_1-x_0}$$

显见 $l_0(x)$,$l_1(x)$ 是 x 的一次函数,且有如下性质:

$$\begin{cases} l_0(x_0) = 1 \\ l_0(x_1) = 0 \end{cases} \qquad \begin{cases} l_1(x_0) = 0 \\ l_1(x_1) = 1 \end{cases}$$

把这两个式子统一写为

$$l_i(x_j)=\delta_{ij}=\begin{cases}1 & i=j\\0 & i\neq j\end{cases}\quad (i,j=0,1)$$

称具备这种性质的函数 $l_0(x)$,$l_1(x)$为线性插值基函数。由此可得结论:任何一个满足插值条件式(4.6)的线性插值函数都可用线性插值基函数 $l_0(x)$,$l_1(x)$表示为 $L_1(x)=l_0(x)y_0+l_1(x)y_1$。

再看二次插值多项式。

条件:已知函数 $y=f(x)$在三个互异点 x_0,x_1,x_2 的值为 y_0,y_1,y_2;

问题:作一个二次插值多项式(抛物线插值)$L_2(x)$使其满足插值条件

$$L_2(x_i)=y_i\quad (i=0,1,2) \tag{4.8}$$

求解:利用类似于线性插值基函数的方法求 $L_2(x)$。设

$$L_2(x)=l_0(x)y_0+l_1(x)y_1+l_2(x)y_2\quad x_0\leqslant x\leqslant x_2 \tag{4.9}$$

其中 $l_i(x)(i=0,1,2)$都是二次多项式,当 $l_i(x)(i=0,1,2)$满足

$$l_i(x_j)=\delta_{ij}=\begin{cases}1 & i=j\\0 & i\neq j\end{cases}\quad (i,j=0,1,2) \tag{4.10}$$

时,$L_2(x)$必能满足插值条件(4.8),下面的问题是如何求插值基函数 $l_i(x)(i=0,1,2)$。

先求 $l_0(x)$:由式(4.10)可知 $l_0(x_1)=l_0(x_2)=0$,即 x_1,x_2 为 $l_0(x)$的两个零点,从而 $l_0(x)$必含有两个因式$(x-x_1)$和$(x-x_2)$,而 $l_0(x)$是二次多项式,故设 $l_0(x)=C(x-x_1)\cdot(x-x_2)$,$C$ 为待定常数,又因为 $l_0(x_0)=1$,从而

$$C=\frac{1}{(x_0-x_1)(x_0-x_2)}$$

因此

$$l_0(x)=\frac{(x-x_1)(x-x_2)}{(x_0-x_1)(x_0-x_2)}$$

同理可求得

$$l_1(x)=\frac{(x-x_0)(x-x_2)}{(x_1-x_0)(x_1-x_2)}\qquad l_2(x)=\frac{(x-x_0)(x-x_1)}{(x_2-x_0)(x_2-x_1)}$$

把 $l_0(x)$,$l_1(x)$,$l_2(x)$代入式(4.9)即得二次插值多项式。其中,$l_0(x)$,$l_1(x)$和 $l_2(x)$为二次拉格朗日插值基函数。

用同样的方法,我们可定义 n 次插值基函数。

定义 4.2 n 次插值基函数 $l_i(x)(i=0,1,2,\cdots,n)$,就是在 $n+1$ 个节点 $x_0<x_1<\cdots<x_n$ 上满足条件:

$$l_i(x_j)=\delta_{ij}=\begin{cases}1 & i=j\\0 & i\neq j\end{cases}\quad (i,j=0,1,2,\cdots,n)$$

的 n 次多项式。

同理可求得

$$l_i(x)=\frac{(x-x_0)(x-x_1)\cdots(x-x_{i-1})(x-x_{i+1})\cdots(x-x_n)}{(x_i-x_0)(x_i-x_1)\cdots(x_i-x_{i-1})(x_i-x_{i+1})\cdots(x_i-x_n)}\quad (i=0,1,2,\cdots,n)$$

4.2.2 拉格朗日插值多项式

由 n 次插值基函数,我们可以得到满足插值条件式(4.1)的 n 次代数插值多项式。

定理 4.3　满足插值条件式(4.1)的拉格朗日插值多项式为

$$L_n(x) = \sum_{i=0}^{n} l_i(x) f(x_i) \tag{4.11}$$

证明　因 $l_i(x)$都是 n 次多项式，所以它们的线性组合

$$L_n(x) = \sum_{i=0}^{n} l_i(x) f(x_i)$$

是次数不超过 n 次的多项式，当插值基函数 $l_i(x)(i=0,1,2,\cdots,n)$满足条件

$$l_i(x_j) = \delta_{ij} = \begin{cases} 1 & i = j \\ 0 & i \neq j \end{cases} \quad (i,j = 0,1,2,\cdots,n)$$

时，必有：

$$L_n(x_j) = \sum_{i=0}^{n} l_i(x_j) f(x_i) = f(x_j) \quad (j = 0,1,2,\cdots,n)$$

特别地：当 $n=1$ 时，式(4.11)为线性插值，可写为

$$L_1(x) = y_0 + \frac{y_1 - y_0}{x_1 - x_0}(x - x_0)$$

当 $n=2$ 时，式(4.11)为二次插值或抛物线插值，其几何意义如图 4.3 所示。

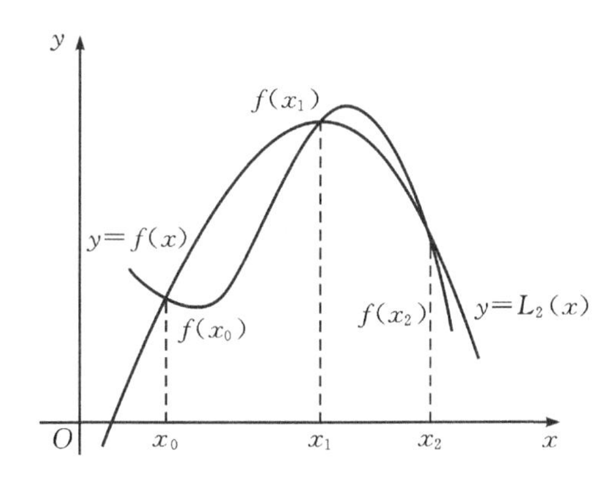

图 4.3　二次插值的几何意义

例 4.1　已知函数值 $f(0)=1, f(1)=9, f(2)=23, f(4)=3$，试求不超过三次的拉格朗日插值多项式。

解　要求拉格朗日插值多项式，先求插值基函数，由公式可得：

$$l_0(x) = \frac{(x-1)(x-2)(x-4)}{(0-1)(0-2)(0-4)} = -\frac{1}{8}x^3 + \frac{7}{8}x^2 - \frac{7}{4}x + 1$$

$$l_1(x) = \frac{(x-0)(x-2)(x-4)}{(1-0)(1-2)(1-4)} = \frac{1}{3}x^3 - 2x^2 + \frac{8}{3}x$$

$$l_2(x) = \frac{(x-0)(x-1)(x-4)}{(2-0)(2-1)(2-4)} = -\frac{1}{4}x^3 + \frac{5}{4}x^2 - x$$

$$l_3(x) = \frac{(x-0)(x-1)(x-2)}{(4-0)(4-1)(4-2)} = \frac{1}{24}x^3 - \frac{1}{8}x^2 + \frac{1}{12}x$$

代入插值公式(4.11)可得

$$L_3(x) = \sum_{i=0}^{3} l_i(x) f(x_i) = l_0(x) + 9l_1(x) + 23l_2(x) + 3l_3(x) = -\frac{11}{4}x^3 + \frac{45}{4}x^2 - \frac{1}{2}x + 1$$

例 4.2 已知由数据(0,0),(0.5,y),(1,3)和(2,2)构造出的三次插值多项式 $p_3(x)$的 x^3 系数是 6,试确定数据 y.

解 利用拉格朗日插值多项式可得

$$p_3(x)=L_3(x)=f(x_0)l_0(x)+f(x_1)l_1(x)+f(x_2)l_2(x)+f(x_3)l_3(x)$$

及插值基函数的表达形式可知 x^3 的系数为:

$$\frac{f(x_0)}{(x_0-x_1)(x_0-x_2)(x_0-x_3)}+\frac{f(x_1)}{(x_1-x_0)(x_1-x_2)(x_1-x_3)}+$$
$$\frac{f(x_2)}{(x_2-x_0)(x_2-x_1)(x_2-x_3)}+\frac{f(x_3)}{(x_3-x_0)(x_3-x_1)(x_3-x_2)}$$

将已知数据代入上式得:

$$6=0+\frac{y}{0.5\times(-0.5)(-1.5)}+\frac{3}{1\times0.5\times(-1)}+\frac{2}{2\times1.5\times1}$$

解得 $y=4.25$。

4.2.3 拉格朗日插值法截断误差及其实用估计

在拉格朗日插值法中,若函数 $y=f(x)$满足 4.1 节中定理 4.2 的条件,则有截断误差

$$R_n(x)=f(x)-L_n(x)=\frac{f^{(n+1)}(\zeta)}{(n+1)!}\omega_{n+1}(x) \tag{4.12}$$

$$|R_n(x)|=|f(x)-L_n(x)|\leqslant\frac{M_{n+1}}{(n+1)!}|\omega_{n+1}(x)| \tag{4.13}$$

在实际应用中,由于 $f^{(n+1)}(\zeta)$的值较难估计,故式(4.12)和(4.13)难以应用,我们介绍截断误差的另一种估计方法。

假设 $L_n(x)$和 $L_n^*(x)$分别是以 $x_0,x_1,\cdots,x_n$ 和 $x_1,x_2,\cdots,x_{n+1}$ 为节点的插值多项式,则有:

$$f(x)-L_n(x)=\frac{f^{(n+1)}(\xi)}{(n+1)!}(x-x_0)(x-x_1)\cdots(x-x_n) \qquad (\xi\text{ 在 }x_0,x_1,\cdots,x_n\text{ 中})$$

$$f(x)-L_n^*(x)=\frac{f^{(n+1)}(\zeta)}{(n+1)!}(x-x_1)(x-x_2)\cdots(x-x_n)(x-x_{n+1}) \qquad (\zeta\text{ 在 }x_1,x_2,\cdots,x_{n+1}\text{ 中})$$

因 $L_n(x)$与 $L_n^*(x)$只差一个节点,故可近似认为 $f^{(n+1)}(\xi)\approx f^{(n+1)}(\zeta)$,于是有

$$L_n^*(x)-L_n(x)\approx\frac{f^{(n+1)}(\xi)}{(n+1)!}(x-x_1)(x-x_2)\cdots(x-x_n)(x_{n+1}-x_0)$$

从而

$$\frac{f^{(n+1)}(\xi)}{(n+1)!}(x-x_1)(x-x_2)\cdots(x-x_n)\approx\frac{L_n^*(x)-L_n(x)}{x_{n+1}-x_0}$$

进而有误差估计式

$$f(x)-L_n(x)\approx\frac{L_n(x)-L_n^*(x)}{x_0-x_{n+1}}(x-x_0)$$

$$f(x)-L_n^*(x)\approx\frac{L_n^*(x)-L_n(x)}{x_{n+1}-x_0}(x-x_{n+1})$$

例 4.3 已知 $\sin x$ 在30°,45°,60°的值分别为$\frac{1}{2},\frac{\sqrt{2}}{2},\frac{\sqrt{3}}{2}$,求 $\sin x$ 在50°的近似值,并估计截断误差。

解 把30°,45°,60°和50°化为弧度应为$\frac{\pi}{6}$,$\frac{\pi}{4}$,$\frac{\pi}{3}$,$\frac{5\pi}{18}$。

1.取$\frac{\pi}{6}$,$\frac{\pi}{4}$为插值节点,作拉格朗日一次插值,有

$$\sin\frac{5\pi}{18}\approx L_1\left(\frac{5\pi}{18}\right)=\frac{1}{2}+\frac{\frac{\sqrt{2}}{2}-\frac{1}{2}}{\frac{\pi}{4}-\frac{\pi}{6}}\left(\frac{5\pi}{18}-\frac{\pi}{6}\right)\approx 0.7761$$

误差估计为

$$\left|R_1\left(\frac{5\pi}{18}\right)\right|\approx\left|\frac{1}{2}(-\sin\zeta)\left(\frac{5\pi}{18}-\frac{\pi}{6}\right)\left(\frac{5\pi}{18}-\frac{\pi}{4}\right)\right|\leqslant\frac{\pi^2}{648}\sin\frac{5\pi}{18}\approx 0.01167$$

2.取$\frac{\pi}{4}$,$\frac{\pi}{3}$为插值节点,作拉格朗日一次插值,有

$$\sin\frac{5\pi}{18}\approx L_1^*\left(\frac{5\pi}{18}\right)=\frac{\sqrt{2}}{2}+\frac{\frac{\sqrt{3}}{2}-\frac{\sqrt{2}}{2}}{\frac{\pi}{3}-\frac{\pi}{4}}\left(\frac{5\pi}{18}-\frac{\pi}{4}\right)\approx 0.7601$$

误差估计为:

$$\left|R_1^*\left(\frac{5\pi}{18}\right)\right|\approx\left|\frac{1}{2}(-\sin\zeta^*)\right|\left|\left(\frac{5\pi}{18}-\frac{\pi}{4}\right)\left(\frac{5\pi}{18}-\frac{\pi}{3}\right)\right|\leqslant\frac{\pi^2}{1296}\sin\frac{\pi}{3}\approx 0.006595$$

3.取$\frac{\pi}{6}$,$\frac{\pi}{4}$,$\frac{\pi}{3}$为插值节点,作拉格朗日二次插值,有

$$\begin{aligned}\sin\frac{5\pi}{18}&\approx L_2\left(\frac{5\pi}{18}\right)\\&=\frac{\left(\frac{5\pi}{18}-\frac{\pi}{4}\right)\left(\frac{5\pi}{18}-\frac{\pi}{3}\right)}{\left(\frac{\pi}{6}-\frac{\pi}{4}\right)\left(\frac{\pi}{6}-\frac{\pi}{3}\right)}\times\frac{1}{2}+\frac{\left(\frac{5\pi}{18}-\frac{\pi}{6}\right)\left(\frac{5\pi}{18}-\frac{\pi}{3}\right)}{\left(\frac{\pi}{4}-\frac{\pi}{6}\right)\left(\frac{\pi}{4}-\frac{\pi}{3}\right)}\times\frac{\sqrt{2}}{2}+\frac{\left(\frac{5\pi}{18}-\frac{\pi}{6}\right)\left(\frac{5\pi}{18}-\frac{\pi}{4}\right)}{\left(\frac{\pi}{3}-\frac{\pi}{6}\right)\left(\frac{\pi}{3}-\frac{\pi}{4}\right)}\times\frac{\sqrt{3}}{2}\\&\approx 0.7654\end{aligned}$$

误差估计为:

$$\left|R_2\left(\frac{5\pi}{18}\right)\right|\approx\left|\frac{1}{3!}(-\cos\zeta^*)\left(\frac{5\pi}{18}-\frac{\pi}{6}\right)\left(\frac{5\pi}{18}-\frac{\pi}{4}\right)\left(\frac{5\pi}{18}-\frac{\pi}{3}\right)\right|\leqslant\frac{\pi^3}{34992}\cos\frac{\pi}{6}\approx 0.0007674$$

sin 50°的真值为0.766044…,以上三种插值方法所得到sin 50°的近似值与真值的误差分别为0.0101,0.0059,0.0006,它们与估计出的误差相差不大。

(1)线性外插法,误差最大;(2)线性内插法,误差较小;(3)二次内插法,误差最小。因此,外插不如内插好。

4.2.4 拉格朗日反插值方法

拉格朗日反插值方法是求非线性方程 $f(x)=0$ 的根的基本方法之一。

定义4.3(反插值问题) 设函数 $y=f(x)$是单调连续函数,且已知 $f(x)$在节点 $x_i(i=0,1,2,\cdots,n)$处的函数值 $f(x_i)(i=0,1,2,\cdots,n)$。要求一点 x^*,使得 $f(x^*)=0$ 的问题。

由于我们已知

x	x_0	x_1	$\cdots$	x_n
$y=f(x)$	$f(x_0)$	$f(x_1)$	$\cdots$	$f(x_n)$

又因 $f(x)$单调连续函数，所以反函数 $x=f^{-1}(y)$存在，并且有

y	$f(x_0)$	$f(x_1)$	$\cdots$	$f(x_n)$
$x=f^{-1}(y)$	x_0	x_1	$\cdots$	x_n

现将问题分为两步：

(1)先求反函数 $x=f^{-1}(y)$的近似函数。

以 $f(x_0),f(x_1),\cdots,f(x_n)$为插值节点，$x_0,x_1,\cdots,x_n$ 为其节点处的函数值，为了方便起见，记 $f(x_i)=y_i(i=0,1,2,\cdots,n)$，应用拉格朗日插值公式有

$$L_n(y)=\sum_{i=0}^{n}l_i(y)x_i \tag{4.14}$$

其中

$$\begin{aligned}l_i(y)&=\frac{(y-y_0)(y-y_1)\cdots(y-y_{i-1})(y-y_{i+1})\cdots(y-y_n)}{(y_i-y_0)(y_i-y_1)\cdots(y_i-y_{i-1})(y_i-y_{i+1})\cdots(y_i-y_n)}\\&=\frac{\omega_{n+1}(y)}{\omega'_{n+1}(y_i)(y-y_i)}\quad(i=0,1,2,\cdots,n)\end{aligned}$$

若 $f^{-1}(y)$具有相当的光滑性，则有误差表示式

$$R_n(y)=f^{-1}(y)-L_n(y)=\frac{(f^{-1}(y))^{(n+1)}\big|_{y=\xi}}{(n+1)!}\omega_{n+1}(y)$$

其中 $\omega_{n+1}(y)=\prod_{i=0}^{n}(y-y_i)$，$\xi$ 在 $y_0,y_1,\cdots,y_n$ 之间。

(2)在式(4.14)中令 $y=0$，即得 x^* 的近似值。

$$x^*\approx L_n(0)=\sum_{i=0}^{n}l_i(0)x_i$$

例 4.4　已知单调连续函数 $y=f(x)$的函数值如下：

x_i	1.0	1.4	1.8	2.0
$f(x_i)$	−2.0	−0.8	0.4	1.2

试求方程 $f(x)=0$ 在[1,2]内根 x^* 的近似值，并使误差尽可能的小。

解　由于函数 $y=f(x)$单调连续，对它的反函数 $x=f^{-1}(y)$应用公式(4.14)进行三次插值，则拉格朗日插值多项式为

$$\begin{aligned}L_3(y)=&\frac{(y-y_1)(y-y_2)(y-y_3)}{(y_0-y_1)(y_0-y_2)(y_0-y_3)}x_0+\frac{(y-y_0)(y-y_2)(y-y_3)}{(y_1-y_0)(y_1-y_2)(y_1-y_3)}x_1+\\&\frac{(y-y_0)(y-y_1)(y-y_3)}{(y_2-y_0)(y_2-y_1)(y_2-y_3)}x_2+\frac{(y-y_0)(y-y_1)(y-y_2)}{(y_3-y_0)(y_3-y_1)(y_3-y_2)}x_3\\=&1.675+0.3271y-0.03125y^2-0.01302y^3\end{aligned}$$

所以

$$x^*\approx L_3(0)=1.675$$

思考问题：1.对多元函数(特别是二元函数)有没有拉格朗日插值基函数和插值多项式的概念及计算公式？

2.由插值唯一性定理可知，不论用何种方法来构造 n 次代数插值多项式，只要其满足插

值条件式(4.1),则所得 $p_n(x)$ 都相同。试证明用式(4.2)待定系数法得到的 n 次代数插值多项式和用拉格朗日插值法得到的 n 次代数插值多项式是一样的。

4.3 牛顿插值法

拉格朗日插值多项式的特点是易于构造,形式对称,便于记忆,但它的不足之处是,当需要增加插值节点时,已计算过的插值基函数及插值多项式将不能使用,就得重新构造插值多项式。这给计算带来了很多不便,为了克服这一缺点,本节将介绍一种能灵活增加插值节点的牛顿插值法。当插值节点增加时,只需在原有插值多项式的基础上增加一项,增加部分计算量,实际的计算量大大减少。在讨论牛顿插值公式之前,先介绍与之相关的差商的概念和性质。

4.3.1 差商的概念与性质

给定函数 $y=f(x)$,在 $[a,b]$ 上 $n+1$ 个互异点 $x_0,x_1,\cdots,x_n$ 处的函数值如表4.1所示。

表4.1 各点函数值

x	x_0	x_1	$\cdots$	x_i	$\cdots$	x_j	$\cdots$	x_n
$f(x)$	$f(x_0)$	$f(x_1)$	$\cdots$	$f(x_i)$	$\cdots$	$f(x_j)$	$\cdots$	$f(x_n)$

各阶差商定义如下:

$f(x)$ 在 x_i 点的零阶差商 $f[x_i]$ 记为

$$f[x_i]=f(x_i)$$

$f(x)$ 在 x_i,x_j 两点的一阶差商 $f[x_i,x_j]$ 记为

$$f[x_i,x_j]=\frac{f[x_i]-f[x_j]}{x_i-x_j}\quad (i\neq j)$$

$f(x)$ 在 x_i,x_j,x_k 三点处的二阶差商 $f[x_i,x_j,x_k]$ 记为

$$f[x_i,x_j,x_k]=\frac{f[x_i,x_j]-f[x_j,x_k]}{x_i-x_k}\quad (i\neq j\neq k\neq i)$$

依次类推,一般地,如有 $n-1$ 阶差商,可以定义 n 阶差商为 $n-1$ 阶差商的差商。如 $f(x)$ 在相异点 $x_0,x_1,\cdots,x_n$ 处的 n 阶差商 $f[x_0,x_1,\cdots,x_n]$ 记为

$$f[x_0,x_1,\cdots,x_n]=\frac{f[x_0,x_1,\cdots,x_{n-1}]-f[x_1,x_2,\cdots,x_n]}{x_0-x_n}$$

利用差商的递推定义,差商的计算可用差商表来表示,如表4.2所示。

表4.2 差商表

x	$f(x)$	一阶差商	二阶差商	三阶差商	四阶差商	$\cdots$
x_0	$f[x_0]$	—	—	—	—	
x_1	$f[x_1]$	$f[x_0,x_1]$	—	—	—	
x_2	$f[x_2]$	$f[x_1,x_2]$	$f[x_0,x_1,x_2]$	—	—	
x_3	$f[x_3]$	$f[x_2,x_3]$	$f[x_1,x_2,x_3]$	$f[x_0,x_1,x_2,x_3]$	—	

续表

x	$f(x)$	一阶差商	二阶差商	三阶差商	四阶差商	…
x_4	$f[x_4]$	$f[x_3,x_4]$	$f[x_2,x_3,x_4]$	$f[x_1,x_2,x_3,x_4]$	$f[x_0,x_1,x_2,x_3,x_4]$	
⋮	⋮	⋮	⋮	⋮	⋮	…

若要计算五阶差商，增加一个插值节点，再计算一行，如此下去，即可求出各阶差商的值。

差商具有如下性质：

①（**差商与函数的关系**）函数 $f(x)$ 关于插值节点 $x_0, x_1, \cdots, x_k$ 的 k 阶差商 $f[x_0,x_1,\cdots,x_k]$ 可以表示为函数值 $f(x_0), f(x_1), \cdots, f(x_k)$ 的线性组合，即：

$$f[x_0,x_1,\cdots,x_k]=\sum_{i=0}^{k}\frac{f(x_i)}{(x_i-x_0)(x_i-x_1)\cdots(x_i-x_{i-1})(x_i-x_{i+1})\cdots(x_i-x_k)}$$

$$=\sum_{i=0}^{k}\frac{f(x_i)}{\omega'_{k+1}(x_i)}$$

②（**差商的对称性**）差商与所含节点的排列次序无关。

如 $f[x_0,x_1,x_2]=f[x_1,x_0,x_2]=f[x_2,x_1,x_0]$ 等，一般地在 k 阶差商中任意调换节点次序，其值不变。

③（**差商的线性组合性质**）函数线性组合的差商等于差商的线性组合。

如 $f(x)=\alpha g(x)+\beta h(x)$，其中 α, β 为常数，则有

$$f[x_0,x_1,\cdots,x_k]=\alpha g[x_0,x_1,\cdots,x_k]|+\beta h[x_0,x_1,\cdots,x_k]$$

④（**差商的导数**）若 $f(x)$ 具有 $n+1$ 阶连续导数，则

$$\frac{\mathrm{d}}{\mathrm{d}x}f[x_0,x_1,\cdots,x_{n-1},x]=f[x_0,x_1,\cdots,x_{n-1},x,x]=\frac{1}{(n+1)!}f^{(n+1)}(\zeta^*)$$

其中 ζ^* 在 $x_0, x_1, \cdots, x_{n-1}$ 之间。

证明 由导数定义有

$$\frac{\mathrm{d}}{\mathrm{d}x}f[x_0,x_1,\cdots,x_{n-1},x]=\lim_{x_n\to x}\frac{f[x_0,x_1,\cdots,x_{n-1},x_n]-f[x_0,x_1,\cdots,x_{n-1},x]}{x_n-x}$$

$$=\lim_{x_n\to x}f[x_0,x_1,\cdots,x_n,x]=f[x_0,x_1,\cdots,x_{n-1},x,x]$$

$$=\lim_{x_n\to x}\frac{1}{(n+1)!}f^{(n+1)}(\zeta)=\frac{1}{(n+1)!}f^{(n+1)}(\zeta^*)$$

⑤（**差商与导数的关系**）若 $f(x)$ 具有 k 阶导数，则有

$$f[x_0,x_1,\cdots,x_k]=\frac{1}{k!}f^{(k)}(\zeta) \qquad (\zeta\text{ 在 }x_0,x_1,\cdots,x_k\text{ 之间})$$

性质①～③和⑤在学习了牛顿插值多项式后易于证明（略）。

4.3.2 牛顿插值公式

利用差商，来构造 n 次代数插值的另一种表示形式——牛顿插值公式。

$f(x)$ 在 x, x_0 两点的一阶差商为 $f[x,x_0]=\dfrac{f[x]-f[x_0]}{x-x_0}$，变形可得

$$f(x)=f[x]=f(x_0)+(x-x_0)f[x,x_0] \tag{4.15}$$

$f(x)$在 x,x_0,x_1 三点处的二阶差商为 $f[x,x_0,x_1]=\dfrac{f[x,x_0]-f[x_0,x_1]}{x-x_1}$,变形可得

$$f[x,x_0]=f[x_0,x_1]+(x-x_1)f[x,x_0,x_1] \tag{4.16}$$

依次类推,有

$$f[x,x_0,\cdots,x_{k-1}]=f[x_0,x_1,\cdots,x_k]+(x-x_k)f[x,x_0,\cdots,x_k] \quad (k=1,2,\cdots,n) \tag{4.17}$$

从而当 $k=1,2,\cdots$时,从式(4.15)、(4.16)和式(4.17)有

$$\begin{cases} f(x)=f[x_0]+(x-x_0)f[x,x_0] \\ f[x,x_0]=f[x_0,x_1]+(x-x_1)f[x,x_0,x_1] \\ f[x,x_0,x_1]=f[x_0,x_1,x_2]+(x-x_2)f[x,x_0,x_1,x_2] \\ \qquad\vdots \\ f[x,x_0,x_1,\cdots,x_{n-1}]=f[x_0,x_1,\cdots,x_n]+(x-x_n)f[x,x_0,x_1,\cdots,x_n] \end{cases} \tag{4.18}$$

将式(4.18)中后一式代入前一式便有

$$\begin{aligned} f(x)=&f[x_0]+(x-x_0)f[x_0,x_1]+(x-x_0)(x-x_1)f[x_0,x_1,x_2]+\cdots+ \\ &(x-x_0)(x-x_1)\cdots(x-x_{k-1})f[x_0,x_1,\cdots,x_k]+\cdots+(x-x_0)(x-x_1)\cdots \\ &(x-x_{n-1})f[x_0,x_1,\cdots,x_n]+(x-x_0)(x-x_1)\cdots(x-x_n)f[x,x_0,x_1,\cdots,x_n] \end{aligned} \tag{4.19}$$

记

$$N_n(x)=f[x_0]+(x-x_0)f[x_0,x_1]+\cdots+(x-x_0)(x-x_1)\cdots(x-x_{n-1})f[x_0,x_1,\cdots,x_n] \tag{4.20}$$

$$E_n(x)=(x-x_0)(x-x_1)\cdots(x-x_n)f[x,x_0,x_1,\cdots,x_n] \tag{4.21}$$

于是有

$$f(x)=N_n(x)+E_n(x)$$

容易证明多项式 $N_n(x)$满足插值条件 $N_n(x_i)=f(x_i)(i=0,1,2,\cdots,n)$,又 $N_n(x)$是次数不超过 n 的多项式,故 $N_n(x)$是 n 次代数插值多项式的另一种表达形式,并称它为牛顿插值公式,而式(4.21)称为牛顿插值多项式的余项。

由代数插值多项式的存在唯一性可知,$N_n(x)=L_n(x)$,从而 $R_n(x)=E_n(x)$。因此,牛顿插值公式只是拉格朗日插值公式的另一种书写形式而已。

顺便指出,由于 $N_n(x)=L_n(x)$,比较两边 x^n 的系数容易得到差商性质①,由①易证②成立,由 $R_n(x)=E_n(x)$,易知性质④和⑤成立。

由牛顿插值公式(4.19)容易得到递推关系式:

$$N_{k+1}(x)=N_k(x)+(x-x_0)(x-x_1)\cdots(x-x_k)f[x_0,x_1,\cdots,x_{k+1}]$$

上式说明每增加一个新节点 x_{k+1},只是在 $N_k(x)$的基础上增加一项$(x-x_0)(x-x_1)\cdots(x-x_k)f[x_0,x_1,\cdots,x_{k+1}]$即可,这就是牛顿插值多项式的优越性。

例 4.5 已知当 $x=-1,0,1,2,3$ 时对应函数值为 $f(-1)=-2,f(0)=1,f(1)=3,f(2)=4,f(3)=8$,求四次牛顿插值多项式。

解 分析牛顿插值多项式(4.20),按表 4.2 做如下差商表

x	$f(x)$	一阶差商	二阶差商	三阶差商	四阶差商
-1	$\underline{-2}$	—	—	—	—
0	1	$\underline{3}$	—	—	—
1	3	2	$\underline{-\frac{1}{2}}$	—	—
2	4	1	$-\frac{1}{2}$	$\underline{0}$	—
3	8	4	$\frac{3}{2}$	$\frac{2}{3}$	$\underline{\frac{1}{6}}$

相应的牛顿插值多项式只须将表中划线的数值依次带入公式(4.20)即得

$$
\begin{aligned}
N_4(x) &= -2+3(x+1)-\frac{1}{2}(x+1)x+\frac{1}{6}(x+1)x(x-1)(x-2) \\
&= 1+\frac{17}{6}x-\frac{2}{3}x^2-\frac{1}{3}x^3+\frac{1}{6}x^4
\end{aligned}
$$

思考问题:对多元函数(特别是二元函数)有没有牛顿差商表以及牛顿插值多项式?

4.4 等距节点插值公式

上面讨论的牛顿插值公式中插值节点可以任意分布,但在工程技术等实际问题中,经常会遇到等距分布节点的情形,此时牛顿插值公式可进一步简化,得到一些常用的等距节点插值公式。本节先将给出差分定义,然后导出等距节点插值公式。

4.4.1 差分的定义及运算

设有等距节点 $x_i=x_0+ih(i=0,1,2,\cdots,n)$,$h>0$ 为步长,并记

$$f(x_i)=f_i \quad f\left(x_i+\frac{h}{2}\right)=f_{i+\frac{1}{2}} \quad f\left(x_i-\frac{h}{2}\right)=f_{i-\frac{1}{2}}$$

定义 4.4 函数 $f(x)$在 x_i 处以 h 为步长的**一阶差分**为

$$\Delta f_i=f(x_i+h)-f(x_i)=f_{i+1}-f_i$$

一阶差分的差分

$$\Delta^2 f_i=\Delta(\Delta f_i)=\Delta f_{i+1}-\Delta f_i=f_{i+2}-2f_{i+1}+f_i$$

称为函数 $f(x)$在 x_i 处的**二阶差分**。

一般地,$n-1$ 阶差分的差分定义为 n 阶差分,记为

$$\Delta^n f_i=\Delta^{n-1}f_{i+1}-\Delta^{n-1}f_i \quad (n=2,3,\cdots)$$

规定:$\Delta^0 f_i=f_i$ 即为 $f(x)$在 x_i 处的零阶差分。

以上定义的差分也称为**向前差分**,符号 Δ 称为**向前差分算子**。

函数 $f(x)$在 x_i 处以 h 为步长的**一阶向后差分**为

$$\nabla f_i=f(x_i)-f(x_i-h)=f_i-f_{i-1}$$

二阶向后差分为

$$\nabla^2 f_i=\nabla(\nabla f_i)=\nabla f_i-\nabla f_{i-1}=f_i-2f_{i-1}+f_{i-2}$$

一般地,n 阶向后差分为

$$\nabla^n f_i = \nabla^{n-1} f_i - \nabla^{n-1} f_{i-1} \quad (n = 2,3,\cdots)$$

同理,符号∇称为**向后差分算子**。

函数 $f(x)$在 x_i 处的中心差分为

$$\delta f_i = f(x_i + \frac{h}{2}) - f(x_i - \frac{h}{2}) = f_{i+\frac{1}{2}} - f_{i-\frac{1}{2}}$$

二阶中心差分为

$$\delta^2 f_i = \delta(\delta f_i) = \delta f_{i+\frac{1}{2}} - \delta f_{i-\frac{1}{2}} = f_{i+1} - 2f_i + f_{i-1}$$

一般地,**n 阶中心差分**为

$$\delta^n f_i = \delta^{n-1} f_{i+\frac{1}{2}} - \delta^{n-1} f_{i-\frac{1}{2}}$$

同理,符号 δ 称为**中心差分算子**。

这些差分算子之间有一定关系,特别是向前差分算子与向后差分算子之间存在关系:

$$\nabla^k f_i = \Delta^k f_{i-k} \quad (k \geqslant 1)$$

事实上,差分是函数 $f(x)$在一些点处函数值的某些组合,具体有

$$\Delta^n f(x_i) = \sum_{j=0}^{n} (-1)^{n-j} \binom{n}{j} f(x_i + jh)$$

$$f(x_i + nh) = \sum_{j=0}^{n} \binom{n}{j} \Delta^i f(x_i)$$

等等。

差分的计算可以像差商一样列成一个表,称为差分表,表 4.3 是向前差分表。

表 4.3　向前差分表

x	f_i	Δf_i	$\Delta^2 f_i$	$\Delta^3 f_i$	$\Delta^4 f_i$	…
x_0	f_0	—	—	—	—	
x_1	f_1	Δf_0	—	—	—	
x_2	f_2	Δf_1	$\Delta^2 f_0$	—	—	
x_3	f_3	Δf_2	$\Delta^2 f_1$	$\Delta^3 f_0$	—	
x_4	f_4	Δf_3	$\Delta^2 f_2$	$\Delta^3 f_1$	$\Delta^4 f_0$	
⋮	⋮	⋮	⋮	⋮	⋮	…

4.4.2　差分与差商的关系

为了给出等距节点插值公式,下面讨论差分与差商的关系。

根据差商的定义以及 $x_j = x_0 + jh(j=0,1,2,\cdots)$,有

$$f[x_0, x_1] = \frac{f(x_1) - f(x_0)}{x_1 - x_0} = \frac{\Delta f_0}{h} = \frac{\Delta f_0}{1!h}$$

$$f[x_0, x_1, x_2] = \frac{f[x_1, x_2] - f[x_0, x_1]}{x_2 - x_0} = \frac{\dfrac{\Delta f_1}{h} - \dfrac{\Delta f_0}{h}}{2h} = \frac{\Delta^2 f_0}{2! \cdot h^2}$$

一般地,k 阶差商与 k 阶向前差分的关系为

$$f[x_0, x_1, \cdots, x_k] = \frac{\Delta^k f_0}{k! \cdot h^k} \quad (k = 0,1,2,\cdots,n)$$

同样，k 阶差商与 k 阶向后差分的关系为

$$f[x_n,x_{n-1},\cdots,x_{n-k}]=\frac{\nabla^k f_n}{k!\cdot h^k}\quad(k=0,1,2,\cdots,n)$$

4.4.3 等距节点插值公式

在等距节点条件下，根据差商与向前差分、向后差分的关系式，可以得到牛顿插值多项式的几种形式。

1. 牛顿向前插值公式

设 $x_i=x_0+ih(i=0,1,2,\cdots,n)$ 为等距插值节点，则牛顿插值公式可写成

$$N_n(x)=f_0+\frac{\Delta f_0}{1!h}(x-x_0)+\frac{\Delta^2 f_0}{2!h^2}(x-x_0)(x-x_1)+\cdots+\frac{\Delta^n f_0}{n!h^n}(x-x_0)(x-x_1)\cdots(x-x_{n-1})$$

若 $x_0\leqslant x\leqslant x_1$，令 $x=x_0+th(0\leqslant t\leqslant 1)$，则有

$$\begin{aligned}N_n(x)&=N_n(x_0+th)\\&=f_0+\frac{t}{1!}\Delta f_0+\frac{t(t-1)}{2!}\Delta^2 f_0+\cdots+\frac{t(t-1)\cdots(t-n+1)}{n!}\Delta^n f_0\end{aligned}\tag{4.22}$$

式(4.22)称为**牛顿向前插值公式**，式中有关差分可用差分表中有关数值进行计算。插值余项为

$$R_n(x)=R_n(x_0+th)=\frac{t(t-1)(t-2)\cdots(t-n)}{(n+1)!}h^{n+1}f^{(n+1)}(\zeta)\qquad \zeta\in(x_0,x_n)$$

此式称为牛顿向前插值多项式的余项。

例 4.6 利用下面的数据表及牛顿向前插值公式，求 $f(0.05)$ 的近似值。

x	0.0	0.2	0.4	0.6
$f(x)$	1.00000	1.22140	1.49182	1.82212

解 建立向前差分表如下：

x	$f(x)$	一阶差分	二阶差分	三阶差分
0.0	1.00000	—	—	—
0.2	1.22140	0.22140	—	—
0.4	1.49182	0.27042	0.04902	—
0.6	1.82212	0.33030	0.05988	0.01086

在牛顿前插公式中，取 $x_0=0$，$x=x_0+th$，$h=0.2$，并应用向前差分表中划线数据，利用牛顿向前插值公式(4.22)，可得

$$f(x)\approx N_3(0.2t)=1.00000+0.22140t+0.04902\frac{t(t-1)}{2!}+0.01086\frac{t(t-1)(t-2)}{3!}$$

当 $x=0.05$ 时，$t=\dfrac{x-x_0}{h}=0.25$，这样可得

$$f(0.05) \approx N_3(0.2 \times 0.25) = 1.05135$$

2. 牛顿向后插值公式

若 $x_{n-1} \leqslant x \leqslant x_n$ 时，令 $x = x_n + th(-1 \leqslant t \leqslant 0)$，对牛顿插值公式（将节点按 $x_n, x_{n+1}, \cdots, x_0$ 的顺序排列）有：

$$N_n(x) = f(x_n) + f[x_n, x_{n-1}](x - x_n) + \cdots + f[x_n, x_{n-1}, \cdots, x_0](x - x_n)(x - x_{n-1})\cdots(x - x_1)$$

由向后差分公式可得

$$N_n(x) = N_n(x_n + th) = f_n + \frac{t}{1!}\nabla f_n + \frac{t(t+1)}{2!}\nabla^2 f_n + \cdots + \frac{t(t+1)\cdots(t+n-1)}{n!}\nabla^n f_n \tag{4.23}$$

此公式称为**牛顿向后插值公式**。

$$R_n(x) = R_n(x_n + th) = \frac{h^{n+1}}{(n+1)!}t(t+1)\cdots(t+n)f^{(n+1)}(\zeta) \qquad (\zeta \text{在} x_0, x_1, \cdots, x_n \text{之间})$$

此公式称为牛顿向后插值多项式的余项。

注：向后差分与向前差分存在关系式 $\nabla^k f_i = \Delta^k f_{i-k}(k \geqslant 1)$，向后差分的值可从向前差分表中获取。

思考问题：为什么要介绍牛顿向前插值公式和牛顿向后插值公式？它们具体有什么应用吗？

例 4.7　已知函数 $y = \sin x$ 的如下函数值：

$$\sin(0.4) = 0.38942 \quad \sin(0.5) = 0.47943 \quad \sin(0.6) = 0.56464$$

利用牛顿插值法计算 $\sin(0.43251)$ 的近似值。

解　由于节点等距分布，可用等距节点插值公式计算，先建立向前差分表如下：

x	$\sin x$	一阶差分	二阶差分
0.4	0.38942	—	—
0.5	0.47943	0.09001	—
0.6	0.56464	0.08521	−0.00480

（1）用牛顿向前插值公式计算。

$$x = x_0 + th \qquad h = 0.1 \qquad x_0 = 0.4 \qquad n = 2$$

$$f(x) \approx N_2(x_0 + th) = f(x_0) + \frac{t}{1!}\Delta f_0 + \frac{t(t-1)}{2!}\Delta^2 f_0$$

$$f(x) \approx N_2(0.4 + 0.1t) = 0.38942 + \frac{t}{1!}0.09001 + \frac{t(t-1)}{2!}(-0.00480)$$

对 $x = 0.43251$，有 $t = \dfrac{0.43251 - 0.4}{0.1} = 0.3251$，即

$$\begin{aligned}\sin(0.43251) &\approx N_2(0.43215) \\ &= 0.38942 + 0.3251 \times 0.09001 + \frac{0.3251 \times (0.3251 - 1)}{2} \times (-0.00480) \\ &\approx 0.41921\end{aligned}$$

(2)用牛顿向后插值公式计算。

因$\nabla^k f_i=\Delta^k f_{i-k}(k\geqslant 1)$,故可使用上面已建立的向前插分表中数据(即表中最后一行划线数据)。

$$x=x_n+th \qquad h=0.1 \qquad x_n=0.6 \qquad n=2$$

$$f(x)\approx N_2(x_2+th)=0.56464+0.08521\frac{t}{1!}+(-0.00480)\frac{t(t-1)}{2!}$$

对 $x=0.43251$ 有 $t=\dfrac{x-x_n}{h}=\dfrac{0.43251-0.6}{0.1}=-1.6749$,这样得到

$$\begin{aligned}\sin(0.43251)&\approx N_2(0.43251)\\&=0.56464+0.08521\times(-1.6749)+(-0.00480)\times\frac{(-1.6749)(-1.6749+1)}{2}\\&\approx 0.41921\end{aligned}$$

思考问题:对多元函数(特别是二元函数)有没有等距节点插值函数的概念及计算公式?

4.5 埃尔米特插值公式

在前面讨论的插值问题中,插值条件仅要求被插值函数 $y=f(x)$ 及插值函数 $y=\varphi(x)$ 在互异的 $n+1$ 个插值节点处满足 $f(x_i)=\varphi(x_i)(i=0,1,\cdots,n)$,而实际问题中,有时不仅要求插值节点处函数值相同,而且还要求它们在插值节点处某些阶的导数值也相同,如 $f'(x_i)=\varphi'(x_i)$等,此类含有导数条件的插值称为埃尔米特(Hermite)插值,它是代数插值问题的推广。

4.5.1 一般情形的埃尔米特插值问题

已知函数 $y=f(x)$ 在区间$[a,b]$上 $n+1$ 个互异插值节点 $x_0,x_1,\cdots,x_n$ 处的函数值为 $y_i=f(x_i)$,导数值为 $f'(x_i)$(注意:函数值个数与导数值个数相同),现要求做一个次数不超过 $2n+1$ 次的多项式 $H_{2n+1}(x)$,使其满足下述 $2n+2$ 个插值条件

$$\begin{cases}H_{2n+1}(x_i)=f(x_i)\\ H'_{2n+1}(x_i)=f'(x_i)\end{cases}\quad(i=0,1,\cdots,n) \tag{4.24}$$

这个多项式 $H_{2n+1}(x)$称为埃尔米特插值多项式。

注:式(4.24)给出了$(2n+2)$个条件,可唯一确定一个次数不超过 $2n+1$ 次的多项式,形式为 $H_{2n+1}(x)=a_0+a_1x+\cdots+a_{2n+1}x^{2n+1}$。但若直接用条件(4.24)来求 $H_{2n+1}(x)$中 $2n+2$个系数 $a_0,a_1,\cdots,a_{2n+1}$,计算非常复杂,所以我们用类似于拉格朗日插值多项式的构造方法来构造埃尔米特插值多项式。

设 $a_i(x),\beta_i(x)(i=0,1,\cdots,n)$为次数不超过 $2n+1$ 次的多项式,且满足:

$$a_i(x_j)=\begin{cases}0 & i\neq j\\ 1 & i=j\end{cases}\quad a_i'(x_j)=0\quad(i,j=0,1,\cdots,n) \tag{4.25}$$

$$\beta_i(x_j)=0\quad \beta_i'(x_j)=\begin{cases}0 & i\neq j\\ 1 & i=j\end{cases}\quad(i,j=0,1,\cdots,n) \tag{4.26}$$

记

$$H_{2n+1}(x)=\sum_{i=0}^{n}[\alpha_i(x)f(x_i)+\beta_i(x)f'(x_i)] \tag{4.27}$$

由条件(4.25)和(4.26)显然可知,式(4.27)满足插值条件 $H_{2n+1}(x_k)=f(x_k)$,$H'_{2n+1}(x_k)=f'(x_k)(k=0,1,\cdots,n)$,且为次数不超过 $2n+1$ 次的多项式,由此说明 $H_{2n+1}(x)$是满足插值条件(4.24)的埃尔米特插值多项式。其中 $\alpha_i(x)$,$\beta_i(x)$称为埃尔米特插值基函数。

下面利用拉格朗日插值基函数 $l_i(x)(i=0,1,\cdots,n)$来构造 $\alpha_i(x)$和 $\beta_i(x)$。因为关于插值节点 $x_0,x_1,\cdots,x_n$ 的拉格朗日插值基函数 $l_i(x)$满足

$$l_i^2(x_j)=0,[l_i^2(x)]'_{x=x_j}=2l_i(x_j)l_i'(x_j)=0 \quad (j\neq i,j=0,1,\cdots,n)$$

且 $l_i^2(x)$是 $2n$ 次多项式,由条件(4.25),可设 $\alpha_i(x)$为

$$\alpha_i(x)=(ax+b)l_i^2(x)$$

其中 a,b 为待定常数,$l_i(x)=\prod\limits_{\substack{j=0\\j\neq i}}^{n}\dfrac{x-x_j}{x_i-x_j}$,由条件(4.25)可得

$$\alpha_i(x_i)=(ax_i+b)l_i^2(x_i)=1,\alpha'_i(x_i)=l_i(x_i)[al_i(x_i)+2(ax_i+b)l_i'(x_i)]=0$$

由此可得

$$\begin{cases}ax_i+b=1\\a+2l_i'(x_i)=0\end{cases}$$

解之得

$$\begin{cases}a=-2l_i'(x_i)\\b=1+2x_il_i'(x_i)\end{cases}$$

而 $l_i'(x_i)=\sum\limits_{\substack{k=0\\k\neq i}}^{n}\dfrac{1}{x_i-x_k}$,故

$$\alpha_i(x)=\left[1-2(x-x_i)\sum_{\substack{k=0\\k\neq i}}^{n}\frac{1}{x_i-x_k}\right]l_i^2(x)$$

同理可得 $\beta_i(x)=(x-x_i)l_i^2(x)$,将 $\alpha_i(x)$,$\beta_i(x)$代入式(4.27),得

$$H_{2n+1}(x)=\sum_{i=0}^{n}\left[1-2(x-x_i)\sum_{\substack{k=0\\k\neq i}}^{n}\frac{1}{x_i-x_k}\right]l_i^2(x)f(x_i)+\sum_{t=0}^{n}(x-x_i)l_i^2(x)f'(x_i) \tag{4.28}$$

式(4.28)称为**埃尔米特插值多项式**。

定理 4.4 满足插值条件(4.25)的埃尔米特差值多项式是唯一的。

证明 设 $H_{2n+1}(x)$和 $\widetilde{H}_{2n+1}(x)$都是满足条件(4.25)的埃尔米特差值多项式,令

$$\varphi(x)=H_{2n+1}(x)-\widetilde{H}_{2n+1}(x)$$

则每个插值节点 $x_i(i=0,1,\cdots,n)$均为 $\varphi(x)$的二重根,即 $\varphi(x)$有 $2n+2$ 个根,但 $\varphi(x)$是个不高于 $2n+1$ 次的多项式,所以 $\varphi(x)\equiv0$,即 $H_{2n+1}(x)=\widetilde{H}_{2n+1}(x)$,唯一性得证。

仿照拉格朗日插值余项的讨论方法,可得出埃尔米特插值多项式的插值余项。

定理 4.5 若 $f(x)$在区间$[a,b]$上存在 $2n+2$ 阶导数,则 $2n+1$ 次埃尔米特插值多项式的余项为

$$R_{2n+1}(x)=f(x)-H_{2n+1}(x)=\frac{f^{(2n+2)}(\xi)}{(2n+2)!}\omega_{n+1}^{2}(x) \qquad \xi\in(a,b)$$

其中 $\omega_{n+1}(x)=(x-x_0)(x-x_1)\cdots(x-x_n)$。

埃尔米特插值多项式的几何意义是：曲线 $y=f(x)$ 与曲线 $y=H_{2n+1}(x)$ 在插值节点处有公共切线。

例 4.8 已知 $f(x)$ 在两个节点上的函数值及导数值如下表：

x_i	1	2
$f(x_i)$	2	3
$f'(x_i)$	0	-1

求 $f(x)$ 的三次埃尔米特插值多项式。

解 方法一 把 $x_0=1,x_1=2$ 代入 $\alpha_i(x),\beta_i(x)(i=0,1)$ 中，再将其代入式(4.28)得

$$H_3(x)=2\alpha_0(x)+3\alpha_1(x)-\beta_1(x)=-3x^3+13x^2-17x+9$$

方法二 令所求的插值多项式为

$$H_3(x)=a_0+a_1x+a_2x^2+a_3x^3$$

由插值条件可知

$$\begin{cases} H_3(1)=a_3+a_2+a_1+a_0=2 \\ H_3(2)=8a_3+4a_2+2a_1+a_0=3 \\ H'_3(1)=3a_3+2a_2+a_1=0 \\ H'_3(2)=12a_3+4a_2+a_1=-1 \end{cases}$$

解得

$$a_0=9 \qquad a_1=-17 \qquad a_2=13 \qquad a_3=-3$$

所以

$$H_3(x)=-3x^3+13x^2-17x+9$$

注：埃尔米特插值多项式求解方法很多，不要简单套用公式(4.28)，应根据具体问题建立埃尔米特求解公式。

在含导数的插值问题中，当函数值个数与导数值个数不相等时，可在牛顿插值多项式或一般埃尔米特插值多项式基础上，用待定系数法求满足条件的插值多项式。

4.5.2 特殊情况的埃尔米特插值问题

下面以特例说明此种方法。

已知 $f(x)$ 在三个插值节点上的函数值及导数值如表 4.4 所示。

表 4.4 节点上的函数值及导数值

x	x_0	x_1	x_2
$f(x)$	$f(x_0)$	$f(x_1)$	$f(x_2)$
$f'(x)$	$f'(x_0)$	$f'(x_1)$	

求次数不高于 4 的多项式 $H_4(x)$，使之满足条件：

$$H_4(x_i)=f(x_i)\quad(i=0,1,2)\quad H'_4(x_j)=f'(x_j)\quad(j=0,1)$$

方法一 以牛顿插值多项式为基础。设

$$H_4(x)=f(x_0)+f[x_0,x_1](x-x_0)+f[x_0,x_1,x_2](x-x_0)(x-x_1)+$$
$$(ax+b)(x-x_0)(x-x_1)(x-x_2)$$

其中,a,b 为待定常数。显然

$$H_4(x_i)=f(x_i)\qquad(i=0,1,2)$$

由条件 $H'_4(x_i)=f'(x_i)(i=0,1)$,可求得 a,b,即可得 $H_4(x)$。

方法二 以埃尔米特插值多项式为基础。设

$$H_4(x)=H_3(x)+c(x-x_0)^2(x-x_1)^2\qquad(c\text{ 为待定常数})$$

$H_3(x)$为满足条件 $H_3(x_i)=f(x_i)$,$H_3'(x_i)=f'(x_i)(i=0,1)$的次数不高于 3 的埃尔米特插值多项式,具体表达为式(4.28)中 $n=1$ 的情形。$H_4(x)$显然满足条件

$$H_4(x_i)=f(x_i)\quad H_4'(x_i)=f'(x_i)\quad(i=0,1)$$

再通过条件 $H_4(x_2)=f(x_2)$,可求得 c,即可得到 $H_4(x)$的表达式。

例 4.9 确定一个次数不高于 4 的多项式 $p(x)$,使得 $p(x)$满足条件 $p(0)=p'(0)=0$,$p(1)=p'(1)=1$,$p(2)=1$。

解 方法一 设

$$p(x)=H_3(x)+c(x-0)^2(x-1)^2$$
$$H_3(x)=a_0(x)p(0)+a_1(x)p(1)+\beta_0(x)p'(0)+\beta_1(x)p'(1)$$

已知 $p(0)=0$,$p(1)=1$,$p'(0)=0$,$p'(1)=1$,所以

$$H_3=a_1(x)+\beta_1(x)=\left[1+2\frac{x-1}{0-1}\right]\left(\frac{x-0}{1-0}\right)^2+(x+1)\left(\frac{x-0}{1-0}\right)^2$$
$$=(1-2x+2)x^2+x^2(x-1)=x^2(2-x)$$

由此

$$p(x)=x^2(2-x)+cx^2(x-1)^2$$

由 $1=p(2)=c\cdot4\cdot1$ 可解得 $c=\frac{1}{4}$,于是

$$p(x)=x^2(2-x)+\frac{1}{4}x^2(x-1)^2=\frac{x^2}{4}(x-3)^2$$

方法二 先做差商表:

x_0	$f(x)$	一阶差商	二阶差商
0	0	—	—
1	1	1	—
2	1	0	−0.5

以牛顿插值为基础,设

$$p(x)=f(x_0)+f[x_0,x_1]\cdot(x-x_0)+f[x_0,x_1,x_2](x-x_0)(x-x_1)+$$
$$(a+bx)(x-x_0)(x-x_1)(x-x_2)$$
$$=0+x+x(x-1)\left(-\frac{1}{2}\right)+(a+bx)x(x-1)(x-2)$$

$$0=p'(0)=\left[1-\frac{1}{2}(2x-1)+bx(x-1)(x-2)+(a+bx)(x-1)(x-2)+\right.$$
$$\left.(a+bx)x(x-2)+(a+bx)x(x-1)\right]\Big|_{x=0}$$
$$=1+\frac{1}{2}+2a$$

解得 $a=-\frac{3}{4}$，由 $1=p'(1)=1-\frac{1}{2}-a-b$，解得 $b=\frac{1}{4}$，所以

$$p(x)=x-\frac{x}{2}(x-1)+\left(-\frac{3}{4}+\frac{1}{4}x\right)x(x-1)(x-2)=\frac{x^2}{4}(x-3)^2$$

思考问题：能不能把一元函数埃尔米特插值多项式的概念和计算方法推广到多元函数(特别是二元函数)上来？为什么？

4.6 分段低次插值

在代数插值过程中，为了获得较好的近似效果，通常情况下是增加插值节点的个数，换句话说，适当地提高插值多项式的次数，有可能提高计算结果的准确程度，但并不表示插值多项式的次数越高越好。当插值节点增多，即代数插值的次数较高时，不能保证非插值节点处的插值精度得到改善，有时反而误差更大，出现插值多项式振荡和数值不稳定现象。1901 年德国数学家龙格(Runge)给出了一个等距节点插值多项式 $L_n(x)$ 不收敛于 $f(x)$ 的例子。取 $f(x)=\frac{1}{1+x^2}$，在 $[-5,5]$ 上的 n 次等距节点插值多项式 $L_n(x)$，当 $n\to\infty$ 时，$L_n(x)$ 是发散的，此种现象称为龙格(Runge)现象(见图 4.4)。

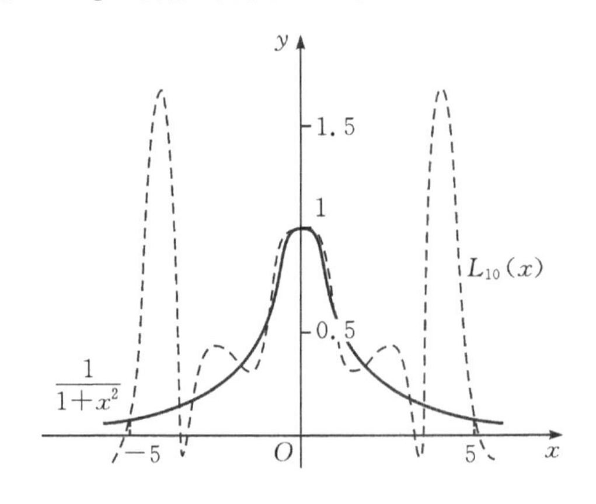

图 4.4 插值多项式振荡

因此，对一般连续函数，不能认为插值节点越多，插值多项式次数越高逼近效果就越好，同时在插值节点较多的情况下，相应插值多项式也会发生振荡。另外，从舍入误差来看，高次插值多项式误差的传播较为严重，误差积累会加大。因而从稳定性和收敛性两方面来考虑，应该采用分段低次插值的思想方法。

下面介绍最简单的分段线性插值方法。

定义 4.5 分段线性插值就是将插值区间分成若干个以插值节点为端点的小区间

$[x_{i-1},x_i]$ $(i=1,2,\cdots,n)$，在每个小区间段上用前边已学过的线性插值多项式做近似逼近，最后合并成一个分段函数 $p(x)$ 来近似代替 $f(x)$。

分段线性插值的几何意义：用连接相邻插值节点的折线段代替曲线。

设函数 $y=f(x)$ 在区间 $[a,b]$ 上具有二阶连续导数，在 $n+1$ 个插值节点 $a=x_0<x_1<\cdots<x_{n-1}<x_n=b$ 处的函数值为 $f(x_0),f(x_1),\cdots,f(x_n)$，我们只需在每个小区间 $[x_{i-1},x_i]$ $(i=1,2,\cdots,n)$ 上作线性插值，可得

$$f(x)\approx p(x)=\frac{x-x_{i+1}}{x_i-x_{i+1}}f(x_i)+\frac{x-x_i}{x_{i+1}-x_i}f(x_{i+1})\qquad x\in[x_i,x_{i+1}]\qquad(i=0,1,2,\cdots,n-1)$$

分段线性插值也可用基函数表示，若令

$$l_i(x)=\begin{cases}\dfrac{x-x_{i-1}}{x_i-x_{i-1}} & x_{i-1}\leqslant x\leqslant x_i\\ \dfrac{x-x_{i+1}}{x_i-x_{i+1}} & x_i\leqslant x\leqslant x_{i+1}\\ 0 & \text{其他}\end{cases}\qquad(i=1,2,\cdots,n-1)$$

而

$$l_0(x)=\begin{cases}\dfrac{x-x_1}{x_0-x_1} & x_0\leqslant x\leqslant x_1\\ 0 & x_1<x\leqslant x_n\end{cases}\qquad l_n(x)=\begin{cases}\dfrac{x-x_{n-1}}{x_n-x_{n-1}} & x_{n-1}\leqslant x\leqslant x_n\\ 0 & x_0\leqslant x<x_{n-1}\end{cases}$$

显然，$l_i(x)$ 是分段线性连续函数，且满足 $l_i(x_j)=\begin{cases}1 & i=j\\ 0 & i\neq j\end{cases}$，则有

$$p(x)=\sum_{i=0}^{n}l_i(x)f(x_i)$$

$p(x)$ 满足插值条件 $p(x_i)=f(x_i)$ $(i=0,1,\cdots,n)$，故 $f(x)\approx p(x)$。

由线性插值余项估计式知，$f(x)$ 在每个子区间 $[x_i,x_{i+1}]$ 上有误差估计式

$$|f(x)-p(x)|\leqslant\frac{h_i^2}{8}\max_{x_i\leqslant x\leqslant x_{i+1}}|f''(x)|\qquad\text{其中 } h_i=x_{i+1}-x_i$$

例 4.8　已知函数 $f(x)$ 在 3 个插值节点上的函数值为 $f(30)=0.500$，$f(45)=0.707$，$f(60)=0.816$，求 $f(x)$ 在区间 $[30,60]$ 上的分段连续线性插值函数 $p(x)$。

解　将插值区间 $[30,60]$ 分为连续的两个小区间 $[30,45]$，$[45,60]$，则 $p(x)$ 在区间 $[30,45]$ 上的线性插值为：

$$p(x)=\frac{x-x_1}{x_0-x_1}f(x_0)+\frac{x-x_0}{x_1-x_0}f(x_1)=0.0138x+0.0860$$

$p(x)$ 在区间 $[45,60]$ 上的线性插值为：

$$p(x)=\frac{x-x_2}{x_1-x_2}f(x_1)+\frac{x-x_1}{x_2-x_1}f(x_2)=0.00727x+0.380$$

将每个小区间的线性插值函数合并起来，得

$$p(x)=\begin{cases}0.0138x+0.0860 & 30\leqslant x\leqslant 45\\ 0.00727x+0.380 & 45\leqslant x\leqslant 60\end{cases}$$

注：在分段插值方法中，也可分段进行二次、三次插值等，有兴趣的读者可查阅相关资料。

思考问题:能不能把一元函数分段低次插值方法推广到多元函数(特别是二元函数)上来? 为什么?

4.7 三次样条插值方法

给定 $n+1$ 个插值节点上的函数值可作高次(n 次)插值多项式,当 n 较大时,高次插值多项式计算复杂,而且出现振荡和数值不稳定现象;采用分段低次插值,虽计算简单,也有一致收敛性,但不能保证整条曲线在插值节点处的光滑性,这在实际问题中,往往不能满足某些工程技术的高精度要求。如飞机的机翼,一般要求尽可能使用流线型设计,使空气沿机翼表面形成光滑的流线,减少空气阻力,否则,表面若有微小凹凸,在飞机高速飞行中,气流不能沿机翼表面平滑流动而产生漩涡,造成飞机阻力增大,有时会出现严重问题,因此,有必要引进新的插值方法,这就是样条函数插值法。

4.7.1 三次样条插值的基本概念

样条是指工程技术上为将一些指定点(样点)连成一条光滑曲线,而使用的一种绘图工具,它是一种富有弹性的细长条,用压铁固定在样点上,让其他地方自由弯曲,然后依样条画下光滑的曲线,这个曲线就称为**样条曲线**。弹性力学理论指出,样条曲线不仅具有一阶连续导数,而且还有二阶连续导数。样条曲线由于光滑度非常好,数学上加以概括,就得到样条函数概念。样条函数内容丰富,应用非常广泛,但在本节我们只能介绍最简单,也是最常用的三次样条插值方法。

定义 4.6 已知函数 $y=f(x)$ 在 $n+1$ 个插值节点 $a=x_0<x_1<\cdots<x_n=b$ 处的函数值 $f(x_0),f(x_1),\cdots,f(x_n)$,$S(x)$ 是定义在区间 $[a,b]$ 上的一个函数,若函数 $S(x)$ 满足:

①在每个节点 $x_i(i=0,1,\cdots,n)$ 处满足 $S(x_i)=f(x_i)$;

②在每个小区间 $[x_{i-1},x_i](i=1,2,\cdots n)$ 上 $S(x)$ 是一个三次多项式;

③在节点 $x_i(i=1,2,\cdots,n-1)$ 处 $S(x)$ 具有二阶连续导数。

则称 $S(x)$ 为三次样条插值函数。

下面介绍三次样条插值函数的构造。

由三次样条插值函数定义中条件②可知,要求出 $S(x)$,在每个小区间 $[x_{i-1},x_i](i=1,2,\cdots,n)$ 上要确定 4 个待定系数,记

$$s_i(x)=a_ix^3+b_ix^2+c_ix+d_i \quad x\in[x_{i-1},x_i] \quad (i=1,2,\cdots,n)$$

在整个插值区间 $[a,b]$ 上共有 $4n$ 个待定系数,即

$$S(x)=\begin{cases} s_1(x) & x\in[x_0,x_1] \\ s_2(x) & x\in[x_1,x_2] \\ \vdots & \vdots \\ s_n(x) & x\in[x_{n-1},x_n] \end{cases}$$

另一方面,由三次样条插值函数定义中的条件(1)(3)可知,$S(x)$,$S'(x)$,$S''(x)$ 需满足条件:在节点 x_i 处:

$$\begin{cases} S(x_i-0)=S(x_i+0)=f(x_i) \\ S'(x_i-0)=S'(x_i+0) \\ S''(x_i-0)=S''(x_i+0) \end{cases} \qquad (i=1,2,\cdots,n-1)$$

在边界节点处：

$$\begin{cases} S(x_0+0)=f(x_0) \\ S(x_n-0)=f(x_n) \end{cases}$$

这样共计给出了 $S(x)$ 的 $4n-2$ 个条件，而待定系数有 $4n$ 个，因此，还需要两个条件才能完全确定 $S(x)$。这两个附加条件通常在区间两端点 $x_0=a$ 和 $x_n=b$ 上各附加一个，称为边界条件。

边界条件类型较多，常见的有如下三类：

第一类：转角边界条件，即给定端点处的一阶导数值：

$$S'(x_0+0)=f'(x_0) \qquad S'(x_n-0)=f'(x_n)$$

第二类：弯矩边界条件，即给定端点处的二阶导数值：

$$S''(x_0+0)=f''(x_0) \qquad S''(x_n-0)=f''(x_n)$$

作为特例，$S''(x_0+0)=S''(x_n-0)=0$ 称为自然边界条件。满足自然边界条件的样条函数称为自然样条插值函数。

第三类：周期性边界条件，即当 $f(x)$ 是以 $b-a$ 为周期的周期函数时，则要求 $S(x)$ 也是周期函数，这时边界条件应满足当 $f(b)=f(a)$ 即 $f(x_0)=f(x_n)$ 时，

$$S'(x_0+0)=S'(x_n-0) \qquad S''(x_0+0)=S''(x_n-0)$$

这样，附加某类边界条件后，就得到关于 $\{a_i,b_i,c_i,d_i\}(i=1,2,\cdots,n)$ 为未知量的 $4n$ 个方程，从而唯一确定三次样条插值函数 $S(x)$。当 n 较大时，一般不去直接求解线性方程组，因工作量太大。我们将给出一种简单，切实可行的方法——三弯矩插值方法。

4.7.2　三弯矩插值法

记

$$S''(x_i)=M_i(i=0,1,\cdots,n) \qquad h_j=x_j-x_{j-1} \qquad (j=1,2,\cdots,n)$$

由于在子区间 $[x_{i-1},x_i]$ 上 $S(x)=s_i(x)$ 是三次多项式，于是 $s''_i(x)$ 是线性函数，由于 $s''_i(x_{i-1})=M_{i-1}$，$s''_i(x_i)=M_i$，对函数 $s''_i(x)$ 在两点 (x_{i-1},M_{i-1})，(x_i,M_i) 上用线性插值，即得

$$s''_i(x)=\frac{x_i-x}{h_i}M_{i-1}+\frac{x-x_{i-1}}{h_i}M_i \qquad x\in[x_{i-1},x_i]$$

对 $s''_i(x)$ 积分两次得

$$s_i(x)=\frac{(x_i-x)^3}{6h_i}M_{i-1}+\frac{(x-x_{i-1})^3}{6h_i}M_i+A_i(x-x_{i-1})+B_i \qquad x\in[x_{i-1},x_i]$$

其中 A_i，B_i 为积分常数，由插值条件 $s_i(x_{i-1})=f(x_{i-1})$，$s_i(x_i)=f(x_i)$ 可得

$$A_i=\frac{f(x_i)-f(x_{i-1})}{h_i}+\frac{h_i}{6}(M_{i-1}-M_i) \qquad B_i=f(x_{i-1})-\frac{{h_i}^2}{6}M_{i-1}$$

从而得到

$$s_i(x)=\frac{(x_i-x)^3}{6h_i}M_{i-1}+\frac{(x-x_{i-1})^3}{6h_i}M_i+\left(f(x_{i-1})-\frac{{h_i}^2M_{i-1}}{6}\right)\frac{x_i-x}{h_i}+\left(f(x_i)-\frac{{h_i}^2M_i}{6}\right)\frac{x-x_{i-1}}{h_i} \tag{4.29}$$

此时 $s_i(x)$ 在 x_{i-1} 和 x_i 处连续。对式(4.29)求导得

$$s'_i(x) = -\frac{(x_i - x)^2}{2h_i}M_{i-1} + \frac{(x - x_{i-1})^2}{2h_i}M_i + \frac{f(x_i) - f(x_{i-1})}{h_i} - \frac{M_i - M_{i-1}}{6}h_i$$

$$x \in [x_{i-1}, x_i]$$

在右端点 x_i 处有，

$$s'_i(x_i - 0) = \frac{h_i}{3}M_i + \frac{h_i}{6}M_{i-1} + f[x_{i-1}, x_i] \tag{4.30}$$

在左端点 x_{i-1} 处有，

$$s'_i(x_{i-1} + 0) = -\frac{h_i}{3}M_{i-1} - \frac{h_i}{6}M_i + f[x_{i-1}, x_i] \tag{4.31}$$

类似地在$[x_i, x_{i+1}]$区间上也可得到

$$s'_{i+1}(x_i + 0) = -\frac{h_{i+1}}{3}M_i - \frac{h_{i+1}}{6}M_{i+1} + f[x_i, x_{i+1}] \tag{4.32}$$

利用 $S'(x)$在内节点的连续性，即 $s'_i(x_i-0)=s'_{i+1}(x_i+0)$，得到关于 M_{i-1}, M_i, M_{i+1} 的一个方程

$$\frac{h_i}{6}M_{i-1} + \frac{h_i + h_{i+1}}{3}M_i + \frac{h_{i+1}}{6}M_{i+1} = f[x_i, x_{i+1}] - f[x_{i-1}, x_i]$$

两边同乘以$\frac{6}{h_i+h_{i+1}}$，并令 $\lambda_i=\frac{h_i}{h_i+h_{i+1}}$，$\mu_i=\frac{h_{i+1}}{h_i+h_{i+1}}$，有

$$\lambda_i M_{i-1} + 2M_i + \mu_i M_{i+1} = 6f[x_{i-1}, x_i, x_{i+1}] \quad (i = 1, 2, \cdots, n-1) \tag{4.33}$$

这是一个含有 $n+1$ 个未知数，$n-1$ 个方程的线性方程组，要得到唯一参数 M_i，需要补充边界条件。

1. 附加转角边界条件

由 $s'_1(x_0+0)=f'(x_0)$，$s'_n(x_n-0)=f'(x_n)$及式(4.30)和式(4.32)得到

$$\begin{cases} 2M_0 + M_1 = \frac{6}{h_1}(f[x_0, x_1] - f'(x_0)) \\ M_{n-1} + 2M_n = \frac{6}{h_n}(f'(x_n) - f[x_{n-1}, x_n]) \end{cases} \tag{4.34}$$

把式(4.33)和式(4.34)联立可得线性方程组：

$$\begin{bmatrix} 2 & 1 & & & & & \\ \lambda_1 & 2 & \mu_1 & & & & \\ & \lambda_2 & 2 & \mu_1 & & & \\ & & \ddots & \ddots & \ddots & & \\ & & & \ddots & \ddots & \ddots & \\ & & & & \ddots & \ddots & \ddots \\ & & & & \lambda_{n-1} & 2 & \mu_1 \\ & & & & & 1 & 2 \end{bmatrix} \begin{bmatrix} M_0 \\ M_1 \\ M_2 \\ \vdots \\ \vdots \\ \vdots \\ M_{n-1} \\ M_n \end{bmatrix} = 6 \begin{bmatrix} (f[x_0, x_1] - f(x_0))h_1^{-1} \\ f[x_0, x_1, x_2] \\ f[x_1, x_2, x_3] \\ \vdots \\ \vdots \\ \vdots \\ f[x_{n-2}, x_{n-1}, x_n] \\ (f'(x_n) - f[x_{n-1}, x_n])h_n^{-1} \end{bmatrix} \tag{4.35}$$

2. 附加弯矩边界条件

由 $s''(x_0+0)=f''(x_0+0)=M_0$，$s''(x_n-0)=f''(x_n-0)=M_n$ 代入式(4.33)可得 $n-1$ 个未知数 $M_1, M_2, \cdots, M_{n-1}$ 的 $n-1$ 个线性方程组：

$$
\begin{bmatrix}
2 & \mu_1 & & & & \\
\lambda_2 & 2 & \mu_2 & & & \\
 & \lambda_3 & 2 & \ddots & & \\
 & & \ddots & \ddots & \ddots & \\
 & & & \ddots & \ddots & \mu_{n-2} \\
 & & & & \lambda_{n-1} & 2
\end{bmatrix}
\begin{bmatrix} M_1 \\ M_2 \\ M_3 \\ \vdots \\ \vdots \\ M_{n-1} \end{bmatrix}
=
\begin{bmatrix} 6f[x_0,x_1,x_2]-\lambda_1 M_0 \\ 6f[x_1,x_2,x_3] \\ 6f[x_2,x_3,x_4] \\ \vdots \\ \vdots \\ 6f[x_{n-2},x_{n-1},x_n]-\mu_{n-1}M_n \end{bmatrix}
\tag{4.36}
$$

特别地，当 $M_0=M_n=0$，即 $f''(x_0+0)=f''(x_n-0)=0$ 时，线性方程组(4.36)的右端项特别整齐，形式简单。线性方程组(4.35)、(4.36)的系数矩阵都是严格对角占优矩阵，故系数矩阵非奇异，因此，有唯一解，可用追赶法求解。

3. 附加周期边界条件

由 $M_0=M_n$，此时 x_n 也是内插值节点，故有

$$
\begin{cases}
\dfrac{h_1}{3}M_0+\dfrac{h_1}{6}M_1+\dfrac{h_n}{6}M_{n-1}+\dfrac{h_n}{3}M_n=f[x_0,x_1]-f[x_{n-1},x_n] \\
M_0=M_n
\end{cases}
$$

即

$$
\begin{cases}
2M_0+\lambda_0 M_1+\mu_0 M_{n-1}=6\,\dfrac{f[x_0,x_1]-f[x_{n-1},x_n]}{h_1+h_n} \\
M_0=M_n
\end{cases}
\tag{4.37}
$$

其中 $\mu_0=\dfrac{h_1}{h_1+h_n}$，$\lambda_0=\dfrac{h_n}{h_1+h_n}$。

由式(4.33)和式(4.37)可得

$$
\begin{bmatrix}
2 & \mu_0 & & & & \lambda_0 \\
\lambda_1 & 2 & \mu_1 & & & \\
 & \lambda_2 & 2 & \mu_2 & & \\
 & & \ddots & \ddots & \ddots & \\
 & & & \lambda_{n-2} & 2 & \mu_{n-2} \\
\mu_{n-1} & & & & \lambda_{n-1} & 2
\end{bmatrix}
\begin{bmatrix} M_0 \\ M_1 \\ M_2 \\ \vdots \\ M_{n-2} \\ M_{n-1} \end{bmatrix}
=6
\begin{bmatrix} \dfrac{f[x_0-x_1]-f[x_{n-1},x_n]}{h_1+h_n} \\ f[x_0,x_1,x_2] \\ f[x_1,x_2,x_3] \\ \vdots \\ f[x_{n-3},x_{n-2},x_{n-1}] \\ f[x_{n-2},x_{n-1},x_n] \end{bmatrix}
\tag{4.38}
$$

利用线性代数知识，可证式(4.38)的系数矩阵是非奇异，因此有唯一解。

例 4.9 设函数 $y=f(x)$ 在 $[1,5]$ 上满足条件

$$
f(1)=1 \quad f(2)=3 \quad f(4)=4 \quad f(5)=2
$$

求满足上述插值条件的三次自然样条插值函数。

解 此问题属第二类边界条件下的三次样条插值函数问题。由 $M_0=0$，$M_3=0$，从而线性方程组(4.36)变为

$$
\begin{bmatrix} 2 & \mu_1 \\ \lambda_2 & 2 \end{bmatrix}
\begin{bmatrix} M_1 \\ M_2 \end{bmatrix}
=
\begin{bmatrix} 6f[x_0,x_1,x_2] \\ 6f[x_1,x_2,x_3] \end{bmatrix}
$$

建立差商表如下(令 $x_0=1$，$x_1=2$，$x_2=4$，$x_3=5$)：

x_1	$f(x)$	一阶差商	二阶差商
1	1	—	—
2	3	2	—
4	4	$\frac{1}{2}$	$-\frac{1}{2}$
5	2	-2	$-\frac{5}{6}$

因为 $h_1=1,h_2=2,h_3=1,\mu_1=\frac{2}{3},\lambda_2=\frac{2}{3},6f[x_0,x_1,x_2]=-3,6f[x_1,x_2,x_3]=-5$，从而得到线性方程组

$$\begin{cases}2M_1+\frac{2}{3}M_2=-3\\ \frac{2}{3}M_1+2M_2=-5\end{cases}$$

解得 $M_1=-\frac{3}{4},M_2=-\frac{9}{4}$，又 $M_0=M_3=0$，求得

$$s_1(x)=-\frac{1}{8}x^3+\frac{3}{8}x^2+\frac{7}{4}x-1$$

$$s_2(x)=-\frac{1}{8}x^3+\frac{3}{8}x^2+\frac{7}{4}x-1$$

$$s_3(x)=\frac{3}{8}x^3-\frac{45}{8}x^2+\frac{103}{4}x-33$$

故所求三次自然样条插值函数在区间[1,5]上的表达式为

$$S(x)=\begin{cases}s_1(x) & x\in[1,2]\\ s_2(x) & x\in[2,4]\\ s_3(x) & x\in[4,5]\end{cases}$$

4.7.3 样条插值函数的误差估计

定理 4.6 设 $f(x)$ 是 $[a,b]$ 上二次连续的可微函数，在 $[a,b]$ 上，以 $a=x_0<x_1<\cdots<x_n=b$ 为节点的三次样条插值函数 $S(x)$ 满足

$$|f(x)-S(x)|\leqslant\frac{M_2}{2}\max_{1\leqslant i\leqslant n}|x_i-x_{i-1}|\quad M_2=\max_{a\leqslant x\leqslant b}|f''(x)|$$

注：因误差估计的证明比较复杂，此处仅给出结论。

对于三次样条插值函数来说，当插值节点逐渐加密时，可以证明：不但样条插值函数收敛于函数本身，而且其导数也收敛于函数的导数，正因如此，三次样条插值函数在实际问题中应用十分广泛。

思考问题：你知道确定三次样条插值函数除了三弯矩方法外，还有三转角方法吗？试给出该方法的计算过程。

习题 4

1. 当 $x=1,-1,2$ 时 $f(x)=0,-3,4$，求 $f(x)$ 的二次插值多项式。

2. 对于给定的函数值：$f(-1)=1.21$，$f(0)=1.42$，$f(1)=1.72$，$f(2)=1.67$，$f(3)=1.58$，试构造合适的二次拉格朗日插值多项式，计算 $f(1.8)$ 的近似值。

3. 设 $x_i(i=0,1,\cdots,n)$ 为互异插值节点，试证明拉格朗日插值基函数 $l_i(x)$ 具有下列性质：

(1) $\sum_{i=0}^{n} l_i(x) \equiv 1$

(2) $\sum_{i=0}^{n} x_i^k l_i(x) = x^k (k=0,1,2,\cdots,n)$

(3) $\sum_{i=0}^{n} (x-x_i)^k l_i(x) = 0 (k=1,2,\cdots,n)$

4. 在下面的函数表中选择合适的节点，分别通过线性、二次、三次插值多项式计算 $f(8.4)$ 的近似值

x	8.1	8.3	8.6	8.7
$f(x)$	16.94410	17.56492	18.50515	18.82091

5. 已知函数 $y=f(x)$ 的观测数据为

x	-2	0	4	5
$f(x)$	5	1	-3	1

试构造不超过三次的拉格朗日插值多项式和牛顿插值多项式，并验证插值多项式的唯一性，计算 $f(-1)$ 的近似值。

6. 设 $f(x)$ 在 $[a,b]$ 上具有二阶连续导数，且 $f(a)=f(b)=0$，证明 $\max_{a\leqslant x\leqslant b}|f(x)| \leqslant \frac{1}{8}(b-a)^2 \max_{a\leqslant x\leqslant b}|f''(x)|$。

7. 利用函数表

x	1.615	1.634	1.702	1.828	1.921
$f(x)$	2.41450	2.46459	2.65271	3.03035	3.34066

计算出差商表，并利用牛顿插值公式计算 $f(x)$ 在 $x=1.682$，1.813 处的近似值（取五位小数）。

8. 用下表数据求方程 $x-e^x=0$ 根的近似值：

x	0.3	0.4	0.5	0.6
e^x	0.740818	0.670320	0.606531	0.548812

9. 已知 $y=\ln x$ 的函数表

x	0.4	0.5	0.6	0.7	0.8
y	-0.916291	-0.693147	-0.510826	-0.356675	-0.223144

分别用牛顿向前插值公式和牛顿向后插值公式计算 $x=0.45$ 时函数的近似值，并估计误差。

10. 求一个次数不高于 3 的多项式 $p_3(x)$，满足下例插值条件：

x	1	2	3
$f(x)$	2	4	12
$f'(x_i)$		3	

11. 已知函数 $f(x)$ 的数据表：

x	0	1	2	3	4
y	-8	-7	0	19	56

求三次自然样条函数 $S(x)$，并求 $S(2.2)$。

12. 已知 $S(x)=\begin{cases} x^3+x^2 & 0\leqslant x\leqslant 1 \\ 2x^3+bx^2+cx-1 & 1\leqslant x\leqslant 2 \end{cases}$，是以 0，1，2 为节点的三次样条插值函数，试求 b 和 c。

第 5 章　函数逼近

$V(x)$为一个函数集合，在$V(x)$中找一些函数的线性组合作为$\varphi(x)$来近似代替复杂的已知函数或一个仅知道有限个点处函数值的函数$f(x)$，这是数值计算中最基本方法之一，其中，$\varphi(x)$称为逼近函数，$f(x)$称为被逼近函数。当然，函数集合$V(x)$中的各个函数要求性质比较简单，易于计算，且一般为区间$[a,b]$上的连续函数或多项式(如代数多项式、三角多项式)或有理分式函数等。用$\varphi(x)$近似代替$f(x)$时，近似程度的好与坏，应如何衡量？一般有两种衡量标准：(1)要求$f(x)$与$\varphi(x)$之差的绝对值在区间$[a,b]$上的最大值小于某一标准，即用$\max\limits_{x\in[a,b]}|f(x)-\varphi(x)|$是不是很小作为衡量标准，在这种意义下的函数逼近称为均匀逼近或一致逼近；(2)要求$f(x)$与$\varphi(x)$之差的平方在区间$[a,b]$上的积分值小于某一标准，即用$\int_a^b[f(x)-\varphi(x)]^2\mathrm{d}x$是不是很小作为衡量标准，在这种意义下的函数逼近称为平方逼近或均方逼近。

本章介绍$V(x)$是代数多项式情况下，在两种不同衡量标准下，如何寻找$\varphi(x)$来近似代替$f(x)$。

5.1　内积与正交多项式

5.1.1　权函数

一般地，若给定n个非负实数$a_1,a_2,\cdots,a_n$，又已知$\omega_1,\omega_2,\cdots,\omega_n$，且$\omega_1+\omega_2+\cdots+\omega_n=1$，则称数$\sum\limits_{i=1}^{n}a_i\omega_i$为$a_1,a_2,\cdots,a_n$这$n$个数的加权平均数，$\omega_1,\omega_2,\cdots,\omega_n$称为权系数，当$\omega_1=\omega_2=\cdots=\omega_n=\dfrac{1}{n}$时，则称$\sum\limits_{i=1}^{n}\dfrac{a_i}{n}=\dfrac{1}{n}\sum\limits_{i=1}^{n}a_i$为算术平均数。

将加权平均数中的权系数概念加以推广，即有权函数的概念。

定义 5.1　设$\rho(x)$是区间$[a,b]$上的非负实函数，如果$\rho(x)$满足：

①$\int_a^b\rho(x)\,|x|^n\mathrm{d}(x)$存在$(n=0,1,2,\cdots)$；

②对区间$[a,b]$上非负实函数$g(x)$，若

$$\int_a^b\rho(x)g(x)\mathrm{d}(x)=0 \tag{5.1}$$

则当$x\in[a,b]$时必有$g(x)\equiv0$，此时称函数$\rho(x)$为区间$[a,b]$上的权函数。

注:若 a,b 中一个或两个为无穷大时,式(5.1)左端积分称为广义积分。

5.1.2 内积定义及性质

定义 5.2 (离散情形内积)已知函数 $f(x)$和 $g(x)$在点集 $X=\{x_1,x_2,\cdots,x_n\}$上的函数值 $f(x_i)$及 $g(x_i)$,$\omega_1,\omega_2,\cdots,\omega_n$ 为权系数,则称

$$(f,g)=(f(x),g(x))=\sum_{i=1}^{n}\omega_i f(x_i)g(x_i)$$

为函数 $f(x)$和 $g(x)$带权系数的内积。

定义 5.3 (连续情形内积)设函数 $f(x)$和 $g(x)$在区间$[a,b]$内有定义,$\rho(x)$是$[a,b]$上的权函数,则称

$$(f,g)=(f(x),g(x))=\int_a^b \rho(x)f(x)g(x)\mathrm{d}x$$

为函数 $f(x)$和 $g(x)$在区间$[a,b]$上带权函数的内积。

注:在定理证明或推导过程中,如没有具体指明权函数,则表示对任何权函数均成立。具体问题的计算过程中,当没有确切指出权函数时,我们约定权函数 $\rho(x)\equiv 1$。

内积具有以下性质:

①$(f,g)=(g,f)$;

②对任意实数 a 有$(af,g)=(f,ag)=a(f,g)$;

③$(f+h,g)=(f,g)+(h,g)$;

④若 $f(x)\neq 0$,$(f,f)>0$。

注:在离散情形,$f(x)\neq 0$ 是指 $f(x_1),f(x_2),\cdots,f(x_n)$不全为零。

5.1.3 正交性

定义 5.4 (正交性)对函数 $f(x)$与 $g(x)$,若内积$(f,g)=0$,则称 $f(x)$与 $g(x)$正交。

在离散情形下,正交性相当于两个向量的正交性,在连续情形下,正交性相当于 $\int_a^b \rho(x)\cdot f(x)g(x)\mathrm{d}x=0$。

定义 5.5 对定义在区间$[a,b]$上的函数系$\{\varphi_0(x),\varphi_1(x),\cdots,\varphi_n(x),\cdots\}$,函数 $\rho(x)$为$[a,b]$上的权函数,若它们的内积满足关系式

$$(\varphi_i,\varphi_j)=(\varphi_i(x),\varphi_j(x))=\begin{cases}0 & i\neq j\\ A_i & i=j\end{cases}\quad(i,j=0,1,2,\cdots)$$

则称函数系$\{\varphi_0(x),\varphi_1(x),\cdots\varphi_n(x),\cdots\}$在区间$[a,b]$上关于权函数 $\rho(x)$为正交函数系;若 $A_i\equiv 1$,即有$(\varphi_i,\varphi_j)=\begin{cases}0 & i\neq j\\ 1 & i=j\end{cases}(i,j=0,1,2,\cdots)$,则称函数系$\{\varphi_0(x),\varphi_1(x),\cdots,\varphi_n(x),\cdots\}$为标准正交函数系;若 $\varphi_i(x)$为 x 的 $i(i=0,1,2,\cdots)$次多项式时,则称函数系$\{\varphi_0(x),\varphi_1(x),\cdots,\varphi_n(x),\cdots\}$为正交多项式系。

利用内积定义可以定义函数 $f(x)$的范数或模。

定义 5.6 函数 $f(x)$的范数定义为

$$\|f\|=\|f(x)\|=(f(x),\ f(x))^{\frac{1}{2}}=(f,f)^{\frac{1}{2}}$$

容易验证范数具有以下性质：

①当 $f(x)\neq 0$ 时，$\| f \| > 0$；$\| f \| = 0 \Leftrightarrow f(x)=0$；

②对任意实数 a，有 $\| af \| = |a| \, \| f \|$；

③ $\| f+g \| \leqslant \| f \| + \| g \|$。

由内积及范数定义，容易验证非零正交函数系是线性无关。

定理 5.1 函数系$\{\varphi_0(x),\varphi_1(x),\cdots,\varphi_n(x),\cdots\}$中函数 $\varphi_0(x),\varphi_1(x),\cdots,\varphi_n(x)$线性无关的充要条件是 Gram 矩阵：

$$\boldsymbol{G}_{n+1}=\begin{bmatrix}(\varphi_0,\varphi_0) & (\varphi_0,\varphi_1) & \cdots & (\varphi_0,\varphi_n)\\(\varphi_1,\varphi_0) & (\varphi_1,\varphi_1) & \cdots & (\varphi_1,\varphi_n)\\ \vdots & \vdots & & \vdots\\(\varphi_n,\varphi_0) & (\varphi_n,\varphi_1) & \cdots & (\varphi_n,\varphi_n)\end{bmatrix}$$

非奇异，即 $\det \boldsymbol{G}_{n+1}\neq 0$。

证明 分析：$\varphi_0(x),\varphi_1(x),\cdots,\varphi_n(x)$线性无关充要条件是若线性组合 $C_0\varphi_0(x)+C_1\varphi_1(x)+\cdots+C_n\varphi_n(x)=0$ 成立，则必有 $C_0=C_1=\cdots=C_n=0$。

先证必要性 （反证法）假设 $\det \boldsymbol{G}_{n+1}=0$，则线性方程组$\boldsymbol{G}_{n+1}\boldsymbol{C}=\boldsymbol{0}$ 存在非零解向量，记为 $\boldsymbol{C}=(C_0,C_1,\cdots,C_n)^{\mathrm{T}}$，从而有$(C_0,C_1,\cdots,C_n)\boldsymbol{G}_{n+1}(C_0,C_1,\cdots,C_n)^{\mathrm{T}}=0$，即有$\left(\sum_{i=0}^{n}C_i\varphi_i,\sum_{i=0}^{n}C_i\varphi_i\right)=0$，由内积与范数性质(1)可知$\sum_{i=0}^{n}C_i\varphi_i=0$。这与 $\varphi_0(x),\varphi_1(x),\cdots,\varphi_n(x)$线性无关相矛盾，故 $\det \boldsymbol{G}_{n+1}\neq 0$。

再证充分性 （反证法）假设 $\varphi_0(x),\varphi_1(x),\cdots,\varphi_n(x)$线性相关，则存在不全为零的数 $C_0,C_1,\cdots,C_n$，使得

$$C_0\varphi_0(x)+C_1\varphi_1(x)+\cdots+C_n\varphi_n(x)=0$$

等式两边用 $\varphi_j(x)(j=0,1,2,\cdots,n)$进行内积，则有

$$\left(\varphi_j,\sum_{i=0}^{n}C_i\varphi_i\right)=0$$

即

$$\sum_{i=0}^{n}C_i(\varphi_i,\varphi_j)=0 \quad (j=0,1,2,\cdots,n)$$

故 $C_0,C_1,\cdots,C_n$ 是线性方程组$\boldsymbol{G}_{n+1}\boldsymbol{C}=\boldsymbol{0}$ 的非零解。由线性代数知识，可得 $\det \boldsymbol{G}_{n+1}=0$，这与已知 $\det \boldsymbol{G}_{n+1}\neq 0$ 相矛盾，故假设不成立。

定理 5.2 线性无关函数组所确定的 Gram 矩阵是对称正定矩阵。

证明 由定理 5.1 必要性证明中可知

$$(C_0,C_1,\cdots,C_n)\boldsymbol{G}_{n+1}(C_0,C_1,\cdots,C_n)^{\mathrm{T}}=\left(\sum_{i=0}^{n}C_i\varphi_i,\sum_{i=0}^{n}C_i\varphi_i\right)\geqslant 0$$

当且仅当 $C_0=C_1=\cdots=C_n=0$ 时有等号成立，且显然矩阵$\boldsymbol{G}_{n+1}$是对称矩阵，故 Gram 矩阵 $\boldsymbol{G}_{n+1}$是对称正定称矩阵。

一般地，$\boldsymbol{G}_{n+1}$称为线性无关函数组 $\varphi_0(x),\varphi_1(x),\cdots,\varphi_n(x)$的度量矩阵。

5.1.4 正交多项式系的性质

下面讨论正交多项式系的性质,假设正交多项式系中 $\varphi_i(x)$ 的最高次项(即首项)系数为 1。

性质 1 正交多项式系 $\{\varphi_0(x),\varphi_1(x),\cdots,\varphi_n(x),\cdots\}$ 中任意有限个函数线性无关。

性质 2 $P_n(x)$ 表示次数不超过 n 次的代数多项式的集合,则对任何 $p(x)\in P_n(x)$ 有 $(p(x),\varphi_k(x))=0(k\geqslant n+1)$,即正交多项式系中的 $\varphi_k(x)$ 与所有次数小于 k 的多项式正交。

证明 由性质 1,$\{\varphi_0(x),\varphi_1(x),\cdots,\varphi_n(x)\}$ 为 $P_n(x)$ 的一组基,而 $p(x)\in P_n(x)$,故

$$p(x)=l_0\varphi_0(x)+l_1\varphi_1(x)+\cdots+l_n\varphi_n(x)$$

等式两边用 $\varphi_k(x)(k\geqslant n+1)$ 进行内积

$$(p(x),\varphi_k(x))=l_0(\varphi_0(x),\varphi_k(x))+l_1(\varphi_1(x),\varphi_k(x))+\cdots+l_n(\varphi_n(x),\varphi_k(x))$$

因为 $(\varphi_j(x),\varphi_k(x))=0(k\geqslant n+1,j=0,1,2,\cdots,n)$,故 $(p(x),\varphi_k(x))=0$。

性质 3 正交多项式系 $\{\varphi_0(x),\varphi_1(x),\cdots,\varphi_n(x),\cdots\}$ 中的 $\varphi_k(x)(k\neq 0)$ 在区间 (a,b) 内有 k 个互不相同的单实根。

性质 4 正交多项式系 $\{\varphi_0(x),\varphi_1(x),\cdots,\varphi_n(x),\cdots\}$ 中任意相邻的三项之间有如下关系:

$$\varphi_{n+1}(x)=(x-\alpha_n)\varphi_n(x)-\beta_n\varphi_{n-1}(x)\quad(n\geqslant 1)$$

其中 $\alpha_n=\dfrac{a_n}{b_n}$,$\beta_n=\dfrac{b_n}{b_{n-1}}$,$a_n=(x\varphi_n,\varphi_n)$,$b_n=(\varphi_n,\varphi_n)$。

证明 因 $x\varphi_n(x)$ 是 $n+1$ 次多项式,而 $\{\varphi_0(x),\varphi_1(x),\cdots,\varphi_{n+1}(x)\}$ 为 $n+1$ 次多项式集 $P_{n+1}(x)$ 的基,故存在 $\alpha_0,\alpha_1,\cdots,\alpha_{n+1}$,使得

$$x\varphi_n(x)=\alpha_{n+1}\varphi_{n+1}(x)+\alpha_n\varphi_n(x)+\cdots+\alpha_0\varphi_0(x)$$

比较两边 x^{n+1} 系数有 $\alpha_{n+1}=1$,等式两边用 $\varphi_k(x)$ 进行内积有

$$(\varphi_k(x),x\varphi_n(x))=(\varphi_k(x),\alpha_k\varphi_k(x))=\alpha_k b_k$$

另外,$(\varphi_k(x),x\varphi_n(x))=(x\varphi_k(x),\varphi_n(x))$,由此可得:

$$\alpha_k=\frac{(x\varphi_k(x),\varphi_n(x))}{b_k}$$

讨论:i)当 $k=n$ 时,得 $\alpha_n=\dfrac{a_n}{b_n}$;

ii)当 $k\leqslant n-2$ 时,$x\varphi_k(x)$ 是 $k+1(k+1\leqslant n-1)$ 次多项式,由性质 2 知它与 $\varphi_n(x)$ 正交,故 $\alpha_k=0$;

iii)当 $k=n-1$ 时,因 $x\varphi_{n-1}(x)$ 可表示为

$$x\varphi_{n-1}(x)=\varphi_n(x)+l_{n-1}\varphi_{n-1}(x)+\cdots+l_0\varphi_0(x)$$

故有

$$(x\varphi_{n-1}(x),\varphi_n(x))=(\varphi_n(x),\varphi_n(x))=b_n$$

从而

$$\alpha_{n-1}=\frac{b_n}{b_{n-1}}$$

由以上可得

$$x\varphi_n(x)=\varphi_{n+1}(x)+\frac{a_n}{b_n}\varphi_n(x)+\frac{b_n}{b_{n-1}}\varphi_{n-1}(x)$$

即

$$\varphi_{n+1}(x)=(x-\alpha_n)\varphi_n(x)-\beta_n\varphi_{n-1}(x)$$

根据以上正交多项式系的性质，特别是三项递推关系（性质 4），可以逐步构造正交多项式系。

5.2 常见正交多项式系

本节介绍一些常见的正交多项式系。

5.2.1 勒让德多项式系

定义式为

$$P_n(x)=\frac{1}{2^n n!}\frac{\mathrm{d}^n}{\mathrm{d}x^n}(x^2-1)^n \quad (-1\leqslant x\leqslant 1,n=0,1,2,\cdots)$$

的多项式系称为**勒让德（Legendre）多项式系**。

下面列出勒让德多项式系的前 6 项 $P_0(x)$到 $P_5(x)$如下：

$$P_0(x)=1 \quad P_1(x)=x \quad P_2(x)=\frac{1}{2}(3x^2-1) \quad P_3(x)=\frac{1}{2}(5x^3-3x)$$

$$P_4(x)=\frac{1}{8}(35x^4-30x^2+3) \quad P_5(x)=\frac{1}{8}(63x^5-70x^3+15x)$$

这六个多项式在区间[-1,1]上的图形如图 5.1 所示。

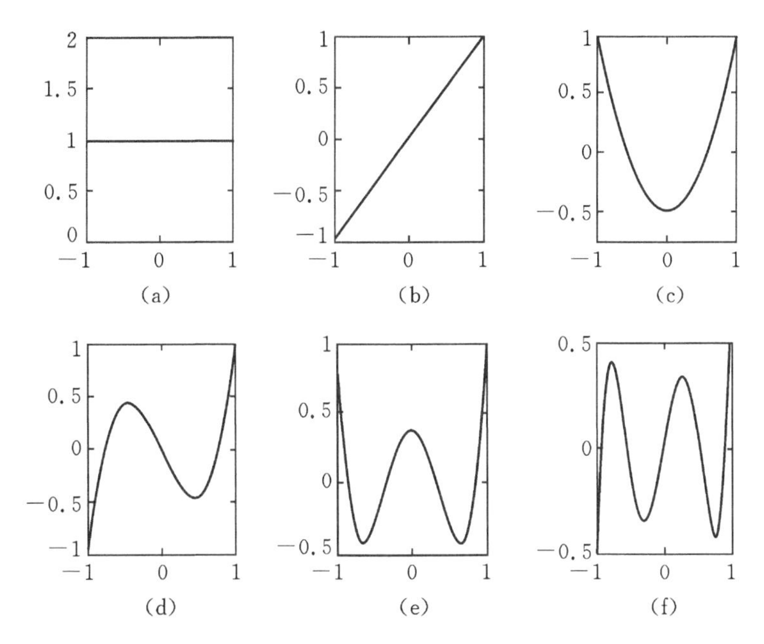

图 5.1 勒让德多项式函数图

勒让德多项式系具有如下性质：

①勒让德多项式系$\{P_n(x)\}$在区间[-1,1]上关于权函数 $\rho(x)\equiv 1$ 是正交多项式系，即

对任意 $P_k(x)$ 和 $P_j(x)$ 有

$$\int_{-1}^{1} P_k(x)P_j(x)\mathrm{d}x = \begin{cases} 0 & k \neq j \\ \dfrac{2}{2k+1} & k = j \end{cases}$$

证明 不妨设 $k \geqslant j$，当 $k > j$ 时，按分部积分法有

$$\begin{aligned}\int_{-1}^{1}[(x^2-1)^k]^{(k)}[(x^2-1)^j]^{(j)}\mathrm{d}x &= -\int_{-1}^{1}[(x^2-1)^k]^{(k-1)}[(x^2-1)^j]^{(j+1)}\mathrm{d}x \\ &= \cdots = (-1)^j\int_{-1}^{1}[(x^2-1)^k]^{(k-j)}[(x^2-1)^j]^{(2j)}\mathrm{d}x \\ &= (-1)^j(2j)!\int_{-1}^{1}[(x^2-1)^k]^{(k-j)}\mathrm{d}x \\ &= (-1)^j(2j)![(x^2-1)^k]^{(k-j-1)}\Big|_{-1}^{1} = 0\end{aligned}$$

当 $k=j$ 时，令 $x=\sin t$，由于

$$\int_{-1}^{1}[(x^2-1)^k]^{(k-j)}\mathrm{d}x = \int_{-1}^{1}(x^2-1)^k\mathrm{d}x = 2\int_{0}^{\frac{\pi}{2}}(-1)^k\cos^{2k+1}t\mathrm{d}t = 2(-1)^k\frac{(2k)!!}{(2k+1)!!}$$

从而可见 $k>j$ 时有

$$(p_k(x),p_j(x)) = \frac{1}{2^k k!}\cdot\frac{1}{2^j j!}\int_{-1}^{1}[(x^2-1)^k]^{(k)}[(x^2-1)^j]^{(j)}\mathrm{d}x = 0$$

而 $k=j$ 有

$$(p_k(x),p_k(x)) = \frac{1}{(2^k k!)^2}\cdot(-1)^k\cdot(2k)!2(-1)^k\cdot\frac{(2k)!!}{(2k+1)!!} = \frac{2}{2k+1}$$

②勒让德多项式系 $\{P_n(x)\}$ 有如下递推关系式：

$$\begin{cases} P_0(x) = 1, P_1(x) = x \\ P_{n+1}(x) = \dfrac{2n+1}{n+1}xP_n(x) - \dfrac{n}{n+1}P_{n-1}(x) \end{cases} \quad (n=1,2,\cdots)$$

注：一般地，设 $u_n(x)$ 在区间 $[a,b]$ 上满足条件

$$u_n(a) = u'_n(a) = \cdots = u_n^{(n-1)}(a) = 0$$
$$u_n(b) = u'_n(b) = \cdots = u_n^{(n-1)}(b) = 0$$
$$\frac{\mathrm{d}^{n+1}}{\mathrm{d}x^{n+1}}\left[\frac{1}{\rho(x)}u_n^{(n)}(x)\right] = 0$$

则多项式

$$g_n(x) = \frac{1}{\rho(x)}u_n^{(n)}(x) \quad (n=0,1,2,\cdots)$$

在区间 $[a,b]$ 上关于权函数 $\rho(x)$ 正交，这个公式成为罗德里格斯(Rodriques)公式。这是因为

当 $k>j$ 时，

$$\begin{aligned}(g_k(x),g_j(x)) &= \int_a^b\rho(x)g_k(x)g_j(x)\mathrm{d}x = \int_a^b u_k^{(k)}(x)g_j(x)\mathrm{d}x \\ &= u_k^{(k-1)}(x)g_j(x)\Big|_a^b - \int_a^b u_k^{(k-1)}(x)g'_j(x)\mathrm{d}x = -\int_a^b u_k^{(k-1)}(x)g'_j(x)\mathrm{d}x = \cdots \\ &= (-1)^j\int_a^b u_k^{(k-j)}(x)g_j^{(j)}(x)\mathrm{d}x = (-1)^{j+1}\int_a^b u_k^{(k-j-1)}(x)\cdot 0\mathrm{d}x = 0\end{aligned}$$

当 $k=j$ 时，

$$(g_k(x), g_k(x)) = \int_a^b \rho(x) g_k^2(x) \mathrm{d}x > 0$$

勒让德正交多项式系可以由罗德里格斯公式推出。

5.2.2 第一类切比雪夫多项式系

定义式为

$$T_n(x) = \cos(n\arccos x) \quad (-1 \leqslant x \leqslant 1, n = 0,1,2,\cdots)$$

的多项式系称为**第一类切比雪夫(Chebyshev)多项式系**。

第一类切比雪夫多项式 $T_0(x)$ 到 $T_5(x)$ 如下：

$$T_0(x) = 1 \quad T_1(x) = x \quad T_2(x) = 2x^2 - 1 \quad T_3(x) = 4x^3 - 3x$$

$$T_4(x) = 8x^4 - 8x^2 + 1 \quad T_5(x) = 16x^5 - 20x^3 + 5x$$

这六个多项式在区间[−1,1]上的图形如图 5.2 所示。

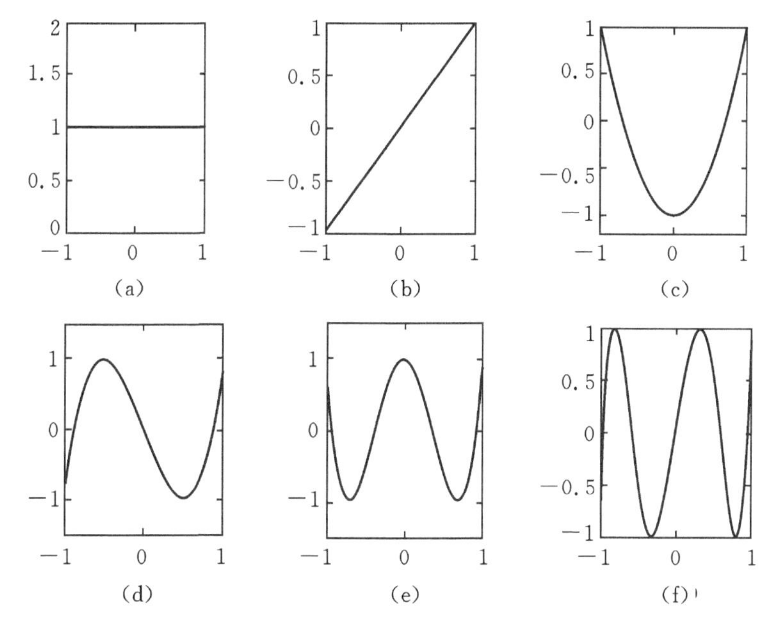

图 5.2　第一类切比雪夫多项式函数图

第一类切比雪夫多项式系具有如下性质：

①第一类切比雪夫多项式系 $\{T_n(x)\}$ 在区间[−1,1]上关于权函数 $\rho(x) = \dfrac{1}{\sqrt{1-x^2}}$ 正交，即

$$\int_{-1}^{1} \rho(x) T_k(x) T_j(x) \mathrm{d}x = \begin{cases} 0 & k \neq j \\ \dfrac{\pi}{2} & k = j \neq 0 \\ \pi & k = j = 0 \end{cases}$$

②第一类切比雪夫多项式系有如下递推关系式：

$$\begin{cases} T_0(x) = 1, T_1(x) = x \\ T_{n+1}(x) = 2xT_n(x) - T_{n-1}(x) \end{cases} \quad (n = 1,2,\cdots)$$

证明 令 $\theta=\arccos x$，则 $T_n(x)=\cos n\theta$，由三角函数关系式

$$\cos(n+1)\theta+\cos(n-1)\theta=2\cos\theta\cos n\theta$$

可得到

$$T_{n+1}(x)=2xT_n(x)-T_{n-1}(x) \quad (n=1,2,\cdots)$$

③零点与最值点。

第一类切比雪夫多项式 $T_n(x)$ 在区间 $(-1,1)$ 内有 n 个不同的零点 a_k：

$$a_k=\cos\left(\frac{k\pi}{n}-\frac{\pi}{2n}\right) \quad (k=1,2,\cdots,n)$$

在区间 $[-1,1]$ 内有 $n+1$ 个最值点 β_k：

$$\beta_k=\cos\left(\frac{k\pi}{n}\right) \quad (k=0,1,2,\cdots,n)$$

且交错取得，其最大值 1，最小值 -1。

5.2.3 第二类切比雪夫多项式系

定义式为

$$U_k(x)=\frac{\sin[(k+1)\arccos x]}{\sqrt{1-x^2}} \quad (-1\leqslant x\leqslant 1,k=0,1,2,\cdots)$$

的多项式系称为**第二类切比雪夫(Chebyshev)多项式系**。

第二类切比雪夫多项式 $U_0(x)$ 到 $U_5(x)$ 如下：

$$U_0(x)=1 \quad U_1(x)=2x \quad U_2(x)=4x^2-1$$

$$U_3(x)=8x^3-4x \quad U_4(x)=16x^4-12x^2+1 \quad U_5(x)=32x^5-32x^3+6x$$

第二类切比雪夫多项式系具有如下性质：

①第二类切比雪夫多项式系 $\{U_n(x)\}$ 在 $[-1,1]$ 上关于权函数 $\rho(x)=\sqrt{1-x^2}$ 是正交多项式，即

$$\int_{-1}^{1}\rho(x)U_k(x)U_j(x)\mathrm{d}x=\begin{cases}0 & k\neq j\\ \dfrac{\pi}{2} & k=j\end{cases}$$

②第二类切比雪夫多项式有如下递推关系式

$$\begin{cases}U_0(x)=1,U_1(x)=2x\\ U_{n+1}(x)=2xU_n(x)-U_{n-1}(x) \quad (n=1,2,\cdots)\end{cases}$$

5.2.4 拉盖尔多项式系

定义式为

$$L_n(x)=\mathrm{e}^x\frac{\mathrm{d}^n}{\mathrm{d}x^n}(x^n\mathrm{e}^{-x}) \quad x\in[0,+\infty) \quad (n=0,1,2,\cdots)$$

的多项式系称为**拉盖尔(Laguerre)多项式系**。

拉盖尔多项式 $L_0(x)$ 到 $L_5(x)$ 如下：

$$L_0(x)=1 \quad L_1(x)=1-x \quad L_2(x)=x^2-4x+2 \quad L_3(x)=-x^3+9x^2-18x+6$$

$$L_4(x)=x^4-16x^3+72x^2-96x+24 \quad L_5(x)=-x^5+25x^4-200x^3+600x^2-600x+120$$

这六个多项式在部分区间上的图形如图 5.3 所示。

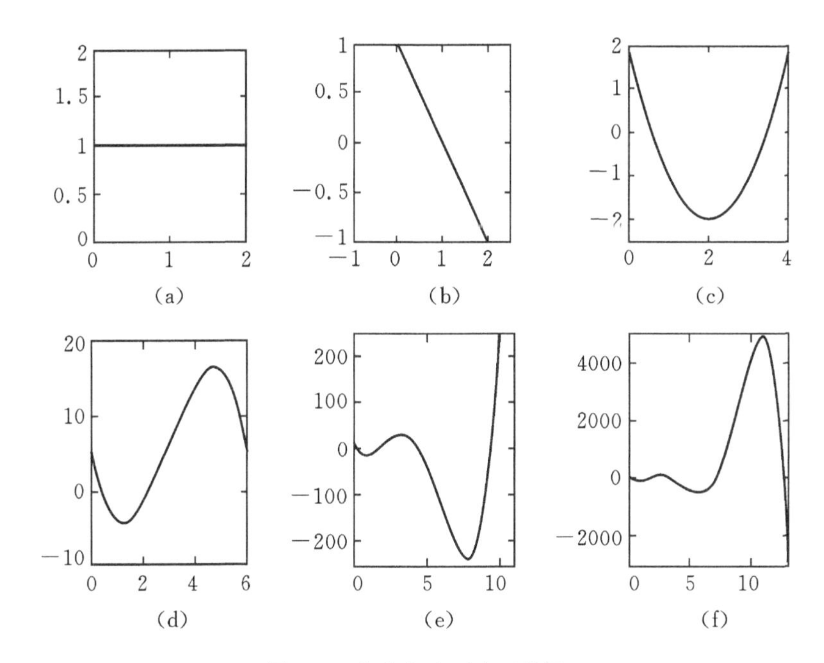

图 5.3　拉盖尔多项式函数图

拉盖尔多项式系具有如下性质：

①拉盖尔多项式系$\{L_n(x)\}$在$[0,+\infty]$上关于权函数$\rho(x)=\mathrm{e}^{-x}$是正交多项式系，即

$$\int_0^{+\infty}\rho(x)L_k(x)L_j(x)\mathrm{d}x=\begin{cases}0 & k\neq j\\(k!)^2 & k=j\end{cases}$$

②拉盖尔多项式系有如下递推关系式：

$$\begin{cases}L_0(x)=1,L_1(x)=1-x\\L_{n+1}(x)=(1+2n-x)L_n(x)-n^2L_{n-1}(x)\quad(n=1,2,\cdots)\end{cases}$$

③拉盖尔多项式$L_n(x)$的最高次项系数为$a_n=(-1)^n$，次项系数为$b_{n-1}=(-1)^{n-2}n^2$。

5.2.5　埃尔米特多项式系

定义式为

$$H_n(x)=(-1)^n\mathrm{e}^{x^2}\frac{\mathrm{d}^n}{\mathrm{d}x^n}(\mathrm{e}^{-x^2})\quad x\in(-\infty,+\infty)\quad(n=0,1,2,\cdots)$$

的多项式系称为**埃尔米特(Hermite)多项式系**。

埃尔米特多项式$H_0(x)$到$H_5(x)$如下：

$$H_0(x)=1\quad H_1(x)=2x\quad H_2(x)=4x^2-2\quad H_3(x)=8x^3-12x$$

$$H_4(x)=16x^4-48x^2+12\quad H_5(x)=32x^5-160x^3+120x$$

这六个多项式在部分区间上的图形如图 5.4 所示。

埃尔米特多项式系具有如下性质：

①埃尔米特多项式系在$(-\infty,+\infty)$上关于权函数$\rho(x)=\mathrm{e}^{-x^2}$是正交多项式，即

$$\int_{-\infty}^{+\infty}\rho(x)H_k(x)H_j(x)\mathrm{d}x=\begin{cases}0 & k\neq j\\2^kk!\sqrt{\pi} & k=j\end{cases}$$

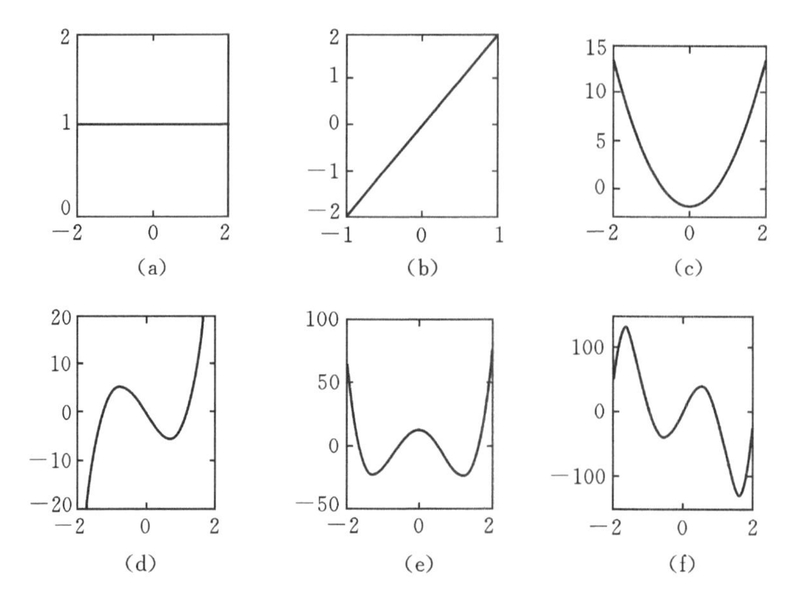

图 5.4 埃尔米特多项式函数图

②埃尔米特多项式系有如下递推关系式：

$$\begin{cases} H_0(x)=1, H_1(x)=2x \\ H_{n+1}(x)=2xH_n(x)-2nH_{n-1}(x) \quad (n=1,2,\cdots) \end{cases}$$

除了以上五种正交多项式系外，还有其它正交多项式系，在此不再一一介绍，有兴趣的同学可以查阅相关文献资料。

5.3 最佳一致逼近

5.3.1 最佳一致逼近概念

定义 5.7 （一致逼近）设函数 $f(x)$ 在闭区间 $[a,b]$ 上连续，对于任意给定的 $\varepsilon>0$，如果存在多项式 $\varphi(x)$，使得不等式 $\max\limits_{a\leqslant x\leqslant b}|f(x)-\varphi(x)|<\varepsilon$ 成立，则称多项式 $\varphi(x)$ 在区间 $[a,b]$ 上一致逼近于 $f(x)$。

魏尔斯特拉斯(Weierstrass)定理 若函数 $f(x)$ 在区间 $[a,b]$ 上连续，则对任意正数 ε，存在多项式 $\varphi(x)$，使得对一切 $x\in[a,b]$，都有 $|f(x)-\varphi(x)|<\varepsilon$ 成立。

这个定理从理论上肯定了闭区间上连续函数可以用多项式以任意精度来一致逼近它，但却没有给出来求逼近得最快的多项式的方法。

定义 5.8 （最佳一致逼近）设函数 $f(x)$ 在闭区间 $[a,b]$ 上连续，$\boldsymbol{P}_n(x)=\mathrm{span}\{1,x,\cdots,x^n\}$ 为次数不超过 n 的多项式集合，若存在函数 $p_n^*(x)\in\boldsymbol{P}_n(x)$，使得 $\max\limits_{a\leqslant x\leqslant b}|f(x)-p_n^*(x)|=\min\limits_{p_n(x)\in\boldsymbol{P}_n(x)}\{\max\limits_{a\leqslant x\leqslant b}|f(x)-p_n(x)|\}$，则称 $p_n^*(x)$ 为函数 $f(x)$ 在 $[a,b]$ 上的 n 次最佳一致逼近多项式，简称最佳逼近多项式。

下面介绍关于最佳逼近多项式存在及唯一性定理。

5.3.2 最佳逼近多项式的存在性及唯一性

定义 5.9 (偏差)对定义在$[a,b]$上的连续函数 $f(x)$与 $\varphi(x)$,称$\max\limits_{a\leqslant x\leqslant b}|f(x)-\varphi(x)|$为$f(x)$与 $\varphi(x)$的偏差。

定义 5.10 (偏差点)若 $\tilde{x}\in[a,b]$,使得$|f(\tilde{x})-\varphi(\tilde{x})|=\max\limits_{a\leqslant x\leqslant b}|f(x)-\varphi(x)|$,则称 $\tilde{x}$ 为近似函数 $\varphi(x)$的偏差点。特别地,若有 $\varphi(\tilde{x})-f(\tilde{x})=\max\limits_{a\leqslant x\leqslant b}|f(x)-\varphi(x)|$,则称 $\tilde{x}$ 为 $\varphi(x)$的正偏差点;若有 $f(\tilde{x})-\varphi(\tilde{x})=\max\limits_{a\leqslant x\leqslant b}|f(x)-\varphi(x)|$,则称 $\tilde{x}$ 为 $\varphi(x)$的负偏差点。

注:由于假设 $f(x)$与 $\varphi(x)$在$[a,b]$上连续,故偏差点总是存在的,但正、负偏差点不一定同时存在。

定理 5.3 (Borel 存在定理)对任意给定在$[a,b]$上连续的函数 $f(x)$,总存在 $p_n^*(x)\in\boldsymbol{P}_n(x)$,使得$\max\limits_{a\leqslant x\leqslant b}|f(x)-p_n^*(x)|=\min\limits_{p_n(x)\in\boldsymbol{P}_n(x)}\{\max\limits_{a\leqslant x\leqslant b}|f(x)-p_n(x)|\}$成立。

此定理表明,只要在区间$[a,b]$上能保证函数 $f(x)$连续,则一定有最佳逼近多项式存在。

定理 5.4 若 $p_n^*(x)\in\boldsymbol{P}_n(x)$是 $f(x)$在区间$[a,b]$上的最佳逼近多项式,则一定同时存在正负偏差点。

证明 (反证法)不妨设 $p_n^*(x)$与 $f(x)$不存在负偏差点,而仅存在正偏差点。并设 $\tilde{x}$ 是其中一个正偏差点,则有

$$p_n^*(\tilde{x})-f(\tilde{x})=\max_{a\leqslant x\leqslant b}|f(x)-p_n^*(x)|\overset{\text{def}}{=}u$$

由于 $p_n^*(x)-f(x)\in C[a,b]$,则必存在最大值 M 和最小值 m,有

$$-u<m\leqslant p_n^*(x)-f(x)\leqslant M=u$$

令 $s=\dfrac{m+u}{2}>0$,且

$$-\frac{u-m}{2}=m-s\leqslant p_n^*(x)-s-f(x)\leqslant u-s=\frac{u-m}{2}$$

$$\max_{a\leqslant x\leqslant b}|(p_n^*(x)-s)-f(x)|=\frac{u-m}{2}=u-s<u=\max_{a\leqslant x\leqslant b}|f(x)-p_n^*(x)|$$

此式与 $p_n^*(x)$是函数 $f(x)$的最佳逼近多项式相矛盾,故 $p_n^*(x)$同时存在正负偏差点。我们不加证明的给出下面的切比雪夫(Chebyshev)定理。

定理 5.5 (Chebyshev 定理)$p_n^*(x)$是函数 $f(x)$在$[a,b]$上的 n 次最佳逼近多项式的充要条件是在区间$[a,b]$上,$p_n^*(x)$至少有 $n+2$ 个依次轮流为正、负的偏差点 $x_i(i=1,2,\cdots,n+2)$,$a\leqslant x_1<x_2\cdots<x_{n+2}\leqslant b$,这些点有时称为交错点。

定理 5.6 (唯一性)若 $f(x)$在闭区间$[a,b]$上是连续函数,则 $f(x)$的最佳逼近多项式 $p_n^*(x)\in\boldsymbol{P}_n(x)$是唯一的。

证明 假若 $f(x)$的最佳逼近多项式不唯一,可设 $p(x)$和 $q(x)$都是 $f(x)$在区间$[a,b]$上的最佳逼近多项式,且 $p(x)\in\boldsymbol{P}_n(x)$,$q(x)\in\boldsymbol{P}_n(x)$,对任意 $x\in[a,b]$有

$$-\varepsilon\leqslant p(x)-f(x)\leqslant\varepsilon\qquad -\varepsilon\leqslant q(x)-f(x)\leqslant\varepsilon$$

整理得

$$-\varepsilon\leqslant\frac{p(x)+q(x)}{2}-f(x)\leqslant\varepsilon$$

令 $r(x)=\frac{p(x)+q(x)}{2}$,因此 $r(x)$ 也是函数 $f(x)$ 在 $\boldsymbol{P}_n(x)$ 中的最佳逼近多项式。由定理5.5知:$r(x)$ 存在 $n+2$ 个依次轮流为正、负的偏差点 $x_i(i=1,2,\cdots,n+2)$ 满足

$$\varepsilon=|r(x_i)-f(x_i)|=\left|\frac{1}{2}[p(x_i)+q(x_i)]-f(x_i)\right|$$
$$\leqslant\frac{1}{2}|p(x_i)-f(x_i)|+\frac{1}{2}|q(x_i)-f(x_i)|\leqslant\varepsilon$$

对 $1\leqslant i\leqslant n+2$ 有

$$|p(x_i)-f(x_i)|=\varepsilon \qquad |q(x_i)-f(x_i)|=\varepsilon$$

即说明 $x_i(i=1,2,\cdots,n+2)$ 也是 $p(x)$ 和 $q(x)$ 关于 $f(x)$ 的偏差点。又因为

$$|r(x_i)-f(x_i)|=\left|\frac{p(x_i)-f(x_i)}{2}+\frac{q(x_i)-f(x_i)}{2}\right|=\varepsilon$$

故 $p(x_i)-f(x_i)$ 与 $q(x_i)-f(x_i)$ 同号,从而有

$$p(x_i)-f(x_i)=q(x_i)-f(x_i) \quad (i=1,2,\cdots,n+2)$$

即

$$[p(x)-q(x)]|_{x=x_i}=0 \quad (i=1,2,\cdots,n+2)$$

而 $p(x)$ 和 $q(x)$ 均是不超过 n 次的多项式,故 $p(x)=q(x)$,证毕。

5.3.3 最佳逼近多项式的构造

前面讨论了最佳逼近多项式的存在性与唯一性。而切比雪夫定理表明,当用最佳逼近多项式 $p_n^*(x)$ 来逼近 $f(x)$ 时,其误差 $R(x)=f(x)-p_n^*(x)$ 在 $[a,b]$ 上是均匀分布的,由此可得以下两个结论:

①若 $f(x)\in C[a,b]$,则 $f(x)$ 在 $\boldsymbol{P}_n(x)=\text{span}\{1,x,\cdots,x^n\}$ 中的最佳逼近多项式,就是 $f(x)$ 在 $[a,b]$ 上的某个 n 次拉格朗日插值多项式。

此结论表明,要求 $f(x)$ 的 n 次最佳逼近多项式,只须在 $[a,b]$ 上求一个 n 次拉格朗日插值多项式 $L_n(x)$,使偏差 $\max\limits_{a\leqslant x\leqslant b}|f(x)-L_n(x)|$ 为最小即可。

②如果函数 $f(x)$ 在 $[a,b]$ 上有 $n+1$ 阶导数,且 $f^{(n+1)}(x)$ 在 $[a,b]$ 上恒为正(或为负),那么区间 $[a,b]$ 的端点 a 与 b 都属于 $f(x)-p_n^*(x)$ 的交错点组。

下面介绍线性最佳逼近多项式的求法及切比雪夫多项式在函数逼近中的应用。

③线性最佳逼近多项式 $p_1^*(x)$ 的构造。

先求零次最佳逼近多项式 $p_0^*(x)=C$(常数)。设 $f(x)\in C[a,b]$,则 $f(x)$ 的最佳零次逼近多项式为

$$p_0^*(x)=\frac{1}{2}[\min_{a\leqslant x\leqslant b}f(x)+\max_{a\leqslant x\leqslant b}f(x)]$$

再求一次最佳逼近多项式 $p_1^*(x)=a_0+a_1x$。

条件:$f(x)$ 在 $[a,b]$ 上具有二阶导数,且 $f''(x)$ 在 $[a,b]$ 上不变号。

推导:由定理 5.3 及切比雪夫定理知,存在点 $a\leqslant x_1<x_2<x_3\leqslant b$,使

$$f(x_k)-p_1^*(x_k)=(-1)^k\sigma\cdot\max_{a\leqslant x\leqslant b}|f(x)-p_1^*(x)|$$

其中 $\sigma=\pm1,k=1,2,3$。

因 $f''(x)$ 在 $[a,b]$ 上不变号,则由结论②知,区间 $[a,b]$ 端点 a,b 都属于 $f(x)-p_1^*(x)$ 的

交错点组，即有 $x_1=a,x_3=b$，而另一交错点 x_2 必位于$[a,b]$内部，且它是 $f(x)-p_1^*(x)$的极值点。故 $f'(x_2)-p'^*_1(x_2)=f'(x_2)-a_1=0$，即 $f'(x_2)=a_1$、又因 $f''(x)$在$[a,b]$上不变号，所以 $f'(x)$在$[a,b]$上严格单调，从而 $f(x)-p_1^*(x)$在$[a,b]$内有且仅有一个极值点 x_2，由此得：

$$f(a)-p_1^*(a)=-[f(x_2)-p_1^*(x_2)]=f(b)-p_1^*(b)$$

即：

$$\begin{cases}a_1=\dfrac{f(b)-f(a)}{b-a}\\ a_0=\dfrac{1}{2}[f(a)+f(x_2)]-\dfrac{a+x_2}{2}\dfrac{f(b)-f(a)}{b-a}\end{cases}$$

其中 x_2 由 $f'(x_2)=a_1$ 解得，因此 $f(x)$在$[a,b]$上的线性最佳逼近多项式为

$$p_1^*(x)=\frac{f(a)+f(x_2)}{2}+\frac{f(b)-f(a)}{b-a}(x-\frac{a+x_2}{2})$$

例 5.1　求 $f(x)=\sqrt{x}$在区间$[0.25,1]$上的线性最佳逼近多项式 $p_1(x)$。

解　$$f''(x)=-\frac{1}{4}x^{-\frac{3}{2}}<0\quad x\in[0.25,1]$$

故 $a=\dfrac{1}{4},b=1$，又

$$a_1=\frac{f(b)-f(a)}{b-a}=\frac{1-\dfrac{1}{2}}{1-\dfrac{1}{4}}=\frac{2}{3}\qquad f'(x_2)=\frac{1}{2}x_2^{-\frac{1}{2}}=\frac{2}{3}\Rightarrow x_2=\frac{9}{16}$$

故

$$f(x_2)=f(\frac{9}{16})=\sqrt{\frac{9}{16}}=\frac{3}{4}\quad f(a)=\frac{1}{2}\quad f(b)=1$$

所以

$$p_1^*(x)=\frac{5}{8}+\frac{2}{3}(x-\frac{13}{32})$$

④切比雪夫多项式的应用。

我们知道，切比雪夫多项式 $T_n(x)$的最高次项 x^n 的系数为 $2^{n-1}(n=1,2,\cdots)$，当令$\widetilde{T}_n(x)=\dfrac{1}{2^{n-1}}T_n(x)$时，$\widetilde{T}_n$ 的最高次项 x^n 的系数为 1。由切比雪夫零点与极点性质知：当

$$x_k=\cos\frac{k\pi}{n}\quad(k=0,1,2,\cdots,n)$$

此时有

$$\widetilde{T}_n(x_k)=\frac{(-1)^k}{2^{n-1}}$$

记 $\widetilde{\boldsymbol{P}}_n(x)$为最高项系数为 1 的一切 n 次多项式集合，有如下的切比雪夫多项式极性定理。

定理 5.7　在区间$[-1,1]$上，最高次项系数为 1 的一切 n 次多项式集合$\widetilde{\boldsymbol{P}}_n(x)$中，$\widetilde{T}_n(x)=\dfrac{1}{2^{n-1}}T_n(x)$与零的偏差最小，且偏差为$\dfrac{1}{2^{n-1}}$，即对任何 $p(x)\in\widetilde{\boldsymbol{P}}_n(x)$，有

$$\frac{1}{2^{n-1}}=\max_{-1\leqslant x\leqslant 1}|\widetilde{T}_n(x)-0|\leqslant\max_{-1\leqslant x\leqslant 1}|p(x)-0|$$

证明 (反证法)假若存在着首项系数为 1 的另一个 n 次多项式 $p(x)\neq\widetilde{T}_n(x)$，它与零的偏差比 $\widetilde{T}_n(x)$与零的偏差还小，即有

$$\max_{-1\leqslant x\leqslant 1}|p(x)-0|<\max_{-1\leqslant x\leqslant 1}|\widetilde{T}_n(x)-0|=\frac{1}{2^{n-1}}$$

令 $q(x)=\widetilde{T}_n(x)-p(x)$，因为 $\widetilde{T}_n(x)$，$p(x)$均属于$\widetilde{\boldsymbol{P}}_n(x)$，则 $q(x)$是一个次数不超过 $n-1$次的多项式。

在 $\widetilde{T}_n(x)$的交错组 $x_k=\cos\dfrac{k\pi}{n}(k=0,1,2,\cdots,n)$处，由于$|p(x_k)|=\max\limits_{-1\leqslant x\leqslant 1}|p(x)|<\dfrac{1}{2^{n-1}}$，即

$$-\frac{1}{2^{n-1}}<p(x_k)<\frac{1}{2^{n-1}}$$

$\widetilde{T}_n(x)$在 x_k 处轮流取到$(-1)^k\dfrac{1}{2^{n-1}}$，因此

$$q(x_k)=\frac{(-1)^k}{2^{n-1}}-p(x_k)$$

显然，$q(x)$在 $n+1$ 个交错点处轮流取正负值，由连续函数的介值定理知 $q(x)$至少有 n 个零点，而 $q(x)$至多是 $n-1$ 次多项式，所以 $q(x)=0$，即 $p(x)=\widetilde{T}_n(x)$，故定理结论成立。

注:在区间$[-1,1]$上，任何最高次项系数为 1 的 n 次多项式的最大值都满足 $\max\limits_{-1\leqslant x\leqslant 1}|p(x)|\geqslant\dfrac{1}{2^{n-1}}$.

而切比雪夫正交多项式 $\widetilde{T}_n(x)$是最大值最小的多项式，因此，$\widetilde{T}_n(x)$成为逼近其他函数的一种重要多项式。

定理 5.8 (多项式插值余项最小化)设 $f(x)\in C^{n+1}[-1,1]$，当插值节点$\{x_i\}_{i=0}^{n}$是切比雪夫正交多项式 $T_{n+1}(x)$的零点时，拉格朗日插值的截断误差满足

$$|R_n(x)|=|f(x)-L_n(x)|\leqslant\frac{M_{n+1}}{(n+1)!}\cdot\frac{1}{2^n},\quad 其中\ M_{n+1}=\max_{-1\leqslant x\leqslant 1}|f(x)|$$

证明 $f(x)$的 n 次拉格朗日插值余项为

$$R_n(x)=f(x)-L_n(x)=\frac{f^{(n+1)}(\xi)}{(n+1)!}(x-x_0)(x-x_1)\cdots(x-x_n)$$

$$|R_n(x)|\leqslant\frac{M_{n+1}}{(n+1)!}\prod_{i=0}^{n}|x-x_i|$$

由此可见，余项$|R_n(x)|$大小取决于 $\prod\limits_{i=0}^{n}|x-x_i|$的大小，$\prod\limits_{i=0}^{n}|x-x_i|$是一个 $n+1$ 次且最高次项系数为 1 的多项式，由定理 5.6 知，当 x_i 满足$(x-x_0)(x-x_1)\cdots(x-x_n)=\dfrac{1}{2^n}T_{n+1}(x)$时，$\max\limits_{-1\leqslant x\leqslant 1}|(x-x_0)(x-x_1)\cdots(x-x_n)|=\dfrac{1}{2^n}$取得最小值，即插值节点 x_i 取成 $n+1$ 个切比雪夫多项式的零点 $x_k=\cos(2k+1)\dfrac{\pi}{2(n+1)}(n=0,1,2,\cdots,n)$，则插值余项在$[-1,1]$上的最大绝对值最小，且有

$$\max_{-1\leqslant x\leqslant 1}|R_n(x)|\leqslant\frac{M_{n+1}}{(n+1)!}\max\left|\prod_{i=0}^{n}(x-x_i)\right|=\frac{M_{n+1}}{(n+1)!2^n}$$

上述定理表明，$L_n(x)$可作为$f(x)$的近似最佳一致逼近多项式。

对于一般区间$[a,b]$上的函数$f(x)$，做变换$x=\frac{a+b}{2}+\frac{b-a}{2}t$，把函数变换成

$$f(x)=f\left(\frac{a+b}{2}+\frac{b-a}{2}t\right)\overset{\text{def}}{=}g(t)\quad(-1\leqslant t\leqslant 1)$$

即将定义在$[a,b]$上的函数$f(x)$化成定义在$[-1,1]$上的函数$g(t)$。因而，应取

$$t_k=\cos\frac{2k+1}{2(n+1)}\pi\quad(k=0,1,2,\cdots,n)$$

即插值节点为

$$x_k=\frac{a+b}{2}+\frac{b-a}{2}\cdot\cos\frac{2k+1}{2(n+1)}\pi\quad(k=0,1,2,\cdots,n)$$

可使$\max\limits_{a\leqslant x\leqslant b}|R_n(x)|$达到最小，并有

$$\max_{a\leqslant x\leqslant b}|R_n(x)|\leqslant\frac{M_{n+1}}{(n+1)!}\cdot\frac{(b-a)^{n+1}}{2^{n+1}}\cdot\max_{-1\leqslant t\leqslant 1}\left|\frac{1}{2^n}T_{n+1}(t)\right|=\frac{M_{n+1}}{(n+1)!}\cdot\frac{(b-a)^{n+1}}{2^{2n+1}}$$

例 5.2 用多项式插值余项最小化方法求函数$f(x)=\mathrm{e}^{-x}$在$[0,1]$上的近似最佳一致逼近多项式，要求误差不超过$\frac{1}{2}\times10^{-3}$。

解 因为$a=0,b=1$，由此可得：

$$\max_{0\leqslant x\leqslant 1}|R_n(x)|=\frac{M_{n+1}}{(n+1)!}\cdot\frac{1}{2^{2n+1}},\quad M_{n+1}=\max_{0\leqslant x\leqslant 1}|f^{(n+1)}(x)|=\max_{0\leqslant x\leqslant 1}|(-1)^{n+1}\mathrm{e}^{-x}|=1$$

当$n=3$时，有

$$\max_{0\leqslant x\leqslant 1}|R_3(x)|\leqslant\frac{1}{2^7\times 4!}=0.0003255<\frac{1}{2}\times10^{-3}$$

因此取插值节点为

$$x_k=\frac{1}{2}\left(1+\cos\frac{2k+1}{8}\pi\right)\quad(k=0,1,2,3)$$

即

$$x_0=0.9619398\qquad x_1=0.6913417\qquad x_2=0.3086583\qquad x_3=0.03806023$$

得到三次拉格朗日插值多项式为

$$L_3(x)=0.99977-0.99290x+0.46323x^2-0.10240x^3$$

它可作为$f(x)=\mathrm{e}^{-x}$在$[0,1]$上的三次最佳一致逼近多项式。

5.4 最佳平方逼近

在5.3节中我们讨论了对于在区间$[a,b]$上给定的连续函数$f(x)$，如何求它的最佳一致逼近函数$\varphi(x)$，下面我们来研究在区间$[a,b]$上的最佳平方逼近问题。

5.4.1 最佳平方逼近的概念

定义 5.11 （最佳平方逼近函数）$\boldsymbol{\Phi}(x)$表示由$n+1$个线性无关的基函数$\varphi_0(x)$，$\varphi_1(x),\cdots,\varphi_n(x)$形成的线性空间，即

$$\boldsymbol{\Phi}(x)=\left\{\sum_{i=0}^{n}a_i\varphi_i(x)\,\middle|\,a_i\in\boldsymbol{R},i=0,1,\cdots,n\right\}=\operatorname{span}\{\varphi_0,\varphi_1,\cdots,\varphi_n\}$$

对于区间$[a,b]$上给定的连续函数$f(x)$，若存在$s^*(x)\in\boldsymbol{\Phi}(x)$，使得

$$\int_a^b\rho(x)[f(x)-s^*(x)]^2\mathrm{d}x=\min_{s(x)\in\boldsymbol{\Phi}(x)}\int_a^b\rho(x)[f(x)-s(x)]^2\mathrm{d}x$$

则称$s^*(x)$是$f(x)$在$\boldsymbol{\Phi}(x)$中的最佳平方逼近函数，$\rho(x)$为权函数，特别地，若$\varphi_i(x)=x^i(i=0,1,2,\cdots,n)$，则最佳平方逼近函数即为最佳平方逼近多项式。

最佳平方逼近函数分两种情形：

1. 离散情形

在离散情形，最佳平方逼近就是求函数$s^*(x)\in\boldsymbol{\Phi}(x)$，使得

$$\sum_{i=0}^{m}\rho(x_i)[f(x_i)-s^*(x_i)]^2=\min_{s(x)\in\boldsymbol{\Phi}(x)}\sum_{i=0}^{m}\rho(x_i)[f(x_i)-s(x_i)]^2$$

这样的$s^*(x)$称为$f(x)$在离散情形下最佳平方逼近函数。

2. 连续情形

在连续情形，最佳平方逼近就是求函数$s^*(x)\in\boldsymbol{\Phi}(x)$，使得

$$\int_a^b\rho(x)[f(x)-s^*(x)]^2\mathrm{d}x=\min_{s(x)\in\boldsymbol{\Phi}(x)}\int_a^b\rho(x)[f(x)-s(x)]^2\mathrm{d}x$$

这样的函数$s^*(x)$称为$f(x)$在连续情形下最佳平方逼近函数。

5.4.2 最佳平方逼近函数的求法

下面仅介绍连续情形下$s^*(x)$的存在性及具体求法，离散情形具有同样结论。

求最佳平方逼近函数$s^*(x)=\sum\limits_{i=0}^{n}a_i^*\varphi_i(x)$的问题等价于求它的系数$a_i^*(i=0,1,2,\cdots,n)$，使得多元函数

$$F(a_0,a_1,\cdots,a_n)=\int_a^b\rho(x)[f(x)-\sum_{i=0}^{n}a_i\varphi_i(x)]^2\mathrm{d}x$$

取得极小值，也就是点$(a_0^*,a_1^*,\cdots,a_n^*)$是$F(a_0,a_1,\cdots,a_n)$的极小值点。由于$F(a_0,a_1,\cdots,a_n)$是关于$(a_0,a_1,\cdots,a_n)$的二次函数，利用多元函数求极值的必要条件$\dfrac{\partial F}{\partial a_k}=0(k=0,1,2,\cdots,n)$，即有

$$\frac{\partial F}{\partial a_k}=2\int_a^b\rho(x)[f(x)-\sum_{i=0}^{n}a_i\varphi_i(x)][-\varphi_k(x)]\mathrm{d}x=0\quad(k=0,1,2,\cdots,n)$$

于是得到方程组

$$\sum_{i=0}^{n}a_i\int_a^b\rho(x)\varphi_k(x)\varphi_i(x)\mathrm{d}x=\int_a^b\rho(x)f(x)\varphi_k(x)\mathrm{d}x\quad(k=0,1,2,\cdots,n)\tag{5.2}$$

应用内积记号$(\varphi_k,\varphi_i)=\int_a^b\rho(x)\varphi_k(x)\varphi_i(x)\mathrm{d}x$，$(f,\varphi_k)=\int_a^b\rho(x)f(x)\varphi_k(x)\mathrm{d}x$等，方程组(5.2)可改写成

$$\sum_{i=0}^{n}(\varphi_k,\varphi_i)a_i=(f,\varphi_k)\quad(k=0,1,2,\cdots,n)$$

这是一个包含$(a_0,a_1,\cdots,a_n)$为$n+1$个未知量的线性方程组，写成矩阵形式即为

$$\begin{bmatrix}(\varphi_0,\varphi_0) & (\varphi_0,\varphi_1) & \cdots & (\varphi_0,\varphi_n)\\(\varphi_1,\varphi_0) & (\varphi_1,\varphi_1) & \cdots & (\varphi_1,\varphi_n)\\\vdots & \vdots & & \vdots\\(\varphi_n,\varphi_0) & (\varphi_n,\varphi_1) & \cdots & (\varphi_n,\varphi_n)\end{bmatrix}\begin{bmatrix}a_0\\a_1\\\vdots\\a_n\end{bmatrix}=\begin{bmatrix}(f,\varphi_0)\\(f,\varphi_1)\\\vdots\\(f,\varphi_n)\end{bmatrix} \tag{5.3}$$

此线性方程组称为求$(a_0,a_1,\cdots,a_n)$的法方程组或正规方程组。由于$\varphi_0,\varphi_1,\cdots,\varphi_n$线性无关，故式(5.2)中系数行列式

$$\det\boldsymbol{G}(\varphi_0,\varphi_1,\cdots,\varphi_n)\neq 0$$

于是线性方程组(5.3)有唯一解$a_k=a_k^*(k=0,1,2,\cdots,n)$，从而证明了函数$f(x)$在$\boldsymbol{\Phi}(x)$中的最佳平方逼近函数是存在的，并且得到

$$s^*(x)=a_0^*\varphi_0(x)+a_1^*\varphi_1(x)+\cdots+a_n^*\varphi_n(x)$$

下面来证明$s^*(x)$就是最佳平方逼近函数，即对任何$s(x)\in\boldsymbol{\Phi}(x)$都有

$$\int_a^b\rho(x)[f(x)-s^*(x)]^2\mathrm{d}x\leqslant\int_a^b\rho(x)[f(x)-s(x)]^2\mathrm{d}x$$

为此只要考虑

$$\begin{aligned}D&=\int_a^b\rho(x)[f(x)-s(x)]^2\mathrm{d}x-\int_a^b\rho(x)[f(x)-s^*(x)]^2\mathrm{d}x\\&=\int_a^b\rho(x)[s^*(x)-s(x)]^2\mathrm{d}x+2\int_a^b\rho(x)[s^*(x)-s(x)][f(x)-s^*(x)]\mathrm{d}x\end{aligned}$$

由于$s^*(x)$中系数a_i^*满足(5.2)，因此

$$\int_a^b\rho(x)[f(x)-s^*(x)]\varphi_k(x)\mathrm{d}x=0\quad(k=0,1,\cdots,n)$$

由于

$$s^*(x)-s(x)=\sum_{i=0}^n(a_i^*-a_i)\varphi_i(x)$$

所以

$$\int_a^b\rho(x)[s^*(x)-s(x)][f(x)-s^*(x)]\mathrm{d}x=0$$

因此有

$$D=\int_a^b\rho(x)[s(x)-s^*(x)]^2\mathrm{d}x=\sum_{i=0}^n(a_i^*-a_i)^2\int_a^b\rho(x)\varphi_i{}^2(x)\mathrm{d}x\geqslant 0$$

这就证明了$s^*(x)$是$f(x)$在$\boldsymbol{\Phi}(x)$中的最佳平方逼近函数，$s^*(x)$是存在唯一的，同时，也提供了求最佳平方逼近函数的方法，即只要在法方程组(5.3)中求出$a_i^*(i=0,1,2,\cdots,n)$，即可得$s^*(x)=\sum\limits_{i=0}^n a_i^*\varphi_i(x)$。

例5.3 设$f(x)=\sqrt{1+x^2}$，在$[0,1]$上求$f(x)$的一次最佳平方逼近多项式。

解 取$\boldsymbol{\Phi}(x)=\mathrm{span}\{1,x\}$，$[a,b]=[0,1]$，$\rho(x)=1$，$\varphi_0=1$，$\varphi_1=x$，则

$$(\varphi_0,\varphi_0)=\int_0^1 1\mathrm{d}x=1\quad(\varphi_0,\varphi_1)=\int_0^1 x\mathrm{d}x=\frac{1}{2}\quad(\varphi_1,\varphi_1)=\int_0^1 x^2\mathrm{d}x=\frac{1}{3}$$

$$(f,\varphi_0)=\int_0^1\sqrt{1+x^2}\mathrm{d}x=\frac{1}{2}\ln(1+\sqrt{2})+\frac{\sqrt{2}}{2}\approx 1.147$$

$$(f,\varphi_1)=\int_0^1\sqrt{1+x^2}x\mathrm{d}x=\frac{2\sqrt{2}-1}{3}\approx 0.609$$

法方程组为

$$\begin{pmatrix}1 & \frac{1}{2}\\ \frac{1}{2} & \frac{1}{3}\end{pmatrix}\begin{pmatrix}a_0\\ a_1\end{pmatrix}=\begin{pmatrix}1.147\\ 0.609\end{pmatrix}$$

解得 $a_0=0.934$,$a_1=0.426$,故 $s_1^*(x)=0.934+0.426x$。

由此例可推广:若取 $\varphi_i(x)=x^i(i=0,1,2,\cdots,n)$,$\rho(x)=1$,区间$[0,1]$,当 $f(x)\in[0,1]$时 $f(x)$在 $\boldsymbol{\Phi}(x)=\mathrm{span}\{1,x^1,\cdots,x^n\}$上的最佳平方逼近多项式为 $p_n^*(x)=a_0^*+a_1^*x+\cdots+a_n^*x^n$,此时 $(\varphi_i,\varphi_k)=\int_0^1 x^{i+k}\mathrm{d}x=\frac{1}{i+k+1}(i,k=0,1,2,\cdots,n)$,相应法方程组(5.3)的系数矩阵记为

$$\boldsymbol{H}_n=\begin{bmatrix}1 & \frac{1}{2} & \cdots & \frac{1}{n+1}\\ \frac{1}{2} & \frac{1}{3} & \cdots & \frac{1}{n+2}\\ \vdots & \vdots & & \vdots\\ \frac{1}{n+1} & \frac{1}{n+2} & \cdots & \frac{1}{2n+1}\end{bmatrix}=(\boldsymbol{h}_{ij})_{(n+1)(n+1)}$$

称为 $n+1$ 阶希尔伯特矩阵,再记 $a=(a_0,a_1,\cdots,a_n)^{\mathrm{T}}$,$b=(b_0,b_1,\cdots,b_n)^{\mathrm{T}}$,于是法方程组为 $H_na=b$,解此方程组得 $a_i=a_i^*(i=0,1,2,\cdots,n)$,可得 $p_n^*(x)=\sum_{i=0}^{n}a_i^*x^i$。

在最佳平方逼近函数中,令 $\delta(x)=f(x)-s^*(x)$,则称

$$\|\delta\|_2^2=\int_a^b\rho(x)(f(x)-s^*(x))^2dx$$

为最佳平方逼近误差,而称 $\|\delta\|_2$ 为均方误差。

由于$(f-s^*,s^*)=0$。故

$$\|\delta\|_2^2=(f-s^*,f-s^*)=(f,f)-(f,s^*)=(f,f)-\sum_{i=0}^{n}a_i^*(\varphi_i,f)$$

注:用$\{1,x,\cdots,x^n\}$作基,求最佳平方逼近多项式时,当 n 较大时,系数矩阵为希伯尔特矩阵。直接求解方程组是相当困难的,通常是用正交多项式作基,来构造最佳平方逼近多项式。

5.4.3 正交多项式作基函数的最佳平方逼近

若 $\boldsymbol{\Phi}(x)=\mathrm{span}\{\varphi_0(x),\varphi_1(x),\cdots,\varphi_n(x)\}$,其中 $\varphi_0(x),\varphi_1(x),\cdots,\varphi_n(x)$为一组正交函数基,在区间$[a,b]$上关于权函数$\rho(x)$有

$$(\varphi_k(x),\varphi_i(x))=\begin{cases}0 & k\neq i\\ A_i>0 & k=i\end{cases}$$

此时,法方程组(5.3)中的系数矩阵变为对角矩阵,即

$$G_{n+1}=\begin{bmatrix}(\varphi_0,\varphi_0) & & & & \\ & \ddots & & & \\ & & (\varphi_i,\varphi_i) & & \\ & & & \ddots & \\ & & & & (\varphi_n,\varphi_n)\end{bmatrix}$$

容易求解得

$$a_i^*=\frac{(f,\varphi_i)}{(\varphi_i,\varphi_i)}\quad(i=0,1,2,\cdots,n)$$

于是最佳平方逼近函数为

$$s^*(x)=\sum_{i=0}^{n}\frac{(f,\varphi_i)}{(\varphi_i,\varphi_i)}\cdot\varphi_i(x)\tag{5.4}$$

平方逼近误差为

$$\|\delta\|_2^2=(f,f)-\sum_{i=0}^{n}\frac{(f,\varphi_i)^2}{(\varphi_i,\varphi_i)}$$

若$\{\varphi_0,\varphi_1,\cdots,\varphi_n\}$是标准正交函数系,即$(\varphi_i,\varphi_i)=1(i=0,1,2,\cdots,n)$,则此时

$$s^*(x)=\sum_{i=0}^{n}(f,\varphi_i)\varphi_i(x)$$

误差为

$$\|\delta\|_2^2=(f,f)-\sum_{i=0}^{n}(f,\varphi_i)^2$$

在这种情况下,所求最佳平方逼近函数的表达形式最简单。

下面看一个特殊情形,设$[a,b]=[-1,1]$,$\rho(x)=1$,取$[-1,1]$上的正交多项式为勒让德多项式$\boldsymbol{P}_n(x)$,则有

$$\varphi_0(x)=p_0(x),\varphi_1(x)=p_1(x),\cdots,\varphi_n(x)=p_n(x)$$

由式(5.4)可得:对$[-1,1]$上连续函数$f(x)$,最佳平方逼近多项式为

$$s^*(x)=\sum_{i=0}^{n}a_i^*p_i(x)$$

其中

$$a_i^*=\frac{(f,p_i)}{(p_i,p_i)}=\frac{2i+1}{2}\int_{-1}^{1}f(x)p_i(x)\mathrm{d}x$$

且平方逼近误差为

$$\|\delta\|_2^2=\int_{-1}^{1}f^2(x)\mathrm{d}x-\sum_{i=0}^{n}\frac{2}{2i+1}a_i^*$$

注:这样得到的最佳平方逼近多项式$s^*(x)$与直接以$\{1,x,\cdots,x^n\}$为基而得到的$s^*(x)$是一致的,但此处却不需要求解法方程组(5.3)。

如果所给区间不是$[-1,1]$,而是一般区间$[a,b]$,想要使用勒让德正交多项式作为基函数来求最佳平方逼近多项式,可作变换

$$x=\frac{a+b}{2}+\frac{b-a}{2}t\quad t\in[-1,1]$$

例 5.4　求$f(x)=\ln x$,在$[1,2]$上的二次最佳平方逼近多项式及平方误差。

解 利用勒让德正交多项式，作变换 $x=\frac{3}{2}+\frac{1}{2}t\ (-1\leqslant t\leqslant 1)$，有

$$f(x)=\ln x=\ln(3+t)-\ln 2$$

令

$$g(t)=\ln(3+t)-\ln 2$$

求 $g(t)$ 在 $\boldsymbol{\Phi}(t)=\mathrm{span}\{p_0(t),p_1(t),p_2(t)\}$ 中的二次最佳平方逼近多项式，其中 $p_0(t)=1$，$p_1(t)=t,p_2(t)=\frac{3t^2-1}{2}$ 是 $[-1,1]$ 上关于权函数 $\rho(t)=1$ 正交的多项式，

$$(p_0,p_0)=2,\quad (p_1,p_1)=\frac{2}{3},\quad (p_2,p_2)=\frac{2}{5}$$

$$(g,p_0)=\int_{-1}^{1}[\ln(3+t)-\ln 2]\mathrm{d}t=0.7725887$$

$$(g,p_1)=\int_{-1}^{1}t[\ln(3+t)-\ln 2]\mathrm{d}t=0.2274113$$

$$(g,p_2)=\int_{-1}^{1}\frac{3t^2-1}{2}[\ln(3+t)-\ln 2]\mathrm{d}t=-0.01556716$$

$g(t)$ 的最佳平方逼近多项式为

$$\begin{aligned}s_2(t)&=\frac{(g,p_0)}{(p_0,p_0)}p_0+\frac{(g,p_1)}{(p_1,p_1)}p_1+\frac{(g,p_2)}{(p_2,p_2)}p_2\\&=0.4057533+0.35011695t-0.05837685t^2\end{aligned}$$

关于变量 t 的平方逼近误差为

$$\begin{aligned}\|\delta_t\|_2^2&=\|g(t)-s_2(t)\|_2^2=(g,g)-\sum_{j=0}^{2}\frac{(g,p_j)^2}{(p_j,p_j)}\\&=0.37663461-0.37662637\approx 8.3\times 10^{-6}\end{aligned}$$

$f(x)$ 的最佳平方逼近多项式为

$$p_2(x)=-1.142989+1.382756x-0.233507x^2$$

关于变量 x 的平方逼近误差为

$$\|\delta\|_2^2=\left|\frac{\mathrm{d}x}{\mathrm{d}t}\right|\|\delta_t\|_2^2\approx 4.2\times 10^{-6}$$

当然，除用勒让德正交多项式系外，我们也可用切比雪夫、拉盖尔等其他正交多项式系求解最佳平方逼近问题。

思考问题：1. 为什么当 $\varphi_0,\varphi_1,\cdots,\varphi_n$ 线性无关时，由方程组(5.3)所确定的系数矩阵 $\boldsymbol{G}(\varphi_0,\varphi_1,\cdots,\varphi_n)$ 就满足 $\det\boldsymbol{G}(\varphi_0,\varphi_1,\cdots,\varphi_n)\neq 0$？

2. 试证明当 $\varphi_0,\varphi_1,\cdots,\varphi_n$ 线性无关时，由方程组(5.3)所确定的系数矩阵 $\boldsymbol{G}(\varphi_0,\varphi_1,\cdots,\varphi_n)$ 是实对称正定矩阵。

5.5 曲线拟合的最小二乘法

在科学实验中，我们常常得到一组数据 $(x_i,y_i)(i=0,1,2,\cdots,m)$，希望从这组数据 (x_i,y_i) 出发，构造一个近似函数 $\varphi(x)$，不要求 $\varphi(x)$ 完全通过所有的数据点，只要求所得到的近似曲线能反映数据的基本趋势，换句话说，就是求一条曲线，使数据点均在此曲线的上方或

下方不远之处，所求的曲线称为拟合曲线，这样的问题称为曲线拟合问题。

在对给出的实验(或观测)数据$(x_i,y_i)(i=0,1,2,\cdots,m)$作曲线拟合时，怎样才算拟合的“最好”呢？一般希望各实验数据点与拟合的偏差的平方和最小，这就是最小二乘法的原理，其中偏差是指拟合曲线$\varphi(x)$与已知曲线$y=f(x)$之差。记$\delta_i=\varphi(x_i)-f(x_i)$称为在点$(x_i,y_i)$的拟合残差。

5.5.1　最小二乘曲线拟合问题的求解及误差分析

条件：已知$y=f(x)$的一组数据点$(x_i,y_i)(i=0,1,2,\cdots,m)$，取定函数空间为$\boldsymbol{\Phi}=\mathrm{span}\{\varphi_0,\varphi_1,\cdots,\varphi_n\}$，其中$\varphi_0,\varphi_1,\cdots,\varphi_n$线性无关。$\omega_i=\omega(x_i)$为点$(x_i,y_i)$处的权函数。

问题：求$\varphi^*(x)\in\boldsymbol{\Phi}$，使拟合残差$\delta_i=\varphi^*(x_i)-y_i(i=0,1,2,\cdots,m)$的平方和最小，即

$$\sum_{i=0}^{m}\delta_i^2\omega_i=\sum_{i=0}^{m}\omega_i[\varphi^*(x_i)-y_i]^2$$

最小。

求解：在曲线拟合中，作线性组合，设拟合曲线为：

$$\varphi(x)=C_0\varphi_0(x)+C_1\varphi_1(x)+\cdots+C_n\varphi_n(x)$$

要使

$$I(C_0,C_1,\cdots,C_n)=\sum_{i=0}^{m}\omega(x_i)\left(\sum_{k=0}^{n}C_k\varphi_k(x_i)-f(x_i)\right)^2$$

最小，由多元函数$I(C_0,C_1,\cdots,C_n)$取得极值的必要条件得：

$$\frac{\partial I}{\partial C_j}=0\quad(j=0,1,2,\cdots,n)$$

即

$$\frac{\partial I}{\partial C_j}=2\sum_{i=0}^{m}\omega(x_i)\left(\sum_{k=0}^{n}C_k\varphi_k(x_i)-f(x_i)\right)\varphi_j(x_i)=0\quad(j=0,1,2,\cdots,n)$$

应用离散情形内积记号，上式改写成

$$\sum_{k=0}^{n}(\varphi_k,\varphi_j)C_k=(f,\varphi_j)\quad(j=0,1,\cdots,n)$$

或写成矩阵形式为

$$\begin{bmatrix}(\varphi_0,\varphi_0) & (\varphi_0,\varphi_1) & \cdots & (\varphi_0,\varphi_n)\\(\varphi_1,\varphi_0) & (\varphi_1,\varphi_1) & \cdots & (\varphi_1,\varphi_n)\\\vdots & \vdots & & \vdots\\(\varphi_n,\varphi_0) & (\varphi_n,\varphi_1) & \cdots & (\varphi_n,\varphi_n)\end{bmatrix}\begin{bmatrix}C_0\\C_1\\\vdots\\C_n\end{bmatrix}=\begin{bmatrix}(f,\varphi_0)\\(f,\varphi_1)\\\vdots\\(f,\varphi_n)\end{bmatrix}\tag{5.5}$$

此方程组称为最小二乘曲线拟合的**法方程组或正规方程组**。方程组(5.5)的系数矩阵是$\varphi_0,\varphi_1,\cdots,\varphi_n$的度量矩阵$\boldsymbol{G}_{n+1}$，因$\varphi_0,\varphi_1,\cdots,\varphi_n$线性无关，从而$\det(\boldsymbol{G}_{n+1})\neq0$，方程组(5.5)有唯一解　$C_0,C_1,\cdots,C_n$，说明可得唯一函数

$$\varphi(x)=C_0\varphi_0(x)+C_1\varphi_1(x)+\cdots+C_n\varphi_n(x)$$

即为所求$f(x)$的最小二乘解。

由以上讨论可得：

①给定数据点$(x_i,y_i)(i=0,1,2,\cdots,m)$，在函数空间$\boldsymbol{\Phi}=\mathrm{span}\{\varphi_0,\varphi_1,\cdots,\varphi_n\}$(其中

$\varphi_0,\varphi_1,\cdots,\varphi_n$ 线性无关)中存在唯一函数 $\varphi(x)=\sum_{i=0}^{n}C_i\varphi_i(x)$，它是已知函数 $f(x)$的拟合曲线；

②最小二乘法的拟合曲线系数 $C_0,C_1,\cdots,C_n$，可由法方程组(5.5)得到；

③拟合的平方逼近误差为

$\|\delta\|_2^2=(\varphi^*-y,\varphi^*-y)=(\varphi^*,\varphi^*)-2(\varphi^*,y)+(y,y)=(y,y)-(\varphi^*,\varphi^*)$

曲线拟合中，函数类可有不同的选取方法，当取 $\varphi_i(x)=x^i(i=0,1,2,\cdots,n)$，相应地法方程组(5.5)变为

$$\begin{bmatrix}\sum\omega_i & \sum\omega_i x_i & \cdots & \sum\omega_i x_i^n\\ \sum\omega_i x_i & \sum\omega_i x_i^2 & \cdots & \sum\omega_i x_i^{n+1}\\ \vdots & \vdots & & \vdots\\ \sum\omega_i x_i^n & \sum\omega_i x_i^{n+1} & \cdots & \sum\omega_i x_i^{2n}\end{bmatrix}\begin{bmatrix}C_0\\ C_1\\ \vdots\\ C_n\end{bmatrix}=\begin{bmatrix}\sum\omega_i y_i\\ \sum\omega_i x_i y_i\\ \vdots\\ \sum\omega_i x_i^n y_i^n\end{bmatrix}$$

其中权 $\omega_i=\omega(x_i)$，$\sum$ 表示$\sum_i^m$，此时 $\varphi(x)=\sum_k^n C_k x^k$ 称为多项式拟合。

5.5.2 多项式拟合的求解过程

求解步骤：

①由已知数据点画出函数粗略图形——散点图，确定拟合多项式次数；

②计算内积$(\varphi_j,\varphi_i)(i,j=0,1,\cdots,n)$及$(f,\varphi_j)(j=0,1,\cdots,n)$；

③写出法方程组，求得 $C_0,C_1,\cdots,C_n$；

④写出拟合多项式 $\varphi(x)=C_0+C_1x+C_2x^2+\cdots+C_nx^n$。

例 5.5 已知一组实验数据如下表所示：

x_i	1	2	3	4	5
y_i	4	4.5	6	8	8.5
ω_i	2	1	3	1	1

求最小二乘拟合曲线。

解 根据所给数据点，画在坐标平面上，可以看出这些点基本在一条直线附近，所以可选线性函数进行拟合，即 $\varphi(x)=C_0+C_1x$，设 $\varphi_0=1,\varphi_1=x$，则

$$(\varphi_0,\varphi_0)=\sum_{i=0}^{4}\omega_i=8\quad(\varphi_0,\varphi_1)=\sum_{i=0}^{4}\omega_i x_i=22\quad(\varphi_1,\varphi_1)=\sum_{i=0}^{4}\omega_i x_i^2=74$$

$$(y,\varphi_0)=\sum_{i=0}^{4}\omega_i y_i=47\quad(y,\varphi_1)=\sum_{i=0}^{4}\omega_i x_i y_i=145.5$$

代入法方程组得

$$\begin{cases}8C_0+22C_1=47\\ 22C_0+74C_1=145.5\end{cases}$$

解得 $C_0=2.77,C_1=1.13$，所求最小二乘拟合曲线为 $\varphi(x)=2.77+1.13x$。

有的非线性拟合曲线可以通过适当的变量替换转化为线性模型，从而用线性拟合进行处理，按线性拟合解出后再还原为原变量所表示的曲线拟合方程。如当 $y=ae^{bx}$ 作为拟合函

数时，取对数 $\ln y=\ln a+bx$，令 $Y=\ln y, c_0=\ln a, c_1=b$，则 $Y=c_0+c_1x$ 称为线性模型，下表列举了几类经适当变换后化为线性拟合求解的曲线拟合方程及变换关系。

曲线拟合方程	变换关系	变换后线性拟合方程
$y=ax^b$	$\bar{y}=\ln y \quad \bar{x}=\ln x$	$\bar{y}=\bar{a}+b\bar{x} \quad (\bar{a}=\ln a)$
$y=ax^\mu+c$	$\bar{x}=x^\mu$	$y=a\bar{x}+c$
$y=\dfrac{x}{ax+b}$	$\bar{y}=\dfrac{1}{y} \quad \bar{x}=\dfrac{1}{x}$	$\bar{y}=a+b\bar{x}$
$y=\dfrac{1}{ax+b}$	$\bar{y}=\dfrac{1}{y}$	$\bar{y}=b+ax$

例 5.6　已知一组试验数据

x	2	3	4	6
y	0.760	0.340	0.190	0.085

试用最小二乘法确定拟合公式 $y=ax^b$ 中的参数 a 和 b.

解　取权函数为 $\omega(x)=1$，对 $y=ax^b$ 两边取对数得

$$\ln y = \ln a + b\ln x$$

令 $Y=\ln y, c_0=\ln a, c_1=b, X=\ln x$，则拟合函数转变为 $Y=c_0+c_1X$，所给数据转化为

i	1	2	3	4
X	0.6931	1.0986	1.3863	1.7918
Y	−0.2744	−1.0788	−1.6607	−2.4651

由于 $Y=c_0+c_1x$ 为一次多项式，得法方程组为

$$\begin{pmatrix} (\varphi_0,\varphi_0) & (\varphi_0,\varphi_1) \\ (\varphi_1,\varphi_0) & (\varphi_1,\varphi_1) \end{pmatrix} \begin{pmatrix} c_0 \\ c_1 \end{pmatrix} = \begin{pmatrix} (Y,\varphi_0) \\ (Y,\varphi_1) \end{pmatrix}$$

$$(\varphi_0,\varphi_0)=4 \quad (\varphi_0,\varphi_1)=\sum_{i=1}^{4}X_i=4.9698 \quad (\varphi_1,\varphi_1)=\sum_{i=1}^{4}X_i^2=6.8197$$

$$(Y_1,\varphi_0)=\sum_{i=1}^{4}Y_i=-5.4790 \quad (Y_1,\varphi_1)=\sum_{i=1}^{4}X_iY_i=-8.0946$$

即法方程组

$$\begin{pmatrix} 4 & 4.9698 \\ 4.9698 & 6.8197 \end{pmatrix} \begin{pmatrix} c_0 \\ c_1 \end{pmatrix} = \begin{pmatrix} -5.4790 \\ -8.0946 \end{pmatrix}$$

解得 $c_0=1.1098, c_1=-1.9957$，因而拟合曲线为 $Y=1.1098-1.9957X$，又 $y=e^Y=e^{1.1098-1.9957X}=e^{1.1098}\cdot e^{-1.9957\ln x}=3.0338x^{-1.9957}$，得

$$a=3.0038 \quad b=-1.9957$$

5.5.3　正交函数系的最小二乘曲线拟合

在线性空间 $\boldsymbol{\Phi}=\text{span}\{\varphi_0,\varphi_1,\cdots,\varphi_n\}$ 上求解最小二乘曲线拟合问题，经常会出现法方程

组在是病态方程组情况，特别是对 $n\geqslant7$ 时更是如此。在求解法方程组时系数矩阵或右端项微小的扰动都可能导致解函数有很大的误差，为避免这种情况发生，通常用改变 $\boldsymbol{\Phi}$ 中的基函数 $\varphi_0,\varphi_1,\cdots,\varphi_n$ 来解决，其作法是选择一组特殊的基函数，如标准正交基，使法方程组系数矩阵 $\boldsymbol{G}_{n+1}$ 变为对角阵。

假设函数系 $\{\varphi_0,\varphi_1,\cdots,\varphi_n\}$ 是关于点集 $\{x_1,x_2,\cdots,x_m\}$，且带权函数 $w(x_i)(i=1,2,\cdots,m)$ 正交的函数系，即

$$(\varphi_i,\varphi_k)=\begin{cases}0 & i\neq k\\ A_k & i=k\end{cases}$$

其中 $(\varphi_i,\varphi_k)=\sum\limits_{j=1}^{m}w(x_j)\varphi_i(x_j)\varphi_k(x_j)$，则法方程组(5.5)化成

$$\begin{pmatrix}(\varphi_0,\varphi_0) & & & \\ & (\varphi_1,\varphi_1) & & \\ & & \ddots & \\ & & & (\varphi_n,\varphi_n)\end{pmatrix}\begin{pmatrix}c_0\\ c_1\\ \vdots\\ c_n\end{pmatrix}=\begin{pmatrix}(f,\varphi_0)\\ (f,\varphi_1)\\ \vdots\\ (f,\varphi_n)\end{pmatrix}$$

求解得：

$$c_k=\frac{(f,\varphi_k)}{(\varphi_k,\varphi_k)}=\frac{\sum\limits_{j=1}^{m}\omega(x_j)f(x_j)\varphi_k(x_j)}{\sum\limits_{j=1}^{m}\omega(x_j)\varphi_k{}^2(x_j)}\quad(k=0,1,2,\cdots,n)$$

故 $\varphi(x)=\sum\limits_{k=0}^{n}\dfrac{(f,\varphi_k)}{(\varphi_k,\varphi_k)}\varphi_k(x)$，由此推得

$$\begin{aligned}(\varphi^*(x),\varphi^*(x))&=\sum_{j=1}^{m}\omega(x_j)\varphi^*(x_j)\varphi^*(x_j)\\&=\sum_{j=1}^{m}\omega(x_j)\left[\sum_{k=0}^{n}\frac{(f,\varphi_k)}{(\varphi_k,\varphi_k)}\varphi_k(x_j)\right]\left[\sum_{i=0}^{n}\frac{(f,\varphi_i)}{(\varphi_i,\varphi_i)}\varphi_i(x_j)\right]\\&=\sum_{k=0}^{n}\sum_{i=0}^{n}\frac{(f,\varphi_k)}{(\varphi_k,\varphi_k)}\frac{(f,\varphi_i)}{(\varphi_i,\varphi_i)}\sum_{j=1}^{m}\omega(x_j)\varphi_k(x_j)\varphi_i(x_j)\\&=\sum_{i=0}^{n}\sum_{k=0}^{n}\frac{(f,\varphi_k)}{(\varphi_k,\varphi_k)}\frac{(f,\varphi_i)}{(\varphi_i,\varphi_i)}(\varphi_k,\varphi_i)\\&=\sum_{k=0}^{n}\frac{(f,\varphi_k)^2}{(\varphi_k,\varphi_k)}\end{aligned}$$

平方逼近误差估计式为

$$\|\delta\|^2=(\varphi^*-f,\varphi^*-f)=(f,f)-\sum_{i=0}^{n}\frac{(f,\varphi_i)^2}{(\varphi_i,\varphi_i)}$$

在实际应用中，我们常用最高系数为 1 的正交多项式系 $\{p_0(x),p_1(x),\cdots,p_n(x)\}$ 来代替正交函数系 $\{\varphi_0(x),\varphi_1(x),\cdots,\varphi_n(x)\}$，从而有

$$\varphi(x)=\sum_{k=0}^{n}\frac{(f,p_k)}{(p_k,p_k)}p_k(x)$$

由正交多项式递推关系式，最高次项系数为 1 的正交多项式系 $\{p_k(x)\}(k=0,1,2,\cdots,n)$ 有如下递推关系式：

$$\begin{cases} p_0(x) = 1 \\ p_1(x) = x - a_1 \\ p_{k+1}(x) = (x - a_{k+1})p_k(x) - b_k p_{k-1}(x) \end{cases} \quad (k = 0,1,2,\cdots,n-1) \tag{5.6}$$

其中 $p_k(x)$为最高次项系数为 1 的 k 次多项式。由$\{p_k(x)\}$正交性可知

$$a_{k+1} = \frac{(xp_k(x), p_k(x))}{(p_k(x), p_k(x))} = \frac{\sum_{i=1}^{m}\omega(x_i)x_i p_k^2(x_i)}{\sum_{i=1}^{m}\omega(x_i)p_k^2(x_i)} \tag{5.7}$$

$$b_k = \frac{(p_k(x), p_k(x))}{(p_{k-1}(x), p_{k-1}(x))} = \frac{\sum_{i=1}^{m}\omega(x_i)p_k^2(x_i)}{\sum_{i=1}^{m}\omega(x_i)p_{k-1}^2(x_i)} \quad (k = 0,1,2,\cdots,n-1) \tag{5.8}$$

总结:用最高次项系数为 1 的多项式求拟合曲线 $\varphi(x)$的步骤为:

①由式(5.6)(5.7)(5.8)构造正交多项式系$\{p_0(x), p_1(x), \cdots, p_n(x)\}$;

②求系数 $c_k = \dfrac{(f, p_k)}{(p_k, p_k)}(k=0,1,2,\cdots,n)$;

③写出拟合曲线函数 $\varphi(x) = c_0 p_0(x) + c_1 p_1(x) + \cdots + c_n p_n(x)$。

5.5.4 用最小二乘法求解超定方程组

定义 5.12 (超定方程组)方程组中,当方程式的个数多于未知数的个数时,方程组往往无解,此类方程组称为超定方程组(亦称为矛盾方程组)。

设有超定方程组

$$\begin{cases} a_{11}x_1 + a_{12}x_2 + \cdots + a_{1m}x_m = b_1 \\ a_{21}x_1 + a_{22}x_2 + \cdots + a_{2m}x_m = b \\ \qquad\vdots \\ a_{n1}x_1 + a_{n2}x_2 + \cdots + a_{nm}x_m = b_n \end{cases} \quad (m < n) \tag{5.9}$$

即

$$\sum_{j=1}^{m} a_{ij}x_j = b_i \quad (i = 1,2,\cdots,n; m < n)$$

此方程组一般无解,但可将问题转化为求某种意义下的近似解,也就是说,寻求各未知数 $x_1, x_2, \cdots, x_m$ 的一组值,使超定方程组中各式近似相等。利用最小二乘法,应使

$$\delta_i = \left| \sum_{j=1}^{m} a_{ij}x_j - b_i \right|$$

达到最小(δ_i 称为偏差),进一步变形,令

$$Q = \sum_{i=1}^{n} \left(\sum_{j=1}^{m} a_{ij}x_j - b_i\right)^2$$

使 Q 式达到最小的 $x_1, x_2, \cdots, x_m$ 的值,称为超定方程组的最优近似解。Q 可以看成是 m 个自变量 x_j 的二次函数,因此,求解超定方程的问题归结为求二次函数 Q 的最小值问题。因为二次函数 Q 是 $x_1, x_2, \cdots, x_m$ 的连续函数,且

$$Q = \sum_{i=1}^{n} \left(\sum_{j=1}^{m} a_{ij}x_j - b_i\right)^2 \geqslant 0$$

故一定存在一组数 $x_1,x_2,\cdots,x_m$，使 Q 达到最小值，由于二次函数 Q 取得极值的必要条件为

$$\frac{\partial Q}{\partial x_k}=0 \quad (k=1,2,\cdots,m)$$

而

$$\frac{\partial Q}{\partial x_k}=\sum_{i=1}^{n}2\left[\sum_{j=1}^{m}a_{ij}x_j-b_i\right]a_{ik}=2\sum_{i=1}^{n}\left[\sum_{j=1}^{m}a_{ij}a_{ik}x_j-a_{ik}b_i\right]=2\sum_{j=1}^{m}\left(\sum_{i=1}^{n}a_{ij}a_{ik}\right)x_j-2\sum_{i=1}^{n}a_{ik}b_i$$

从而极值条件变为

$$\sum_{j=1}^{m}\left(\sum_{i=1}^{n}a_{ij}a_{ik}\right)x_j=\sum_{i=1}^{n}a_{ik}b_i \quad (k=1,2,\cdots,m) \tag{5.10}$$

具有 m 个未知量 m 个方程式的残量方程组(5.10)称为超定方程组(5.9)的法方程组。由上述推导可知，式(5.10)的解是方程组(5.9)的最优近似解。

记

$$\boldsymbol{A}=\begin{pmatrix}a_{11} & a_{12} & \cdots & a_{1m}\\ a_{21} & a_{22} & \cdots & a_{2m}\\ \vdots & \vdots & & \vdots\\ a_{n1} & a_{n2} & \cdots & a_{nm}\end{pmatrix} \quad \boldsymbol{X}=(x_1,x_2,\cdots,x_m)^{\mathrm{T}} \quad \boldsymbol{b}=(b_1,b_2,\cdots,b_n)^{\mathrm{T}}$$

则方程组(5.9)可表示为

$$\boldsymbol{AX}=\boldsymbol{b}$$

若记

$$\begin{cases}c_{kj}=\displaystyle\sum_{i=1}^{n}a_{ik}a_{ij}\\ d_k=\displaystyle\sum_{i=1}^{n}a_{ik}b_i\end{cases} \quad (k,j=1,2,\cdots,m;k=1,2,\cdots,m) \tag{5.11}$$

方程组(5.10)可表示为

$$\sum_{j=1}^{m}c_{kj}x_j=d_k \quad (k=1,2,\cdots,m)$$

则由式(5.11)可知

$$\boldsymbol{C}=\boldsymbol{A}^{\mathrm{T}}\boldsymbol{A} \quad \boldsymbol{d}=\boldsymbol{A}^{\mathrm{T}}\boldsymbol{b}$$

于是法方程组(5.10)可用矩阵表示为

$$\boldsymbol{CX}=\boldsymbol{d} \qquad \text{或} \qquad \boldsymbol{A}^{\mathrm{T}}\boldsymbol{AX}=\boldsymbol{A}^{\mathrm{T}}\boldsymbol{b}$$

显然，$\boldsymbol{C}=\boldsymbol{A}^{\mathrm{T}}\boldsymbol{A}$ 为对称矩阵，故 $c_{ij}=c_{ji}$，总结求超定方程组 $\boldsymbol{AX}=\boldsymbol{b}$ 解的过程为：

①$\boldsymbol{A}^{\mathrm{T}}\boldsymbol{AX}=\boldsymbol{A}^{\mathrm{T}}\boldsymbol{b}$(法方程组)；

②解法方程组，可得解。

例 5.7 求超定方程组 $\begin{cases}2x_1+4x_2=11\\ 3x_1-5x_2=3\\ x_1+2x_2=6\\ 2x_1+x_2=7\end{cases}$ 的最小二乘解。

解 原方程组的矩阵形式为

$$\begin{pmatrix} 2 & 4 \\ 3 & -5 \\ 1 & 2 \\ 2 & 1 \end{pmatrix} \begin{pmatrix} x_1 \\ x_2 \end{pmatrix} = \begin{pmatrix} 11 \\ 3 \\ 6 \\ 7 \end{pmatrix}$$

法方程组为

$$\begin{pmatrix} 2 & 3 & 1 & 2 \\ 4 & -5 & 2 & 1 \end{pmatrix} \begin{pmatrix} 2 & 4 \\ 3 & -5 \\ 1 & 2 \\ 2 & 1 \end{pmatrix} \begin{pmatrix} x_1 \\ x_2 \end{pmatrix} = \begin{pmatrix} 2 & 3 & 1 & 2 \\ 4 & -5 & 2 & 1 \end{pmatrix} \begin{pmatrix} 11 \\ 3 \\ 6 \\ 7 \end{pmatrix}$$

$$\begin{pmatrix} 18 & -3 \\ -3 & 46 \end{pmatrix} \begin{pmatrix} x_1 \\ x_2 \end{pmatrix} = \begin{pmatrix} 51 \\ 48 \end{pmatrix}$$

解得：$x_1=3.0403, x_2=1.2418$。

思考问题：1. 为什么当 $\varphi_0, \varphi_1, \cdots, \varphi_n$ 线性无关时，由方程组(5.5)所确定的系数矩阵 $\boldsymbol{G}_{n+1}$ 就满足 $\det(\boldsymbol{G}_{n+1}) \neq 0$？

2. 试证明当 $\varphi_0, \varphi_1, \cdots, \varphi_n$ 线性无关时，由方程组(5.5)所确定的系数矩阵 $\boldsymbol{G}_{n+1}$ 是实对称正定矩阵。

3. 在函数逼近中，使用正交多项式的实质是什么？

习题 5

1. 设 $T_k(x)$ 为 k 次切比雪夫多项式，证明

(1) $T_m(T_n(x))=T_{mn}(x)$；(2) $T_{m+n}(x)+T_{m-n}(x)=2T_m(x)T_n(x)$。

2. 证明：正交函数系必线性无关。

3. 已知函数表：

x	-2	-1	0	1	2
y	0	1	2	1	0

试用二次多项式 $y=c_0+c_1x+c_2x^2$ 拟合这组数据。

4. 求 a,b，使得 $\int_0^1 (ax-b-e^x)^2 dx$ 达到最小。

5. 设 $f(x)=\sin x, x\in[0,\frac{\pi}{2}]$，

(1) 试求 $f(x)$ 的1次最佳平方逼近多项式；

(2) 试求 $f(x)$ 的1次最佳一致逼近多项式。

6. 给定数据如下表：

x	1.0	1.4	1.8	2.2	2.6
y	0.931	0.473	0.297	0.224	0.168

试求形如 $y=\dfrac{1}{a+bx}$的拟合函数。

7. 求超定方程组 $\begin{pmatrix} 1 & 0 & 0 \\ 1 & 1 & 1 \\ 1 & 2 & 4 \\ 1 & 3 & 4 \end{pmatrix}\begin{pmatrix} x_1 \\ x_2 \\ x_3 \end{pmatrix}=\begin{pmatrix} 3 \\ 2 \\ 4 \\ 4 \end{pmatrix}$的最小二乘解。

第 6 章　矩阵特征值与特征向量数值方法

在线性代数或者高等代数课程中，我们学习过矩阵的特征值和特征向量的定义及其计算。求一个 n 阶矩阵的特征值就是求一个 n 次代数方程的根，一般情况下要求 $n(n>4)$ 次代数方程的根是比较困难的。同样，求一个 n 阶矩阵的特征向量就是求解一个 n 阶线性方程组，第 2 章介绍了线性方程组的数值解法。本章给出矩阵特征值与特征向量的其他一些数值方法，应用这些方法能快速计算出矩阵的部分或全部特征值与特征向量。

6.1　预备知识

设 $\boldsymbol{A}$ 为 $n\times n$ 阶矩阵，所谓 $\boldsymbol{A}$ 的特征值问题就是求数 λ 和非零列向量 $\boldsymbol{x}$，使得

$$\boldsymbol{A}\boldsymbol{x} = \lambda\boldsymbol{x} \tag{6.1}$$

成立，数 λ 称为 $\boldsymbol{A}$ 的一个特征值，非零列向量 $\boldsymbol{x}$ 称为与特征值 λ 对应的特征向量。在线性代数理论中我们一般解决的是低阶方阵($n\leqslant 4$)的特征值问题，而对于高阶方阵的特征值问题，如果直接求解是不现实的。本章将介绍用数值方法计算矩阵的特征值与特征向量的有效方法——迭代法和变换法，为此，下面给出一些关于矩阵的特征值和特征向量的基本定理，相关证明可参见参考文献相关内容。

定理 6.1　若 $\lambda_i(i=1,2,\cdots,n)$ 是矩阵 $\boldsymbol{A}$ 的特征值，则有

① $\displaystyle\sum_{i=1}^{n}\lambda_i = \sum_{i=1}^{n}a_{ii} = \mathrm{tr}(\boldsymbol{A})$

② $\displaystyle\prod_{i=1}^{n}\lambda_i = \det\boldsymbol{A}$

定理 6.2　若 $\lambda_i(i=1,2,\cdots,n)$ 是矩阵 $\boldsymbol{A}$ 的特征值，$P(x)$ 是某一多项式，则矩阵 $P(\boldsymbol{A})$ 的特征值为 $P(\lambda_1),\cdots,P(\lambda_n)$，特别地有 $\boldsymbol{A}^k$ 的特征值为 $\lambda_1^k,\lambda_2^k,\cdots,\lambda_n^k$。

定理 6.3　若矩阵 $\boldsymbol{A}$ 为实对称矩阵，则 $\boldsymbol{A}$ 的所有特征值均为实数，且存在 n 个线性无关的实特征向量，并且不同特征值所对应的特征向量是相互正交的。

定理 6.4　若 $\boldsymbol{A}$ 与 $\boldsymbol{B}$ 为相似矩阵，则 $\boldsymbol{A}$ 与 $\boldsymbol{B}$ 有相同的特征值。

定理 6.5　如果 $\boldsymbol{A}$ 有 n 个互不相同的特征值，则必存在一个相似变换矩阵 $\boldsymbol{P}$，使得 $\boldsymbol{P}^{-1}\boldsymbol{A}\boldsymbol{P}=\boldsymbol{D}$，其中 $\boldsymbol{D}$ 是一个对角矩阵，且对角线元素是 $\boldsymbol{A}$ 的 n 个特征值。

定理 6.6　对于任意方阵 $\boldsymbol{A}$，存在一个变换矩阵 $\boldsymbol{Q}$，使得 $\boldsymbol{Q}^{\mathrm{H}}\boldsymbol{A}\boldsymbol{Q}=\boldsymbol{T}$，$\boldsymbol{T}$ 是上三角阵，$\boldsymbol{Q}^{\mathrm{H}}$

是 $\boldsymbol{Q}$ 的共轭转置。若 $\boldsymbol{A}$ 为实对称矩阵，则存在一个正交矩阵 $\boldsymbol{Q}$，使得 $\boldsymbol{Q}^{\mathrm{T}}\boldsymbol{A}\boldsymbol{Q}=\boldsymbol{D}$，$\boldsymbol{D}$ 是对角矩阵，对角线元素为 $\boldsymbol{A}$ 的 n 个特征值，而 $\boldsymbol{Q}$ 的各列为 $\boldsymbol{A}$ 的特征向量。

定理 6.7 （盖尔(Gershgorin)圆盘定理）设 n 阶方阵 $\boldsymbol{A}=(a_{ij})_{n\times n}$，则 $\boldsymbol{A}$ 的每个特征值属于下述某个圆盘之中：

$$|\lambda-a_{ii}|\leqslant\sum_{j=1,j\neq i}^{n}|a_{ij}|\quad(i=1,2,\cdots,n)$$

定理 6.8 若 $\boldsymbol{A}$ 为 n 阶可逆方阵，则 $\boldsymbol{A}^{-1}$ 的谱半径满足下述不等式：

$$\frac{1}{\rho(\boldsymbol{A}^{-1})}\geqslant\min_{1\leqslant i\leqslant n}\left(|a_{ii}|-\sum_{j=1,j\neq i}^{n}|a_{ij}|\right)$$

定义 6.1 （瑞利(Rayleigh)商）设 $\boldsymbol{A}$ 为 n 阶实对称矩阵，对于任意非零列向量 x，称

$$R(x)=\frac{(\boldsymbol{Ax},\boldsymbol{x})}{(\boldsymbol{x},\boldsymbol{x})}=\frac{\boldsymbol{x}^{\mathrm{T}}\boldsymbol{Ax}}{\boldsymbol{x}^{\mathrm{T}}\boldsymbol{x}}$$

为关于 $\boldsymbol{x}$ 的瑞利商。

定理 6.9 设 $\boldsymbol{A}$ 为 n 阶实对称矩阵，对于任意非零列向量 $\boldsymbol{x}$，都有：

$$\lambda_n\leqslant\frac{\boldsymbol{x}^{\mathrm{T}}\boldsymbol{Ax}}{\boldsymbol{x}^{\mathrm{T}}\boldsymbol{x}}\leqslant\lambda_1\quad\lambda_n=\min_{\boldsymbol{x}\neq\boldsymbol{0}}\frac{\boldsymbol{x}^{\mathrm{T}}\boldsymbol{Ax}}{\boldsymbol{x}^{\mathrm{T}}\boldsymbol{x}}\quad\lambda_1=\max_{\boldsymbol{x}\neq\boldsymbol{0}}\frac{\boldsymbol{x}^{\mathrm{T}}\boldsymbol{Ax}}{\boldsymbol{x}^{\mathrm{T}}\boldsymbol{x}}$$

其中 $\lambda_n\leqslant\lambda_{n-1}\leqslant\cdots\leqslant\lambda_2\leqslant\lambda_1$ 是 $\boldsymbol{A}$ 的特征值。若 $\boldsymbol{A}$ 为实对称正定矩阵，则有：

$$\rho(\boldsymbol{A})=\lambda_1=\max_{\boldsymbol{x}\neq\boldsymbol{0}}\frac{\boldsymbol{x}^{\mathrm{T}}\boldsymbol{Ax}}{\boldsymbol{x}^{\mathrm{T}}\boldsymbol{x}}\quad\frac{1}{\rho(\boldsymbol{A}^{-1})}=\lambda_n=\min_{\boldsymbol{x}\neq\boldsymbol{0}}\frac{\boldsymbol{x}^{\mathrm{T}}\boldsymbol{Ax}}{\boldsymbol{x}^{\mathrm{T}}\boldsymbol{x}}$$

其中 $\lambda_1,\cdots,\lambda_n$ 为 $\boldsymbol{A}$ 的特征值，且 $0<\lambda_n\leqslant\lambda_{n-1}\leqslant\cdots\leqslant\lambda_2\leqslant\lambda_1$。

定理 6.10 若 n 阶实矩阵 $\boldsymbol{A}$ 为非奇异矩阵，则有

$$\frac{1}{\rho((\boldsymbol{A}^{\mathrm{T}}\boldsymbol{A})^{-1})}\leqslant|\lambda_i|^2\leqslant\rho(\boldsymbol{A}^{\mathrm{T}}\boldsymbol{A})$$

其中 $\lambda_1,\cdots,\lambda_n$ 为 $\boldsymbol{A}$ 的特征值。

6.2 乘幂法

我们把矩阵 $\boldsymbol{A}$ 按模最大的特征值称为主特征值，乘幂法是求矩阵主特征值和相应特征向量的迭代方法。

假定矩阵 $\boldsymbol{A}$ 的特征值为 $\lambda_1,\lambda_2,\cdots,\lambda_n$，且满足 $|\lambda_1|\geqslant|\lambda_2|\geqslant\cdots\geqslant|\lambda_n|$。特征值对应的特征向量为 $\boldsymbol{x}_1,\boldsymbol{x}_2,\cdots,\boldsymbol{x}_n$，它们线性无关。

6.2.1 主特征值与主特征向量的计算

由于已假设 $\boldsymbol{A}$ 有 n 个线性无关的特征向量 $\boldsymbol{x}_1,\boldsymbol{x}_2,\cdots,\boldsymbol{x}_n$。由于

$$\boldsymbol{Ax}_i=\lambda_i\boldsymbol{x}_i\quad(i=1,2,\cdots,n)$$

从而 $\boldsymbol{x}_1,\boldsymbol{x}_2,\cdots,\boldsymbol{x}_n$ 构成 $\boldsymbol{R}^n$ 的一个基底。对于任意非零向量 $\boldsymbol{v}_0\in\boldsymbol{R}^n$ 都有

$$\boldsymbol{v}_0=a_1\boldsymbol{x}_1+a_2\boldsymbol{x}_2+\cdots+a_n\boldsymbol{x}_n=\sum_{i=1}^{n}a_i\boldsymbol{x}_i\tag{6.2}$$

则

$$\boldsymbol{v}_1=A\boldsymbol{v}_0=a_1\lambda_1\boldsymbol{x}_1+\cdots+a_n\lambda_n\boldsymbol{x}_n=\sum_{i=1}^{n}a_i\lambda_i\boldsymbol{x}_i$$

$$\boldsymbol{v}_2 = A\boldsymbol{v}_1 = a_1\lambda_1^2\boldsymbol{x}_1 + \cdots + a_n\lambda_n^2\boldsymbol{x}_n = \sum_{i=1}^{n} a_i\lambda_i^2\boldsymbol{x}_i$$

一般地

$$\boldsymbol{v}_{k+1} = \boldsymbol{A}\boldsymbol{v}_k = \sum_{i=1}^{n} a_i\lambda_i^{k+1}\boldsymbol{x}_i \quad (k = 0,1,2,\cdots) \tag{6.3}$$

主特征值与其他特征值之间的关系可分四种情形进行讨论。

情形1：$|\lambda_1| > |\lambda_2| \geqslant |\lambda_3| \geqslant \cdots \geqslant |\lambda_n|$，即主特征值是单根，此时有

$$\boldsymbol{v}_k = \boldsymbol{A}\boldsymbol{v}_{k-1} = \boldsymbol{A}^k\boldsymbol{v}_0 = \lambda_1^k\left[a_1\boldsymbol{x}_1 + a_2\left(\frac{\lambda_2}{\lambda_1}\right)^k\boldsymbol{x}_2 + \cdots + a_n\left(\frac{\lambda_n}{\lambda_1}\right)^k\boldsymbol{x}_n\right]$$

由于 $\boldsymbol{v}_0$ 是任意选取，故可选 $\boldsymbol{v}_0$ 使 $a_1 \neq 0$。由于 $\left|\frac{\lambda_i}{\lambda_1}\right| < 1(i=2,3,\cdots,n)$，故当 k 充分大时有

$$\boldsymbol{v}_k \approx \lambda_1^k a_1\boldsymbol{x}_1,\boldsymbol{v}_{k+1} \approx \lambda_1^{k+1}a_1\boldsymbol{x}_1 \approx \lambda_1\boldsymbol{v}_k \tag{6.4}$$

而 $\boldsymbol{A}\boldsymbol{v}_k = \boldsymbol{v}_{k+1} = \lambda_1\boldsymbol{v}_k$，故 $\boldsymbol{v}_k$ 可以近似看作主特征值 λ_1 对应的特征向量。主特征值 λ_1 可如下计算：

我们用 $(\boldsymbol{v}_k)_j$ 表示向量 $\boldsymbol{v}_k$ 的第 j 个分量，当 k 充分加大时，有

$$\frac{(\boldsymbol{v}_{k+1})_j}{(\boldsymbol{v}_k)_j} = \frac{(\lambda_1^{k+1}a_1\boldsymbol{x}_1)_j}{(\lambda_1^k a_1\boldsymbol{x}_1)_j} = \lambda_1 \quad (j = 1,2,\cdots,n) \tag{6.5}$$

注意，由于 j 的不同，可能得到的主特征值 λ_1 也有差别，故有时也可用平均值 $\frac{1}{n}\sum_{j=1}^{n}\frac{(\boldsymbol{v}_{k+1})_j}{(\boldsymbol{v}_k)_j}$ 作为主特征值 λ_1 的近似值。

情形2：$\lambda_1 = \lambda_2 = \cdots = \lambda_r$，$|\lambda_1| > |\lambda_{r+1}| \geqslant \cdots \geqslant |\lambda_n|$，即主特征值是实值，且不是单根。这时有

$$\boldsymbol{v}_k = \lambda_1^k\left(\sum_{j=1}^{r} a_j\boldsymbol{x}_j + \sum_{j=r+1}^{n} a_j\left(\frac{\lambda_j}{\lambda_1}\right)^k\boldsymbol{x}_j\right)$$

由于 $\left|\frac{\lambda_j}{\lambda_1}\right| < 1(j=r+1,\cdots,n)$，故当 k 充分大时有

$$\boldsymbol{v}_k = \lambda_1^k\left(\sum_{j=1}^{r} a_j\boldsymbol{x}_j\right) \quad \boldsymbol{v}_{k+1} = \lambda_1^{k+1}\left(\sum_{j=1}^{r} a_j\boldsymbol{x}_j\right) \approx \lambda_1\boldsymbol{v}_k$$

而 $A\boldsymbol{v}_k = \boldsymbol{v}_{k+1} \approx \lambda_1\boldsymbol{v}_k$，故 $\boldsymbol{v}_k$ 仍然可以看作主特征值 λ_1 对应的近似特征向量。如同情形1，同样可得到主特征值 λ_1。

注：此时由于 λ_1 是重根，故主特征值 λ_1 的特征子空间不是一维的。我们所得到的特征向量，只是该特征子空间的一个特征向量，而且不同的 $\boldsymbol{v}_0$ 可能得到线性无关的 $\boldsymbol{v}_k$。

情形3：$\lambda_1 = -\lambda_2$，$|\lambda_1| = |\lambda_2| > |\lambda_3| \geqslant \cdots \geqslant |\lambda_n|$，即 $\boldsymbol{A}$ 有绝对值相同符号相反的两个单根是主特征值。此时我们有

$$\boldsymbol{v}_k = \lambda_1^k\left[a_1\boldsymbol{x}_1 + (-1)^k a_2\boldsymbol{x}_2 + a_3\left(\frac{\lambda_3}{\lambda_1}\right)^k\boldsymbol{x}_3 + \cdots + a_n\left(\frac{\lambda_n}{\lambda_1}\right)^k\boldsymbol{x}_n\right]$$

由于 $\boldsymbol{v}_0$ 可任意选取，故可选 $\boldsymbol{v}_0$，使得 $a_1 \neq 0, a_2 \neq 0$，由于 $\left|\frac{\lambda_i}{\lambda_1}\right| < 1(j=3,4,\cdots,n)$，当 k 充分大时有

$$\boldsymbol{v}_k \approx \lambda_1^k[a_1\boldsymbol{x}_1 + (-1)^k a_2\boldsymbol{x}_2]$$

由于因子 $(-1)^k$，使得 $\{\boldsymbol{v}_k\}$ 不收敛于固定向量，呈现有规律摆动，然而有

$$\boldsymbol{v}_{k+2} \approx \lambda_1^{k+2}(a_1\boldsymbol{x}_1 + (-1)^{k+2}a_2\boldsymbol{x}_2) = \lambda_1^{k+2}(a_1\boldsymbol{x}_1 + (-1)^k a_2\boldsymbol{x}_2) = \lambda_1^2\boldsymbol{v}_k$$

于是有

$$\frac{(\boldsymbol{v}_{k+2})_j}{(\boldsymbol{v}_k)_j} \approx \lambda_1^2 \quad ((\boldsymbol{v}_k)_j \neq 0)$$

$$\lambda_1 = \left[\frac{(\boldsymbol{v}_{k+2})_j}{(\boldsymbol{v}_k)_j}\right]^{\frac{1}{2}} \quad \lambda_2 = -\lambda_1$$

由于

$$\begin{cases} \boldsymbol{v}_{k+1} + \lambda_1\boldsymbol{v}_k = 2\lambda_1^{k+1}a_1\boldsymbol{x}_1 \\ \boldsymbol{v}_{k+1} - \lambda_1\boldsymbol{v}_k = 2(-1)^{k+1}\lambda_1^{k+1}a_2\boldsymbol{x}_2 \end{cases} \tag{6.6}$$

因此

$$\boldsymbol{A}(\boldsymbol{v}_{k+1} + \lambda_1\boldsymbol{v}_k) = \boldsymbol{A}(2\lambda_1^{k+1}a_1\boldsymbol{x}_1) = 2\lambda_1^{k+1}a_1\lambda_1\boldsymbol{x}_1 = \lambda_1(2\lambda_1^{k+1}a_1\boldsymbol{x}_1)$$

即

$$\boldsymbol{A}(\boldsymbol{v}_{k+1} + \lambda_1\boldsymbol{v}_k) = \lambda_1(2\lambda_1^{k+1}a_1\boldsymbol{x}_1)$$

故 λ_1,λ_2 对应的近似特征向量分别为 $\boldsymbol{v}_{k+1}+\lambda_1\boldsymbol{v}_k$ 和 $\boldsymbol{v}_{k+1}-\lambda_1\boldsymbol{v}_k$。

情形 4：$\lambda_1=\overline{\lambda_2}$，且 $|\lambda_1|=|\lambda_2|>|\lambda_3|\geqslant\cdots\geqslant|\lambda_n|$，即 $\boldsymbol{A}$ 有一对共轭复根作为主特征值，此时由于 $\boldsymbol{A}\boldsymbol{x}_1=\lambda_1\boldsymbol{x}_1$，$\overline{\boldsymbol{A}}\,\overline{\boldsymbol{x}}_1=\overline{\lambda_1}\;\overline{\boldsymbol{x}_1}$，即 $\boldsymbol{A}\,\overline{\boldsymbol{x}}_1=\overline{\lambda_1}\;\overline{\boldsymbol{x}_1}$，从而 $\boldsymbol{x}_2$ 可取为$\overline{\boldsymbol{x}_1}$，我们取 $\boldsymbol{v}_0$ 为实向量，有

$$\boldsymbol{v}_0 = a_1\boldsymbol{x}_1 + \overline{a_1}\;\overline{\boldsymbol{x}_1} + \sum_{j=3}^{n}a_j\boldsymbol{x}_j$$

$$\boldsymbol{v}_k = \lambda_1^k a_1\boldsymbol{x}_1 + \overline{\lambda_1^k}\;\overline{a_1}\;\overline{\boldsymbol{x}_1} + \sum_{j=3}^{n}a_j\lambda_j^k\boldsymbol{x}_j$$

当 k 充分大时有

$$\begin{cases} \boldsymbol{v}_k \approx \lambda_1^k a_1\boldsymbol{x}_1 + \overline{\lambda_1^k}\;\overline{a_1}\;\overline{\boldsymbol{x}_1} \\ \boldsymbol{v}_{k+1} \approx \lambda_1^{k+1}a_1\boldsymbol{x}_1 + \overline{\lambda_1^{k+1}}\;\overline{a_1}\;\overline{\boldsymbol{x}_1} \\ \boldsymbol{v}_{k+2} \approx \lambda_1^{k+2}a_1\boldsymbol{x}_1 + \overline{\lambda_1^{k+2}}\;\overline{a_1}\;\overline{\boldsymbol{x}_1} \end{cases} \tag{6.7}$$

容易得到如下关系：

$$\boldsymbol{v}_{k+2} - (\lambda_1 + \overline{\lambda_1})\boldsymbol{v}_{k+1} + \lambda_1\overline{\lambda_1}\boldsymbol{v}_k \approx \boldsymbol{0} \tag{6.8}$$

令 $p=-(\lambda_1+\overline{\lambda_1})$，$q=\lambda_1\overline{\lambda_1}$，则有

$$\boldsymbol{v}_{k+2} + p\boldsymbol{v}_{k+1} + q\boldsymbol{v}_k = \boldsymbol{0}$$

把 $\boldsymbol{v}_k,\boldsymbol{v}_{k+1}$ 及 $\boldsymbol{v}_{k+2}$ 的近似表达式代入上式。由 $\boldsymbol{x}_1$ 与 $\boldsymbol{x}_2$ 的线性无关性可得

$$\begin{cases} \lambda_1^k(\lambda_1^2 + p\lambda_1 + q) = 0 \\ \overline{\lambda_1^k}(\overline{\lambda_1^2} + p\overline{\lambda_1} + q) = 0 \end{cases}$$

因此 $\lambda_1,\overline{\lambda_1}$ 是方程 $\lambda^2+p\lambda+q=0$ 的一对共轭复根，而 p,q 可用下述方程组确定。

$$\begin{cases} (\boldsymbol{v}_{k+2})_j + p(\boldsymbol{v}_{k+1})_j + q(\boldsymbol{v}_k)_j = \boldsymbol{0} \\ (\boldsymbol{v}_{k+2})_l + p(\boldsymbol{v}_{k+1})_l + q(\boldsymbol{v}_k)_l = \boldsymbol{0} \end{cases} \quad (1\leqslant j,l\leqslant n, l\neq j) \tag{6.9}$$

解出 p,q 后可得

$$\lambda_{1,2} = -\frac{p}{2} \pm \mathrm{i}\sqrt{q - \left(\frac{p}{2}\right)^2} \quad (\mathrm{i} = \sqrt{-1}) \tag{6.10}$$

又因为

$$\begin{cases} \boldsymbol{v}_{k+1} - \lambda_2 \boldsymbol{v}_k \approx \lambda_1^k (\lambda_1 - \lambda_2) a_1 \boldsymbol{x}_1 \\ \boldsymbol{v}_{k+1} - \lambda_1 \boldsymbol{v}_k \approx \lambda_2^k (\lambda_2 - \lambda_1) a_2 \boldsymbol{x}_2 \end{cases} \tag{6.11}$$

故类似于情形 3 的处理方法，可得 λ_1, λ_2 对应的近似特征向量分别为 $\boldsymbol{v}_{k+1} - \lambda_2 \boldsymbol{v}_k$ 和 $\boldsymbol{v}_{k+1} - \lambda_1 \boldsymbol{v}_k$。

在上述讨论中，仅就乘幂法基本原理进行了分析，但没有注意到这样的问题：如果 $|\lambda_1| > 1$（或 $|\lambda_1| < 1$），则 $\boldsymbol{v}_k$ 的分量随 k 的增大而趋于无穷大（或趋于零），在计算机里容易发生上溢出（或下溢出）。为了避免这种情况，对迭代向量 $\boldsymbol{v}_k$ 进行规范化运算，具体方法为：

选取初始向量 $\boldsymbol{v}_0$，令

$$\boldsymbol{u}_0 = \frac{\boldsymbol{v}_0}{\max(\boldsymbol{v}_0)} \tag{6.12}$$

$$\boldsymbol{v}_k = \boldsymbol{A}\boldsymbol{u}_{k-1} \quad \boldsymbol{u}_k = \frac{\boldsymbol{v}_k}{\max(\boldsymbol{v}_k)} \quad (k = 1, 2, \cdots)$$

此处 $\max(\boldsymbol{v}_k)$ 表示向量 $\boldsymbol{v}_k$ 按模最大的分量，一般情况下取 $\boldsymbol{v}_0 = (1, 1, \cdots, 1)^{\mathrm{T}}$，则

$$\max(\boldsymbol{v}_0) = 1$$

$$\boldsymbol{v}_1 = \boldsymbol{A}\boldsymbol{u}_0 = \frac{\boldsymbol{A}\boldsymbol{v}_0}{\max(\boldsymbol{v}_0)} \quad \boldsymbol{u}_1 = \frac{\boldsymbol{v}_1}{\max(\boldsymbol{v}_1)} = \frac{\boldsymbol{A}\boldsymbol{v}_0}{\max(\boldsymbol{A}\boldsymbol{v}_0)}$$

$$\boldsymbol{v}_2 = \boldsymbol{A}\boldsymbol{u}_1 = \frac{\boldsymbol{A}^2 \boldsymbol{v}_0}{\max(\boldsymbol{A}\boldsymbol{v}_0)} \quad \boldsymbol{u}_2 = \frac{\boldsymbol{v}_2}{\max(\boldsymbol{v}_2)} = \frac{\boldsymbol{A}^2 \boldsymbol{v}_0}{\max(\boldsymbol{A}^2 \boldsymbol{v}_0)}$$

$$\cdots\cdots$$

$$\boldsymbol{v}_k = \boldsymbol{A}\boldsymbol{u}_{k-1} = \frac{\boldsymbol{A}^k \boldsymbol{v}_0}{\max(\boldsymbol{A}^{k-1} \boldsymbol{v}_0)} \quad \boldsymbol{u}_k = \frac{\boldsymbol{A}^k \boldsymbol{v}_0}{\max(\boldsymbol{A}^k \boldsymbol{v}_0)} \tag{6.13}$$

对规范化乘幂法，有如下收敛性定理。

定理 6.11 设 $\boldsymbol{A}$ 为 $n \times n$ 实矩阵，其特征值满足 $|\lambda_1| > |\lambda_2| \geqslant |\lambda_3| \geqslant \cdots \geqslant |\lambda_n|$，向量序列 $\{\boldsymbol{v}_k\}$ 及 $\{\boldsymbol{u}_k\}$ 由式(6.13)确定，则

$$\lim_{k \to \infty} \max(\boldsymbol{v}_k) = \lambda_1 \qquad \lim_{k \to \infty} \boldsymbol{u}_k = \frac{\boldsymbol{x}_1}{\max(\boldsymbol{x}_1)}$$

证明 由式(6.13)可得

$$\boldsymbol{A}^k \boldsymbol{v}_0 = \lambda_1^k \left(a_1 \boldsymbol{x}_1 + \sum_{j=2}^{n} a_j \left(\frac{\lambda_j}{\lambda_1}\right)^k \boldsymbol{x}_j\right)$$

因此

$$\boldsymbol{u}_k = \frac{\lambda_1^k \left(a_1 \boldsymbol{x}_1 + \sum_{j=2}^{n} a_j \left(\frac{\lambda_j}{\lambda_1}\right)^k \boldsymbol{x}_j\right)}{\max\left[\lambda_1^k \left(a_1 \boldsymbol{x}_1 + \sum_{j=2}^{n} a_j \left(\frac{\lambda_j}{\lambda_1}\right)^k \boldsymbol{x}_j\right)\right]} = \frac{\left(a_1 \boldsymbol{x}_1 + \sum_{j=2}^{n} a_j \left(\frac{\lambda_j}{\lambda_1}\right)^k \boldsymbol{x}_j\right)}{\max\left(a_1 \boldsymbol{x}_1 + \sum_{j=2}^{n} a_j \left(\frac{\lambda_j}{\lambda_1}\right)^k \boldsymbol{x}_j\right)}$$

所以

$$\lim_{k \to \infty} \boldsymbol{u}_k = \frac{\boldsymbol{x}_1}{\max(\boldsymbol{x}_1)}$$

同样有

$$\lim_{k \to \infty} \max(\boldsymbol{v}_k) = \lambda_1$$

当 $\lambda_1 = -\lambda_2$ 时，$\{\boldsymbol{u}_{2k}\}$ 和 $\{\boldsymbol{u}_{2k+1}\}$ 分别有两个不同的极限。若存在 m，使得 $\|\boldsymbol{u}_{m+2} - \boldsymbol{u}_m\|_\infty <$

ε,则再作两次迭代就有 $v_{m+1}=Au_m$,$v_{m+2}=Au_{m+1}$,则有 $\lambda_1=\left[\frac{(v_{m+2})_j}{(v_m)_j}\right]^{\frac{1}{2}}$,$\lambda_2=-\lambda_1$。特征向量分别为 $x_1\approx v_{m+2}+\lambda_1 v_{m+1}$,$x_2\approx v_{m+2}-\lambda_1 v_{m+1}$。当 $\lambda_1=\overline{\lambda_2}$时,由式(6.13)得到的向量序列$\{u_k\}$无规律可循。对于给定的 $v_0\neq \mathbf{0}$,先用式(6.13)迭代 m 次,发现$\{u_k\}$无规律可循时,再作三次迭代:

$$v_{m+1}=Av_m \quad v_{m+2}=Av_{m+1} \quad v_{m+3}=Av_{m+2} \tag{6.14}$$

然后由式(6.10)计算 p,q 之值,再用 p,q 来计算$||v_{m+3}+pv_{m+2}+qv_{m+1}||$,若此值小于 ε,就按式(6.11)、式(6.12)计算主征值 λ_1,λ_2 和特征向量 $x_1\approx v_{m+1}-\lambda_2 v_m$,$x_2\approx v_{m+1}-\lambda_1 v_m$,否则以 $u_{m+3}=\frac{v_{m+3}}{\max(v_{m+3})}$作为初始向量,重复以上步骤,直到$||v_{m+3}+pv_{m+2}+qv_{m+1}||<\varepsilon$为止。

例 6.1 用乘幂法求矩阵 $A=\begin{pmatrix}-12 & 3 & 3\\ 3 & 1 & -2\\ 3 & -2 & 7\end{pmatrix}$的主特征值及对应的特征向量。

解 取 $v_0=(1,1,1)^{\mathrm{T}}=u_0$,用式(6.13)计算,结果见表 6.1,要求$|\max(v_{k+1})-\max(v_k)|<10^{-8}$,主特征值近似值为 $\lambda_1=-13.220180293$,对应的特征向量 $u_{32}=(1,-0.235105504,-0.171621092)^{\mathrm{T}}$。

表 6.1 例 6.1 用乘幂法计算结果

k	v_k^{T}	u_k^{T}	$\max(v_k^{\mathrm{T}})$
0	(1,1,1)	(1,1,1)	1
1	(−6,2,8)	(−0.75,0.25,1)	8
2	(−12.75,−4,4.25)	(1.000000000,−0.313725490, 0.333333333)	12.75
3	(−1.941176471,2.019607843, 5.960784314)	(1.000000000,−0.169129721, −0.499178982)	−11.941176471
…	…	…	…
31	(−13.220179441,3.108136355, 2.268864454)	(1.000000000,−0.235105459, −0.171621305)	−13.220179441
32	(−13.220180293,3.108137152, 2.268861780)	(1.000000000,−0.235105504, −0.171621092)	−13.220180293

例 6.2 用乘幂法求矩阵 $A=\begin{pmatrix}4 & -1 & 1\\ 16 & -2 & -2\\ 16 & -3 & -1\end{pmatrix}$的主特征值及对应的特征向量。

解 取 $v_0=(1,1,1)^{\mathrm{T}}=u_0$,用式(6.13)计算,结果见表 6.2,要求$|\max(v_{k+1})-\max(v_k)|<10^{-8}$。

表 6.2 例 6.2 用乘幂法计算结果

k	v_k^T	u_k^T	$\max(v_k^T)$
0	(1,1,1)	(1,1,1)	1
1	(4.000000000,12.00000000,12.0000000)	(0.333333333,1.000000000,1.000000000)	12.000000000
2	(1.333333333,1.333333333,1.333333333)	(1.000000000,1.000000000,1.000000000)	1.333333333
3	(4.000000000,12.000000000,12.000000000)	(0.333333333,1.000000000,1.000000000)	12.000000000
4	(1.333333333,1.333333333,1.333333333)	(1.000000000,1.000000000,1.000000000)	1.333333333
5	(4.000000000,12.000000000,12.000000000)	(0.3333333333,1.00000000,1.000000000)	12.000000000

可看出 $\boldsymbol{A}$ 的特征值属于 $\lambda_1=-\lambda_2$ 情形，

$$\boldsymbol{v}_6=\boldsymbol{A}\boldsymbol{u}_5=(1.33333332,1.333333328,1.333333328)^T$$

$$\boldsymbol{v}_7=\boldsymbol{A}\boldsymbol{v}_6=(5.333333328,16,16)^T$$

因而，$\lambda_1=\sqrt{\dfrac{(\boldsymbol{v}_7)_2}{(\boldsymbol{v}_5)_2}}=\sqrt{16}=4$，$\lambda_2=-4$，特征向量分别是

$$\boldsymbol{x}_1\approx\boldsymbol{v}_7+\lambda_1\boldsymbol{v}_6=(10.666666656,21.333333312,21.333333312)^T$$

$$\boldsymbol{x}_2\approx\boldsymbol{v}_7-\lambda_1\boldsymbol{v}_6=(0.000000000,10.666666690,10.666666690)^T$$

事实上，$\boldsymbol{A}$ 的特征值依次为 $\lambda_1=4$，$\lambda_2=-4$，$\lambda_3=1$。

6.2.2 加速收敛技术

用乘幂法求 $\boldsymbol{A}$ 的主特征值的最大优点是方法简单，且特别适用于大型稀疏矩阵，但有时收敛速度很慢，其迭代的收敛速度主要取决于比值 $r=\left|\dfrac{\lambda_2}{\lambda_1}\right|$，$r$ 越小，收敛速度越快，当 $r\approx1$时，收敛速度就很慢。为了加快收敛速度，下面介绍两种加速收敛方法。

1. 原点平移法

引用矩阵 $\boldsymbol{B}=\boldsymbol{A}-p\boldsymbol{I}$，其中 $\boldsymbol{I}$ 为单位矩阵，p 为可选择的参数，若 $\boldsymbol{A}$ 的特征值为 $\lambda_1,\lambda_2,\cdots,\lambda_n$，则 $\boldsymbol{B}$ 的特征值为 $\lambda_1-p,\lambda_2-p,\cdots,\lambda_n-p$，不难证明，$\boldsymbol{A}$，$\boldsymbol{B}$ 有相同的特征向量，事实上，若 $\boldsymbol{x}$ 是 $\boldsymbol{A}$ 的对应于 λ 的特征向量，即 $\boldsymbol{Ax}=\lambda\boldsymbol{x}$ 即

$$(\boldsymbol{A}-p\boldsymbol{I})\boldsymbol{x}=\boldsymbol{Ax}-p\boldsymbol{Ix}=\lambda\boldsymbol{x}-p\boldsymbol{x}=(\lambda-p)\boldsymbol{x}$$

故 $\boldsymbol{x}$ 也是 $\boldsymbol{B}=\boldsymbol{A}-p\boldsymbol{I}$ 的对应于 $\lambda-p$ 的特征向量。

假设 λ_1 是 $\boldsymbol{A}$ 的主特征值，且 $|\lambda_1|>|\lambda_2|\geqslant\cdots\geqslant|\lambda_n|$，问题是如何选取参数 p，使得

①λ_1-p 是 $\boldsymbol{B}$ 的主特征值，即 $|\lambda_1-p|>|\lambda_i-p|$，$(i=2,3,\cdots,n)$；

②$\max\limits_{2\leqslant i\leqslant n}\left|\dfrac{\lambda_i-p}{\lambda_1-p}\right|<\left|\dfrac{\lambda_2}{\lambda_1}\right|$。

从而对矩阵 $\boldsymbol{B}$ 应用乘幂法求 λ_1-p 的过程比对 $\boldsymbol{A}$ 应用乘幂法求 λ_1 时收敛要快，这种方法通常称为原点平移法(也叫 Wilkinson 方法)。p 的最佳值是使 $\max\limits_{2\leqslant i\leqslant n}\left|\dfrac{\lambda_i-p}{\lambda_1-p}\right|$ 为最小值。但是我们要求 $\boldsymbol{A}$ 的特征值 $\lambda_i(i=1,2,\cdots,n)$，即 λ_i 都是未知数，故 p 的选取比较困难。在实际应用时，如果我们知道 $\boldsymbol{A}$ 的特征值的大致分布情况，就能取得比较理想的 p 值。比如已知 $\boldsymbol{A}$ 的特征值均大于零，则容易确定 p 的最佳值为 $\dfrac{(\lambda_1-\lambda_2)}{2}$，其中 $\lambda_1>\lambda_2\geqslant\cdots\geqslant\lambda_n>0$ 为 $\boldsymbol{A}$ 的特征值。

例 6.3 取 $p=4.6$，用原点平移法求例 6.1 中矩阵 $\boldsymbol{A}$ 的主特征值及相应的特征向量。

解 对 $\boldsymbol{B}=\boldsymbol{A}-4.6\boldsymbol{I}$ 应用乘幂法式(6.13)进行计算。结果见表 6.3。由此可知

$$\lambda_1=p+\max(\boldsymbol{v}_1)\approx 4.6+(-17.8201809)=-13.2201809$$

特征向量为

$$\boldsymbol{x}_1\approx(1,-0.2351055,-0.17116210)^{\mathrm{T}}$$

表 6.3 用原点平移法计算结果

k	$\boldsymbol{v}_k^{\mathrm{T}}$	$\boldsymbol{u}_k^{\mathrm{T}}$	$\max(\boldsymbol{v}_k^{\mathrm{T}})$
0	(1,1,1)	(1,1,1)	1
1	(−10.6,−2.6,3.4)	(1,0.2452830,−0.3207547)	−10.6
2	(−16.8264160,2.7584906,1.7396227)	(1,−0.1639381,−0.1033864)	−16.8264160
3	(−17.4019737,3.7969499,3.0797486)	(1,−0.2181908,−0.1769770)	−17.4019737
⋮	⋮	⋮	⋮
11	(−17.8208109,4.1896219,3.0583200)	(1,−0.2351055,−0.1716212)	−17.8201809
12	(−17.82101809,401896216,3.0583203)	(1,−0.2357055,−0.1716216)	−17.8201809

2. 瑞利商加速法

如果矩阵 $\boldsymbol{A}$ 是实对称矩阵，则 $\boldsymbol{A}$ 的特征向量相互正交。假定 $\boldsymbol{A}$ 的特征向量为 $\boldsymbol{x}_1,\boldsymbol{x}_2,\cdots,\boldsymbol{x}_n$，构成标准正交系，则对任意非零单位向量 $\boldsymbol{v}_0$ 有

$$\boldsymbol{v}_0=\boldsymbol{u}_0=\sum_{i=1}^{n}a_i\boldsymbol{x}_i$$

则

$$\boldsymbol{A}\boldsymbol{v}_k=\boldsymbol{A}^{k+1}\boldsymbol{v}_0=\sum_{i=1}^{n}a_i\lambda_i^{k+1}\boldsymbol{x}_i\qquad \boldsymbol{v}_k^{\mathrm{T}}\boldsymbol{A}\boldsymbol{v}_k=\boldsymbol{v}_k^{\mathrm{T}}\boldsymbol{v}_{k+1}=\sum_{i=1}^{n}a_i^2\lambda_i^{2k+1}$$

由于

$$\boldsymbol{v}_k^{\mathrm{T}}\boldsymbol{v}_k=\sum_{i=1}^{n}a_i^2\lambda_i^{2k}$$

故

$$R(\boldsymbol{u}_k)=\frac{(\boldsymbol{A}\boldsymbol{u}_k,\boldsymbol{u}_k)}{(\boldsymbol{u}_k,\boldsymbol{u}_k)}=\frac{\boldsymbol{u}_k^{\mathrm{T}}\boldsymbol{A}\boldsymbol{u}_k}{\boldsymbol{u}_k^{\mathrm{T}}\boldsymbol{u}_k}=\frac{\boldsymbol{v}_k^{\mathrm{T}}\boldsymbol{v}_{k+1}}{\boldsymbol{v}_k^{\mathrm{T}}\boldsymbol{v}_k}=\frac{\sum\limits_{i=1}^{n}a_i^2\lambda_i^{2k+1}}{\sum\limits_{i=1}^{n}a_i^2\lambda_i^{2k}}=\lambda_1+o\left(\frac{\lambda_2}{\lambda_1}\right)^{2k}$$

而应用乘幂法所得的结果为

$$\frac{\boldsymbol{y}^{\mathrm{T}}\boldsymbol{v}_{k+1}}{\boldsymbol{y}^{\mathrm{T}}\boldsymbol{v}_{k}}=\lambda_1+o\left(\frac{\lambda_2}{\lambda_1}\right)^k$$

其中 $\boldsymbol{y}$ 为与 $\boldsymbol{v}_k$ 不正交的任意非零向量，由此可见瑞利商的加速效果是非常明显的。

例 6.4　用瑞利商加速技术求例 6.1 中 $\boldsymbol{A}$ 的主特征值和相应的特征向量。

解　计算结果见表 6.4。

表 6.4　用瑞利商加速技术计算结果

k	$\boldsymbol{u}_k^{\mathrm{T}}$	$R(\boldsymbol{u}_k)$
0	(1,1,1)	—
1	(−0.75,0.25,1)	−3.884615
2	(1,−0.3137255,0.33333333)	−8.753654
3	(1,−0.1691297,−0.4991790)	−11.40622
⋮	⋮	⋮
16	(1,−0.2351788,−0.1712742)	−13.22018
17	(1,−0.2350620,−0.1718266)	−13.22018

6.3　反幂法

反幂法是用来计算可逆矩阵按模最小的特征值及对应的特征向量的数值方法。

设 $\boldsymbol{A}$ 为 n 阶非奇异矩阵，特征值依次为 $|\lambda_1|\geqslant|\lambda_2|\geqslant\cdots\geqslant|\lambda_{n-1}|>|\lambda_n|>0$，对应的特征向量为 $\boldsymbol{x}_1,\boldsymbol{x}_2,\cdots,\boldsymbol{x}_n$，则 $\boldsymbol{A}^{-1}$ 的特征值满足 $\frac{1}{|\lambda_1|}\leqslant\frac{1}{|\lambda_2|}\leqslant\cdots\leqslant\frac{1}{|\lambda_{n-1}|}<\frac{1}{|\lambda_n|}$，对应的特征向量为 $\boldsymbol{x}_1,\boldsymbol{x}_2,\cdots,\boldsymbol{x}_n$。则 λ_n^{-1} 一定是 $\boldsymbol{A}^{-1}$ 的主特征值。

任取初始向量 $\boldsymbol{v}_0\neq\boldsymbol{0}$，构造向量序列

$$\boldsymbol{v}_k=\boldsymbol{A}^{-1}\boldsymbol{v}_{k-1}=\boldsymbol{A}^{-k}\boldsymbol{v}_0\quad(k=1,2,\cdots)$$

或规范化向量序列(取 $\boldsymbol{v}_0=\boldsymbol{u}_0\neq\boldsymbol{0}$)：

$$\begin{cases}\boldsymbol{v}_k=\boldsymbol{A}^{-1}\boldsymbol{u}_{k-1}\\ \boldsymbol{u}_k=\dfrac{\boldsymbol{v}_k}{\max(\boldsymbol{v}_k)}\end{cases}\quad(k=1,2,\cdots)\tag{6.14}$$

则有

$$\lim_{k\to\infty}\boldsymbol{u}_k=\frac{\boldsymbol{x}_n}{\max(\boldsymbol{x}_n)}\qquad\lim_{k\to\infty}\max(\boldsymbol{u}_k)=\frac{1}{\lambda_n}$$

此方法称为反幂法。

为了避免在式(6.14)的迭代过程中要求逆矩阵，把式(6.14)改成

$$\boldsymbol{A}\boldsymbol{v}_k=\boldsymbol{u}_{k-1}\tag{6.15}$$

解此线性方程组得到 $\boldsymbol{v}_k$，在解线性方程组时，若 $\boldsymbol{A}$ 能按三角分解式进行分解，则可用三角分解法求解。

如果已知 $\boldsymbol{A}$ 的某个特征值 λ_i 的近似值 p(要求 p 满足当 $i\neq j$ 时，$|\lambda_i-p|<|\lambda_j-p|$)，

则$\frac{1}{\lambda_i - p}$便是$(\boldsymbol{A}-p\boldsymbol{I})^{-1}$的主特征值。将原点平移法和反幂法结合起来，有下面计算公式：

取 $\boldsymbol{v}_0=\boldsymbol{u}_0\neq\boldsymbol{0}$，计算

$$\begin{cases}\boldsymbol{v}_k = (\boldsymbol{A}-p\boldsymbol{I})^{-1}\boldsymbol{u}_{k-1} \\ \boldsymbol{u}_k = \dfrac{\boldsymbol{v}_k}{\max(\boldsymbol{v}_k)}\end{cases} \quad (k=1,2,\cdots) \tag{6.16}$$

若 p 是 λ_i 的相对分离较好的近似值($p\neq\lambda_i$)。

当$|\lambda_i-p|\ll|\lambda_j-p|(j\neq i,j\in\{1,2,\cdots n\})$时，有

$$\lim_{k\to\infty}\boldsymbol{u}_k = \frac{\boldsymbol{x}_i}{\max(\boldsymbol{x}_i)} \qquad \lim_{k\to\infty}\max(\boldsymbol{v}_k) = \frac{1}{\lambda_i - p}$$

从而可得

$$p+\lim_{k\to\infty}\frac{1}{\max(\boldsymbol{v}_k)} = \lambda_i \qquad \lim_{k\to\infty}\boldsymbol{u}_k = \frac{\boldsymbol{x}_i}{\max(\boldsymbol{x}_i)}$$

同样我们可通过解线性方程组 $\boldsymbol{A}\boldsymbol{v}_k=\boldsymbol{u}_{k-1}$ 来得到 $\boldsymbol{v}_k$，为此进行三角分解：$\boldsymbol{P}(\boldsymbol{A}-p\boldsymbol{I})=\boldsymbol{L}\boldsymbol{U}$，其中 $\boldsymbol{P}$ 为置换矩阵，然后对 $\boldsymbol{v}_0$ 求解线性方程组

$$(\boldsymbol{A}-p\boldsymbol{I})\boldsymbol{v}_1 = \boldsymbol{P}^{-1}\boldsymbol{L}\boldsymbol{U}\boldsymbol{v}_0 = \boldsymbol{u}_0 = \frac{\boldsymbol{v}_0}{\max(\boldsymbol{v}_0)}$$

通常取 $\boldsymbol{u}_0$ 使得下式成立：

$$\boldsymbol{U}\boldsymbol{v}_0 = \boldsymbol{L}^{-1}\boldsymbol{P}u_0 = (1,1,\cdots,1)^{\mathrm{T}}$$

例 6.5 用反幂法求例 6.1 中矩阵 $\boldsymbol{A}$ 的接近 $p=-13$ 的特征值及特征向量。

解 $p=-13$，对 $\boldsymbol{A}-p\boldsymbol{I}$ 进行 $\boldsymbol{LU}$ 分解有

$$\boldsymbol{A}-p\boldsymbol{I} = \begin{pmatrix}1 & 3 & 3\\ 3 & 14 & -2\\ 3 & -2 & 20\end{pmatrix} = \begin{pmatrix}1 & 0 & 0\\ 3 & 1 & 0\\ 3 & -\frac{11}{5} & 1\end{pmatrix}\begin{pmatrix}1 & 3 & 3\\ 0 & 5 & -11\\ 0 & 0 & -\frac{66}{5}\end{pmatrix} = \boldsymbol{LU}$$

若令 $\boldsymbol{U}\boldsymbol{v}_k=\boldsymbol{y}_k$，则由式(6.16)可得

$$\begin{cases}\boldsymbol{L}\boldsymbol{y}_k = \boldsymbol{u}_{k-1}\\ \boldsymbol{U}\boldsymbol{v}_k = \boldsymbol{y}_k \\ \boldsymbol{u}_k = \dfrac{\boldsymbol{v}_k}{\max(\boldsymbol{v}_k)}\end{cases} \quad (k=1,2,\cdots)$$

取 $\boldsymbol{v}_0=\boldsymbol{u}_0=(1,1,1)^{\mathrm{T}}$，计算结果如表 6.5。

表 6.5 反幂法计算结果

k	$\boldsymbol{v}_k^{\mathrm{T}}$	$\boldsymbol{u}_k^{\mathrm{T}}$	$p+\frac{1}{\max(\boldsymbol{u}_k)}$
0	(1,1,1)	(1,1,1)	—
1	(−2.4545450,0.6666669,0.48484850)	(1,−0.27160496,−0.19753087)	−13.40741
2	(−4.59708214,1.07818937,0.78750467)	(1,−0.23453777,−0.17130533)	−13.21753
3	(−4054094172,1.06764054,0.77934009)	(1,−0.23510535,−0.17162110)	−13.22022
4	(−4.54175138,1.06779003,0.77946037)	(1,−0.23510535,−0.17162110)	−13.22018
5	(−4.54173851,1.06778765,0.77945852)	(1,−0.23510548,−0.17162117)	−13.22018

6.4 雅克比方法

雅克比方法是计算实对称矩阵 $\boldsymbol{A}$ 全部特征和特征向量的方法。因为 $\boldsymbol{A}$ 是实对称矩阵，故由线性代数理论知存在正交矩阵 $\boldsymbol{Q}$，使得 $\boldsymbol{Q}^{-1}\boldsymbol{AQ}=\boldsymbol{D}=\mathrm{diag}(\lambda_1,\lambda_2,\cdots,\lambda_n)$，即有 $\boldsymbol{AQ}=\boldsymbol{QD}$。若把矩阵 $\boldsymbol{Q}$ 按列分块：$\boldsymbol{Q}=(\boldsymbol{q}_1,\boldsymbol{q}_2,\cdots,\boldsymbol{q}_n)$，则有 $\boldsymbol{A}\boldsymbol{q}_i=\lambda_i\boldsymbol{q}_i(i=1,2,\cdots,n)$，从而对角矩阵 $\boldsymbol{D}$ 的对角线上元素就是 $\boldsymbol{A}$ 的特征值，而正交矩阵 $\boldsymbol{Q}$ 的每一列就是相应特征值的特征向量，问题是给定实对称矩阵 $\boldsymbol{A}$，如何求正交矩阵 $\boldsymbol{Q}$，使 $\boldsymbol{Q}^{-1}\boldsymbol{AQ}$ 变为对角矩阵 $\boldsymbol{D}$？雅克比方法就是用一系列正交相似矩阵逐步求出正交矩阵 $\boldsymbol{Q}$。

我们先从二阶实对称矩阵开始讨论。

设二阶实对称矩阵为

$$\boldsymbol{A}=(a_{ij})_{2\times2}=\begin{bmatrix}a_{11} & a_{12}\\ a_{21} & a_{22}\end{bmatrix}\quad(a_{12}=a_{21}\neq0)$$

令

$$\boldsymbol{P}(1,2,\theta)=\begin{bmatrix}\cos\theta & \sin\theta\\ -\sin\theta & \cos\theta\end{bmatrix}=\boldsymbol{Q}$$

显然对任何 $\theta\in\boldsymbol{R}$，矩阵 $\boldsymbol{Q}$ 为正交矩阵，$\boldsymbol{P}(1,2,\theta)$ 是平面旋转矩阵，再令

$$\boldsymbol{A}^{(1)}=\boldsymbol{P}^{\mathrm{T}}\boldsymbol{AP}=(a_{ij}{}^{(1)})_{2\times2}$$

则有

$$\begin{cases}a_{11}{}^{(1)}=a_{11}\cos^2\theta-2a_{12}\sin\theta\cos\theta+a_{22}\sin^2\theta\\ a_{22}{}^{(1)}=a_{11}\sin^2\theta+2a_{12}\sin\theta\cos\theta+a_{22}\cos^2\theta\\ a_{12}{}^{(1)}=a_{21}{}^{(1)}=(a_{11}-a_{22})\sin\theta\cos\theta+a_{12}(\cos^2\theta-\sin^2\theta)\end{cases}\tag{6.18}$$

当选取 θ 满足

$$\begin{cases}\tan2\theta=\dfrac{-2a_{12}}{a_{11}-a_{22}}, & a_{11}\neq a_{22}\\ \theta=\dfrac{\pi}{4}, & a_{11}=a_{22}\end{cases}$$

时，就有 $a_{12}^{(1)}=a_{21}^{(1)}=0$，此时 $\boldsymbol{A}^{(1)}$ 就是对角矩阵。

对实对称二阶矩阵 $\boldsymbol{A}$，可选取适当正交矩阵 $\boldsymbol{P}$，使得 $\boldsymbol{P}^{\mathrm{T}}\boldsymbol{AP}$ 变为对角矩阵。同样对于一般的 n 阶实对称矩阵，也可以如此进行变换。

定义 6.2 （Grivens 矩阵）n 阶矩阵

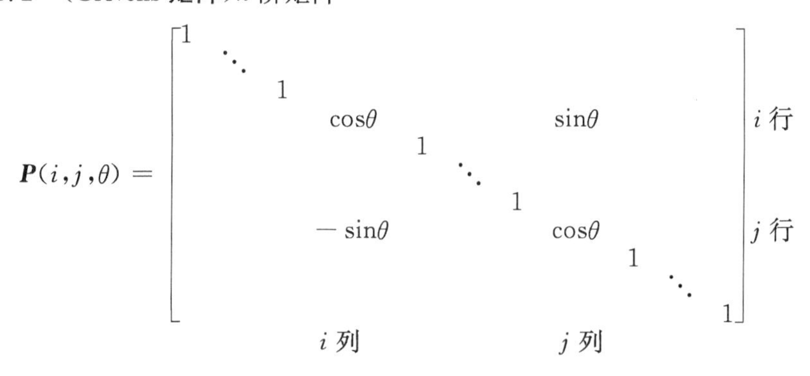

$$\boldsymbol{P}(i,j,\theta)=\begin{bmatrix}1 &&&&&&&&\\ &\ddots&&&&&&&\\ &&1&&&&&&\\ &&&\cos\theta&&&\sin\theta&&\\ &&&&1&&&&\\ &&&&&\ddots&&&\\ &&&&&&1&&\\ &&&-\sin\theta&&&\cos\theta&&\\ &&&&&&&1&\\ &&&&&&&&\ddots\\ &&&&&&&&&1\end{bmatrix}\begin{matrix}\\ \\ \\ i\text{行}\\ \\ \\ \\ j\text{行}\\ \\ \\ \\ \end{matrix}$$

i 列　　　　j 列

称为 $\boldsymbol{R}^n$ 中 x_iOx_j 平面内的一个平面旋转矩阵。它与单位矩阵的区别在于:对角线上除 (i,i),(j,j)处元素为 $\cos\theta$ 外,其余元素全为 1,而非对角线上,除(i,j),(j,i)处元素为 $\sin\theta$ 和 $-\sin\theta$ 外,其余元素全为 0。

矩阵 $\boldsymbol{P}(i,j,\theta)$具有如下性质:

①$\boldsymbol{P}$ 为正交矩阵,即 $\boldsymbol{P}^{\mathrm{T}}\boldsymbol{P}=\boldsymbol{I}$,$\boldsymbol{P}^{-1}=\boldsymbol{P}^{\mathrm{T}}$,$\det\boldsymbol{P}=1$;

②$\boldsymbol{B}=\boldsymbol{P}^{\mathrm{T}}\boldsymbol{AP}$ 是对称矩阵,$\boldsymbol{B}$ 与 $\boldsymbol{A}$ 有相同特征值;

③ $\|\boldsymbol{B}\|_F=\|\boldsymbol{A}\|_F$。

事实上,由于

$$\|\boldsymbol{A}\|_F^2=\sum_{i=1}^{n}\sum_{j=1}^{n}a_{ij}^2=\mathrm{tr}(\boldsymbol{A}^{\mathrm{T}}\boldsymbol{A})=\mathrm{tr}(\boldsymbol{A}^2)=\sum_{i=1}^{n}\lambda_i^2(\boldsymbol{A})$$

$$\|\boldsymbol{B}\|_F^2=\mathrm{tr}(\boldsymbol{B}^{\mathrm{T}}\boldsymbol{B})=\mathrm{tr}(\boldsymbol{B}^2)=\sum_{i=1}^{n}\lambda_i^2(\boldsymbol{B})$$

由性质②知

$$\lambda_i^2(\boldsymbol{A})=\lambda_i^2(\boldsymbol{B})\quad(i=1,2,\cdots,n)$$

所以

$$\sum_{i=1}^{n}\lambda_i^2(\boldsymbol{A})=\sum_{i=1}^{n}\lambda_i^2(\boldsymbol{B})$$

从而有 $\|\boldsymbol{B}\|_F=\|\boldsymbol{A}\|_F$,即性质③成立。

雅克比方法就是用一系列平面旋转变换逐步地将 $\boldsymbol{A}$ 化为对角矩阵的过程,

$$\begin{cases}\boldsymbol{A}_0=\boldsymbol{A}\\ \boldsymbol{A}_{k+1}=\boldsymbol{P}_{k+1}^{\mathrm{T}}\boldsymbol{A}_k\boldsymbol{P}_{k+1}\end{cases}\tag{6.17}$$

恰当地选取每个旋转矩阵 $\boldsymbol{P}_{k+1}$ 就可以使 $\boldsymbol{A}_{k+1}$ 趋于对角阵。

设 $\boldsymbol{P}_{k+1}=\boldsymbol{P}(i,j,\theta)$,由于矩阵 $\boldsymbol{P}_{k+1}$ 是正交矩阵,$\boldsymbol{A}_{k+1}$ 与 $\boldsymbol{A}_k$ 相似且 $\boldsymbol{A}_k$ 为实对称矩阵。$\boldsymbol{A}_{k+1}$ 与 $\boldsymbol{A}_k$ 的差别仅在于 i,j 行与 i,j 列的元素,由矩阵乘法可以得到(记 $\boldsymbol{A}_{k+1}$ 中元素为 b_{ij},$\boldsymbol{A}_k$ 中元素为 a_{ij}),

$$\begin{cases}b_{ih}=a_{ih}\cos\theta+a_{jh}\sin\theta=b_{hj}\\ b_{jh}=-a_{ih}\sin\theta+a_{jh}\cos\theta=b_{hi}\end{cases}\quad(h\neq i,j)\tag{6.18}$$

$$\begin{cases}b_{ii}=a_{ii}\cos^2\theta+2a_{ij}\sin\theta\cos\theta+a_{jj}\sin^2\theta\\ b_{jj}=a_{ii}\sin^2\theta-2a_{ij}\sin\theta\cos\theta+a_{jj}\cos\theta\\ b_{ij}=(a_{jj}-a_{ii})\sin\theta\cos\theta+a_{ij}(\cos^2\theta-\sin^2\theta)=b_{ji}\end{cases}\tag{6.19}$$

$$b_{mh}=a_{mh}\quad(m,h\neq i,j)\tag{6.20}$$

由式(6.18)和(6.19)易知

$$(b_{ih})^2+(b_{jh})^2=(a_{ih})^2+(a_{jh})^2\quad(h\neq i,j)$$

$$(b_{mh})^2=(a_{mh})^2\quad(m,h\neq i,j)$$

由正交矩阵的性质知

$$(b_{ii})^2+(b_{jj})^2+2(b_{ij})^2=(a_{ii})^2+(a_{jj})^2+2(a_{ij})^2$$

若 $a_{ij}\neq 0$,选 θ 使 $b_{ij}=0$,只要 θ 满足

$$\tan(2\theta)=\frac{-2a_{ij}}{a_{ii}-a_{jj}}\tag{6.21}$$

则有

$$(b_{ii})^2+(b_{jj})^2=(a_{ii})^2+(a_{jj})^2+2(a_{ij})^2$$

引入记号

$$D(\boldsymbol{A})=\sum_{i=1}^{n}a_{ii}^2 \qquad S(\boldsymbol{A})=\sum_{\substack{i,j=1\\ i\neq j}}^{n}a_{ij}^2$$

由于 $b_{mh}=a_{mh}(m,h\neq i,j)$，所以

$$\begin{cases}D(\boldsymbol{A}_{k+1})=D(\boldsymbol{A}_k)+2(a_{ij})^2\\ S(\boldsymbol{A}_{k+1})=S(\boldsymbol{A}_k)-2(a_{ij})^2\end{cases} \tag{6.22}$$

这就是说，只要 $a_{ij}\neq 0$，按上述方法构造的旋转矩阵 $\boldsymbol{P}(i,j,\theta)$ 对 $\boldsymbol{A}_k$ 变换后就会使对角线元素平方和增加，非对角线元素平方和减小，但若 $b_{ij}=0$，则 a_{ij} 可能又不为零。

雅克比方法的具体计算步骤：

①选主元，即确定 $i,j(i<j)$ 使得 $|a_{ij}^{(k)}|=\max\{|a_{rk}^{(k)}|:r\neq k,r;k\in\{1,2,\cdots,n\}\}$；

②计算 $\cos\theta_k$ 和 $\sin\theta_k$，确定正交矩阵 $\boldsymbol{P}_k(i,j,\theta_k)$，由于选取 θ_k 满足：

$$\begin{cases}\tan(2\theta_k)=\dfrac{-2a_{ij}^{(k)}}{a_{ii}^{(k)}-a_{jj}^{(k)}} & a_{ii}^{(k)}\neq a_{jj}^{(k)}\\ \theta_k=\dfrac{\pi}{4}\operatorname{sign}(a_{ij}^{(k)}) & a_{ii}^{(k)}=a_{jj}^{(k)}\end{cases}$$

并且 $|\theta_k|\leqslant\dfrac{\pi}{4}$，因此，当 $a_{ii}^{(k)}=a_{jj}^{(k)}$ 时，令

$$\begin{cases}\cos\theta_k=\dfrac{\sqrt{2}}{2}\\ \sin\theta_k=\operatorname{sign}(a_{ij}^{(k)})\cos\theta_k\end{cases}$$

当 $a_{ii}^{(k)}\neq a_{jj}^{(k)}$ 时，令

$$\tan(2\theta_k)=\frac{-2a_{ij}^{(k)}}{a_{ii}^{(k)}-a_{jj}^{(k)}}\approx\frac{1}{d_k}$$

由 $\tan^2\theta_k+2d_k\tan\theta_k-1=0$ 得：$\tan\theta_k=-d_k+\sqrt{d_k{}^2+1}$，为避免相近数相减，令

$$t_k=\tan\theta_k=\frac{\operatorname{sign}(d_k)}{|d_k|+\sqrt{d_k{}^2+1}}$$

从而有

$$\cos\theta_k=\frac{1}{\sqrt{t_k^2+1}} \qquad \sin\theta_k=t_k\cos\theta_k$$

③计算正交矩阵 $\boldsymbol{Q}_k$ 的元素。

由迭代关系式(6.19)可知

$$\boldsymbol{A}_k=\boldsymbol{P}_k^{\mathrm{T}}\boldsymbol{A}_{k-1}\boldsymbol{P}_k=\cdots=\boldsymbol{P}_k^{\mathrm{T}}\boldsymbol{P}_{k-1}^{\mathrm{T}}\cdots\boldsymbol{P}_2^{\mathrm{T}}\boldsymbol{P}_1^{\mathrm{T}}\boldsymbol{A}_0\boldsymbol{P}_1\boldsymbol{P}_2\cdots\boldsymbol{P}_{k-1}\boldsymbol{P}_k$$

记 $\boldsymbol{Q}_0=\boldsymbol{I},\boldsymbol{Q}_k=\boldsymbol{P}_1\boldsymbol{P}_2\cdots\boldsymbol{P}_k$，则

$$\begin{cases}\boldsymbol{Q}_k=\boldsymbol{Q}_{k-1}\boldsymbol{P}_k\\ \boldsymbol{A}_k=\boldsymbol{Q}_k^{\mathrm{T}}\boldsymbol{A}_0\boldsymbol{Q}_k\end{cases}\quad(k=1,2,\cdots) \tag{6.23}$$

容易得到 $\boldsymbol{Q}_k$ 和 $\boldsymbol{Q}_{k-1}$ 元素之间的关系式为：

$$\begin{cases} q_{ri}^{(k)} = q_{ri}^{(k-1)}\cos\theta_k - q_{rj}^{(k-1)}\sin\theta_k & (r=1,2,\cdots,n) \\ q_{rj}^{(k)} = q_{ri}^{(k-1)}\sin\theta_k + q_{rj}^{(k-1)}\cos\theta_k \\ q_{rs}^{(k)} = q_{rs}^{(k-1)} & (s\neq i,j;r=1,2,\cdots,n) \end{cases} \tag{6.24}$$

因此，逐步由 $\boldsymbol{Q}_{k-1}$ 及 $\boldsymbol{P}_k$ 计算出 $\boldsymbol{Q}_k$，计算公式为(6.24)。

④计算 $\boldsymbol{A}_{k+1}$ 中的元素，其中 $a_{ij}^{(k+1)}=0$。反复进行，直到 $S(\boldsymbol{A}_{k+1})<\varepsilon$ 为止，此处 ε 为给定误差限。

类似于式(6.19)和(6.24)我们容易得到由 A_k 和 P_k 中元素来计算 A_{k+1} 中元素的公式：

$$\begin{cases} a_{ii}^{(k+1)} = a_{ii}^{(k)}\cos^2\theta_k - 2a_{jj}^{(k)}\sin\theta_k\cos\theta_k + a_{jj}^{(k)}\sin^2\theta_k \\ a_{jj}^{(k+1)} = a_{ii}^{(k)}\sin^2\theta_k + 2a_{ij}^{(k)}\sin\theta_k\cos\theta_k + a_{jj}^{(k)}\cos^2\theta_k \\ a_{ij}^{(k+1)} = (a_{ii}^{(k)} - a_{jj}^{(k)})\sin\theta_k\cos\theta_k + a_{ij}^{(k)}(\cos^2\theta_k - \sin^2\theta_k) = a_{ji}^{(k+1)} \end{cases} \tag{6.25}$$

$$\begin{cases} a_{is}^{(k+1)} = a_{is}^{(k)}\cos\theta_k - a_{js}^{(k)}\sin\theta_k = a_{si}^{(k+1)} \\ a_{js}^{(k+1)} = a_{is}^{(k)}\sin\theta_k + a_{js}^{(k)}\cos\theta_k = a_{sj}^{(k+1)} \end{cases} \quad (s\neq i,j) \tag{6.26}$$

$$a_{rs}^{(k+1)} = a_{rs}^{(k)} \quad (r,s\neq i,j) \tag{6.27}$$

关于雅克比方法有如下收敛性定理：

定理 6.12 设 $\boldsymbol{A}$ 为实对称矩阵，则由 $\boldsymbol{A}_0=\boldsymbol{A}$ 出发，按式(6.17)和(6.25)、(6.26)、(6.27)计算产生的迭代序列 $\{\boldsymbol{A}_k\}$ 收敛于对角矩阵 $\boldsymbol{\Lambda}=\mathrm{diag}(\lambda_1,\lambda_2,\cdots,\lambda_n)$，其中 $\lambda_1,\lambda_2,\cdots,\lambda_n$ 是 $\boldsymbol{A}$ 的全部特征值。

证明 由于

$$S(\boldsymbol{A}_{k+1}) = S(\boldsymbol{A}_k) - 2\,(a_{ij}^{(k)})^2$$

其中

$$|a_{ij}^{(k)}| = \max\{|a_{rs}^{(k)}|: r\neq s, r;s\in\{1,2\cdots n\}\}$$

故

$$S(\boldsymbol{A}_k) = \sum_{\substack{r,s=1\\ r\neq s}}^{n}(a_{rs}^{(k)})^2 \leqslant \sum_{\substack{r,s=1\\ r\neq s}}^{n}(a_{ij}^{(k)})^2 = n(n-1)(a_{ij}^{(k)})^2$$

$$(a_{ij}^{(k)})^2 \geqslant \frac{1}{n(n-1)}S(\boldsymbol{A}_k)$$

$$S(\boldsymbol{A}_{k+1}) = S(\boldsymbol{A}_k) - 2\,(a_{ij}^{(k)})^2 \leqslant S(\boldsymbol{A}_k) - \frac{2}{n(n-1)}S(\boldsymbol{A}_k) = \left(1-\frac{2}{n(n-1)}\right)S(\boldsymbol{A}_k)$$

从而

$$S(\boldsymbol{A}_k) \leqslant \left(1-\frac{2}{n(n-1)}\right)^k S(\boldsymbol{A}_0)$$

当 $n>2$ 时，$0<\left(1-\dfrac{2}{n(n-1)}\right)<1$，故 $\lim\limits_{k\to\infty}S(\boldsymbol{A}_k)=0$，即 $\boldsymbol{A}_k$ 非对角元素的平方和趋于零，从而 $\boldsymbol{A}_k$ 趋于对角矩阵，即雅克比方法收敛。

应用雅克比方法计算时，某一步计算后，某个非对角元素被化为零，在下一步及以后计算中，该位置的元素又可能变为非零，但其绝对值要比原来值小很多，此外，雅克比方法每步都选非对角线元素中绝对值最大者为消去对象，一个较方便的方法是依次使得次对角线元素消为零，这个过程叫顺序雅克比方法。这种方法也收敛，有时也会遇到要被消去的元素的绝对值很小，这时若再进行消去法变换显得不值，因此可事先设置一个阈值，对非对角线元素进行搜索比较，若某个元素的绝对值大于阈值，就进行消去，否则就停止计算，这种方法叫阈值雅克比方法。

例 6.6　用雅克比方法求矩阵 $\boldsymbol{A}=\begin{pmatrix}3.5 & -6 & 5\\ -6 & 8.5 & -9\\ 5 & -9 & 8.5\end{pmatrix}$ 的全部特征值和特征向量。

解　按照前面计算公式，计算结果如表 6.6，可得特征值依次为：

$$\lambda_1 \approx 0.4851 \qquad \lambda_2 \approx -0.9520 \qquad \lambda_3 \approx 20.9669$$

对应的特征向量依次为：

$$\boldsymbol{x}_1 = (0.7998, -0.2257, -0.6159)^{\mathrm{T}} \quad \boldsymbol{x}_2 = (-0.3139, 0.6325, -0.7147)^{\mathrm{T}}$$

$$\boldsymbol{x}_3 = (0.5117, 0.7408, 0.4351)^{\mathrm{T}}$$

表 6.6　雅克比方法计算结果

k	$\boldsymbol{A}_k$	$a_{ij}^{(k)}$	$\cos\theta_k$	$\sin\theta_k$	$\boldsymbol{Q}_k$
0	$\boldsymbol{A}_0=\begin{bmatrix}3.5 & -6 & 5\\ -6 & 8.5 & -9\\ 5 & -9 & 8.5\end{bmatrix}$	$a_{23}^{(0)}=-9$	0.7071	0.7071	$\boldsymbol{Q}_1=\begin{bmatrix}1 & 0 & 0\\ 0 & 0.7071 & 0.7071\\ 0 & -0.7071 & 0.7071\end{bmatrix}$
1	$\boldsymbol{A}_1=\begin{bmatrix}3.5 & -7.7782 & -0.7071\\ -7.7782 & 17.5 & 0\\ -0.7071 & 0 & -0.5\end{bmatrix}$	$a_{12}^{(1)}=-7.7787$	0.9135	0.4069	$\boldsymbol{Q}_2=\begin{bmatrix}0.9135 & 0.4069 & 0\\ -0.2877 & 0.6459 & 0.7071\\ 0.2877 & -0.6459 & 0.7071\end{bmatrix}$
2	$\boldsymbol{A}_2=\begin{bmatrix}0.0358 & 0 & -0.6459\\ 0 & 20.9653 & 0.2877\\ -0.6459 & 0.2877 & -0.5\end{bmatrix}$	$a_{13}^{(2)}=-0.6459$	0.8316	−0.5554	$\boldsymbol{Q}_3=\begin{bmatrix}0.7 & 0.4069 & 0.5074\\ -0.6320 & 0.6459 & 0.4282\\ -0.1534 & -0.6459 & 0.7478\end{bmatrix}$
3	$\boldsymbol{A}_3=\begin{bmatrix}0.4672 & -0.1598 & 0\\ -0.1598 & 20.9653 & 0.2392\\ 0 & 0.2392 & -0.9312\end{bmatrix}$	$a_{23}^{(3)}=0.2392$	0.9999	0.0107	$\boldsymbol{Q}_4=\begin{bmatrix}0.7600 & 0.4014 & 0.5117\\ -0.6320 & 0.6413 & 0.4351\\ -0.1534 & -0.6538 & 0.7408\end{bmatrix}$
4	$\boldsymbol{A}_4=\begin{bmatrix}0.4672 & -0.1598 & -0.0017\\ -0.1598 & -0.9340 & 0\\ -0.0017 & 0 & 20.9669\end{bmatrix}$	$a_{12}^{(4)}=-0.1598$	0.9937	−0.1119	$\boldsymbol{Q}_5=\begin{bmatrix}0.7998 & -0.3139 & 0.5117\\ -0.2257 & 0.6325 & 0.7408\\ -0.6159 & -0.7147 & 0.4351\end{bmatrix}$
5	$\boldsymbol{A}_5=\begin{bmatrix}0.4851 & 0 & 0.0017\\ 0 & -0.9520 & -0.0002\\ 0.0017 & -0.0002 & 20.9669\end{bmatrix}$				

6.5　*QR* 方法

1961 年 J. G. F. Francis 首次提出了用 *QR* 方法求一般矩阵的全部特征值与特征向量。*QR* 方法的基本思想是充分利用相似矩阵有相同特征值这一事实，把一般矩阵通过一系列相似变换化为对角阵或上（下）三角矩阵而得到矩阵的特征值。

设一般的实矩阵$(\boldsymbol{A})=(a_{ij})_{n\times n}$可分解成

$$\boldsymbol{A} = \boldsymbol{QR}$$

形式，其中 $\boldsymbol{Q}$ 为正交矩阵，$\boldsymbol{R}$ 为上三角矩阵。令

$$\boldsymbol{A}_1 = \boldsymbol{A} = \boldsymbol{Q}_1\boldsymbol{R}_1 \quad \boldsymbol{A}_2 = \boldsymbol{R}_1\boldsymbol{Q}_1 = \boldsymbol{Q}_2\boldsymbol{R}_2$$

一般地有

$$\boldsymbol{A}_k = \boldsymbol{Q}_k\boldsymbol{R}_k, \quad \boldsymbol{A}_{k+1} = \boldsymbol{R}_k\boldsymbol{Q}_k = \boldsymbol{Q}_{k+1}\boldsymbol{R}_{k+1} \quad (k = 1,2,\cdots) \tag{6.28}$$

这样可以产生一个矩阵序列$\{\boldsymbol{A}_k\}$,由于

$$\boldsymbol{A}_{k+1} = \boldsymbol{R}_k\boldsymbol{Q}_k = \boldsymbol{Q}_k^{\mathrm{T}}\boldsymbol{A}_k\boldsymbol{Q}_k$$

因而$\{\boldsymbol{A}_k\}$中所有矩阵都彼此相似,故它们有相同的特征值。如果$\boldsymbol{A}_k$趋于一个对角矩阵或上(下)三角矩阵,则当k充分大时,$\boldsymbol{A}_k$的对角线元素就可以作为$\boldsymbol{A}$的特征值。

问题是:(1)$\boldsymbol{A}$的正交三角分解(即QR分解)是否存在?如果存在是否唯一?(2)在什么条件下可以保证$\boldsymbol{A}_k$收敛到对角矩阵或上(下)三角矩阵?为解决这些问题,我们先介绍反射矩阵(也叫 Householder 矩阵)和平面旋转矩阵(也叫 Givens 矩阵),然后给出矩阵$\boldsymbol{A}$的QR分解,最后讨论QR方法的收敛性。

6.5.1 反射矩阵

在平面$\boldsymbol{R}^2$中,将向量$\boldsymbol{x}$映射为关于$\boldsymbol{e}_1$轴对称(或者关于"与$\boldsymbol{e}_2$轴正交的直线"对称)的向量$\boldsymbol{y}$的变换,称为关于$\boldsymbol{e}_1$轴的反射(镜像)变换(见图 6.1)。

设$\boldsymbol{x}=\begin{bmatrix}\xi_1\\ \xi_2\end{bmatrix}$,则有$\boldsymbol{y}=\begin{bmatrix}\xi_1\\ -\xi_2\end{bmatrix}$,且

$$\boldsymbol{y} = \begin{bmatrix}\xi_1\\ -\xi_2\end{bmatrix} = \begin{bmatrix}1 & 0\\ 0 & -1\end{bmatrix}\begin{bmatrix}\xi_1\\ \xi_2\end{bmatrix} = (\boldsymbol{I} - 2\boldsymbol{e}_2\boldsymbol{e}_2^{\mathrm{T}})\boldsymbol{x} = \boldsymbol{H}\boldsymbol{x}$$

其中$\boldsymbol{e}_2=\begin{bmatrix}0\\ 1\end{bmatrix}$,$\boldsymbol{H}=\boldsymbol{I}-2\boldsymbol{e}_2\boldsymbol{e}_2^{\mathrm{T}}$,显然$\boldsymbol{H}$是正交矩阵且$\det\boldsymbol{H}=-1$。

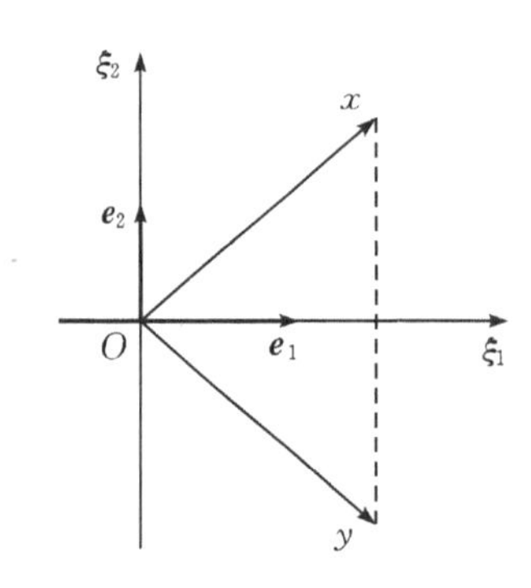

图 6.1 反射(镜像)变换

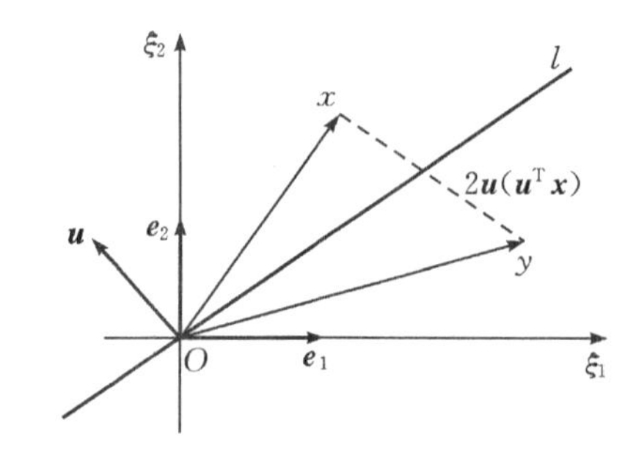

图 6.2 对称一个向量的变换

将向量$\boldsymbol{x}$映射为关于"与单位向量$\boldsymbol{u}$正交的直线l"对称的向量$\boldsymbol{y}$的变换(如图 6.2 所示)为

$$\boldsymbol{x} - \boldsymbol{y} = 2\boldsymbol{u}(\boldsymbol{u}^{\mathrm{T}}\boldsymbol{x})$$

$$\boldsymbol{y} = \boldsymbol{x} - 2\boldsymbol{u}(\boldsymbol{u}^{\mathrm{T}}\boldsymbol{x}) = (\boldsymbol{I} - 2\boldsymbol{u}\boldsymbol{u}^{\mathrm{T}})\boldsymbol{x} = \boldsymbol{H}\boldsymbol{x}$$

容易验证$\boldsymbol{H}=\boldsymbol{I}-2\boldsymbol{u}\boldsymbol{u}^{\mathrm{T}}$是正交矩阵,且$\det\boldsymbol{H}=-1$。矩阵$\boldsymbol{H}$称为$\boldsymbol{R}^2$中的反射矩阵(也叫**豪斯霍尔德(Householder)矩阵**)。

一般地,我们有如下定义。

定义 6.3 设$\boldsymbol{u}$是实的n维列向量,$\boldsymbol{u}^{\mathrm{T}}\boldsymbol{u}=1$,则称矩阵

$$\boldsymbol{H}=\boldsymbol{I}-2\boldsymbol{u}\boldsymbol{u}^{\mathrm{T}}$$

为**反射矩阵**或**镜像反射矩阵**。

反射矩阵有如下性质：

①$\boldsymbol{H}^{\mathrm{T}}=\boldsymbol{H}$(对称矩阵)。

②$\boldsymbol{H}^{\mathrm{T}}\boldsymbol{H}=\boldsymbol{I}$(正交矩阵)。

③$\boldsymbol{H}^2=\boldsymbol{I}$(对合矩阵)。

④$\boldsymbol{H}^{-1}=\boldsymbol{H}$(自逆矩阵)。

⑤$\det\boldsymbol{H}=-1$。

⑥对任意非零向量 $\boldsymbol{W}\in\boldsymbol{R}^n$，有 $\boldsymbol{H}=\boldsymbol{I}-2\dfrac{\boldsymbol{W}\boldsymbol{W}^{\mathrm{T}}}{\|\boldsymbol{W}\|_2^2}$是一个反射矩阵。

⑦对任意向量 $\boldsymbol{x}\in\boldsymbol{R}^2$，令 $\boldsymbol{y}=\boldsymbol{H}\boldsymbol{x}$，则 $\|\boldsymbol{y}\|_2=\|\boldsymbol{x}\|_2$，即反射矩阵保持向量的模不变。

反射矩阵的几何意义如图 6.3 所示。

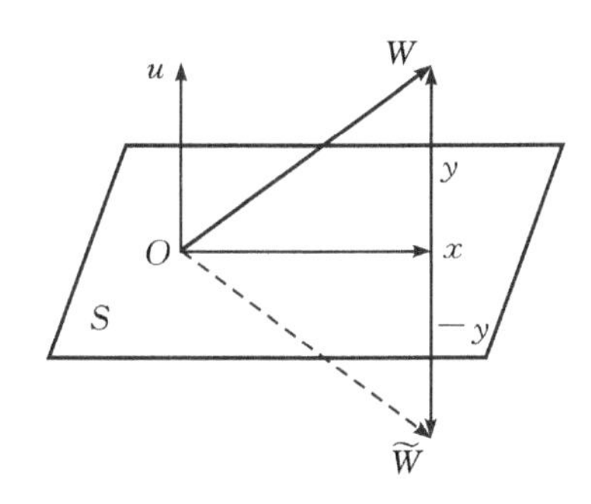

图 6.3　反射矩阵的几何意义

考虑以 $\boldsymbol{u}$ 为法向量，过 $\boldsymbol{R}^n$ 原点的超平面 S

$$S=\{\boldsymbol{x}\mid(\boldsymbol{u},\boldsymbol{x})=0,\boldsymbol{x}\in\boldsymbol{R}^n\}$$

设 $\boldsymbol{H}\boldsymbol{W}$ 为 $\boldsymbol{R}^n$ 中任一向量，于是有

$$\boldsymbol{W}=\boldsymbol{x}+\boldsymbol{y}$$

其中 $\boldsymbol{x}\in\boldsymbol{S}$，$\boldsymbol{y}\in\boldsymbol{S}^{\perp}$($\boldsymbol{S}$ 的正交补空间)。显然

$$\begin{aligned}\boldsymbol{H}\boldsymbol{x}&=(\boldsymbol{I}-2\boldsymbol{u}\boldsymbol{u}^{\mathrm{T}})\boldsymbol{x}=\boldsymbol{x}-2\boldsymbol{u}\boldsymbol{u}^{\mathrm{T}}\boldsymbol{x}=\boldsymbol{x}-2\boldsymbol{u}(\boldsymbol{u}^{\mathrm{T}}\boldsymbol{x})\\&=\boldsymbol{x}-2\boldsymbol{u}(\boldsymbol{u},\boldsymbol{x})=\boldsymbol{x}\in\boldsymbol{S}\end{aligned}$$

由于 $\boldsymbol{y}\in\boldsymbol{S}^{\perp}$，故 $\boldsymbol{y}=c\boldsymbol{u}$($c$ 为常数)，因而

$$\boldsymbol{H}\boldsymbol{y}=(\boldsymbol{I}-2\boldsymbol{u}\boldsymbol{u}^{\mathrm{T}})\boldsymbol{y}=\boldsymbol{y}-2\boldsymbol{u}(\boldsymbol{u}^{\mathrm{T}}\boldsymbol{y})=c\boldsymbol{u}-2c\boldsymbol{u}=-c\boldsymbol{u}=-\boldsymbol{y}$$

从而

$$\boldsymbol{H}\boldsymbol{W}=\boldsymbol{H}(\boldsymbol{x}+\boldsymbol{y})=\boldsymbol{H}\boldsymbol{x}+\boldsymbol{H}\boldsymbol{y}=\boldsymbol{x}-\boldsymbol{y}=\widetilde{\boldsymbol{W}}$$

可以看出，$\widetilde{\boldsymbol{W}}$ 是 $\boldsymbol{W}$ 关于超平面 $\boldsymbol{S}$ 的镜面反射。$\boldsymbol{S}$ 的单位法向量就是反射矩阵 $\boldsymbol{H}$ 中的单位向量 $\boldsymbol{u}$(见图 6.3)

反射矩阵 $\boldsymbol{H}$ 除了前面 7 条基本性质外，还有如下重要性质。

定理 6.13　设 $\boldsymbol{x}$，$\boldsymbol{y}$ 是给定的两个不相等的 n 维实向量，若 $\|\boldsymbol{x}\|_2=\|\boldsymbol{y}\|_2$，则一定存在反射矩阵 $\boldsymbol{H}$，使 $\boldsymbol{H}\boldsymbol{x}=\boldsymbol{y}$，即总可找到 $\boldsymbol{H}$ 把向量 $\boldsymbol{x}$ 经过镜面反射变换到 $\boldsymbol{y}$ 方向，且保持长度不变。

证明 因为 $\boldsymbol{x}\neq\boldsymbol{y}$，故取 $\boldsymbol{u}=\dfrac{\boldsymbol{x}-\boldsymbol{y}}{\|\boldsymbol{x}-\boldsymbol{y}\|_2}$，显然有 $\boldsymbol{u}^{\mathrm{T}}\boldsymbol{u}=1$。构造

$$\boldsymbol{H}=\boldsymbol{I}-2\frac{(\boldsymbol{x}-\boldsymbol{y})(\boldsymbol{x}-\boldsymbol{y})^{\mathrm{T}}}{\|\boldsymbol{x}-\boldsymbol{y}\|_2^2}$$

则

$$\boldsymbol{Hx}=\boldsymbol{Ix}-\frac{2(\boldsymbol{x}-\boldsymbol{y})(\boldsymbol{x}-\boldsymbol{y})^{\mathrm{T}}\boldsymbol{x}}{\|\boldsymbol{x}-\boldsymbol{y}\|_2^2}=\boldsymbol{x}-2\frac{(\boldsymbol{x}-\boldsymbol{y})(\boldsymbol{x}^{\mathrm{T}}\boldsymbol{x}-\boldsymbol{y}^{\mathrm{T}}\boldsymbol{x})}{\|\boldsymbol{x}-\boldsymbol{y}\|_2^2}$$

而

$$\begin{aligned}\|\boldsymbol{x}-\boldsymbol{y}\|_2^2&=(\boldsymbol{x}-\boldsymbol{y})^{\mathrm{T}}(\boldsymbol{x}-\boldsymbol{y})=(\boldsymbol{x}^{\mathrm{T}}-\boldsymbol{y}^{\mathrm{T}})(\boldsymbol{x}-\boldsymbol{y})\\&=\boldsymbol{x}^{\mathrm{T}}\boldsymbol{x}-\boldsymbol{x}^{\mathrm{T}}\boldsymbol{y}-\boldsymbol{y}^{\mathrm{T}}\boldsymbol{x}+\boldsymbol{y}^{\mathrm{T}}\boldsymbol{y}=\|\boldsymbol{x}\|_2^2-\boldsymbol{x}^{\mathrm{T}}\boldsymbol{y}-\boldsymbol{y}^{\mathrm{T}}\boldsymbol{x}+\|\boldsymbol{y}\|_2^2\\&=2(\|\boldsymbol{x}\|_2^2-\boldsymbol{y}^{\mathrm{T}}\boldsymbol{x})=2(\boldsymbol{x}^{\mathrm{T}}\boldsymbol{x}-\boldsymbol{y}^{\mathrm{T}}\boldsymbol{x})\end{aligned}$$

故

$$\boldsymbol{Hx}=\boldsymbol{x}-(\boldsymbol{x}-\boldsymbol{y})=\boldsymbol{y}$$

推论 6.1 对任意非零向量 $\boldsymbol{x}=(x_1,x_2,\cdots,x_n)^{\mathrm{T}}\in\boldsymbol{R}^n$ 及单位向量$\boldsymbol{e}_1=(1,0,\cdots,0)^{\mathrm{T}}$，总存在一个反射矩阵 $\boldsymbol{H}$ 使得 $\boldsymbol{Hx}=\sigma\boldsymbol{e}_1$，其中

$$\begin{cases}\boldsymbol{H}=\boldsymbol{I}-\dfrac{1}{\alpha}\boldsymbol{u}\boldsymbol{u}^{\mathrm{T}}\\ \sigma=-\operatorname{sign}(x_1)\ \|\boldsymbol{x}\|_2=-\operatorname{sign}(x_1)(\sum\limits_{i=1}^{n}x_i^2)^{\frac{1}{2}}\end{cases}$$

$$\boldsymbol{u}=\boldsymbol{x}-\sigma\boldsymbol{e}_1\qquad\boldsymbol{e}_1=(1,0,\cdots,0)^{\mathrm{T}}$$

$$\alpha=\frac{1}{2}\ \|\boldsymbol{u}\|_2^2=\sigma(\sigma-x_1)=\boldsymbol{u}^{\mathrm{T}}\boldsymbol{x}$$

证明 显然 $\|\boldsymbol{x}\|_2=\|\sigma\boldsymbol{e}_1\|_2$，由定理 6.13 知，若记 $\boldsymbol{y}=\sigma\boldsymbol{e}_1$，必存在反射矩阵 $\boldsymbol{xH}=\boldsymbol{I}-2\boldsymbol{U}\boldsymbol{U}^{\mathrm{T}},\boldsymbol{U}=\dfrac{\boldsymbol{x}-\boldsymbol{y}}{\|\boldsymbol{x}-\boldsymbol{y}\|_2}$，使得 $\boldsymbol{Hx}=\boldsymbol{y}=\sigma\boldsymbol{e}_1$。而

$$\boldsymbol{U}=\frac{\boldsymbol{x}-\boldsymbol{y}}{\|\boldsymbol{x}-\boldsymbol{y}\|_2}=\frac{\boldsymbol{x}-\sigma\boldsymbol{e}_1}{\|\boldsymbol{x}-\sigma\boldsymbol{e}_1\|_2}=\frac{\boldsymbol{u}}{\|\boldsymbol{u}\|_2}$$

其中，$\boldsymbol{u}=\boldsymbol{x}-\sigma\boldsymbol{e}_1=(x_1-\sigma,x_2,\cdots,x_n)^{\mathrm{T}}$，故

$$\boldsymbol{H}=\boldsymbol{I}-2\boldsymbol{U}\boldsymbol{U}^{\mathrm{T}}=\boldsymbol{I}-2\frac{\boldsymbol{u}\boldsymbol{u}^{\mathrm{T}}}{\|\boldsymbol{u}\|_2^2}=\boldsymbol{I}-\frac{1}{\alpha}\boldsymbol{u}\boldsymbol{u}^{\mathrm{T}}$$

$$\alpha=\frac{1}{2}\ \|\boldsymbol{u}\|_2^2=\frac{1}{2}[(x_1-\sigma)^2+x_2^2+\cdots+x_n^2]=\sigma(\sigma-x_1)=\boldsymbol{u}^{\mathrm{T}}\boldsymbol{x}$$

由推论可知，反射矩阵 $\boldsymbol{H}$ 可将一个向量中的多个元素一次性变为零，这是 $\boldsymbol{H}$ 矩阵的一个重要功能。

6.5.2 平面旋转矩阵

反射矩阵 $\boldsymbol{H}$ 可以把一个向量的多个分量一次性变为零。然而在有些计算过程中需要有选择地把一个向量的某些元素变为零，平面旋转矩阵可以做到这一点。

平面旋转矩阵(也叫 Givens 矩阵)的定义见 6.4 节中的定义 6.2。那里已介绍过平面旋转矩阵的一些性质，下面再介绍平面旋转矩阵的另一个重要性质。

定理 6.14 已知向量 $\boldsymbol{x}=(x_1,x_2,\cdots,x_n)^{\mathrm{T}}$，其中分量 x_i,x_j 不全为零，则存在平面旋转

矩阵 $\boldsymbol{P}(i,j,\theta)$,使

$$\boldsymbol{Px} = (x_1,\cdots,\bar{x}_i,\cdots,\bar{x}_j,\cdots,x_n)^{\mathrm{T}}$$

其中

$$\begin{cases}\bar{x}_i = (x_i^2 + x_j^2)^{\frac{1}{2}},\bar{x}_j = 0, \\ \cos\theta = \dfrac{x_i}{\bar{x}_i}, \quad \sin\theta = \dfrac{x_j}{\bar{x}_i}\end{cases}$$

证明 由

$$\boldsymbol{Px} = \begin{bmatrix}1 & & & & & & & & & & \\ & \ddots & & & & & & & & & \\ & & 1 & & & & & & & & \\ & & & \cos\theta & & & & \sin\theta & & & \\ & & & & 1 & & & & & & \\ & & & & & \ddots & & & & & \\ & & & & & & 1 & & & & \\ & & & -\sin\theta & & & & \cos\theta & & & \\ & & & & & & & & 1 & & \\ & & & & & & & & & \ddots & \\ & & & & & & & & & & 1\end{bmatrix}\begin{bmatrix}x_1 \\ \vdots \\ \vdots \\ x_i \\ \vdots \\ \vdots \\ \vdots \\ x_j \\ \vdots \\ \vdots \\ x_n\end{bmatrix} = \begin{bmatrix}\bar{x}_1 \\ \vdots \\ \vdots \\ \bar{x}_i \\ \vdots \\ \vdots \\ \vdots \\ \bar{x}_j \\ \vdots \\ \vdots \\ \bar{x}_n\end{bmatrix}$$

可得

$$\begin{cases}\bar{x}_i = \cos\theta \cdot x_i + \sin\theta \cdot x_j \\ \bar{x}_j = -\sin\theta \cdot x_i + \cos\theta \cdot x_j \\ \bar{x}_k = x_k \quad (k \neq i,j)\end{cases}$$

若选取 θ 满足

$$\begin{cases}\cos\theta = \dfrac{x_i}{\sqrt{x_i^2 + x_j^2}} \\ \sin\theta = \dfrac{x_j}{\sqrt{x_i^2 + x_j^2}}\end{cases}$$

则有 $\bar{x}_j=0$,此时 $\bar{x}_i=\sqrt{x_i^2+x_j^2}$。

此定理表明,平面旋转矩阵可以把一个向量的第 j 个分量变为零,使原来第 i 个分量的绝对值由 $|x_i|$ 变为 $\sqrt{x_i^2+x_j^2}$。

例 6.7 分别用反射矩阵和平面旋转矩阵把向量 $\boldsymbol{x}=(1,2,2)^{\mathrm{T}}$ 变为与 $\boldsymbol{e}_1=(1,0,0)^{\mathrm{T}}$ 平行的向量。

解 由于

$$\sigma = -\operatorname{sign}(x_1)\ \|\boldsymbol{x}\|_2 = -3$$

$$\boldsymbol{u} = \boldsymbol{x} - \sigma\boldsymbol{e}_1 = (4,2,2)$$

$$\alpha = \frac{1}{2}\ \|\boldsymbol{u}\|_2^2 = \sigma(\sigma - x_1) = 12$$

故

$$H = I - \frac{1}{\alpha}uu^{\mathrm{T}} = \begin{bmatrix} 1 & 0 & 0 \\ 0 & 1 & 0 \\ 0 & 0 & 1 \end{bmatrix} - \frac{1}{12}\begin{bmatrix} 4 \\ 2 \\ 2 \end{bmatrix}[4,2,2] = \begin{bmatrix} -\frac{1}{3} & -\frac{2}{3} & -\frac{2}{3} \\ -\frac{2}{3} & \frac{2}{3} & -\frac{1}{3} \\ -\frac{2}{3} & -\frac{1}{3} & \frac{2}{3} \end{bmatrix}$$

显然有

$$Hx = -3\,e_1$$

用平面旋转矩阵变换两次,可以把 x 变为 $-3\,e_1$。

先将 $x_2=2$ 变为零,令

$$\cos\theta_1 = \frac{x_1}{\sqrt{x_1^2+x_2^2}} = \frac{1}{\sqrt{5}} \quad \sin\theta_1 = \frac{x_2}{\sqrt{x_1^2+x_2^2}} = \frac{2}{\sqrt{5}}$$

$$P_1 = \begin{bmatrix} \frac{1}{\sqrt{5}} & \frac{2}{\sqrt{5}} & 0 \\ -\frac{2}{\sqrt{5}} & \frac{1}{\sqrt{5}} & 0 \\ 0 & 0 & 1 \end{bmatrix} \quad P_1 x = \begin{bmatrix} \sqrt{5} \\ 0 \\ 2 \end{bmatrix}$$

再对向量 $P_1 x$ 作平面旋转变换,即可将 x 变为与 e_1 平行的向量。对 $P_1 x$ 作变换

$$\cos\theta_2 = \frac{\sqrt{5}}{\sqrt{(\sqrt{5})^2+2^2}} = \frac{\sqrt{5}}{3} \quad \sin\theta_2 = \frac{2}{3}$$

$$P_2 = \begin{bmatrix} \frac{\sqrt{5}}{3} & 0 & \frac{2}{3} \\ 0 & 1 & 0 \\ -\frac{2}{3} & 0 & \frac{\sqrt{5}}{3} \end{bmatrix} \quad P_2(P_1 x) = \begin{bmatrix} 3 \\ 0 \\ 0 \end{bmatrix}$$

令

$$P = P_2 P_1 = \begin{bmatrix} \frac{1}{3} & \frac{2}{3} & \frac{2}{3} \\ -\frac{2}{\sqrt{5}} & \frac{1}{\sqrt{5}} & 0 \\ -\frac{2}{3\sqrt{5}} & -\frac{4}{3\sqrt{5}} & \frac{\sqrt{5}}{3} \end{bmatrix}$$

则

$$Px = 3\,e_1$$

有关矩阵 P 与 H 的关系请参阅相关文献。

6.5.3 矩阵的 QR 分解

关于矩阵 A 的 QR 分解有如下定义。

定义 6.4 如果实(复)非奇异矩阵 A 能够化成正交(酉)矩阵 Q 与实(复)非奇异上三角矩阵 R 的乘积,即

$$A = QR$$

则称此式为 A 的 QR 分解。

我们仅讨论实非奇异矩阵的 QR 分解问题。

定理 6.15 设 $A=(a_{ij})_{n\times n}$ 为实非奇异矩阵，则 A 有正交分解

$$A = QR$$

其中 Q 为正交矩阵，R 为上三角矩阵，且当 R 具有正对角线元素时，分解 $A=QR$ 是唯一的。

证明 此定理可用多种方法证明，我们仅给出用反射矩阵进行分解的证明。

第 1 步：由 A 非奇异可知 $\det A\neq 0$，从而 A 的第 1 列：$b^{(1)}=(a_{11},a_{21},\cdots,a_{n1})^T\neq \mathbf{0}$。由定理 6.13 知，存在反射矩阵 H_1，使得

$$H_1 b^{(1)} = \| b^{(1)} \| e_1 \quad (e_1 \in R^n)$$

令 $a_{11}^{(1)} = \| b^{(1)} \|$，则有

$$H_1 A = \left[\begin{array}{c:ccc} a_{11}^{(1)} & a_{12}^{(1)} & \cdots & a_{1n}^{(1)} \\ \hdashline 0 & & & \\ \vdots & & A^{(1)} & \\ 0 & & & \end{array}\right]$$

第 2 步：由 $\det A = \det(H_1 A) = a_{11}^{(1)} \det A^{(1)} \neq 0$，知 $\det A^{(1)} \neq 0$，$A^{(1)}$ 的第 1 列 $b^{(2)} = (a_{22}^{(1)},a_{32}^{(1)},\cdots,a_{n2}^{(1)})^T\neq \mathbf{0}$。由定理 6.13 知，存在反射矩阵 H_2，使得

$$H_2 b^{(2)} = \| b^{(2)} \| e_1 \qquad (e_1 \in R^{n-1})$$

令 $a_{22}^{(2)} = \| b^{(2)} \|$，则有

$$H_2 A^{(1)} = \left[\begin{array}{c:ccc} a_{22}^{(2)} & a_{23}^{(2)} & \cdots & a_{2n}^{(2)} \\ \hdashline 0 & & & \\ \vdots & & A^{(2)} & \\ 0 & & & \end{array}\right]$$

以此类推，第 $n-1$ 步：由 $\det A = a_{11}^{(1)} a_{22}^{(2)} \cdots a_{n-2,n-2}^{(n-2)} \det A^{(n-2)} \neq 0$，知 $\det A^{(n-2)} \neq 0$，故 $A^{(n-2)}$ 的第 1 列 $b^{(n-1)}=(a_{n-1,n-1}^{(n-2)},a_{n,n-1}^{(n-2)})^T\neq \mathbf{0}$。由定理 6.13 知，存在反射矩阵 H_{n-1}，使得

$$H_{n-1} b^{(n-1)} = \| b^{(n-1)} \| e_1 \quad (e_1 \in R^2)$$

令

$$a_{n-1,n-1}^{(n-1)} = \| b^{(n-1)} \|$$

则有

$$H_{n-1} A^{(n-2)} = \begin{bmatrix} a_{n-1,n-1}^{(n-1)} & a_{n-1,n}^{(n-1)} \\ 0 & a_{nn}^{(n)} \end{bmatrix}$$

最后令

$$Q^T = \begin{bmatrix} I_{n-2} & 0 \\ 0 & H_{n-1} \end{bmatrix} \begin{bmatrix} I_{n-3} & 0 \\ 0 & H_{n-2} \end{bmatrix} \cdots \begin{bmatrix} I_2 & 0 \\ 0 & H_3 \end{bmatrix} \begin{bmatrix} I_1 & 0 \\ 0 & H_2 \end{bmatrix} H_1$$

并注意到，若 H_{n-l} 是 $n-l$ 阶反射矩阵，即

$$H_{n-l} = I_{n-l} - 2uu^T \quad (u \in R^{n-l}, u^T u = 1)$$

则

$$\begin{bmatrix} I_l & 0 \\ 0 & H_{n-l} \end{bmatrix} = \begin{bmatrix} I_l & 0 \\ 0 & I_{n-l} \end{bmatrix} - 2 \begin{bmatrix} 0 & 0 \\ 0 & uu^T \end{bmatrix}$$

$$= \boldsymbol{I}_n - 2\begin{bmatrix}\boldsymbol{0}\\ u\end{bmatrix}[\boldsymbol{0}^{\mathrm{T}} \quad \boldsymbol{u}^{\mathrm{T}}] = \boldsymbol{I}_n - 2\boldsymbol{v}\boldsymbol{v}^{\mathrm{T}}$$

(其中 $\boldsymbol{v}\in\boldsymbol{R}^n$，$\boldsymbol{v}^{\mathrm{T}}\boldsymbol{v}=\boldsymbol{u}^{\mathrm{T}}\boldsymbol{u}=1$)是 n 阶反射矩阵。因此$\boldsymbol{Q}^{\mathrm{T}}$ 是有限个反射矩阵的乘积，且使得

$$\boldsymbol{Q}^{\mathrm{T}}\boldsymbol{A} = \begin{bmatrix} a_{11}^{(1)} & a_{12}^{(1)} & \cdots & a_{1,n-1}^{(1)} & a_{1n}^{(1)} \\ & a_{22}^{(2)} & \cdots & a_{2,n-1}^{(2)} & a_{2n}^{(2)} \\ & & \ddots & & \\ & & & a_{n-1,n-1}^{(n-1)} & a_{n-1,n}^{(n-1)} \\ & & & & a_{nn}^{(n)} \end{bmatrix} = \boldsymbol{R}$$

从而

$$\boldsymbol{A} = \boldsymbol{Q}\boldsymbol{R}$$

下证分解唯一性。

若 $\boldsymbol{A}=\boldsymbol{Q}_1\boldsymbol{R}_1=\boldsymbol{Q}_2\boldsymbol{R}_2$，且$\boldsymbol{Q}_1$、$\boldsymbol{Q}_2$ 均为正交矩阵，$\boldsymbol{R}_1$、$\boldsymbol{R}_2$ 均为非奇异上三角矩阵且对角元均为正。则

$$\boldsymbol{A}^{\mathrm{T}}\boldsymbol{A} = \boldsymbol{R}_1^{\mathrm{T}}\boldsymbol{Q}_1^{\mathrm{T}}\boldsymbol{Q}_1\boldsymbol{R}_1 = \boldsymbol{R}_1^{\mathrm{T}}\boldsymbol{R}_1$$
$$\boldsymbol{A}^{\mathrm{T}}\boldsymbol{A} = \boldsymbol{R}_2^{\mathrm{T}}\boldsymbol{Q}_2^{\mathrm{T}}\boldsymbol{Q}_2\boldsymbol{R}_2 = \boldsymbol{R}_2^{\mathrm{T}}\boldsymbol{R}_2$$

这样，对称正定矩阵$\boldsymbol{A}^{\mathrm{T}}\boldsymbol{A}$ 被分解成下三角矩阵$\boldsymbol{R}_1^{\mathrm{T}}$ 和上三角矩阵$\boldsymbol{R}_1$ 的乘积，由对称正定矩阵的乔列斯基(Cholesky)分解的唯一性得$\boldsymbol{R}_1=\boldsymbol{R}_2$，从而$\boldsymbol{Q}_1=\boldsymbol{Q}_2$ 即 $\boldsymbol{A}=\boldsymbol{Q}\boldsymbol{R}$ 分解唯一。

对于一般的实矩阵 $\boldsymbol{A}\in\boldsymbol{R}^{n\times n}$，我们有如下的分解定理。

定理 6.16 (**舒尔(Schur)分解定理**)设 $\boldsymbol{A}\in\boldsymbol{R}^{n\times n}$，则存在正交矩阵 $\boldsymbol{Q}\in\boldsymbol{R}^{n\times n}$，使得

$$\boldsymbol{Q}^{\mathrm{T}}\boldsymbol{A}\boldsymbol{Q} = \boldsymbol{R} = \begin{bmatrix} \boldsymbol{R}_{11} & \boldsymbol{R}_{12} & \cdots & \boldsymbol{R}_{1m} \\ & \boldsymbol{R}_{22} & \cdots & \boldsymbol{R}_{2m} \\ & & \ddots & \vdots \\ & & & \boldsymbol{R}_{mm} \end{bmatrix}$$

其中每个$\boldsymbol{R}_{ii}$是 1×1 或 2×2 矩阵。若是 1×1 矩阵，其元素就是 $\boldsymbol{A}$ 的特征值；若是 2×2 矩阵，$\boldsymbol{R}_{ii}$ 的特征值就是 $\boldsymbol{A}$ 的一对共轭特征值。

证明从略，可参见相关参考文献。

舒尔(Schur)分解定理表明，一般实矩阵可以通过正交相似变换将 $\boldsymbol{A}$ 化为分块上三角矩阵。如果将 $\boldsymbol{A}$ 化为分块上三角矩阵，就很容易求出 $\boldsymbol{A}$ 的特征值。然而在一般情况下，很难求得定理中所述的正交矩阵 $\boldsymbol{Q}$ 和 $\boldsymbol{R}$，而常常用下面的豪斯霍尔德方法。

6.5.4 豪斯霍尔德方法

先介绍海森伯格(Hessenberg)矩阵。

设 $\boldsymbol{B}=(b_{ij})_{n\times n}$，如果 $i>j+1$ 时有 $b_{ij}=0$，则称 $\boldsymbol{B}$ 为上海森伯格矩阵，因此，上海森伯格矩阵的形式为：

$$\boldsymbol{B} = \begin{bmatrix} b_{11} & b_{12} & \cdots & b_{1,n-1} & b_{1n} \\ b_{21} & b_{22} & \cdots & b_{2,n-1} & b_{2n} \\ & b_{32} & \cdots & b_{3,n-1} & b_{3n} \\ & & \ddots & \vdots & \vdots \\ & & & b_{n,n-1} & b_{nn} \end{bmatrix}$$

即 $\boldsymbol{B}$ 的次对角线以下元素全为零。如果 $b_{i+1,i}\neq 0(i=1,2,\cdots,n-1)$，则称 $\boldsymbol{B}$ 为不可约的上海森伯格矩阵。

豪斯霍尔德(Householder)方法的基本思想是先用反射矩阵将 $\boldsymbol{A}$ 正交相似地变换为上海森伯格矩阵，然后对上海森伯格矩阵使用 QR 方法，这时用平面旋转矩阵实现上海森伯格矩阵的 QR 分解。

定理 6.17　设 $\boldsymbol{A}$ 为 n 阶实矩阵，则存在反射矩阵 $\boldsymbol{H}_1,\boldsymbol{H}_2,\cdots,\boldsymbol{H}_{n-2}$，使得

$$\boldsymbol{H}_{n-2}\cdots\boldsymbol{H}_2\boldsymbol{H}_1\boldsymbol{A}\boldsymbol{H}_1\boldsymbol{H}_2\cdots\boldsymbol{H}_{n-2}=\boldsymbol{B}$$

其中 $\boldsymbol{B}$ 为上海森伯格矩阵。

证明方法类似定理 6.15，此处从略。也可参阅相关参考文献。

推论 6.2　当 $\boldsymbol{A}$ 为实对称矩阵时，存在反射矩阵 $\boldsymbol{H}_1,\boldsymbol{H}_2,\cdots,\boldsymbol{H}_{n-2}$，使得

$$\boldsymbol{H}_{n-2}\cdots\boldsymbol{H}_2\boldsymbol{H}_1\boldsymbol{A}\boldsymbol{H}_1\boldsymbol{H}_2\cdots\boldsymbol{H}_{n-2}=\begin{bmatrix} a_{11}^{(1)} & \sigma_1 & & \\ \sigma_1 & a_{22}^{(2)} & \sigma_2 & \\ & \sigma_2 & \ddots & \sigma_{n-1} \\ & & \sigma_{n-1} & a_{nn}^{(n)} \end{bmatrix}$$

QR 方法的计算过程总结为：

①用豪斯霍尔德变换把 $\boldsymbol{A}$ 化为上海森伯格矩阵；

②用平面旋转变换对上海森伯格矩阵进行 QR 分解，然后作乘积 RQ；

③对所得乘积再进行 QR 分解，直到乘积趋于一个对角矩阵或上三角矩阵；

④所趋于矩阵的对角线元素就是原来矩阵的特征值。

具体写出 QR 方法计算过程为：

$$\boldsymbol{A}=\boldsymbol{A}_1\overset{\text{分解}}{=}\boldsymbol{Q}_1\boldsymbol{R}_1\qquad(\boldsymbol{Q}_1\text{ 为正交矩阵},\boldsymbol{R}_1\text{ 为可逆上三角矩阵})$$

$$\boldsymbol{A}_2\underset{\text{作乘}}{\overset{\text{交换}}{=}}\boldsymbol{R}_1\boldsymbol{Q}_1\overset{\text{再分解}}{=}\boldsymbol{Q}_2\boldsymbol{R}_2$$

$$\boldsymbol{A}_3\underset{\text{作乘}}{\overset{\text{交换}}{=}}\boldsymbol{R}_2\boldsymbol{Q}_2\overset{\text{再分解}}{=}\boldsymbol{Q}_3\boldsymbol{R}_3$$

$$\vdots$$

$$\boldsymbol{A}_k=\boldsymbol{Q}_k\boldsymbol{R}_k$$

$$\boldsymbol{A}_{k+1}\underset{\text{作乘}}{\overset{\text{交换}}{=}}\boldsymbol{R}_k\boldsymbol{Q}_k\overset{\text{再分解}}{=}\boldsymbol{Q}_{k+1}\boldsymbol{R}_{k+1}$$

$$\cdots$$

这样可得矩阵序列 $\{\boldsymbol{A}_k\}$。由于 $\boldsymbol{R}_k=\boldsymbol{Q}_k^{-1}\boldsymbol{A}_k$，则

$$\boldsymbol{A}_{k+1}=\boldsymbol{R}_k\boldsymbol{Q}_k=\boldsymbol{Q}_k^{-1}\boldsymbol{A}_k\boldsymbol{Q}_k\quad(k=1,2,\cdots)$$

即 $\boldsymbol{A}_{k+1}$ 与 $\boldsymbol{A}_k$ 正交相似。以此递推便有

$$\begin{aligned}\boldsymbol{A}_{k+1}&=\boldsymbol{Q}_k^{-1}\boldsymbol{A}_k\boldsymbol{Q}_k=\boldsymbol{Q}_k^{-1}\boldsymbol{Q}_{k-1}^{-1}\boldsymbol{A}_{k-1}\boldsymbol{Q}_{k-1}\boldsymbol{Q}_k=\cdots\\&=\boldsymbol{Q}_k^{-1}\cdots\boldsymbol{Q}_1^{-1}\boldsymbol{A}\boldsymbol{Q}_1\cdots\boldsymbol{Q}_k\triangleq\boldsymbol{Q}^{-1}\boldsymbol{A}\boldsymbol{Q}\end{aligned}$$

即 $\boldsymbol{A}_{k+1}$ 与 $\boldsymbol{A}$ 有相同的特征值。

6.5.5　QR 方法的收敛性

关于 QR 方法有如下收敛性定理。

定理 6.18 （*QR* 方法收敛性）设 $\boldsymbol{A}=(a_{ij})_{n\times n}$，且

①$\boldsymbol{A}$ 的特征值满足 $|\lambda_1|>|\lambda_2|>\cdots>|\lambda_n|>0$；

②存在非奇异矩阵 $\boldsymbol{X}$，使 $\boldsymbol{A}=\boldsymbol{XD}\boldsymbol{X}^{-1}$，$\boldsymbol{D}=\mathrm{diag}(\lambda_1,\lambda_2,\cdots,\lambda_n)$，且 $\boldsymbol{X}^{-1}$ 有三角分解 $\boldsymbol{X}^{-1}=\boldsymbol{LU}$（$\boldsymbol{L}$ 为单位下三角矩阵，$\boldsymbol{U}$ 为上三角矩阵），则 *QR* 算法产生的序列 $\{\boldsymbol{A}_k\}$ 基本收敛于上三角矩阵。即

$$\lim_{k\to\infty}\boldsymbol{A}_k=\boldsymbol{R}=\begin{bmatrix}\lambda_1 & * & \cdots & * \\ & \lambda_2 & \cdots & \cdots \\ & & \ddots & * \\ & & & \lambda_n\end{bmatrix}$$

这里基本收敛的意思是指 $\lim\limits_{k\to\infty}a_{ii}^{(k)}=\lambda_i(i=1,2,\cdots,n)$，$\lim\limits_{k\to\infty}a_{ij}^{(k)}=0(i>j)$，但 $\lim\limits_{k\to\infty}a_{ij}^{(k)}(i<j)$ 不一定存在。

本定理证明比较复杂，有兴趣的读者可参阅参考文献。

推论 6.3 若 $\boldsymbol{A}$ 为 n 阶实对称矩阵且满足定理 6.18 的条件，则由 *QR* 方法产生的序列 $\{\boldsymbol{A}_k\}$ 收敛于对角矩阵 $\boldsymbol{D}=\mathrm{diag}(\lambda_1,\lambda_2,\cdots,\lambda_n)$。

对一般的实矩阵 $\boldsymbol{A}$，*QR* 方法产生的序列 $\{\boldsymbol{A}_k\}$ 的收敛情况比较复杂，但在有些条件下 $\{\boldsymbol{A}_k\}$ 收敛到实舒尔型矩阵，有兴趣的读者可参阅相关文献。

6.6 对称三对角矩阵特征值的计算

由 6.5 讨论可知，应用豪斯霍尔德方法可以把实对称矩阵通过正交相似变换化为对称三对角矩阵。对于实对称三对角矩阵如何求它的特征值，基本思想是把实对称三对角矩阵对应的特征多项式的根用小区间进行分离，在每个小区间内再用非线性方程求根的二分法进行求根，从而得到实对称三对角矩阵的全部特征值

6.6.1 对称三对角矩阵的特征多项式序列及其性质

定义 6.5 设 $\varphi_0(x),\varphi_1(x),\cdots,\varphi_m(x)$ 是多项式序列，若有①$\varphi_0(x)$ 在 (a,b) 内不等于零；②序列中任意两个相邻的多项式在 (a,b) 内无公共根；③若 $\varphi_j(x_0)=0(x_0\in(a,b))$，则 $\varphi_{j-1}(x_0)\cdot\varphi_{j+1}(x_0)<0$，则称该多项式序列为 $\varphi_m(x)$ 在 (a,b) 内的一个施图姆（Sturm）序列。

设实对称三对角矩阵为

$$\boldsymbol{A}=\begin{pmatrix}\alpha_1 & \beta_1 & & & \\ \beta_1 & \alpha_2 & \beta_2 & & \\ & \ddots & \ddots & \ddots & \\ & & \beta_{n-2} & \alpha_{n-1} & \beta_{n-1} \\ & & & \beta_{n-1} & \alpha_n\end{pmatrix}$$

假设 $\beta_i\neq0(i=1,2,\cdots,n-1)$。不然，则 $\boldsymbol{A}$ 可表示成分块对角矩阵，且每一块的次对角线元素均不为零。令

$$f_n(\lambda)=\det(\boldsymbol{A}-\lambda\boldsymbol{I})$$

$$f_k(\lambda)=\begin{vmatrix}\alpha_1-\lambda & \beta_1 & & & \\ \beta_1 & \alpha_2-\lambda & \beta_2 & & \\ & \ddots & \ddots & \ddots & \\ & & \beta_{k-2} & \alpha_{k-1}-\lambda & \beta_{k-1} \\ & & & \beta_{k-1} & \alpha_k-\lambda\end{vmatrix}\quad(1\leqslant k\leqslant n)$$

$f_k(\lambda)$为$\boldsymbol{A}-\lambda\boldsymbol{I}$的顺序主子式,规定$f_0(\lambda)=1$。则有

$$\begin{cases}f_0(\lambda)=1\\ f_1(\lambda)=\alpha_1-\lambda\\ f_2(\lambda)=(\alpha_2-\lambda)f_1(\lambda)-\beta_1^2f_0(\lambda),\quad\cdots\\ f_k(\lambda)=(\alpha_k-\lambda)f_{k-1}(\lambda)-\beta_{k-1}^2f_{k-2}(\lambda)\quad(k=2,3,\cdots,n)\end{cases}\tag{6.29}$$

序列$\{f_k(\lambda)\}(k=0,1,\cdots,n)$称为实对称三对角矩阵$\boldsymbol{A}$的特征多项式序列,$\{f_k(\lambda)\}$具有如下性质。

定理 6.19 序列$\{f_k(\lambda)\}$是$f_n(\lambda)$在$(-\infty,+\infty)$内的施图姆序列。

证明 只要证明$\{f_k(\lambda)\}$在$(-\infty,+\infty)$内满足施图姆序列定义。

①$f_0(\lambda)=1$显然满足定义中的(1);

②若存在$\lambda_0\in(-\infty,+\infty)$,使$f_j(\lambda_0)=f_{j-1}(\lambda_0)=0$,则由式(6.29)可得

$$f_{j-2}(\lambda_0)=\frac{-1}{\beta_{j-1}^2}[f_j(\lambda_0)-(\alpha_j-\lambda_0)f_{j-1}(\lambda_0)]=0$$

同理可得

$$f_{j-3}(\lambda_0)=\cdots=f_1(\lambda_0)=f_0(\lambda_0)=0$$

这与$f_0(\lambda)=1$相矛盾,故不存在$\lambda_0\in(-\infty,+\infty)$使得$f_j(\lambda_0)=f_{j-1}(\lambda_0)=0$,从而定义中条件②满足。

③设$f_j(\lambda^*)=0,\lambda^*\in(-\infty,+\infty)$,由式(6.29)可得

$$f_{j+1}(\lambda^*)=-\beta_j^2f_{j-1}(\lambda^*)$$

而$\beta_j\neq0,f_{j-1}(\lambda^*)\neq0,f_{j+1}(\lambda^*)\neq0$,从而$f_{j-1}(\lambda^*)f_{j+1}(\lambda^*)<0$。故定义中条件③满足,即$\{f_k(\lambda)\}$是$f_n(\lambda)$在$(-\infty,+\infty)$内的施图姆序列。

定理 6.20 假设$\{f_k(\lambda)\}$为实对称三对角矩阵$\boldsymbol{A}$的特征多项式序列,并且$\beta_j\neq0(j=1,2,\cdots,n-1)$,则$f_k(\lambda)=0$有$k$个单根$(k=1,2,\cdots,n)$,并且$f_k(\lambda)=0$与$f_{k-1}(\lambda)=0$的根相互交错。

证明 用数学归纳法证明。

显然$f_1(\lambda)=\alpha_1-\lambda=0$只有一个单根$\lambda=\alpha_1$,而

$$f_2(\lambda)=(\alpha_2-\lambda)(\alpha_1-\lambda)-\beta_1^2$$

由于

$$f_2(\pm\infty)=+\infty\quad f_2(\alpha_1)=-\beta_1^2<0$$

故$f_2(\lambda)=0$在$(-\infty,\alpha_1)$与$(\alpha_1,+\infty)$内各有一个单根。因此$f_1(\lambda)$、$f_2(\lambda)$满足定理结论。

假设对于$f_1(\lambda),f_2(\lambda),\cdots,f_{k-1}(\lambda)$均满足定理结论。下面证明$f_k(\lambda)$与$f_{k-1}(\lambda)$的零点相互交错,且$f_k(\lambda)=0$有$k$个单根。设$f_{k-1}(\lambda)$与$f_{k-2}(\lambda)$的零点依次为$\lambda_i(i=1,2,\cdots,k-1)$和$\mu_i(i=1,2,,k-2)$。且顺序关系为

$$\lambda_1<\lambda_2<\cdots<\lambda_{k-2}<\lambda_{k-1}$$

$$\mu_1 < \mu_2 < \cdots < \mu_{k-3} < \mu_{k-2}$$

由假设知

$$\lambda_1 < \mu_1 < \lambda_2 < \mu_2 < \cdots < \lambda_{k-2} < \mu_{k-2} < \lambda_{k-1}$$

由于 $f_k(\lambda)=(-1)^k\lambda^k+$(低于 k 次的多项式),故

$$\begin{cases} f_k(-\infty) > 0 \\ \text{sign} f_k(+\infty) = \text{sign}(-1)k \quad (k=1,2,\cdots,n) \end{cases}$$

由归纳法假设知

$$f_{k-2}(\lambda_1) > 0 \quad f_{k-2}(\lambda_2) < 0 \quad f_{k-2}(\lambda_3) > 0 \quad \cdots$$

即 $f_{k-2}(\lambda_j)$的符号为$(-1)^{j+1}$。而 $f_k(\lambda_j)=-\beta_{k-1}^2 f_{k-2}(\lambda_j)$,故 $f_k(\lambda_j)$的符号为$(-1)^j$,即有

$$f_k(-\infty) > 0 \quad f_k(\lambda_1) < 0 \quad f_k(\lambda_2) > 0 \quad \cdots$$

于是 $f_k(\lambda)$在$(-\infty,\lambda_1)$,(λ_1,λ_2),$\cdots$,$(\lambda_{k-1},+\infty)$内各有一个单根。这里共 k 有个区间,而 $f_k(\lambda)$为 k 次多项式。从而 $f_k(\lambda)=0$ 在每个区间上有且仅有一个根,由数学归纳法知定理结论成立。

定义 6.6 整数值函数 $S_n(\lambda)$表示数列$\{f_0(\lambda),f_1(\lambda),\cdots,f_n(\lambda)\}$中相邻两数符号相同的个数,称 $S_n(\lambda)$为数列$\{f_k(\lambda)\}$的同号数。

计算同号数时规定:当 $f_j(\lambda)=0$ 时,$f_j(\lambda)$与 $f_{j-1}(\lambda)$同号。

例 6.8 设实对称三对角矩阵

$$\boldsymbol{A} = \begin{bmatrix} 3 & 1 & 0 \\ 1 & 3 & 2 \\ 0 & 2 & 4 \end{bmatrix}$$

求 $\boldsymbol{A}$ 的特征多项式序列$\{f_k(\lambda)\}$在$\lambda=-1,0,1,2,3,4,6$ 处的同号数。

解 $\boldsymbol{A}$ 的特征多项式序列为

$$f_0(\lambda)=1 \quad f_1(\lambda)=3-\lambda \quad f_2(\lambda)=(3-\lambda)^2-1$$

$$f_3(\lambda)=(3-\lambda)^2(4-\lambda)-4(3-\lambda)-(4-\lambda)$$

当$\lambda=-1,0,1,2,3,4,6$ 时,$f_k(\lambda)$及 $S_3(\lambda)$的值如表 6.6 所示。

表 6.6 特征多项式序列的同号数

K	-1	0	1	2	3	4	6
$f_0(\lambda)$	1	1	1	1	1	1	1
$f_1(\lambda)$	4	3	2	1	0	-1	-3
$f_2(\lambda)$	15	8	3	0	-1	0	8
$f_3(\lambda)$	59	20	1	-4	-1	4	-4
$S_3(\lambda)$	3	3	3	2	2	1	0

定理 6.21 设实对称三对角矩阵 $\boldsymbol{A}$ 的特征多项式序列为$\{f_k(\lambda)\}$,且 $\beta_j\neq 0(j=1,2,\cdots,n-1)$,则

①$S_n(c)$表示 $f_n(\lambda)=0$ 在$[c,+\infty)$上根的个数。

②若 $c<d$,则 $f_n(\lambda)=0$ 在$[c,d)$上根的个数为 $S_n(c)-S_n(d)$。

证明 仅证明结论①,结论②可由结论①推出。

用数学归纳法证明。

当 $n=1$ 时，

$$f_0(\lambda)=1 \quad f_1(\lambda)=\alpha_1-\lambda \quad \lambda\in[c,+\infty)$$

当 $\alpha_1>c$ 时，$f_1(-\infty)>0$，$f_1(\alpha_1)=0$，$f_1(c)>0$，故 $S_1(c)=1$。$S_1(c)$ 就是 $f_1(\lambda)=0$ 在 $[c,+\infty)$ 上根的个数。

当 $\alpha_1<c$ 时，$f_1(c)<0$，$S_1(c)=0$，$f_1(\lambda)=0$ 在 $[c,+\infty)$ 上无根。$S_1(c)=0$ 也是 $f_1(\lambda)=0$ 在 $[c,+\infty)$ 上根的个数。

假设对 $\{f_0(\lambda),f_1(\lambda),\cdots,f_{k-1}(\lambda)\}$ 定理结论成立，并设 $S_{k-1}(c)=m$，即 $f_{k-1}(\lambda)=0$，不小于 c 的根的个数为 m 个。将 $f_{k-1}(\lambda)=0$ 与 $f_k(\lambda)=0$ 的根分别以 $\{\lambda_i\}$、$\{\mu_j\}$ 表示，由归纳法假设知

$$\begin{cases}\lambda_{k-1}<\lambda_{k-2}<\cdots<\lambda_{m+1}<c\leqslant\lambda_m<\cdots<\lambda_1\\ \mu_k<\lambda_{k-1}<\mu_{k-1}<\cdots<\lambda_{m+1}<\mu_{m+1}<\lambda_m<\cdots<\lambda_1<\mu_1\end{cases}\tag{6.30}$$

由此可知 $c\in(\lambda_{m+1},\lambda_m]$，$f_k(\lambda)$ 不小于 c 的零点个数只能是 m 或 $m+1$。分四种情况讨论。

(1) $c=\lambda_m$

由式(6.30)可知，此时 $f_k(\lambda)=0$ 不小于 c 的根为 m 个。而 $f_{k-1}(c)=0$，由 Sturm 序列性质有 $f_k(c)\neq0$。由于 $f_{k-1}(c)$ 与 $f_k(c)$ 不同号，所以

$$S_k(c)=S_{k-1}(c)=m$$

(2) $c=\mu_{m+1}$

由式(6.30)可知，此时 $f_k(\lambda)=0$ 不小于 c 的根为 $m+1$ 个。由于 $f_k(c)=0$，按规定 $\operatorname{sign}f_k(c)=\operatorname{sign}f_{k-1}(c)$，故有

$$S_k(c)=S_{k-1}(c)+1=m+1$$

(3) $\mu_{m+1}<c<\lambda_m$

此时 $f_k(\lambda)=0$ 不小于 c 的根为 m 个。将 $f_{k-1}(\lambda)$ 与 $f_k(\lambda)$ 写成

$$\begin{cases}f_{k-1}(\lambda)=(\lambda_1-\lambda)(\lambda_2-\lambda)\cdots(\lambda_{k-1}-\lambda)\\ f_k(\lambda)=(\mu_1-\lambda)(\mu_2-\lambda)\cdots(\mu_k-\lambda)\end{cases}\tag{6.31}$$

容易算出

$$\operatorname{sign}f_{k-1}(c)=(-1)^{k-1-m}$$
$$\operatorname{sign}f_k(c)=(-1)^{k-m}$$

即 $f_k(c)$ 与 $f_{k-1}(c)$ 反号，故

$$S_k(c)=S_{k-1}(c)=m$$

(4) $\lambda_{m+1}<c<\mu_{m+1}$

此时 $f_k(\lambda)=0$ 不小于 c 的根为 $m+1$ 个。由式(6.31)知

$$\operatorname{sign}f_{k-1}(c)=(-1)^{k-1-m}$$
$$\operatorname{sign}f_k(c)=(-1)^{k-(m+1)}$$

即 $f_k(c)$ 与 $f_{k-1}(c)$ 同号，故

$$S_k(c)=S_{k-1}(c)+1=m+1$$

从而定理结论成立。

6.6.2 实对称三对角矩阵特征值的计算

设 $\{f_k(\lambda)\}$ 是实对称三对角矩阵 $\boldsymbol{A}$ 的特征多项式序列，且 $\beta_j\neq0(j=1,2,\cdots,n-1)$。由

定理 6.21 知，若 $a_0<b_0$，且 $S_n(a_0)=m, S_n(b_0)=m-1$，则 $\mathbf{A}$ 的第 m 个特征值 $\lambda_m\in[a_0,b_0)$。此时令 $c_0=\frac{1}{2}(a_0+b_0)$，若 $S_n(c_0)=m$，令 $a_1=c_0, b_1=b_0$（否则令 $a_1=a_0, b_1=c_0$），可得新区间 $[a_1,b_1)$，且 $\lambda_m\in[a_1,b_1)$。继续这种做法，可得一个区间序列 $\{[a_k,b_k)\}$。始终有 $\lambda_m\in[a_k,b_k)$。当 k 充分大时，可用 $c_k=\frac{1}{2}(a_k+b_k)$ 作为 λ_m 的近似值。这就是求对称三对角矩阵 $\mathbf{A}$ 的特征值的二分法。

例 6.9 用二分法计算例 6.8 中矩阵 $\mathbf{A}$ 属于区间 $[1,2)$ 的特征根 λ_1。

解 由例 6.8 知在区间 $[1,2)$ 内确有 $\mathbf{A}$ 的一个特征值 λ_1，用二分法计算的结果见表 6.7。

表 6.7 二分法计算结果

λ	1	2	1.5	1.25	1.125	1.0625	1.0935	1.10925	1.101375	1.0974375	1.0954678	1.0964526	1.09645265	1.096945075	1.096698863
$f_0(\lambda)$	1	2	+	+	+	+	+	+	+	+	+	+	+	+	+
$f_1(\lambda)$	2	1	+	+	+	+	+	+	+	+	+	+	+	+	+
$f_2(\lambda)$	3	0	+	+	+	+	+	+	+	+	+	+	+	+	+
$f_3(\lambda)$	1	4	−	−	−	+	+	−	−	−	+	+	+	+	+
$S_3(\lambda)$	3	2	2	2	2	3	3	2	2	2	3	3	3	3	3

取 $\lambda_1=(1.096945075+1.096698863)/2=1.096821969$，计算可得 $f_3(\lambda_1)=-0.00032786$。可见 $\lambda_1=1.096821969$ 具有四位有效数字。

利用二分法求实对称三对角矩阵的特征值，其优点是简单、稳定、精度很高，并且有较大的灵活性，即可求全部特征值，也可求部分特征值。它的基础是应用施图姆序列性质而得到用 $S_n(\lambda)$ 的同号数判定根的个数，从而确定那个区间上有根，其缺点是对于高阶矩阵，计算 $f_k(\lambda)(k=0,1,2,\cdots,n)$ 的值时会出现“溢出”现象，从而中断计算。

为了防止“溢出”发生，定义新序列 $\{g_k(\lambda)\}(k=1,2,\cdots,n)$

$$g_1(\lambda)=\frac{f_1(\lambda)}{f_0(\lambda)}=\alpha_1-\lambda$$

$$g_k(\lambda)=\frac{f_k(\lambda)}{f_{k-1}(\lambda)}=\frac{(\alpha_k-\lambda)f_{k-1}(\lambda)-\beta_{k-1}^2 f_{k-2}(\lambda)}{f_{k-1}(\lambda)}$$

$$=\begin{cases}\alpha_k-\lambda-\dfrac{\beta_{k-1}^2}{g_{k-1}(\lambda)} & (f_{k-1}(\lambda)\neq 0,\text{且 } f_{k-2}(\lambda)\neq 0)\\ \alpha_k-\lambda & (f_{k-2}(\lambda)=0)\\ -\infty & (f_{k-1}(\lambda)=0)\end{cases}$$

由于序列 $\{f_k(\lambda)\}$ 相邻的两项没有相同的零点，故 $f_j(\lambda)=0$ 等价于 $g_j(\lambda)=0(j=1,2,\cdots,n)$，因此 $\{g_k(\lambda)\}(k=1,2,\cdots,n)$ 为

$$g_1(\lambda)=\alpha_1-\lambda$$

$$g_k(\lambda)=\begin{cases}\alpha_k-\lambda & g_{k-2}(\lambda)=0\\ -\infty & g_{k-1}(\lambda)=0\\ \alpha_k-\lambda-\dfrac{\beta_{k-1}^2}{g_{k-1}(\lambda)} & g_{k-1}(\lambda)g_{k-2}(\lambda)\neq 0\end{cases}\quad (k=2,3,\cdots,n) \tag{6.32}$$

①若 $f_k(\lambda)\neq 0$，$f_k(\lambda)$与 $f_{k-1}(\lambda)$同号等价于 $g_k(\lambda)>0$；

②若 $f_k(\lambda)=0$，按规定 $f_k(\lambda)$与 $f_{k-1}(\lambda)$同号，此时 $g_k(\lambda)=0$，故序列$\{f_k(\lambda)\}(k=0,1,\cdots,n)$中同号数 $S_n(\lambda)$等于序列$\{g_k(\lambda)\}(k=1,2,\cdots,n)$中非负项的数目。因而，把计算序列$\{f_k(\lambda)\}$的同号数 $S_n(\lambda)$转化为计算$\{g_k(\lambda)\}$的非负数目。在用递推关系式(6.32)来计算$\{g_k(\lambda)\}$时，若某个$|g_j(\lambda)|$充分小，可认为 $g_j(\lambda)=0$；当出现某个 $g_j(\lambda)=-\infty$(此时必有 $g_{j-1}(\lambda)=0$)，只要给 $g_j(\lambda)$取一个负值即可。

根据盖尔圆盘定理，对实对称三对角矩阵 $\boldsymbol{A}$，假设 $\beta_j\neq 0(j=1,2,\cdots,n-1)$，规定 $\beta_0=0$，$\beta_n=0$，则令

$$c=\min_{1\leqslant i\leqslant n}\{\alpha_i-|\beta_i|-|\beta_{i-1}|\}$$

$$d=\max_{1\leqslant i\leqslant n}\{\alpha_i+|\beta_i|+|\beta_{i-1}|\}$$

则实对称三对角矩阵 $\boldsymbol{A}$ 的所有特征根$\lambda\in(c,d)$，在(c,d)内取一些数计算$\{f_k(\lambda)\}$的同号数 $S_n(\lambda)$或计算$\{g_k(\lambda)\}$的非负数目，就可以把根进行分离，进而用二分法进行计算。关于三对角矩阵特征值计算的详细内容可参考相关文献。

习题 6

1. 用乘幂法求下列矩阵 $\boldsymbol{A}$ 的特征值和特征向量，要求$|\lambda^{(k+1)}-\lambda^{(k)}|\leqslant 10^{-7}$。

(1)$\boldsymbol{A}=\begin{bmatrix}1 & 1 & 0.5\\ 1 & 1 & 0.25\\ 0.5 & 0.25 & 2\end{bmatrix}$　　(2)$\boldsymbol{A}=\begin{bmatrix}6 & 2 & 1\\ 2 & 3 & 1\\ 1 & 1 & 1\end{bmatrix}$

2. 用雅克比方法求第1题中矩阵 $\boldsymbol{A}$ 全部特征值和特征向量，要求 $S(\boldsymbol{A}_k)<10^{-6}$。

3. 用反幂法求矩阵 $\boldsymbol{A}=\begin{bmatrix}-12 & 3 & 3\\ 3 & 1 & -2\\ 3 & -2 & 7\end{bmatrix}$与 $P=-13$ 最接近的那个特征值和特征向量，要求运算过程小数点至少保留5位，特征值的迭代误差不超过10^{-5}。

4. 设方阵 $\boldsymbol{A}$ 的特征值是实数，且满足 $\lambda_1>\lambda_2\geqslant\cdots\geqslant\lambda_n(\lambda_1>\lambda_n)$，为求 λ_1 而作原点平移。试证：当平移量 $P=\dfrac{1}{2}(\lambda_2+\lambda_n)$时，乘幂法收敛最快。

5. 设向量 $\boldsymbol{x}=(1,2,-2)^{\mathrm{T}}$，分别用反射变换和平面旋转变换将其变为与单位向量 $\boldsymbol{e}_1=(1,0,0)^{\mathrm{T}}$ 平行的向量。

6. 设 $\boldsymbol{A}_{n-1}$是由豪斯霍尔德方法得到的矩阵，$\boldsymbol{y}$ 是 $\boldsymbol{A}_{n-1}$ 的一个特征向量，证明矩阵 $\boldsymbol{A}$ 对应特征值$\boldsymbol{\lambda}$ 的特征向量是 $\boldsymbol{x}=\boldsymbol{H}_1\boldsymbol{H}_2\cdots\boldsymbol{H}_{n-2}\boldsymbol{y}$。

7. 设 $\boldsymbol{H}$ 是反射矩阵，证明 $\det\boldsymbol{H}=-1$。

8. 利用二分法计算实对称三对角矩阵 $\boldsymbol{A}$ 的全部特征值和特征向量。

$$\boldsymbol{A}=\begin{pmatrix}1 & 2 & 0\\ 2 & -1 & 1\\ 0 & 1 & 3\end{pmatrix}$$

第 7 章　数值积分及数值微分

在高等数学或数学分析中学习过积分和微分的基本概念及其计算方法。若函数在闭区间上连续且其原函数存在,则可用牛顿-莱布尼茨公式来求定积分的值。牛顿-莱布尼茨公式是计算定积分的一种有效工具,在理论研究和实际计算中起到了很大的作用。

但在工程计算和科学研究中,经常会遇到被积函数本身形式比较复杂,求原函数比较困难,或者被积函数的原函数不能用初等函数的有限形式表示,或者被积函数虽有初等函数形式表示的原函数,但其原函数表示形式相当复杂,或者被积函数其本身就没有解析表达式,其函数关系由表格或图形给出,以上这些情况下的积分都不能利用牛顿-莱布尼茨公式方便地计算出该函数的定积分。因此有必要研究一种新的积分方法来解决这些问题。

另外,在微分学中,函数的导数是通过极限定义的,若函数是以表格形式给出,或者函数的表达式过于复杂时,对函数的求导以及微分会相当困难,也需要去寻找一种新的方便的方法去解决这样的问题。

本章中将介绍积分及微分的数值求解方法。

7.1　数值积分的基本概念

7.1.1　数值求积的基本思想

建立数值积分公式的途径比较多,其中最常用的有两种方法。

①当函数 $f(x)$ 为已知时,讨论如何计算定积分

$$I=\int_a^b f(x)\mathrm{d}x$$

为了避开求原函数的困难,一般是通过被积函数 $f(x)$ 的值来求定积分的值。由积分中值定理:对于连续函数 $f(x)$,在 $[a,b]$ 内至少存在一点 ξ,使得

$$\int_a^b f(x)\mathrm{d}x=(b-a)f(\xi)\quad \xi\in[a,b]$$

ξ 的具体位置一般是未知的,因而难以准确计算 $f(\xi)$ 的值,称 $f(\xi)$ 为 $f(x)$ 在 $[a,b]$ 上的平均高度。若能对 $f(\xi)$ 提供一种近似算法,相应地就可得到一种数值求积公式。

按照这种思想,可构造一些求积分值的近似公式。例如取左端点函数值 $f(a)$ 作为 $f(\xi)$ 的近似值,可得到

左矩形公式　$$\int_a^b f(x)\mathrm{d}x\approx(b-a)f(a)$$

取右端点函数值 $f(b)$ 作为 $f(\xi)$ 的近似值,可得到

右矩形公式 $$\int_a^b f(x)\mathrm{d}x \approx (b-a)f(b)$$

取中点函数值 $f(\frac{a+b}{2})$ 作为 $f(\xi)$ 的近似值,可得到

中矩形公式 $$\int_a^b f(x)\mathrm{d}x \approx (b-a)f(\frac{a+b}{2})$$

取 $f(a)$ 和 $f(b)$ 的加权平均值 $\frac{1}{2}[f(a)+f(b)]$ 作为 $f(\xi)$ 的近似值,可得到

梯形公式 $$\int_a^b f(x)\mathrm{d}x \approx \frac{1}{2}(b-a)[f(a)+f(b)]$$

取函数 $f(x)$ 在 $a,b,\frac{1}{2}(a+b)$ 这三点的函数值 $f(a),f(b),f\left(\frac{a+b}{2}\right)$ 的加权平均值 $\frac{1}{6}\left[f(a)+4f\left(\frac{a+b}{2}\right)+f(b)\right]$ 作为 $f(\xi)$ 的近似值,可得到

辛普森公式(或称抛物线公式) $$\int_a^b f(x)\mathrm{d}x \approx \frac{1}{6}(b-a)\left[f(a)+4f\left(\frac{a+b}{2}\right)+f(b)\right]$$

②当函数 $f(x)$ 为未知,仅仅知道它在部分点处的函数值时,先用某个简单函数 $\varphi(x)$ 近似逼近 $f(x)$,用 $\varphi(x)$ 代替原被积函数 $f(x)$,即

$$\int_a^b f(x)\mathrm{d}x \approx \int_a^b \varphi(x)\mathrm{d}x$$

以此来构造定积分的数值方法。从数值计算的角度考虑,函数 $\varphi(x)$ 应对 $f(x)$ 有充分的逼近程度,并且容易计算积分。由于多项式能很好地逼近连续函数,且又容易积分,因此常常将 $\varphi(x)$ 选取为插值多项式,这样 $f(x)$ 的积分就可以用其插值多项式的积分来近似代替。

7.1.2 插值型求积公式

用 n 次拉格朗日插值多项式 $L_n(x)$ 作为 $f(x)$ 的近似函数。设 $[a,b]$ 上的节点为

$$a = x_0 < x_1 < x_2 < \cdots < x_n = b$$

则有

$$L_n(x) = \sum_{i=0}^{n} l_i(x)f(x_i)$$

其中 $l_i(x) = \prod_{\substack{j=0 \\ j\neq i}}^{n} \frac{x-x_j}{x_i-x_j}$。计算定积分时,$f(x)$ 可由 $L_n(x)$ 代替,则有

$$I = \int_a^b f(x)\mathrm{d}x \approx \int_a^b L_n(x)\mathrm{d}x = \int_a^b \sum_{i=0}^{n} l_i(x)f(x_i)\mathrm{d}x = \sum_{i=0}^{n}\left[\int_a^b l_i(x)\mathrm{d}x\right]f(x_i)$$

记 $A_i = \int_a^b l_i(x)\mathrm{d}x$,则有下列公式

$$I = \int_a^b f(x)\mathrm{d}x \approx \sum_{i=0}^{n} A_i f(x_i)$$

其中 A_i 只与插值节点 x_i 有关,而与被积函数 $f(x)$ 无关。此公式被称为**插值型求积公式**,A_i 称为求积系数。

由拉格朗日插值余项可知,此求积公式的截断误差为:

$$R_n[f]=\int_a^b[f(x)-L_n(x)]\mathrm{d}x=\frac{1}{(n+1)!}\int_a^b f^{(n+1)}(\xi)\prod_{i=0}^{n}(x-x_i)\mathrm{d}x \quad \xi\in[a,b]$$

7.1.3 代数精度

数值求积方法是近似方法，而衡量一个近似求积公式好坏的标准之一就是代数精度。

定义 7.1 （代数精度）若求积公式

$$\int_a^b f(x)\mathrm{d}x\approx\sum_{i=0}^{n}A_i f(x_i)$$

对所有次数不超过 m 的代数多项式都有等式成立，即 $R_n[f]\equiv 0$，而对于某一个 $m+1$ 次多项式不能精确成立，则称该求积公式具有 m 次代数精度。

定理 7.1 对给定的 $n+1$ 个（互异）节点 $x_0,x_1,\cdots,x_n\in[a,b]$，总存在求积系数 $A_i(i=0,1,\cdots,n)$，使得求积公式

$$\int_a^b f(x)\mathrm{d}x\approx\sum_{i=0}^{n}A_i f(x_i)$$

至少具有 n 次代数精度。

证明 设求积公式对 $f(x)=1,x,x^2,\cdots,x^n$ 均准确成立，则有

$$\begin{cases}A_0+A_1+\cdots+A_n=b-a\\ A_0x_0+A_1x_1+\cdots+A_nx_n=\dfrac{b^2-a^2}{2}\\ \quad\vdots\\ A_0x_0^n+A_1x_1^n+\cdots+A_nx_n^n=\dfrac{b^{n+1}-a^{n+1}}{n+1}\end{cases}$$

此式是关于 $A_0,A_1,\cdots,A_n$ 的线性方程组，其系数矩阵的行列式为范德蒙德行列式。当 x_i 互异时，其行列式不为零，由 Gram 法则可得存在唯一解 $(A_0,A_1,\cdots,A_n)$。因此，存在求积系数 $A_0,A_1,\cdots,A_n$，使求积公式对 $f(x)=1,x,x^2,\cdots,x^n$ 都成为等式，从而求积公式至少具有 n 次代数精度。

定理 7.2 $n+1$ 个节点的求积公式

$$\int_a^b f(x)\mathrm{d}x\approx\sum_{i=0}^{n}A_i f(x_i)$$

至少具有 n 次代数精度的充要条件为该公式为插值型求积公式。

证明 （充分性）若求积公式是插值型求积公式，则求积系数

$$A_i=\int_a^b l_i(x)\mathrm{d}x$$

又由于 $f(x)=L_n(x)+R_n(x)$，其中

$$L_n(x)=\sum_{i=0}^{n}l_i(x)f(x_i)\qquad R_n(x)=\frac{f^{(n+1)}(\xi)}{(n+1)!}\prod_{i=0}^{n}(x-x_i)$$

当 $f(x)$ 为次数不高于 n 的多项式时，有 $f(x)=L_n(x)$，故

$$\int_a^b f(x)\mathrm{d}x=\sum_{i=0}^{n}A_i f(x_i)$$

即插值型求积公式至少具有 n 次代数精度。

（必要性）若求积公式至少具有 n 次代数精度，对于插值基函数 $l_k(x)$，当 $k=0,1,2,\cdots,n$ 时它是 x 的 n 次多项式，且

$$l_k(x_j)=\begin{cases}0 & k\neq j\\ 1 & k=j\end{cases}$$

故取 $f(x)=l_k(x)(k=0,1,2,\cdots,n)$ 时，有

$$\int_a^b f(x)\mathrm{d}x=\int_a^b l_k(x)\mathrm{d}x=\sum_{i=0}^{n}A_i l_k(x_i)=A_k$$

故有

$$A_k=\int_a^b l_k(x)\mathrm{d}x \quad (k=0,1,2,\cdots,n)$$

即至少具有 n 次代数精度的求积公式为插值型求积公式。

例 7.1　设积分区间 $[a,b]$ 为 $[0,2]$，取 $f(x)=1,x,x^2,x^3,x^4,\mathrm{e}^x$ 时，分别用梯形和辛普森公式

$$\int_0^2 f(x)\mathrm{d}x\approx f(0)+f(2)$$

$$\int_0^2 f(x)\mathrm{d}x\approx \frac{1}{3}[f(0)+4f(1)+f(2)]$$

计算其积分，结果与准确值进行比较。

解　梯形公式和辛普森公式的计算结果与准确值比较如表 7.1 所示。

表 7.1　计算结果

$f(x)$	1	x	x^2	x^3	x^4	e^x
准确值	2	2	2.67	4	6.40	6.389
梯形公式计算值	2	2	4	8	16	8.389
辛普森公式计算值	2	2	2.67	4	6.67	6.421

从表中可以看出，当 $f(x)$ 是 x^2,x^3,x^4 时，辛普森公式比梯形公式更精确。一般说来，代数精度越高，求积公式越精确。梯形公式具有 1 次代数精度，辛普森公式具有 3 次代数精度。下面以梯形公式为例进行验证：

$$\int_a^b f(x)\mathrm{d}x\approx \frac{b-a}{2}[f(a)+f(b)]$$

取 $f(x)=1$ 时，左 $=\int_a^b 1\mathrm{d}x=b-a$，右 $=\frac{b-a}{2}(1+1)=b-a$，两端相等；

取 $f(x)=x$ 时，左 $=\int_a^b x\mathrm{d}x=\frac{1}{2}(b^2-a^2)$，右 $=\frac{b-a}{2}(a+b)=\frac{1}{2}(b^2-a^2)$，两端相等；

取 $f(x)=x^2$ 时，左 $=\int_a^b x^2\mathrm{d}x=\frac{1}{3}(b^3-a^3)$，右 $=\frac{b-a}{2}(a^2+b^2)=\frac{1}{2}(a^2+b^2)(b-a)$，两端不相等，所以梯形公式只有 1 次代数精度。

例 7.2　试确定一个至少具有 2 次代数精度的公式

$$\int_0^4 f(x)\mathrm{d}x\approx Af(0)+Bf(1)+Cf(3)$$

解　要使求积公式具有 2 次代数精度，则对 $f(x)=1,x,x^2$，求积公式应准确成立，即得

到如下方程组

$$\begin{cases} A+B+C=4 \\ B+3C=8 \\ B+9C=\dfrac{64}{3} \end{cases}$$

解之得：$A=\dfrac{4}{9}$，$B=\dfrac{4}{3}$，$C=\dfrac{20}{9}$。所以得到求积公式为

$$\int_0^4 f(x)\mathrm{d}x \approx \frac{1}{9}[4f(0)+12f(1)+20f(3)]$$

由定义可知，所得公式至少具有 2 次代数精度。

例 7.3 求下列求积公式的代数精度，并确定它是否是插值型求积公式。

(1) $\int_{-1}^{1} f(x)\mathrm{d}x \approx \frac{1}{3}f(1)+\frac{4}{3}f(0)+\frac{1}{3}f(-1)$

(2) $\int_{-1}^{1} f(x)\mathrm{d}x \approx \frac{1}{2}f(1)+f(0)+\frac{1}{2}f(-1)$

解 (1)设$f(x)=1$：左 $=\int_{-1}^{1} 1\mathrm{d}x = 2$，右$=\frac{1}{3}+\frac{4}{3}+\frac{1}{3}=2$

$$f(x)=x\text{：左}=\int_{-1}^{1} x\mathrm{d}x=0\text{，右}=\frac{1}{3}+0+(-\frac{1}{3})=0$$

$$f(x)=x^2\text{：左}=\int_{-1}^{1} x^2\mathrm{d}x=\frac{2}{3}\text{，右}=\frac{1}{3}+0+\frac{1}{3}=\frac{2}{3}$$

$$f(x)=x^3\text{：左}=\int_{-1}^{1} x^2\mathrm{d}x=0\text{，右}=\frac{1}{3}+0+(-\frac{1}{3})=0$$

$$f(x)=x^4\text{：左}=\int_{-1}^{1} x^4\mathrm{d}x=\frac{2}{5}\text{，右}=\frac{1}{3}+0+\frac{1}{3}=\frac{2}{3}$$

因此，求积公式(1)具有 3 次代数精度。而它只有 3 个节点，故它是插值型求积公式，即为辛普森求积公式。

(2)设$f(x)=1$：左 $=\int_{-1}^{1} 1\mathrm{d}x = 2$，右 $=\frac{1}{2}+1+\frac{1}{2}=2$

$$f(x)=x\text{：左}=\int_{-1}^{1} x\mathrm{d}x=0\text{，右}=\frac{1}{2}+0+(-\frac{1}{2})=0$$

$$f(x)=x^2\text{：左}=\int_{-1}^{1} x^2\mathrm{d}x=\frac{2}{3}\text{，右}=\frac{1}{2}+0+\frac{1}{2}=1$$

因此，求积公式(2)具有 1 次代数精度，而它有 3 个节点，故它不是插值型求积公式。

例 7.4 对积分 $\int_0^3 f(x)\mathrm{d}x$ 构造一个至少具有 3 次代数精度的求积公式。

解 因为 4 个节点的插值型求积公式至少有 3 次代数精度，故在[0,3]上取节点 0,1,2,3，有

$$\int_0^3 f(x)\mathrm{d}x \approx A_0 f(0)+A_1 f(1)+A_2 f(2)+A_3 f(3)$$

由于

$$l_0(x)=-\frac{1}{6}(x^3-6x^2+11x-6) \quad l_1(x)=\frac{1}{2}(x^3-5x^2+6x)$$

$$l_2(x) = \frac{1}{2}(x^3 - 4x^2 + 3x) \quad l_3(x) = \frac{1}{6}(x^3 - 3x^2 + 2x)$$

则

$$A_0 = \int_0^3 l_0(x)\mathrm{d}x = \frac{3}{8} \quad A_1 = \int_0^3 l_1(x)\mathrm{d}x = \frac{9}{8}$$

$$A_2 = \int_0^3 l_2(x)\mathrm{d}x = \frac{9}{8} \quad A_3 = \int_0^3 l_3(x)dx = \frac{3}{8}$$

所以

$$\int_0^3 f(x)\mathrm{d}x \approx \frac{3}{8}[f(0) + 3f(1) + 3f(2) + f(3)]$$

因为求积公式有 4 个插值节点，所以至少有 3 次代数精度，只要将 $f(x)=x^4$ 代入验证其代数精度。由于

$$左 = \int_0^3 x^4 \mathrm{d}x = \left[\frac{1}{5}x^5\right]_0^3 = \frac{243}{5} \quad 右 = \frac{3}{8}(0 + 3 + 24 + 81) = \frac{324}{8}$$

故该插值型求积公式只有 3 次代数精度。

下面讨论求积公式的收敛性与稳定性。

定义 7.2　如果

$$\lim_{\substack{n \to \infty \\ h \to 0}} \sum_{i=0}^{n} A_i f(x_i) = \int_a^b f(x)\mathrm{d}x$$

其中 $h = \max\limits_{1 \leqslant x \leqslant n}(x_i - x_{i-1})$，则称求积公式

$$\int_a^b f(x)\mathrm{d}x \approx \sum_{i=0}^{n} A_i f(x_i)$$

是收敛的。

一个求积公式首先应该是收敛的，其次，由于计算函数值 $f(x_i)$ 时可能产生舍入误差 ε_i，因而必须考虑 ε_i 对计算结果产生的影响，即稳定性问题。易知，在求积公式中，当求积系数 A_i 全正时，求积公式是稳定的。

7.2　牛顿-柯特斯求积公式

7.2.1　牛顿-柯特斯公式

在插值型求积公式

$$\int_a^b f(x)\mathrm{d}x \approx \sum_{k=0}^{n} A_k f(x_k)$$

中，当求积节点在$[a,b]$内等距分布时，该公式就被称为牛顿-柯特斯求积公式，其求积系数为

$$A_k = \int_a^b l_k(x)\mathrm{d}x = \int_a^b \prod_{\substack{i=0 \\ i \neq k}}^{n} \frac{x - x_i}{x_k - x_i}\mathrm{d}x$$

其中 $l_k(x)$是插值基函数。

下面给出该公式的具体形式。

将$[a,b]$划分为 n 等份，步长 $h=\frac{b-a}{n}$，求积节点为 $x_k=a+kh(k=0,1,2,\cdots,n)$。现在计算求积系数 A_k：由于 $x_k-x_i=(k-i)h$，所以

$$(x_k-x_0)\cdots(x_k-x_{k-1})(x_k-x_{k+1})\cdots(x_k-x_n)=(-1)^{(n-k)}k!(n-k)!h^n$$

作变量代换 $x=a+th$，当 $x\in[a,b]$时，有 $t\in[0,n]$，于是可得

$$\begin{aligned}A_k&=\int_a^b l_k(x)\mathrm{d}x=\int_a^b\prod_{\substack{i=0\\i\neq k}}^n\frac{x-x_i}{x_k-x_i}\mathrm{d}x\\&=\frac{(-1)^{n-k}}{k!(n-k)!h^n}\int_0^n t(t-1)\cdots(t-k+1)(t-k-1)\cdots(t-n)h^n h\,\mathrm{d}t\\&=(b-a)\frac{(-1)^{n-k}}{nk!(n-k)!}\int_0^n\prod_{\substack{i=0\\i\neq k}}^n(t-i)\mathrm{d}t\end{aligned}$$

引入记号

$$C_k=\frac{(-1)^{n-k}}{nk!(n-k)!}\int_0^n\prod_{\substack{i=0\\i\neq k}}^n(t-i)\mathrm{d}t\quad(k=0,1,2,\cdots,n)$$

则有

$$A_k=(b-a)C_k\quad(k=0,1,2,\cdots,n)$$

代入插值型求积公式有

$$\int_a^b f(x)\mathrm{d}x\approx(b-a)\sum_{k=0}^n C_k f(x_k)$$

这就是**牛顿-柯特斯公式**，C_k 称为柯特斯系数。

显然 C_k 是不依赖于积分区间$[a,b]$以及被积函数 $f(x)$的常数，只要给出 n，就可以算出柯特斯系数，譬如

当 $n=1$ 时，

$$C_0=\frac{(-1)^1}{1\times0!\times1!}\int_0^1(t-1)\mathrm{d}t=\frac{1}{2}\quad C_1=\frac{(-1)^0}{1\times1!\times0!}\int_0^1 t\mathrm{d}t=\frac{1}{2}$$

当 $n=2$ 时

$$C_0=\frac{(-1)^2}{2\times1!\times1!}\int_0^2(t-1)(t-2)\mathrm{d}t=\frac{1}{6}\quad C_1=\frac{(-1)^1}{2\times1!\times1!}\int_0^2 t(t-2)\mathrm{d}t=\frac{2}{3}$$

$$C_2=\frac{(-1)^0}{2\times2!\times0!}\int_0^2 t(t-1)\mathrm{d}t=\frac{1}{6}$$

表 7.2 给出 n 从 1～8 的柯特斯系数。

表 7.2 柯特斯系数

n	C_k								
1	$\frac{1}{2}$	$\frac{1}{2}$	—	—	—	—	—	—	—
2	$\frac{1}{6}$	$\frac{2}{3}$	$\frac{1}{6}$	—	—	—	—	—	—
3	$\frac{1}{8}$	$\frac{3}{8}$	$\frac{3}{8}$	$\frac{1}{8}$	—	—	—	—	—
4	$\frac{7}{90}$	$\frac{16}{45}$	$\frac{2}{15}$	$\frac{16}{45}$	$\frac{7}{90}$	—	—	—	—

续表

n	C_k								
5	$\frac{19}{288}$	$\frac{25}{96}$	$\frac{25}{144}$	$\frac{25}{144}$	$\frac{25}{96}$	$\frac{19}{288}$	—	—	—
6	$\frac{41}{840}$	$\frac{9}{35}$	$\frac{9}{280}$	$\frac{34}{105}$	$\frac{9}{280}$	$\frac{9}{35}$	$\frac{41}{840}$	—	—
7	$\frac{751}{17280}$	$\frac{3577}{17280}$	$\frac{1323}{17280}$	$\frac{2989}{17280}$	$\frac{2989}{17280}$	$\frac{1323}{17280}$	$\frac{3577}{17280}$	$\frac{751}{17280}$	—
8	$\frac{989}{28350}$	$\frac{5888}{28350}$	$\frac{-928}{28350}$	$\frac{10496}{28350}$	$\frac{-4540}{28350}$	$\frac{10496}{28350}$	$\frac{-928}{28350}$	$\frac{588}{28350}$	$\frac{989}{28350}$

容易验证柯特斯系数有如下性质：

① $\sum_{k=0}^{n} C_k = 1$；

这是因为 $A_k=(b-a)C_k$，而 $\sum_{k=0}^{n} A_k = b-a$，从而 $\sum_{k=0}^{n} C_k = 1$。

②柯特斯系数具有对称性，即 $C_k=C_{n-k}$；

③柯特斯系数有时为负。

从表 7-2 可见，当 $n=8$ 时出现负系数，从而影响稳定性和收敛性。因此实用的牛顿-柯特斯求积公式只是低阶公式。

7.2.2 几个低阶求积公式

在牛顿-柯特斯求积公式中，当 $n=1,2,4$ 时，就分别得到了下面的梯形公式、辛普森公式和柯特斯公式。

(1)梯形公式

当 $n=1$ 时，牛顿-柯特斯公式就是梯形公式

$$\int_a^b f(x)\mathrm{d}x \approx \frac{1}{2}(b-a)[f(a)+f(b)]$$

定理 7.3 （梯形公式的误差）设 $f(x)$ 在 $[a,b]$ 上具有连续的二阶导数，则梯形公式的误差(余项)为

$$R_1(f) = -\frac{(b-a)^3}{12}f''(\eta) \quad \eta \in [a,b]$$

证明 由于插值型求积公式的余项为

$$R_n(f) = \int_a^b \frac{f^{(n+1)}(\xi)}{(n+1)!}\omega(x)\mathrm{d}x$$

其中 $\xi \in (a,b)$，$\omega(x)=(x-x_0)(x-x_1)\cdots(x-x_n)$，所以梯形公式的误差为

$$R_1(f) = \frac{1}{2}\int_a^b f''(\xi)(x-a)(x-b)\mathrm{d}x$$

由于 $(x-a)(x-b)$ 在 $[a,b]$ 上不变号，$f''(x)$ 在 $[a,b]$ 上连续，由广义积分中值定理可得，至少存在一点 $\eta \in [a,b]$，使得

$$\int_a^b f''(\xi)(x-a)(x-b)\mathrm{d}x = f''(\eta)\int_a^b (x-a)(x-b)\mathrm{d}x = -\frac{(b-a)^3}{6}f''(\eta)$$

因此

$$R_1(f)=-\frac{(b-a)^3}{12}f''(\eta)\quad \eta\in[a,b]$$

(2)辛普森公式

当 $n=2$ 时,牛顿-柯特斯公式就是辛普森公式(或称为抛物线公式),即

$$\int_a^b f(x)\mathrm{d}x\approx\frac{1}{6}(b-a)\left[f(a)+4f(\frac{a+b}{2})+f(b)\right]$$

定理 7.4 (辛普森公式的误差)设 $f(x)$ 在 $[a,b]$ 上具有连续的四阶导数,则辛普森求积公式的误差为

$$R_2(f)=-\frac{(b-a)^5}{2880}f^{(4)}(\eta)\quad \eta\in[a,b]$$

证明从略。

(3)柯特斯公式

当 $n=4$ 时,牛顿-柯特斯公式为

$$\int_a^b f(x)\mathrm{d}x\approx\frac{b-a}{90}[7f(x_0)+32f(x_1)+12f(x_2)+32f(x_3)+7f(x_4)]$$

定理 7.5 (柯特斯公式的误差)设 $f(x)$ 在 $[a,b]$ 上具有连续的六阶导数,则柯特斯求积公式的误差为

$$R_4(f)=-\frac{8}{945}(\frac{b-a}{4})^7f^{(6)}(\eta)\quad \eta\in[a,b]$$

证明从略。

例 7.5 分别用梯形公式、辛普森公式和柯特斯公式计算定积分

$$\int_{0.5}^1\sqrt{x}\mathrm{d}x$$

的近似值(计算结果取五位有效数字)。

解 (1)用梯形公式计算有

$$\int_{0.5}^1\sqrt{x}\mathrm{d}x\approx\frac{1-0.5}{2}[\sqrt{0.5}+\sqrt{1}]=0.25\times(0.70711+1)=0.4267767$$

(2)用辛普森公式计算有

$$\int_{0.5}^1\sqrt{x}\mathrm{d}x\approx\frac{1-0.5}{6}\left[\sqrt{0.5}+4\times\sqrt{\frac{0.5+1}{2}}+\sqrt{1}\right]$$

$$=\frac{1}{12}\times[0.70711+4\times0.86603+1]=0.43093403$$

(3)用柯特斯公式计算有

$$\int_{0.5}^1\sqrt{x}\mathrm{d}x\approx\frac{1-0.5}{90}[7\times\sqrt{0.5}+32\times\sqrt{0.625}+12\times\sqrt{0.75}+32\times\sqrt{0.875}+7\times\sqrt{1}]$$

$$=\frac{1}{180}[4.94975+25.29822+10.39223+29.93326+7]=0.43096407$$

积分的准确值为

$$\int_{0.5}^1\sqrt{x}\mathrm{d}x=\left[\frac{2}{3}x^{\frac{3}{2}}\right]_{0.5}^1=0.43096441$$

可见,3 个求积公式的精度逐渐提高。

例 7.6　用辛普森公式和柯特斯公式计算定积分

$$I=\int_1^3(x^3-2x^2+7x-5)\mathrm{d}x$$

的近似值，并估计其误差(计算结果取五位小数)。

解　用辛普森公式计算

$$I\approx\frac{b-a}{6}\left[f(a)+4f(\frac{a+b}{2})+f(b)\right]=\frac{3-1}{6}[1+4\times 9+25]=\frac{62}{3}$$

由于 $f(x)=x^3-2x^2+7x-5$，$f^{(4)}(x)=0$，由辛普森公式余项

$$R(f)=\frac{(b-a)^5}{2880}f^{(4)}(\eta)\quad \eta\in[a,b]$$

可知其误差为 $R(f)=0$。

用柯特斯公式计算

$$\begin{aligned}I&\approx\frac{3-1}{90}[7f(1)+32f(1.5)+12f(2)+32f(2.5)+7f(3)]\\&=\frac{1}{45}\left[7+32\times\frac{35}{8}+12\times 9+32\times\frac{125}{8}+7\times 9\right]=\frac{62}{3}\end{aligned}$$

其误差为 $R(f)=0$。

这个积分的精确值就为$\frac{62}{3}$，这是因为辛普森公式具有 3 次代数精度，柯特斯公式具有 5 次代数精度，它们对被积函数为 3 次多项式的积分当然是精确成立的。

7.3　复化求积方法

7.3.1　复化求积公式

由梯形、辛普森和柯特斯求积公式余项可知，随着求积节点数的增多，对应公式的精度也会相应提高。但由于 $n\geqslant 8$ 时牛顿-柯特斯公式开始出现负值的柯特斯系数，根据误差理论的分析研究，当积分公式出现负系数时，可能导致舍入误差增大，并且往往难以估计，因此不能用增加求积节点数的方法来提高计算精度。

一般实用的方法是：将积分区间分成若干个小区间，在每个小区间上采用低阶求积公式，然后把所有小区间上的计算结果加起来就得到整个区间上的求积公式，这就是复化求积公式的基本思想。

1. 复化梯形公式

将积分区间$[a,b]$划分为 n 等分，步长 $h=\frac{b-a}{n}$，求积节点为 $x_k=a+kh(k=0,1,\cdots,n)$，在每个小区间$[x_k,x_{k+1}](k=0,1,\cdots,n-1)$上应用梯形公式

$$I_k=\int_{x_k}^{x_{k+1}}f(x)\mathrm{d}x\approx\frac{h}{2}[f(x_k)+f(x_{k+1})]$$

求出积分值 I_k，然后将它们累加求和，用 $\sum\limits_{k=0}^{n-1}I_k$ 作为所求积分值 I 的近似值。

$$I=\int_a^b f(x)\mathrm{d}x=\sum_{k=0}^{n-1}\int_{x_k}^{x_{k+1}}f(x)\mathrm{d}x\approx\sum_{k=0}^{n-1}\frac{h}{2}[f(x_k)+f(x_{k+1})]$$

$$=\frac{h}{2}\{f(x_0)+2[f(x_1)+f(x_2)+\cdots+f(x_{n-1})]+f(x_n)\}$$

$$=\frac{h}{2}\left[f(a)+2\sum_{k=1}^{n-1}f(x_k)+f(b)\right]$$

记

$$T_n=\frac{h}{2}\left[f(a)+2\sum_{k=1}^{n-1}f(x_k)+f(b)\right]$$

此式称为**复化梯形公式**。

当 $f(x)$在$[a,b]$上有连续的二阶导数，在子区间$[x_k,x_{k+1}]$上梯形公式的余项为

$$R_{T_k}(f)=-\frac{h^3}{12}f''(\eta_k)\quad \eta_k\in[x_k,x_{k+1}]$$

在$[a,b]$上复化梯形公式的余项为

$$R_T(f)=\sum_{k=0}^{n-1}R_{T_k}(f)=-\frac{h^3}{12}\sum_{k=0}^{n-1}f''(\eta_k)$$

假设 $f''(x)$在$[a,b]$上连续，由介值定理得，存在 $\eta\in[a,b]$使得

$$\frac{1}{n}\sum_{k=0}^{n-1}f''(\eta_k)=f''(\eta)\quad \eta\in[a,b]$$

因此，复化梯形公式的余项为

$$R_T(f)=-\frac{h^3}{12}nf''(\eta)=-\frac{b-a}{12}h^2f''(\eta)\quad \eta\in[a,b]$$

可以证明，当 $f(x)$在$[a,b]$上连续时，$\lim\limits_{n\to\infty}T_n=\int_a^b f(x)\mathrm{d}x$，即复化梯形公式收敛。

2. 复化辛普森公式

将$[a,b]$进行 $2n$ 等分（偶数份），步长 $h=\dfrac{b-a}{2n}$，每两个子区间使用一次辛普森公式，然后相加得到复化辛普森公式。

$$I=\int_a^b f(x)\mathrm{d}x\approx\sum_{k=0}^{n-1}\frac{h}{6}[f(x_{2k})+4f(x_{2k+1})+f(x_{2k+2})]$$

$$=\frac{h}{6}\left[f(a)+4\sum_{k=1}^{n}f(x_{2k-1})+2\sum_{k=1}^{n-1}f(x_{2k})+f(b)\right]$$

记

$$S_{2n}=\frac{h}{6}\left[f(a)+4\sum_{k=1}^{n}f(x_{2k-1})+2\sum_{k=1}^{n-1}f(x_{2k})+f(b)\right]$$

此式称为**复化辛普森公式**。

类似于复化梯形公式余项的讨论，复化辛普森公式的求积余项为

$$R_S(f)=-\frac{b-a}{180}h^4f^{(4)}(\eta)\quad \eta\in[a,b]$$

可以证明，当 $f(x)$在$[a,b]$上连续时，$\lim\limits_{n\to\infty}S_{2n}=\int_a^b f(x)\mathrm{d}x$，即复化辛普森公式收敛。

3. 复化柯特斯公式

将$[a,b]$进行$4n$等分，步长$h=\frac{b-a}{4n}$。每个子区间上有5个节点，使用一次柯特斯公式，然后相加得复化柯特斯公式。

$$I=\int_a^b f(x)\mathrm{d}x \approx \sum_{k=0}^{n-1}\frac{h}{90}[7f(x_{4k})+32f(x_{4k+1})+12f(x_{4k+2})+32f(x_{4k+3})+7f(x_{4k+4})]$$

$$=\frac{h}{90}\left[7f(a)+32\sum_{k=1}^{n-1}f(x_{4k+1})+12\sum_{k=1}^{n-1}f(x_{4k+2})+32\sum_{k=1}^{n-1}f(x_{4k+3})+7f(b)\right]$$

记

$$C_{4n}=\frac{h}{90}\left[7f(a)+32\sum_{k=1}^{n-1}f(x_{4k+1})+12\sum_{k=1}^{n-1}f(x_{4k+2})+32\sum_{k=1}^{n-1}f(x_{4k+3})+7f(b)\right]$$

此式称为**复化柯特斯公式**。

求积余项为

$$R_C(f)=-\frac{2(b-a)}{945}h^6 f^{(6)}(\eta)\quad \eta\in[a,b]$$

例 7.7　用$n=4$的复化梯形公式计算定积分$I=\int_0^1\frac{4}{1+x^2}\mathrm{d}x$，并估计误差。

解　$T_4=\frac{1}{2\times 4}\left[f(0)+2(f(\frac{1}{4})+f(\frac{2}{4})+f(\frac{3}{4}))+f(1)\right]=3.1312$

下面估计误差，取$f(x)=\frac{4}{1+x^2}$，则$f'(x)=-\frac{8x}{(1+x^2)^2}$，$f''(x)=\frac{8(3x^2-1)}{(1+x^2)^3}$，$f'''(x)=\frac{96x(1-x^2)}{(1+x^2)^4}>0$，$x\in(0,1)$，所以$f''(x)$单调增加，这时有

$$M=\max_{0\leqslant x\leqslant 1}|f''(x)|=|f''(0)|=8$$

又区间长度$b-a=1$，于是复化梯形公式的余项不超过

$$|R_{T_4}|=\left|-\frac{b-a}{12}h^2 f''(\eta)\right|\leqslant\frac{M}{12\times 4^2}=\frac{8}{12\times 16}=0.04168$$

7.3.2　变步长求积公式

复化求积方法对于提高计算精度是行之有效的方法，但是，复化公式的一个主要缺点是要先估计出步长，若步长太大，则难以保证计算精度，若步长太小，则计算量太大，并且积累误差也会增大。在实际计算中通常采用变步长的方法，即把步长逐次分半，反复利用复化求积公式，直至所求积分值满足精确度要求为止。下面以复化梯形公式为例，介绍变步长的求积公式。

设T_n表示区间$[a,b]$进行n等分后使用复化梯形求积公式求得的积分近似值，而$I=\int_a^b f(x)\mathrm{d}x$，则有

$$I-T_n=-\frac{b-a}{12}h^2 f''(\eta_1)\quad \eta_1\in[a,b]$$

再把每个小区间二等分，则有

$$I-T_{2n}=-\frac{b-a}{12}\left(\frac{h}{2}\right)^2 f''(\eta_2) \quad \eta_2\in[a,b]$$

如果 $f''(x)$ 在 $[a,b]$ 内变化不大，则 $f''(\eta_1)\approx f''(\eta_2)$，上述两式相除有

$$\frac{I-T_n}{I-T_{2n}}\approx 4$$

从此式中解出 I 得

$$I\approx\frac{4}{3}T_{2n}-\frac{1}{3}T_n=T_{2n}+\frac{1}{3}(T_{2n}-T_n)$$

上式说明用 T_{2n} 作为积分 I 的近似值时，误差约为 $\frac{1}{3}(T_{2n}-T_n)$，因此实际计算时常用

$$|T_{2n}-T_n|<\varepsilon$$

是否满足作为计算精确度的要求条件。如果满足，则取 T_{2n} 作为 I 的近似值；如果不满足，则再将区间分半进行计算，直到满足误差要求为止。

为了便于计算机计算编写程序，常用如下递推公式

$$\begin{cases} T_1=\dfrac{b-a}{2}[f(a)+f(b)] \\ T_{2n}=\dfrac{1}{2}T_n+\dfrac{b-a}{2n}\displaystyle\sum_{i=1}^{n}f\left(a+(2i-1)\frac{b-a}{2n}\right) \end{cases} \quad (n=2^{k-1};k=1,2,\cdots)$$

这样由 T_n 计算 T_{2n} 时只需计算新增加节点处的函数值。

类似地，对于复化辛普森求积公式，假定 $f^{(4)}(x)$ 在 $[a,b]$ 上变化不大，则有

$$I\approx S_{2n}+\frac{1}{15}(S_{2n}-S_n)$$

对于复化柯特斯公式，假定 $f^{(6)}(x)$ 在 $[a,b]$ 上变化不大，则有

$$I\approx C_{2n}+\frac{1}{63}(C_{2n}-C_n)$$

此处 S_n 与 C_n 分别表示区间 n 等份时复化辛普森公式和复化柯特斯公式计算的积分近似值。

例 7.8 用变步长梯形公式计算 $\int_0^1\frac{\sin x}{x}dx$。

解 设 $f(x)=\frac{\sin x}{x}$，$f(0)=1$，$f(1)=0.8414710$。先对区间 $[0,1]$ 用梯形公式有

$$T_1=\frac{1}{2}[f(0)+f(1)]=0.9207355$$

然后将区间 $[0,1]$ 二等分，由于 $f(\frac{1}{2})=0.9588510$，故有

$$T_2=\frac{1}{2}T_1+\frac{1}{2}f(\frac{1}{2})=0.9397933$$

再二等分一次，并计算新分点上的函数值 $f(\frac{1}{4})=0.9896158$，$f(\frac{3}{4})=0.9088516$，故有

$$T_4=\frac{1}{2}T_2+\frac{1}{4}\left[f(\frac{1}{4})+f(\frac{3}{4})\right]=0.9445135$$

再二等分一次，新分点上的函数值为 $f(\frac{1}{8})=0.9973979$，$f(\frac{3}{8})=0.9767267$，$f(\frac{5}{8})=$

0.9361551，$f(\frac{7}{8})=0.8771926$，故有

$$T_8=\frac{1}{2}T_4+\frac{1}{8}\left[f(\frac{1}{8})+f(\frac{3}{8})+f(\frac{5}{8})+f(\frac{7}{8})\right]=0.9456909$$

这样不断二等分下去，计算结果见表7.3所列。其中k代表二等分次数，区间等分数$n=2^k$。

表7.3 梯形公式计算结果

k	T_n	k	T_n
0	0.9207355	6	0.9460769
1	0.9397933	7	0.9460815
2	0.9445135	8	0.9460827
3	0.9456909	9	0.9460830
4	0.9459850	10	0.9460831
5	0.9460596		

积分的精确值为0.9460831。用变步长二等分10次可得此结果。

7.4 龙贝格求积公式

7.4.1 龙贝格求积公式的推导

变步长梯形求积法算法简单，但精度较差，收敛速度较慢，然而可以利用梯形求积算法简单的优点，形成一个新算法，这就是龙贝格(Romberg)求积公式。龙贝格求积公式又称为逐次分半加速法。

设T_n，T_{2n}分别表示区间$[a,b]$进行n等分和$2n$等分后使用复化梯形求积公式求得的积分近似值，通过7.3节内容可知

$$I\approx T_{2n}+\frac{1}{3}(T_{2n}-T_n)$$

由此式可知，当用T_{2n}近似I时，其误差近似为$\frac{1}{3}(T_{2n}-T_n)$。因为T_n，T_{2n}之前已经算出，所以不要把近似误差$\frac{1}{3}(T_{2n}-T_n)$丢掉，用整个右端项$T_{2n}+\frac{1}{3}(T_{2n}-T_n)$去近似$I$比用$T_{2n}$近似$I$的效果更好。譬如当$n=1$时，计算有

$$T_2+\frac{1}{3}(T_2-T_1)=\frac{4}{3}T_2-\frac{1}{3}T_1=\frac{b-a}{6}\left[f(a)+4f(\frac{a+b}{2})+f(b)\right]$$

易知，这正是$[a,b]$上辛普森求积公式的结果，记$S_1=\frac{4}{3}T_2-\frac{1}{3}T_1$，用$S_1$作为计算$I$的近似值当然比用

$$T_2=\frac{b-a}{4}\left[f(a)+2f(\frac{a+b}{2})+f(b)\right]$$

作为计算I的近似值计算效果好。

事实上,容易验证 $S_n=\frac{4}{3}T_{2n}-\frac{1}{3}T_n$,这说明用二分前后的两个梯形公式值 T_n 和 T_{2n} 按上式作简单的线性组合,就可以得到精度更高的辛普森法的近似值 S_n,从而加速了逼近的效果。

公式

$$S_n=\frac{4}{3}T_{2n}-\frac{1}{3}T_n$$

称为**梯形加速公式**。类似地,由复化辛普森公式的误差公式,如果将步长折半,则误差减至 $\frac{1}{16}$,即有

$$\frac{I-S_{2n}}{I-S_n}\approx\frac{1}{16}$$

由此得到

$$I\approx\frac{16}{15}S_{2n}-\frac{1}{15}S_n$$

可以验证,上式右端的值其实就是$[a,b]$区间 n 等分后,在每个小区间上用柯特斯公式得到的具有更高精确度的复化柯特斯公式的积分值 C_n,即有

$$C_n=\frac{16}{15}S_{2n}-\frac{1}{15}S_n$$

上式称为**抛物线加速公式**。

用同样的方法,根据复化柯特斯公式的误差公式,可以进一步推出

$$R_n=\frac{64}{63}C_{2n}-\frac{1}{63}C_n$$

此式称为**龙贝格求积公式**。

在变步长的过程中运用上述三个加速公式修正三次,就能将粗糙的梯形值 T_n 逐步加工成精度较高的龙贝格值 R_n,或者说将收敛缓慢的梯形值序列 $\{T_n\}$ 加工成收敛迅速的龙贝格序列 $\{R_n\}$,这种加速方法称为**龙贝格算法**。

7.4.2 龙贝格求积算法的计算步骤

第一步:准备初值。用梯形公式计算积分近似值

$$T_1=\frac{b-a}{2}[f(a)+f(b)]$$

第二步:求梯形序列 $\{T_n\}$。将区间二等分,令 $h=\frac{b-a}{n}$,$(n=2^i,i=0,1,2,\cdots)$,计算

$$T_{2n}=\frac{1}{2}T_n+\frac{h}{2}\sum_{i=1}^{n}f\left(a+(2i-1)\frac{b-a}{2n}\right)$$

第三步:求加速值。

梯形加速公式 $S_n=\frac{4}{3}T_{2n}-\frac{1}{3}T_n$

抛物线加速公式 $C_n=\frac{16}{15}S_{2n}-\frac{1}{15}S_n$

$$龙贝格求积公式\quad R_n=\frac{64}{63}C_{2n}-\frac{1}{63}C_n$$

第四步:精度控制。如果相邻两次积分值 R_{2n},R_n 满足

$$|R_{2n}-R_n|<\varepsilon \quad (其中\ \varepsilon\ 为允许误差限)$$

则终止计算并取 R_{2n} 作为积分 $\int_a^b f(x)\mathrm{d}x$ 的近似值;否则继续对区间进行二等分,重复第二步到第四步计算过程,直到满足精度要求为止。

例 7.9　应用龙贝格求积算法计算积分 $I=\int_0^1 \frac{\sin x}{x}\mathrm{d}x$。

解　首先用区间分半法算出 T_1, T_2, T_4, T_8

$$T_1=\frac{1}{2}[f(0)+f(1)]=0.9207355$$

$$T_2=\frac{1}{2}T_1+\frac{1}{2}f(\frac{1}{2})=0.9397933$$

$$T_4=\frac{1}{2}T_2+\frac{1}{4}\left[f(\frac{1}{4})+f(\frac{3}{4})\right]=0.9445135$$

$$T_8=\frac{1}{2}T_4+\frac{1}{8}\left[f(\frac{1}{8})+f(\frac{3}{8})+f(\frac{5}{8})+f(\frac{7}{8})\right]=0.9456909$$

然后逐次应用 3 个加速公式,计算出

$$S_{2^k}=\frac{4}{3}T_{2^{k+1}}-\frac{1}{3}T_{2^k}\quad k=0,1,2$$

$$C_{2^k}=\frac{16}{15}S_{2^{k+1}}-\frac{1}{15}S_{2^k}\quad k=0,1$$

$$R_{2^k}=\frac{64}{63}C_{2^{k+1}}-\frac{1}{63}C_{2^k}\quad k=0$$

计算结果列于表 7.4。

表 7.4　龙贝格求积算法计算结果

k	T_{2^k}	S_{2^k}	C_{2^k}	R_{2^k}
0	0.9207355	0.9461459	0.9460830	0.9460831
1	0.9397933	0.9460869	0.9460831	—
2	0.9445135	0.9460833	—	—
3	0.9456909	—	—	—

于是

$$I\approx R_1=0.9460831$$

就是龙贝格方法得到的 I 的近似值。

7.5　高斯型求积公式

在前面建立牛顿-柯特斯公式时,为了简化计算,对插值公式的节点 x_k 限定为等分的节点,然后再确定求积系数 A_k,这种方法虽然简单,但求积公式的精度却受到限制。已经知道

$n+1$ 个插值节点的插值型求积公式至少具有 n 次代数精度，那么要问：具有 $n+1$ 个节点的插值型求积公式的代数精度最高能达到多少？下面将详细讨论。

7.5.1 高斯型求积公式的理论

定义 7.3 如果 $n+1$ 个节点的插值型求积公式

$$\int_a^b \rho(x) f(x)\mathrm{d}x \approx \sum_{k=0}^{n} A_k f(x_k) \tag{7.1}$$

代数精度达到 $2n+1$，则称上式为**高斯型求积公式**，并称相应的求积节点 x_k 为**高斯点**，系数 A_k 称为**高斯系数**$(k=0,1,\cdots,n)$，其中 $A_k=\int_a^b \rho(x)\prod_{\substack{i=0\\i\neq k}}^{n}\frac{x-x_i}{x_k-x_i}\mathrm{d}x$。

可以证明，高斯型求积公式是具有最高代数精度的插值型求积公式。因为，如果在插值型求积公式

$$\int_a^b \rho(x) f(x)\mathrm{d}x \approx \sum_{k=0}^{n} A_k f(x_k)$$

其中 $A_k=\int_a^b \rho(x)\prod_{\substack{i=0\\i\neq k}}^{n}\frac{x-x_i}{x_k-x_i}\mathrm{d}x$，截断误差为 $R[f]=\int_a^b \rho(x)\frac{f^{(n+1)}(\xi)}{(n+1)!}\omega_{n+1}(x)\mathrm{d}x$ 中，令

$$f(x)=\omega_{n+1}^2(x)=\prod_{i=0}^{n}(x-x_i)^2$$

它为 $2n+2$ 次多项式，则可得插值型求积公式左端为

$$\int_a^b \rho(x)\omega_{n+1}^2(x)\mathrm{d}x>0$$

右端为

$$\sum_{k=0}^{n} A_k\omega_{n+1}^2(x_k)=0$$

所以截断误差

$$R[f]=R[\omega_{n+1}^2(x)]\neq 0$$

由此可得插值型求积公式的代数精度不可能达到 $2n+2$，也就是说高斯型求积公式是具有最高代数精度的插值型求积公式。

对于高斯型求积公式，下面讨论如何确定高斯点 x_k 和高斯系数 A_k。

定理 7.6 插值型求积公式的节点 $x_k(k=0,1,\cdots,n)$ 为高斯点的充要条件，是在区间 $[a,b]$ 上以这些点为零点的 $n+1$ 次多项式 $\omega_{n+1}(x)=(x-x_0)(x-x_1)\cdots(x-x_n)$ 与任何次数不超过 n 的多项式 $p(x)$ 关于权函数 $\rho(x)$ 正交，即

$$\int_a^b \rho(x)\omega_{n+1}(x)p(x)\mathrm{d}x=0$$

证明 （必要性）设 $x_k(k=0,1,\cdots,n)$ 是高斯点，故插值型求积公式 $\int_a^b \rho(x)f(x)\mathrm{d}x\approx\sum_{k=0}^{n} A_k f(x_k)$ 对任意次数不超过 $2n+1$ 的多项式精确成立。于是对任意次数不超过 n 的多项式 $p(x)$，$f(x)=\omega_{n+1}(x)p(x)$ 是次数不超过 $2n+1$ 的多项式，故有

$$\int_a^b \rho(x)\omega_{n+1}(x)p(x)\mathrm{d}x=\sum_{k=0}^{n} A_k\omega_{n+1}(x)p(x_k)=0$$

即 $\omega_{n+1}(x)$与任何次数不超过 n 的多项式 $p(x)$关于权函数 $\rho(x)$正交。

(充分性)设条件

$$\int_a^b \rho(x)\omega_{n+1}(x)p(x)\mathrm{d}x = 0$$

成立,记 $P_{2n+1}(x)=\{p(x)\mid p(x)$为次数不超过 $2n+1$ 的多项式$\}$,任取 $f(x)\in P_{2n+1}(x)$,则 $f(x)$可表示为

$$f(x) = p(x)\omega_{n+1}(x) + q(x) \qquad p(x),q(x) \in P_n(x)$$

而

$$\int_a^b \rho(x)f(x)\mathrm{d}x = \int_a^b \rho(x)p(x)\omega_{n+1}(x)\mathrm{d}x + \int_a^b \rho(x)q(x)\mathrm{d}x \tag{7.2}$$

由条件 $\int_a^b \rho(x)p(x)\omega_{n+1}(x)\mathrm{d}x = 0$ 可知,式(7.2) 右端第一项为零。由于插值型积分公式 $\int_a^b \rho(x)f(x)\mathrm{d}x \approx \sum_{k=0}^n A_k f(x_k)$,且对 $q(x) \in P_n(x)$ 精确成立。故式(7.2) 右端第二项为

$$\int_a^b \rho(x)q(x)\mathrm{d}x = \sum_{k=0}^n A_k q(x_k) = \sum_{k=0}^n A_k[p(x_k)\omega_{n+1}(x_k) + q(x_k)] = \sum_{k=0}^n A_k f(x_k)$$

即式 $\int_a^b \rho(x)f(x)\mathrm{d}x \approx \sum_{k=0}^n A_k f(x_k)$ 对 $f(x) \in P_{2n+1}(x)$ 精确成立。从而节点 $x_k(k = 0,1,\cdots,n)$ 是高斯点。

定理 7.6 表明,在$[a,b]$上与带权函数 $\rho(x)$正交的 $n+1$ 次多项式的零点就是高斯型求积公式中的高斯点。

当高斯点确定后,由高斯型求积公式的定义可知,高斯系数 $A_k(k=0,1,\cdots,n)$可由线性方程组

$$\begin{cases} \sum_{k=0}^n A_k = \int_a^b \rho(x)\mathrm{d}x \\ \sum_{k=0}^n A_k x_k = \int_a^b \rho(x)x\mathrm{d}x \\ \quad\vdots \\ \sum_{k=0}^n A_k x_k^n = \int_a^b \rho(x)x^n\mathrm{d}x \end{cases}$$

唯一确定,也可由插值型求积公式中的系数公式确定。

7.5.2 几个常用高斯型求积公式

由于正交多项式的零点就是高斯点,因而取不同的正交多项式就得到不同的高斯型求积公式。

1. 高斯-勒让德求积公式

勒让德多项式 $P_{n+1}(x)$是$[-1,1]$上关于权函数 $\rho(x)\equiv 1$ 的正交多项式。因此高斯-勒让德求积公式为

$$\int_{-1}^1 f(x)\mathrm{d}x \approx \sum_{k=0}^n A_k f(x_k)$$

其中 $P_{n+1}(x)=\frac{1}{(n+1)!\ 2^{n+1}}\frac{d^{n+1}}{dx^{n+1}}(x^2-1)^{n+1}$，$x_k(k=0,1,\cdots,n)$为勒让德多项式 $P_{n+1}(x)$ 的 $n+1$ 个零点。可以证明系数 A_k 可表示为

$$A_k=\frac{2}{(1-x_k^2)\left[P'_{n+1}(x_k)\right]^2}\quad(k=0,1,\cdots n)$$

余项公式为

$$R[f]=\frac{2^{2n+3}\left[(n+1)!\right]^4}{(2n+3)\left[(2n+2)!\right]^3}f^{(2n+2)}(\xi)\quad \xi\in[-1,1]$$

表 7.5 给出了部分高斯-勒让德求积公式的节点和系数，以备查用。

表 7.5 高斯-勒让德求积公式的节点和系数

n	x_k	A_k	n	x_k	A_k
0	0	2	4	±0.9061798459 ±0.53846931010	0.2369268851 0.4786286705 0.568888889
1	±0.5773502692	1	5	±0.9324695142 ±0.6612093865 ±0.2386191861	0.1713244924 0.3607615730 0.4679139346
2	±0.7745966692 0	0.5555555556 0.8888888889	6	±0.9491079123 ±0.7415311856 ±0.4058451514 0	0.1294849662 0.2797053915 0.3818300505 0.4179591837
3	±0.8611363116 ±0.3399810436	0.3478548451 0.6521451549	7	±0.9602898566 ±0.7966664774 ±0.5255324099 ±0.1834346425	0.1012285363 0.2223810345 0.3137066459 0.3626837834

对于一般区间$[a,b]$上的积分 $\int_a^b f(x)dx$，通过变量代换

$$x=\frac{b-a}{2}t+\frac{b+a}{2}$$

可以化为区间$[-1,1]$上的积分

$$\frac{b-a}{2}\int_{-1}^{1}f(\frac{b-a}{2}t+\frac{b+a}{2})dt$$

从而可以使用高斯-勒让德求积公式进行计算。

例 7.10 用高斯-勒让德求积公式计算积分 $I=\int_0^1\frac{\sin x}{x}dx$。

解 由于 $a=0,b=1$，作变换 $x=\frac{b-a}{2}t+\frac{b+a}{2}=\frac{1}{2}(t+1)$，可以把区间$[0,1]$上的积分变为区间$[-1,1]$上的积分，从而有

$$I=\int_{0}^{1}\frac{\sin x}{x}\mathrm{d}x=\int_{-1}^{1}\frac{\sin\frac{1}{2}(t+1)}{t+1}\mathrm{d}t$$

用两个节点(即 $n=1$ 时)的高斯-勒让德求积公式

$$\int_{-1}^{1}f(x)\mathrm{d}x\approx A_0f(x_0)+A_1f(x_1)$$

查表知节点和系数：

$$x_0=-0.5773502692\quad x_1=0.5773502692\quad A_0=1\quad A_1=1$$

有

$$I\approx 1\times\frac{\sin\frac{1}{2}(-0.5773502692+1)}{-0.5773502692+1}+1\times\frac{\sin\frac{1}{2}(0.5773502692+1)}{0.5773502692+1}=0.9460411$$

用三个节点(即 $n=2$ 时)的高斯-勒让德求积公式

$$\int_{-1}^{1}f(x)\mathrm{d}x\approx A_0f(x_0)+A_1f(x_1)+A_2f(x_2)$$

查表知节点和系数：

$$x_0=-0.7745966692\quad x_1=0\quad x_2=0.7745966692$$

$$A_0=0.5555555556\quad A_1=0.8888888889\quad A_2=0.5555555556$$

有

$$I\approx 0.5555555556\times\frac{\sin\frac{1}{2}(-0.7745966692+1)}{-0.7745966692+1}+0.8888888889\times\frac{\sin\frac{1}{2}}{0+1}+$$

$$0.5555555556\times\frac{\sin\frac{1}{2}(0.7745966692+1)}{0.7745966692+1}=0.9460831$$

2. 高斯-切比雪夫求积公式

切比雪夫多项式是$[-1,1]$上关于权函数 $\rho(x)=\frac{1}{\sqrt{1-x^2}}$的正交多项式。因此高斯-切比雪夫求积公式为

$$\int_{-1}^{1}\frac{f(x)}{\sqrt{1-x^2}}\mathrm{d}x\approx\sum_{k=0}^{n}A_kf(x_k)$$

其中节点 $x_k(k=0,1,\cdots,n)$是 $n+1$ 次切比雪夫正交多项式的 $n+1$ 个零点，即

$$x_k=\cos\left(\frac{2k+1}{2(n+1)}\pi\right)\quad (k=0,1,\cdots,n)$$

系数

$$A_k\equiv\frac{\pi}{n+1}\quad (k=0,1,\cdots,n)$$

截断误差为

$$R[f]=\frac{\pi}{2^{2n+1}(2n+2)!}f^{(2n+2)}(\xi)\quad \xi\in[-1,1]$$

3. 高斯-拉盖尔求积公式

拉盖尔多项式 $L_{n+1}(x)=\mathrm{e}^{x}\frac{\mathrm{d}^{n+1}}{\mathrm{d}x^{n+1}}(x^{n+1}\mathrm{e}^{-x})$是$[0,+\infty)$上关于权函数 $\rho(x)=\mathrm{e}^{-x}$的正

交多项式。因此高斯-拉盖尔求积公式为

$$\int_0^{+\infty} e^{-x} f(x) dx \approx \sum_{k=0}^{n} A_k f(x_k)$$

其中节点 $x_k(k=0,1,\cdots,n)$是 $n+1$ 次拉盖尔正交多项式的 $n+1$ 个零点，系数

$$A_k = \frac{[(n+1)!]^2}{x_k [L'_{n+1}(x_k)]^2} \quad (k=0,1,\cdots,n)$$

截断误差为

$$R[f] = \frac{[(n+1)!]^2}{(2n+2)!} f^{(2n+2)}(\xi) \quad \xi \in (0, +\infty)$$

表 7.6 给出了部分高斯-拉盖尔求积公式的节点与系数。

表 7.6 高斯-拉盖尔求积公式的节点与系数

n	x_k	A_k
0	1	1
1	0.5857864376	0.8535533906
	3.4142135624	0.1464466094
2	0.4157745568	0.7110930099
	2.2942803603	0.2785177336
	6.2899450829	0.0103892565
3	0.3225476896	0.6031541043
	1.7457611012	0.3574186924
	4.5366202969	0.0388879085
	9.3950709123	0.0005392947
4	0.2635603197	0.5217556106
	1.4134030591	0.3986668111
	3.5964257710	0.0759424497
	7.0858100059	0.0036117587
	12.6408008443	0.0000233700

4. 高斯-埃尔米特求积公式

埃尔米特多项式 $H_{n+1}(x)=(-1)^{n+1} e^{x^2} \frac{d^{n+1}}{dx^{n+1}}(e^{-x^2})$是$(-\infty,+\infty)$上关于权函数 $\rho(x)=e^{-x^2}$ 的正交多项式。因此高斯-埃尔米特求积公式为

$$\int_{-\infty}^{+\infty} f(x) e^{-x^2} dx \approx \sum_{k=0}^{n} A_k f(x_k)$$

其中节点 $x_k(k=0,1,\cdots,n)$是 $n+1$ 次埃尔米特正交多项式的 $n+1$ 个零点，系数

$$A_k = \frac{2^{n+2}(n+1)!\sqrt{\pi}}{[H'_{n+1}(x_k)]^2} \quad (k=0,1,\cdots,n)$$

截断误差为

$$R[f]=\frac{(n+1)!\sqrt{\pi}}{2^{n+1}(2n+2)!}f^{(2n+2)}(\xi),\quad \xi\in(-\infty,+\infty)$$

表7.7给出了部分高斯-埃尔米特求积公式的节点和系数。

表7.7　高斯-埃尔米特求积公式的节点和系数

n	x_k	A_k
0	0	1.7724538509
1	±0.7071067812	0.8862269255
2	±1.2247448714	0.2954089752
	0	1.1816359006
3	±1.6506801239	0.08131283545
	±0.5246476233	0.8049140900
4	±2.0201828705	0.01995324206
	±0.9585724646	0.3936193232
	0	0.9453087205
5	±2.3506049737	0.004530009906
	±1.3358490740	0.1570673203
	±0.4360774119	0.7246295952
6	±2.6519613568	0.00097178125
	±1.6735516288	0.05451558282
	±0.8162878829	0.4256072526
	0	0.8102646176

应该指出，利用正交多项式的零点构造高斯型求积公式，这种方法只是针对某些特殊类型的区间和特殊类型的权函数才有效，对于一般的权函数，要构造正交多项式是不容易的，即使有了表达式，要求它的根也比较困难。因此，一般的高斯型求积公式常常还是从最基本的代数精度的定义出发进行构造，但这要求解非线性方程组，计算也比较麻烦。

例7.11　构造形如

$$\int_0^1\sqrt{x}f(x)\mathrm{d}x\approx A_1f(x_1)+A_2f(x_2)$$

的高斯型求积公式。

解　分析：这里指明要构造一个高斯型求积公式，并给出了2个节点，这样就应当构造$2n-1=3$次代数精度的公式，须以$f(x)=1,x,x^2,x^3$获得方程组。

由题设应构造具有3次代数精度并以$\rho(x)=\sqrt{x}$为权函数的高斯型求积公式，故对任意3次多项式$f(x)$有精确等式

$$\int_0^1\sqrt{x}f(x)\mathrm{d}x=A_1f(x_1)+A_2f(x_2)$$

令$f(x)=1,x,x^2,x^3$代入上式，得方程组

$$\begin{cases} A_1 + A_2 = \dfrac{2}{3} & (1) \\ A_1 x_1 + A_2 x_2 = \dfrac{2}{5} & (2) \\ A_1 x_1^2 + A_2 x_2^2 = \dfrac{2}{7} & (3) \\ A_1 x_1^3 + A_2 x_2^3 = \dfrac{2}{9} & (4) \end{cases}$$

由式(2)得$\frac{2}{5}=A_1x_1+A_2x_2=x_1(A_1+A_2)+(x_2-x_1)A_2$，将式(1)代入此式，得

$$\frac{2}{3}x_1 + (x_2 - x_1)A_2 = \frac{2}{5} \tag{5}$$

由式(3)得$\frac{2}{7}=A_1x_1^2+A_2x_2^2=x_1(x_1A_1+x_2A_2)+x_2(x_2-x_1)A_2$，将式(2)代入此式，得

$$\frac{2}{5}x_1 + x_2(x_2 - x_1)A_2 = \frac{2}{7} \tag{6}$$

由式(4)用类似上面作法，将式(3)代入有

$$\frac{2}{7}x_1 + x_2^2(x_2 - x_1)A_2 = \frac{2}{9} \tag{7}$$

由式(6)得

$$x_2(x_2 - x_1)A_2 = \frac{2}{7} - \frac{2}{5}x_1$$

代入式(7)并整理得

$$\frac{2}{7}(x_1 + x_2) - \frac{2}{5}x_1x_2 = \frac{2}{9} \tag{8}$$

由式(5)得

$$(x_2 - x_1)A_2 = \frac{2}{5} - \frac{2}{3}x_1$$

代入式(6)并整理得

$$\frac{2}{5}(x_1 + x_2) - \frac{2}{3}x_1x_2 = \frac{2}{7} \tag{9}$$

由式(8)、(9)解出

$$\begin{cases} x_1x_2 = \dfrac{5}{21} \\ x_1 + x_2 = \dfrac{10}{9} \end{cases}$$

解之得 $x_1=0.821162$，$x_2=0.289949$，将结果代入原方程组，解得 $A_1=0.389111$，$A_2=0.277556$，于是所求的高斯型求积公式为

$$\int_0^1 \sqrt{x}f(x)\mathrm{d}x \approx 0.389111f(0.821162) + 0.277556f(0.289949)$$

它至少有 3 次代数精度。

7.6　二重积分的求积公式*

前面所给出的求定积分的求积公式经过适当改造可用于对多重积分的近似计算。这里仅给出二重积分的近似计算公式，其他重积分的求积公式是类似的。

考虑在矩形区域 $R=\{(x,y)\mid a\leqslant x\leqslant b,c\leqslant y\leqslant d\}$ 上的二重积分 $\iint\limits_R f(x,y)\mathrm{d}\sigma$ 的求积公式，以二维复化抛物线公式为例。

假设 x 方向的步长为 $h=\dfrac{b-a}{2n}$，y 方向的步长为 $k=\dfrac{d-c}{2m}$，此处 n 和 m 是用来选择步长大小的正整数。

由于

$$\iint\limits_R f(x,y)\mathrm{d}\sigma=\int_a^b\left(\int_c^d f(x,y)\mathrm{d}y\right)\mathrm{d}x$$

首先用一维复化抛物线公式来求积分 $\int_c^d f(x,y)\mathrm{d}y$ 的值。先把 x 看作常数，令 $y_0=c,y_j=c+jk,j=1,2,\cdots,2m$，则有

$$\int_c^d f(x,y)\mathrm{d}y=\frac{k}{3}\left[f(x,y_0)+2\sum_{j=1}^{m-1}f(x,y_{2j})+4\sum_{j=1}^{m}f(x,y_{2j-1})+f(x,y_{2m})\right]-\frac{(d-c)k^4}{180}\cdot\frac{\partial^4 f(x,\mu)}{\partial y^4}\tag{7.3}$$

其中 $\mu\in[c,d]$。因此有

$$\int_a^b\int_c^d f(x,y)\mathrm{d}y\mathrm{d}x=\frac{k}{3}\int_a^b f(x,y_0)\mathrm{d}x+\frac{2k}{3}\sum_{j=1}^{m-1}\int_a^b f(x,y_{2j})\mathrm{d}x+\frac{4k}{3}\sum_{j=1}^{m}\int_a^b f(x,y_{2j-1})\mathrm{d}x+\frac{k}{3}\int_a^b f(x,y_{2m})\mathrm{d}x-\frac{(d-c)}{180}k^4\int_a^b\frac{\partial^4 f(x,\mu)}{\partial y^4}\mathrm{d}x$$

对此式右端的每一个积分使用一维抛物线公式，令 $x_0=a,x_i=a+ih,i=1,2,\cdots,2n$，则对 $j=1,2,\cdots,2m$ 有

$$\int_a^b f(x,y_j)\mathrm{d}x=\frac{h}{3}\left[f(x_0,y_j)+2\sum_{i=1}^{n-1}f(x_{2i},y_j)+4\sum_{i=1}^{n}f(x_{2i-1},y_j)+f(x_{2n},y_j)\right]-\frac{(b-a)}{180}h^4\frac{\partial^4 f(\xi_j,y_j)}{\partial x^4}\tag{7.4}$$

其中 $\xi_j\in[a,b]$，则可导出下述二维复化抛物线公式：

$$\begin{aligned}\int_a^b\int_c^d f(x,y)\mathrm{d}y\mathrm{d}x\approx\frac{hk}{9}\Big[&f(x_0,y_0)+2\sum_{i=1}^{n-1}f(x_{2i},y_0)+4\sum_{i=1}^{n}f(x_{2i-1},y_0)+f(x_{2n},y_0)+\\&2\sum_{j=1}^{m-1}f(x_0,y_{2j})+4\sum_{j=1}^{m-1}\sum_{i=1}^{n-1}f(x_{2i},y_{2j})+8\sum_{j=1}^{m-1}\sum_{i=1}^{n}f(x_{2i-1},y_{2j})+\\&2\sum_{j=1}^{m-1}f(x_{2n},y_{2j})+4\sum_{j=1}^{m}f(x_0,y_{2j-1})+8\sum_{j=1}^{m}\sum_{i=1}^{n-1}f(x_{2i},y_{2j-1})+\\&16\sum_{j=1}^{m}\sum_{i=1}^{n}f(x_{2i-1},y_{2j-1})+4\sum_{j=1}^{m}f(x_{2n},y_{2j-1})+f(x_0,y_{2m})+\end{aligned}$$

$$2\sum_{i=1}^{n-1} f(x_{2i}, y_{2m}) + 4\sum_{i=1}^{n} f(x_{2i-1}, y_{2m}) + f(x_{2n}, y_{2m})] \tag{7.5}$$

误差余项是

$$R[f] = \frac{-k(b-a)h^4}{540}\left[\frac{\partial^4 f(\xi_0, \eta_0)}{\partial x^4} + 2\sum_{j=1}^{m-1} \frac{\partial^4 f(\xi_{2j}, y_{2j})}{\partial x^4} + 4\sum_{j=1}^{m} \frac{\partial^4 (f(\xi_{2j-1}, y_{2j-1})}{\partial x^4} + \frac{\partial^4 f(x_{2m}. y_{2m})}{\partial x^4}\right] - \frac{(d-c)k^4}{180}\int_a^b \frac{\partial^4 f(x,\mu)}{\partial y^4}\mathrm{d}x$$

若$\frac{\partial^4 f}{\partial x^4}$及$\frac{\partial^4 f}{\partial y^4}$在区域 R 上连续,则误差余项可化为

$$R[f] = \frac{-(b-a)(d-c)}{180}\left[h^4 \frac{\partial^4 f(\bar{\eta},\bar{\mu})}{\partial x^4} + k^4 \frac{\partial^4 f(\hat{\eta},\hat{\mu})}{\partial y^4}\right]$$

其中$(\bar{\eta},\bar{\mu})$和$(\hat{\eta},\hat{\mu})$均在区域 R 内。

事实上,可把式(7.4)写成如下形式

$$\int_a^b f(x, y_j)\mathrm{d}x = \frac{h}{3}\sum_{k=0}^{2n} A_k f(x_k, y_j) - \frac{(b-a)}{180}h^4 \frac{\partial^4 f(\xi_j, y_j)}{\partial x^4}$$

而把式(7.3)写成

$$\int_c^d f(x,y)\mathrm{d}y = \frac{k}{3}\sum_{j=0}^{2m} B_j f(x, y_j) - \frac{(d-c)k^4}{180} \cdot \frac{\partial^4 f(x,\mu)}{\partial y^4}$$

则 $A_k(k=0,1,2,\cdots,2n)$依次为 1,4,2,4,2,…2,4,1;$B_k(j=0,1,2,\cdots,2m)$依次为 1,4,2,4,2,…2,4,1。从而式(7.5)可写为

$$\int_a^b \mathrm{d}x \int_c^d f(x,y)\mathrm{d}y \approx \frac{kh}{9}\sum_{k=0}^{2n}\sum_{j=0}^{2m} \lambda_{kj} f(x_k, y_j)$$

其中 λ_{kj} 如表 7.8 所列。

表 7.8 二重积分复化抛物线公式求积系数

B_j	A_k									
	1	4	2	4	2	…	4	2	4	1
	λ_{kj}									
1	1	4	2	4	2	…	4	2	4	1
4	4	16	8	16	8	…	16	8	16	4
2	2	8	4	8	4	…	8	4	8	2
4	4	16	8	16	8	…	16	8	16	4
2	2	8	4	8	4	…	8	4	8	2
…						…				
4	4	16	8	16	8	…	16	8	16	4
2	2	8	4	8	4	…	8	4	8	2
4	4	16	8	16	8	…	16	8	16	4
1	1	4	2	4	2	…	4	2	4	1

以上推导出了二维复化抛物线公式,使用相同的技巧,可把牛顿-柯特斯公式推广到二

维情形。

例 7.12　分别用二维复化抛物线公式和二维九点高斯公式求二重积分

$$\int_{1.4}^{2.0}\int_{1.0}^{1.5}\ln(x+2y)\,\mathrm{d}y\mathrm{d}x$$

解　(1)用二维复化抛物线公式求解。

令 $n=2,m=1$，则 $h=0.15,k=0.25$ 对区域进行划分，节点坐标(x_k,y_j)(其中 $k=0,1,2,3,4;j=0,1,2$)如表 7.9 所示。

表 7.9　二维复化抛物线公式节点坐标

x_k	y_j		
	y_0	y_1	y_2
x_0	(1.40,1.00)	(1.40,1.25)	(1.40,1.50)
x_1	(1.55,1.00)	(1.55,1.25)	(1.55,1.50)
x_2	(1.10,1.00)	(1.10,1.25)	(1.10,1.50)
x_3	(1.85,1.00)	(1.85,1.25)	(1.85,1.50)
x_4	(2.00,1.00)	(2.00,1.25)	(2.00,1.50)

由表 7.8 可得 λ_{kj} 的值，则有

$$\int_{1.4}^{2.0}\int_{1.0}^{1.5}\ln(x+2y)\,\mathrm{d}y\mathrm{d}x\approx\frac{(0.15)(0.25)}{9}\sum_{k=0}^{4}\sum_{j=0}^{2}\lambda_{kj}\ln(x_k+2y_j)=0.4295524387$$

由于$\dfrac{\partial^4 f}{\partial x^4}=-\dfrac{6}{(x+2y)^4},\dfrac{\partial^4 f}{\partial y^4}=-\dfrac{96}{(x+2y)^4}$，则误差估计为

$$|R[f]|\leqslant\frac{(0.5)(0.6)}{180}\left[(0.15)^4\max_D\frac{6}{(x+2y)^4}+(0.25)^4\max_D\frac{96}{(x+2y)^4}\right]\leqslant 4.72\times10^{-6}$$

在十位精确数值下，我们得到此二重积分的精确值

$$\int_{1.4}^{2.0}\int_{1.0}^{1.5}\ln(x+2y)\,\mathrm{d}y\mathrm{d}x=0.4295545265$$

故近似积分值的实际误差为 2.1×10^{-6}。

(2)用高斯公式计算。

通过线性变换 $0.6u=(2x-3.4),0.5\nu=(2y-2.5)$把区域$[1.4,2.0]\times[1.0,1.5]$化为标准区域$[-1,1]\times[-1,1]$。应用此变换后有

$$\int_{1.4}^{2.0}\int_{1.0}^{1.5}\ln(x+2y)\,\mathrm{d}y\mathrm{d}x=0.075\int_{-1}^{1}\int_{-1}^{1}\ln(0.3u+0.5\nu+4.2)\,\mathrm{d}\nu\mathrm{d}u$$

在标准区域上分别对 u,ν 使用三点高斯公式：此时节点坐标为

$$u_1=\nu_1=0\quad u_0=\nu_0=-0.7745966692\quad u_2=\nu_2=0.7745966692$$

对应的系数 $A_1=0.8888888889,A_0=A_2=0.5555555556$。从而有

$$\int_{1.4}^{2.0}\int_{1.0}^{1.5}\ln(x+2y)\,\mathrm{d}y\mathrm{d}x\approx\sum_{i=0}^{2}\sum_{j=0}^{2}A_iA_j\ln(0.3u_i+0.5\nu_j+4.2)=0.4295545313$$

在此我们只用了 9 个节点处的函数值，但这个结果的误差只有 4.8×10^{-9}。比用复化抛物线公式的结果好得多。因此，在多维情况下，用高斯公式可提高效率。

在一般形状积分区域上计算二重积分的近似值，可通过分块调整为下列形式

$$\int_a^b \int_{c(x)}^{d(x)} f(x,y)\mathrm{d}y\mathrm{d}x$$

或

$$\int_c^d \int_{a(y)}^{b(y)} f(x,y)\mathrm{d}x\mathrm{d}y$$

的有限和。这两种形式的积分，均可用复化抛物线公式或高斯公式来求近似值。下面仅对第一式的二维抛物线公式进行推导。

对 $\int_a^b \int_{c(x)}^{d(x)} f(x,y)\mathrm{d}y\mathrm{d}x$ 使用 x 方向步长为 $h=\frac{b-a}{2}$，y 方向步长为 x 的函数 $k(x)=\frac{d(x)-c(x)}{2}$，则可导出二维抛物线公式为

$$\begin{aligned}\int_a^b \int_{c(x)}^{d(x)} \mathrm{d}y\mathrm{d}x &\approx \int_a^b \frac{k(x)}{3}[f(x,c(x))+4f(x,c(x)+k(x))+f(x,d(x))]\mathrm{d}x \\ &\approx \frac{h}{3}\left\{\frac{k(a)}{3}[f(a,c(a))+4f(a,c(a)+k(a))+f(a,d(a))]+\frac{4k(a+h)}{3}\right. \\ &\quad [f(a+h,c(a+h))+4f(a+h,c(a+h)+k(a+h))+f(a+h,d(a+h))]+ \\ &\quad \frac{k(b)}{3}[f(b,c(b))+4f(b,c(b)+k(b))+f(b,d(b))]\end{aligned}$$

基于上述求积公式，通过对双曲矩阵的进一步剖分，可导出相应的复化抛物线公式，详细过程略。

思考问题：1. 二重积分有没有插值型求积公式？能不能定义二重积分数值计算方法的代数精度？为什么？

2. 三重积分能不能用数值方法计算？曲线积分、曲面积分能不能用数值方法进行计算？如何计算？

3. 三重积分、曲线积分、曲面积分有没有插值型求积公式？能不能定义三重积分、曲线积分、曲面积分数值计算方法的代数精度？为什么？

7.7 数值微分

在数学分析或高等数学中，当函数可用基本初等函数的有限次复合及四则运算来表示时，该函数的导数可用导数的定义或求导法则来求出。然而，当函数是用表格给出时，只能用数值的方法给出节点上导数的近似值。数值微分方法在微分方程数值解方法中有很大用处。下面介绍三种数值微分方法。

7.7.1 插值法

已知函数 $y=f(x)$ 的离散值 $(x_k,f(x_k))$ $(k=0,1,2,\cdots,n)$，要计算 $f(x)$ 在节点 x_k 处的导数值。

用插值多项式 $P_n(x)$ 作为 $f(x)$ 的近似函数 $f(x)\approx P_n(x)$，由于多项式的导数容易求得，取 $P_n(x)$ 的导数 $P_n'(x)$ 作为 $f'(x)$ 的近似值，这样建立的数值公式

$$f'(x)\approx P'_n(x)$$

称为插值型的求导公式，其截断误差可用插值多项式的余项得到，由于

$$f(x) = P_n(x) + \frac{f^{(n+1)}(\xi)}{(n+1)!}\omega_{n+1}(x) \quad \xi \in (x_0, x_n)$$

两边求导数得

$$f'(x) = P'_n(x) + \frac{f^{(n+1)}(\xi)}{(n+1)!}\omega'_{n+1}(x) + \frac{\omega_{n+1}(x)}{(n+1)!}\frac{\mathrm{d}}{\mathrm{d}x}f^{(n+1)}(\xi)$$

由于上式中的 ξ 与 x,n 有关,无法对$\frac{\mathrm{d}}{\mathrm{d}x}f^{(n+1)}(\xi)$做出估计,因此,对于任意的 x,无法对截断误差 $f'(x)-P'_n(x)$做出估计。但是,如果求节点 x_k 处导数,则截断误差为

$$R_n(x_k) = f'(x_k) - P'_n(x_k) = \frac{f^{(n+1)}(\xi)}{(n+1)!}\omega'_{n+1}(x_k)$$

下面列出几个常用的数值微分公式:

(1)两点公式

过节点 x_0,x_1 线性插值多项式为 $P_1(x)$,记 $h=x_1-x_0$,则

$$P_1(x) = -\frac{x-x_1}{h}f(x_0) + \frac{x-x_0}{h}f(x_1)$$

两边求导数得

$$P_1{}'(x) = \frac{f(x_1)-f(x_0)}{h}$$

于是得两点公式

$$f'(x_0) \approx \frac{1}{h}(f(x_1)-f(x_0)) \qquad (\text{前点公式})$$

$$f'(x_1) \approx \frac{1}{h}(f(x_1)-f(x_0)) \qquad (\text{后点公式})$$

其截断误差为

$$\begin{cases} R_1(x_0) = -\dfrac{h}{2}f''(\xi_1) & \xi_1 \in (x_0, x_1) \\ R_1(x_1) = \dfrac{h}{2}f''(\xi_2) & \xi_2 \in (x_0, x_1) \end{cases}$$

(2)三点公式

过等距节点 x_0,x_1,x_2 作二次插值多项式 $P_2(x)$,记步长为 h,则

$$P_2(x) = \frac{(x-x_1)(x-x_2)}{2h^2}f(x_0) - \frac{(x-x_0)(x-x_2)}{h^2}f(x_1) + \frac{(x-x_0)(x-x_1)}{2h^2}f(x_2)$$

两边求导数得

$$P'_2(x) = \frac{2x-x_1-x_2)}{2h^2}f(x_0) - \frac{2x-x_0-x_2}{h^2}f(x_1) + \frac{2x-x_0-x_1)}{2h^2}f(x_2)$$

于是得三点公式

$$\begin{cases} f'(x_0) \approx \dfrac{1}{2h}(-3f(x_0)+4f(x_1)-f(x_2)) & (\text{后三点公式}) \\ f'(x_1) \approx \dfrac{1}{2h}(-f(x_0)+f(x_2)) & (\text{中心差分公式}) \\ f'(x_2) \approx \dfrac{1}{2h}(f(x_0)-4f(x_1)+3f(x_2)) & (\text{前三点公式}) \end{cases}$$

其截断误差为

$$\begin{cases} R_2(x_0) = \frac{1}{3}h^2 f'''(\xi_1) & \xi_1 \in (x_0, x_2) \\ R_2(x_1) = -\frac{1}{6}h^2 f'''(\xi_2) & \xi_2 \in (x_0, x_2) \\ R_2(x_2) = \frac{1}{3}h^2 f'''(\xi_3) & \xi_3 \in (x_0, x_2) \end{cases}$$

如果要求 $f(x)$的二阶导数,可用 $P''_2(x)$作为 $f''(x)$的近似值,于是有

$$f''(x_k) \approx P''_2(x_k) = \frac{1}{h^2}(f(x_0) - 2f(x_1) + f(x_2))$$

其截断误差为 $f''(x_k) - P''_2(x_k) = o(h^2)$。

例 7.13 已知数据表

x	1.8	1.9	2.0	2.1	2.2
$f(x)$	10.889365	12.703199	14.778112	17.148957	19.855030

试求:(1)应用两点公式计算 $f'(2.0)$,取 $h=0.1$;(2)应用三点公式计算 $f'(2.0)$,取 $h=0.1$;(3)应用二阶导数公式计算 $f''(2.0)$,取 $h=0.1$。

解 (1)$h=0.1$,由两点公式,得

后点公式 取 $x_0=2.0, x_1=2.1$,

$$f'(2.0) \approx \frac{1}{0.1}[f(2.1) - f(2.0)] = 23.70845$$

前点公式 取 $x_0=1.9, x_1=2.0$,

$$f'(2.0) \approx \frac{1}{0.1}[f(2.0) - f(1.9)] = 20.74913$$

(2)$h=0.1$,由三点公式,得

后三点公式 取 $x_0=2.0, x_1=2.1, x_2=2.2$,

$$f'(2.0) \approx \frac{1}{2 \times 0.1}[-3f(2.0) + 4f(2.1) - f(2.2)] = 22.032310$$

前三点公式 取 $x_0=1.8, x_1=1.9, x_2=2.0$,

$$f'(2.0) \approx \frac{1}{2 \times 0.1}[f(1.8) - 4f(1.9) + 3f(2.0)] = 22.032310$$

中心差分公式 取 $x_0=1.9, x_2=2.1$,

$$f'(2.0) \approx \frac{1}{2 \times 0.1}[-f(1.9) + f(2.1)] = 22.228790$$

(3)取 $h=0.1$,则

$$f''(2.0) \approx \frac{f(2.1) - 2f(2.0) + f(1.9)}{0.1^2} = 29.593200$$

7.7.2 泰勒展开法*

应用泰勒公式也能直接建立数值微分公式。譬如由

$$f(x_1) = f(x_0) + f'(x_0)h + \frac{1}{2!}f''(\xi)h^2 \quad \xi \in (x_0, x_1)$$

可得

$$f'(x_0)=\frac{1}{h}(f(x_1)-f(x_0))-\frac{h}{2}f''(\xi)$$

又如，由

$$f(x_0)=f(x_1)-hf(x_1)+\frac{h^2}{2!}f''(x_1)-\frac{h^3}{3!}f'''(x_1)+\frac{h^4}{4!}f^{(4)}(\eta_1)$$

$$f(x_2)=f(x_1)+hf'(x_1)+\frac{h^2}{2!}f''(x_1)+\frac{h^3}{3!}f'''(x_1)+\frac{h^4}{4!}f^{(4)}(\eta_2)$$

两式相加，得

$$f(x_0)+f(x_2)=2f(x_1)+h^2f''(x_1)+\frac{h^4}{4!}[f^{(4)}(\eta_1)+f^{(4)}(\eta_2)]$$

若 $f^{(4)}(x)$连续，则必存在一点 ζ，使得

$$f^{(4)}(\zeta)=\frac{1}{2}[f^{(4)}(\eta_1)+f^{(4)}(\eta_2)]$$

从而可得

$$f''(x_1)=\frac{1}{h^2}[f(x_0)-2f(x_1)+f(x_2)]-\frac{h^2}{12}f^{(4)}(\zeta)$$

7.7.3 待定系数法

数值微分公式除了可用上述两种方法推出外，还可用待定系数法，下面举一例进行说明。

例 7.14 确定如下数值微分公式

$$f''(x_0)\approx A_0f(x_0)+A_1f'(x_0)+A_2f(x_1)$$

的系数，使它具有尽可能高的代数精度。

解 为了方便计算，令 $x_0=0,x_1=h$。把 $f(x)=1,x,x^2$ 依次代入，使其成为等式。此时有

$$\begin{cases}A_0+A_2=0\\A_1+A_2h=0\\A_2h^2=2\end{cases}$$

解之得 $A_0=-\frac{2}{h^2},A_1=-\frac{2}{h},A_2=\frac{2}{h^2}$。故数值微分公式为

$$f''(x_0)\approx\frac{2}{h^2}[-f(x_0)-hf'(x_0)+f(x_1)]$$

因为此公式对 $f(x)=x^3$ 不能成为等式，从而代数精度为 2。

思考问题：多元函数（特别是二元函数）的偏导数、方向导数、梯度、散度、旋度等能不能用数值的方法计算？如何计算？

习题 7

1. 用梯形公式、辛普森公式和柯特斯公式计算 $\int_0^1 e^{-x}dx$，并估计各种方法的误差（保留 5 位小数）。

2. 试确定求积公式 $\int_{-1}^{1} f(x)\mathrm{d}x \approx f(-\frac{1}{\sqrt{3}}) + f(\frac{1}{\sqrt{3}})$ 的代数精度。

3. 设有近似公式

(1) $\int_{-1}^{1} f(x)\mathrm{d}x \approx Af(-1) + Bf(0) + Cf(1)$

(2) $\int_{0}^{2} f(x)\mathrm{d}x \approx Af(0) + Bf(1) + Cf(2)$

试确定求积系数 A,B,C,使上述公式具有最高代数精度。

4. 构造下列形式的高斯型求积公式

$$\int_{0}^{1} \frac{1}{\sqrt{x}} f(x)\mathrm{d}x = A_0 f(x_0) + A_1 f(x_1)$$

5. 证明求积公式 $\int_{-1}^{1} f(x)\mathrm{d}x \approx \frac{1}{9}\left[5f(\sqrt{0.6}) + 8f(0) + 5f(-\sqrt{0.6})\right]$对次数不超过 5 的多项式精确成立,并计算积分$\int_{0}^{1} \frac{\sin x}{1+x}\mathrm{d}x$。

6. 已知数据表

x	1.0	1.1	1.2
$f(x)$	0.250000	0.226757	0.206612

试用三点数值微分公式求 $f'(1.0)$,$f'(1.1)$,$f'(1.2)$。

7. 确定如下数值微分公式

$$f'(x_2) \approx A_0 f(x_0) + A_1 f(x_1) + A_3 f(x_3) + A_4 f(x_4)$$

的系数,使其具有尽可能高的代数精度。

第 8 章　常微分方程的数值解法

8.1　引言

在高等数学或常微分方程课程中，对于常微分方程的求解，我们给出了一些典型方程求其解析解的基本方法，如可分离变量法、变量代换方法、降阶方法、常系数齐次线性方程的解法、常系数非齐次线性方程的解法等等。但能求解的常微分方程仍然是非常有限的，大多数的常微分方程是不可能给出解析解的。另外，在许多实际问题中，并不需要知道常微分方程解的表达式，而仅仅需要获得解在若干点上的近似值或者解的一些性质即可。因此，研究常微分方程的数值解法很有必要。

在本章里，将向大家着重介绍一阶常微分方程初值问题

$$\begin{cases} \dfrac{\mathrm{d}y}{\mathrm{d}x} = f(x,y) \\ y(x_0) = y_0 \end{cases} \tag{8.1}$$

在区间$[a,b]$上的数值解法。同时介绍一阶常微分方程组和高阶常微分方程初值问题的数值方法，对常微分方程初值问题的波形松弛方法进行了描述，对常微分方程边值问题用打靶法和差分法进行了求解。

下面来介绍一些与常微分方程数值解法有关的基本内容。

定理 8.1　如果函数 $f(x,y)$在带形区域 $D=\{(x,y)\mid a\leqslant x\leqslant b, y\in \boldsymbol{R}\}$上有定义且连续，并且满足李普希兹条件：当$(x,y_1),(x,y_2)\in D$ 时，有

$$|f(x,y_1)-f(x,y_2)|\leqslant L|y_1-y_2|$$

其中 $L(0<L<+\infty)$称为李普希兹常数(它与 x,y 无关)，则对任何$(x_0,y_0)\in D$，初值问题(8.1)在$[a,b]$上存在唯一连续可微解 $y=y(x)$。

定理 8.2　如果函数 $f(x,y)$在带形区域 $D=\{(x,y)\mid a\leqslant x\leqslant b, y\in \boldsymbol{R}\}$上满足李普希兹条件，则初值问题(8.1)的数值解是稳定的。

这两个定理的证明可以参考相关常微分方程教材，此处从略。

常微分方程数值解法的基本思想：

常微分方程初值问题(8.1)的数值解法，就是要算出精确解 $y=y(x)$在区间$[a,b]$上的一系列离散节点 $a\leqslant x_0<x_1<x_2<\cdots<x_n<\cdots\leqslant b$ 处的函数值 $y(x_0),y(x_1),\cdots,y(x_n),\cdots$的近似值 $y_0,y_1,\cdots,y_n,\cdots$。相邻两个节点的间距 $\Delta x_i=x_i-x_{i-1}$称为步长，步长可以相等，也可以不相等。在本章中，一般取等步长并用字母 h 表示，并且记 $f(x_n,y(x_n))=y'(x_n)$。

求初值问题的数值解法采用的是“步进式”，即求解过程顺着节点排列的次序一步一步地向前推进，算出 y_n 后再算 y_{n+1}。这种数值方法有单步法和多步法之分，单步法是在计算 y_{n+1} 时，仅利用 y_n；而多步法是在计算 y_{n+1} 时不仅要用到 y_n，还要用到 $y_{n-1}, y_{n-2}, \cdots$，一般 k 步法要用到 $y_n, y_{n-1}, \cdots, y_{n-k+1}$。单步法其代表方法是龙格-库塔法；多步法的代表方法是亚当斯法。

单步法和多步法又有显式和隐式之分。显式单步法形如 $y_{n+1}=y_n+h\varphi(x_n, y_n, h)$；隐式单步法形如 $y_{n+1}=y_n+h\varphi(x_n, y_n, y_{n+1}, h)$。对多步法来说，显式与隐式方法与单步法相似。

8.2 欧拉方法及其改进

8.2.1 欧拉公式

欧拉(Euler)方法是解初值问题

$$\begin{cases}\dfrac{\mathrm{d}y}{\mathrm{d}x}=f(x,y)\\ y(x_0)=y_0\end{cases} \tag{8.1}$$

最简单的数值方法。推导欧拉公式有多种方法，比如利用差商、数值积分、数值微分、泰勒展开法等。下面我们以数值积分为例进行推导。

对式(8.1)的第一式 $y'=f(x,y)$ 两端在区间 $[x_n, x_{n+1}]$ 上进行积分，得

$$\int_{x_n}^{x_{n+1}} y'\mathrm{d}x=\int_{x_n}^{x_{n+1}} f(x,y)\mathrm{d}x$$

即

$$y(x_{n+1})=y(x_n)+\int_{x_n}^{x_{n+1}} f(x,y)\mathrm{d}x=y(x_n)+\int_{x_n}^{x_{n+1}} f(x,y(x))\mathrm{d}x \tag{8.2}$$

选择不同的计算方法计算积分项 $\int_{x_n}^{x_{n+1}} f(x,y(x))\mathrm{d}x$，就会得到一系列不同形式的欧拉公式。

1. 向前欧拉法

用左矩形公式计算积分项 $\int_{x_n}^{x_{n+1}} f(x,y(x))\mathrm{d}x$，得

$$\int_{x_n}^{x_{n+1}} f(x,y(x))\mathrm{d}x\approx hf(x_n,y(x_n))\quad (\text{其中 } h=x_{n+1}-x_n)$$

代入式(8.2)中，并用 y_n 近似代替式中 $y(x_n)$，即可得到**向前欧拉公式**

$$y_{n+1}=y_n+hf(x_n,y_n) \tag{8.3}$$

这是一种显式形式的方程，因此也称为显式欧拉公式。

2. 向后欧拉法

用右矩形公式计算积分项 $\int_{x_n}^{x_{n+1}} f(x,y(x))\mathrm{d}x$，得

$$\int_{x_n}^{x_{n+1}} f(x,y(x))\mathrm{d}x\approx h(x_{n+1},y(x_{n+1}))$$

代入式(8.2)中,并用 y_{n+1} 近似代替式中 $y(x_{n+1})$,即可得到**向后欧拉公式**

$$y_{n+1} = y_n + hf(x_{n+1}, y_{n+1}) \tag{8.4}$$

这是一种隐式形式的方程,因此也称为隐式欧拉公式。

由于数值积分的矩形方法精度很低,所以欧拉公式比较粗糙。

欧拉方法的几何意义十分清楚,如图 8.1 所示,式(8.1)的解曲线 $y=y(x)$ 过 $P_0(x_0, y_0)$点,从 P_0 出发以 $f(x_0, y_0)$为斜率作直线段,与 $x=x_1$ 相交于 $P_1(x_1, y_1)$,显然有 $y_1 = y_0 + hf(x_0, y_0)$,同理,再从 P_1 出发,以 $f(x_1, y_1)$为斜率作直线段,与 $x=x_2$ 相交于 $P_2(x_2, y_2)$,依次类推,可得一条折线$\overline{P_0P_1\cdots P_n\cdots}$,作为解曲线 $y=y(x)$的近似曲线,故欧拉方法又称为欧拉折线法。

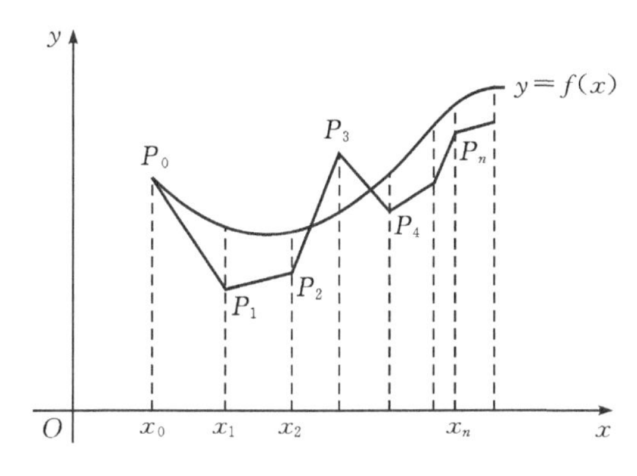

图 8.1　欧拉折线法

3. 梯形方法

为了提高精度,用梯形公式计算积分项 $\int_{x_n}^{x_{n+1}} f(x, y(x))\mathrm{d}x$,得

$$\int_{x_n}^{x_{n+1}} f(x, y(x))\mathrm{d}x \approx \frac{h}{2}[f(x_n, y(x_n)) + f(x_{n+1}, y(x_{n+1}))]$$

代入式(8.2)中,并用 y_n 近似代替式中 $y(x_n)$,用 y_{n+1} 近似代替式中 $y(x_{n+1})$,即可得到梯形公式

$$y_{n+1} = y_n + \frac{h}{2}[f(x_n, y_n) + f(x_{n+1}, y_{n+1})] \tag{8.5}$$

由于数值积分的梯形公式要比矩形公式精度高,因此梯形公式(8.5)要比欧拉公式(8.3)的精度高。梯形法是一种隐式单步法,从 $n=0$ 开始,每步都要解关于 y_{n+1} 的一个方程。一般来说,这是一个非线性方程,因此要用迭代法求解。

4. 改进欧拉方法

显式欧拉公式计算工作量小,但精度低。梯形公式虽提高了精度,但为隐式公式,需用迭代法求解,计算工作量大。综合欧拉公式和梯形公式便可得到改进的欧拉公式。

具体地说,就是先用欧拉公式求出一个初步的近似值 $y_{n+1}^{[0]}$,称之为预估值。预估值的精度可能很差,再用梯形公式将它进行校正一次,即迭代一次,求得的 y_{n+1} 称为校正值,由这种预估-校正方法得到的公式称为**改进的欧拉公式**:

$$\begin{cases} y_{n+1}^{[0]} = y_n + hf(x_n, y_n) \\ y_{n+1} = y_n + \dfrac{h}{2}[f(x_n, y_n) + f(x_{n+1}, y_{n+1}^{[0]})] \end{cases} \tag{8.6}$$

第一式称为预估算式，第二式称为校正算式。有时为了计算方便，式(8.6)可改写为

$$\begin{cases}y_{n+1}=y_n+\frac{1}{2}(K_1+K_2)\\K_1=hf(x_n,y_n)\\K_2=hf(x_n+h,y_n+K_1)\end{cases}$$

按照上述思想，如果预估时用其他公式(比如中矩形公式，辛普森公式等)，可以得到其他形式的预估-校正方法。例如，若采用中矩形公式，便有下述的公式

$$\begin{cases}y_{n+1}^{[0]}=y_n+2hf(x_n,y_n)\\y_{n+1}=y_n+\frac{h}{2}[f(x_n,y_n)+f(x_{n+1},y_{n+1}^{[0]})]\end{cases}$$

8.2.2 单步法的局部截断误差和阶

定义 8.1 称

$$e_n=y(x_n)-y_n$$

为某一数值方法在点 x_n 处的整体截断误差。

$$R_{n,h}=y(x_{n+1})-y(x_n)-h\varphi(x_n,y(x_n),h)$$

为显式单步法式 $y_{n+1}=y_n+h\varphi(x_n,y_n,h)$ 在 x_{n+1} 处的**局部截断误差**，其中 $y(x)$ 为初值问题(8.1)的精确解。

$R_{n,h}$ 之所以称为是局部的，是因为如果假设 $y(x_n)=y_n$，即第 n 步以及以前各步都没有误差，则由式 $y_{n+1}=y_n+h\varphi(x_n,y_n,h)$ 所得的 y_{n+1} 与 $y(x_{n+1})$ 之差为

$$\begin{aligned}y(x_{n+1})-y_{n+1}&=y(x_{n+1})-[y_n+h\varphi(x_n,y_n,h)]\\&=y(x_{n+1})-y(x_n)-h\varphi(x_n,y(x_n),h)\end{aligned}$$

即在假定 $y(x_n)=y_n$ 条件下，$R_{n,h}=y(x_{n+1})-y_{n+1}$，这就是 $R_{n,h}$ 称为局部的含义。

定义 8.2 若数值方法的局部截断误差为 $O(h^{p+1})$，则称这种方法为 P **阶的**。

通常 P 越大，h 越小，则截断误差越小，数值方法越精确。

可以证明，欧拉方法是一阶方法，改进欧拉方法以及梯形方法是二阶方法。下面仅给出欧拉方法是一阶方法的证明。

设 $y(x_n)=y_n$，把 $y(x_{n+1})$ 在 x_n 处展开成泰勒级数，即

$$y(x_{n+1})=y(x_n)+hy'(x_n)+\frac{1}{2!}h^2y''(\xi)\qquad \xi\in(x_n,x_{n+1})$$

由欧拉公式可得

$$y_{n+1}=y_n+hf(x_n,y_n)=y(x_n)+hf(x_n,y(x_n))=y(x_n)+hy'(x_n)$$

两式相减得欧拉公式的局部截断误差为

$$R_{n,h}=\frac{1}{2}h^2y''(\xi)$$

若 $y(x)$ 在 $[a,b]$ 上充分光滑，且令 $M=\max\limits_{x\in[a,b]}|y''(x)|$，则

$$|R_{n,h}|\leqslant\frac{h^2}{2}M=O(h^2)$$

故欧拉方法是一阶方法。

例 8.1 应用向前欧拉公式求初值问题

$$\begin{cases} y' = x - y + 1 \\ y(0) = 1 \end{cases} \quad (0 \leqslant x \leqslant 1)$$

取步长 $h=0.1$,将计算结果与精确解 $y=x+\mathrm{e}^{-x}$ 进行对照。

解 将区间[0,1]进行10等分,$h=0.1, x_n=nh(n=0,1,\cdots,10)$。

向前欧拉公式为

$$\begin{cases} y_{n+1} = y_n + 0.1(x_n - y_n + 1) \\ y_0 = 1 \end{cases}$$

数值解 y_n 与精确解 $y(x_n)$ 及误差列于表8.1。

表8.1 向前欧拉法数值解与精确解及误差

x_n	y_n	$y(x_n)$	$\lvert y_n - y(x_n) \rvert$
0.0	1.000000	1.000000	0.0
0.1	1.000000	1.004837	0.004837
0.2	1.010000	1.018731	0.008731
0.3	1.029000	1.040818	0.011818
0.4	1.056100	1.070320	0.014220
0.5	1.090490	1.106531	0.016041
0.6	1.131441	1.148812	0.017371
0.7	1.178297	1.196585	0.018288
0.8	1.230467	1.249329	0.018862
0.9	1.287420	1.306570	0.014150
1.0	1.348678	1.367879	0.019201

注:从表中最后一列误差 $\lvert y_n - y(x_n) \rvert$ 可以发现,误差随 x_n 增大而增大,但这个增长是可以控制的,这是由于向前欧拉法是稳定的算法。

例8.2 用改进欧拉法求初值问题

$$\begin{cases} y' = -y \\ y(0) = 1 \end{cases} \quad (0 \leqslant x \leqslant 1)$$

取步长 $h=0.1$,将计算结果与精确解 $y=\mathrm{e}^{-x}$ 进行比较。

解 将区间[0,1]进行10等分,步长 $h=0.1$,节点 $x_n=nh(n=0,1,\cdots,10)$。

应用改进欧拉公式

$$\begin{cases} y_0 = 1 \\ y_{n+1}^{[0]} = y_n + hf(x_n, y_n) = y_n - 0.1y_n = 0.9y_n \\ y_{n+1} = y_n + \dfrac{h}{2}[f(x_n, y_n) + f(x_{n+1}, y_{n+1}^{[0]})] \\ \qquad = y_n + 0.05(-y_n - 0.9y_n) = 0.905y_n \end{cases}$$

由此,$y_1=0.905, y_2=0.905^2, \cdots, y_{10}=0.905^{10}$。数值解 y_n 与精确解 $y(x_n)$ 及误差列于表8.2。

表 8.2 改进欧拉法数值解与精确解及误差

x_n	y_n	$y(x_n)$	$\lvert y_n - y(x_n) \rvert$
0.0	1.000000	1.000000	0.0
0.1	0.905000	0.904837	0.000163
0.2	0.819025	0.818731	0.000294
0.3	0.741218	0.740818	0.000400
⋮	⋮	⋮	⋮
0.9	0.407228	0.406570	0.000658
1.0	0.368541	0.367879	0.000662

例 8.3 对初值问题

$$\begin{cases} y' = -y \\ y(0) = 1 \end{cases} \quad (0 \leqslant x \leqslant 1)$$

试证明:(1)用梯形公式求得的数值解为

$$y_n = \left(\frac{2-h}{2+h}\right)^n$$

(2)当步长 $h \to 0$ 时,y_n 收敛于精确解 $y = e^{-x}$。

证明 (1)应用梯形公式

$$y_{n+1} = y_n + \frac{h}{2}[f(x_n, y_n) + f(x_{n+1}, y_{n+1})] = y_n + \frac{h}{2}[-y_n - y_{n+1}]$$

整理上式,得

$$y_{n+1} = \frac{2-h}{2+h} y_n$$

由此公式递推可得,

$$y_n = \frac{2-h}{2+h} y_{n-1} \quad y_{n-1} = \frac{2-h}{2+h} y_{n-2} \quad \cdots \quad y_1 = \frac{2-h}{2+h} y_0$$

于是

$$y_n = \left(\frac{2-h}{2+h}\right)^n y_0 = \left(\frac{2-h}{2+h}\right)^n$$

(2)设区间[0,1]是等距划分的,对于任意给定的节点 $x = x_n = nh$,步长 $h = \frac{x}{n}$。显然当 $h \to 0$ 的同时,$n \to \infty$。由此

$$\lim_{h \to 0} y_n = \lim_{h \to 0} \left(\frac{2-h}{2+h}\right)^{\frac{x}{h}} = \lim_{h \to 0} \frac{\left(1 - \frac{h}{2}\right)^{\left(-\frac{2}{h}\right)\left(-\frac{x}{2}\right)}}{\left(1 + \frac{h}{2}\right)^{\left(\frac{2}{h}\right)\left(\frac{x}{2}\right)}} = \frac{e^{-\frac{x}{2}}}{e^{\frac{x}{2}}} = e^{-x}$$

故当步长 $h \to 0$ 时,y_n 收敛于精确解 $y = e^{-x}$。

8.3 龙格-库塔方法

本节中将向大家介绍求解初值问题(8.1)的一类高精度单步法:龙格-库塔(Runge-

Kutta)方法。

8.3.1 龙格-库塔方法的基本思想

我们首先从欧拉公式及改进欧拉公式着手进行分析。

欧拉公式可改写为

$$\begin{cases} y_{n+1} = y_n + K_1 \\ K_1 = hf(x_n, y_n) \end{cases}$$

用它计算 y_{n+1}需要计算一次 $f(x,y)$的值。若设 $y_n = y(x_n)$，则 y_{n+1}的表达式与 $y(x_{n+1})$在 x_n 处的泰勒展开式的前两项完全相同，即局部截断误差为 $O(h^2)$。

改进欧拉公式又可改写为

$$\begin{cases} y_{n+1} = y_n + \dfrac{h}{2}(K_1 + K_2) \\ K_1 = hf(x_n, y_n) \\ K_2 = hf(x_n + h, y_n + K_1) \end{cases}$$

用它计算 y_{n+1}需要计算两次 $f(x,y)$的值。若设 $y_n = y(x_n)$，则 y_{n+1}的表达式与 $y(x_{n+1})$在 x_n 处的泰勒展开式的前三项完全相同，即局部截断误差为 $O(h^3)$。

这两组公式在形式上有一个共同点：都是用 $f(x,y)$在某些点上值的线性组合得出 $y(x_{n+1})$的近似值 y_{n+1}，而且增加计算 $f(x,y)$的次数就可提高截断误差的阶。

因此可考虑用函数 $f(x,y)$在若干点上的函数值的线性组合来构造近似公式，构造时要求近似公式在(x_n, y_n)处的 Taylor 展开式与解 $y(x)$在 x_n 处的 Taylor 展开式的前面几项重合，从而获得较高精度的数值计算公式。这就是**龙格-库塔方法的基本思想**。

8.3.2 龙格-库塔方法的推导

按照上述思想，龙格-库塔方法的一般形式设定为

$$\begin{cases} y_{n+1} = y_n + \sum\limits_{i=1}^{r} \omega_i K_i \\ K_1 = hf(x_n, y_n) \\ K_i = hf(x_n + \alpha_i h, y_n + \sum\limits_{j=1}^{i-1} \beta_{ij} K_j) \quad (i = 2, 3, \cdots, r) \end{cases} \tag{8.7}$$

其中 $\omega_i, \alpha_i, \beta_{ij}$ 为待定常数。从上式可以看到用它计算 y_{n+1}需要计算 r 次 $f(x,y)$的值，因此式(8.7)称为 r 阶 R-K 方法。

下面我们来了解几种常用的 R-K 方法。

1. 二阶龙格-库塔方法

当 $r=2$ 时，龙格-库塔格式为

$$\begin{cases} y_{n+1} = y_n + \omega_1 K_1 + \omega_2 K_2 \\ K_1 = hf(x_n, y_n) \\ K_2 = hf(x_n + \alpha_2 h, y_n + \beta_{21} K_1) \end{cases}$$

适当选取参数 $\omega_1, \omega_2, \alpha_2, \beta_{21}$的值，使得在 $y_n = y(x_n)$的假设下，局部截断误差为 $y(x_{n+1})-$

$y_{n+1}=O(h^3)$。为此把 K_1,K_2 代入第一式 $y_{n+1}=y_n+\omega_1K_1+\omega_2K_2$ 中，得到

$$y_{n+1} = y_n + \omega_1 hf(x_n, y_n) + \omega_2 hf(x_n + \alpha_2 h, y_n + \beta_{21} hf(x_n, y_n))$$

然后在 (x_n,y_n) 处作泰勒展开，可得

$$\begin{aligned} y_{n+1} &= y_n + \omega_1 hf_n + \omega_2 h\left[f_n + h(\alpha_2 \frac{\partial f_n}{\partial x} + \beta_{21} \frac{\partial f_n}{\partial y} \cdot f_n) + O(h^2)\right] \\ &= y_n + \omega_1 hf_n + \omega_2 \left[hf_n + h^2(\alpha_2 \frac{\partial f_n}{\partial x} + \beta_{21} \frac{\partial f_n}{\partial y} \cdot f_n)\right] + O(h^3) \\ &= y_n + (\omega_1 f_n + \omega_2 f_n)h + \omega_2(\alpha_2 \frac{\partial f_n}{\partial x} + \beta_{21} \frac{\partial f_n}{\partial y} \cdot f_n)h^2 + O(h^3) \end{aligned} \tag{8.8}$$

这里记 $f_n=f(x_n,y_n)$。

而常微分方程 $y'=f(x,y)$ 的精确解 $y=y(x)$ 在点 x_n 处的泰勒展开式为

$$\begin{aligned} y(x_{n+1}) &= y(x_n+h) = y(x_n) + y'(x_n)h + \frac{1}{2!}y''(x_n)h^2 + O(h^3) \\ &= y_n + f_n h + \frac{1}{2}(\frac{\partial f_n}{\partial x} + \frac{\partial f_n}{\partial y} \cdot f_n)h^2 + O(h^3) \end{aligned} \tag{8.9}$$

把式(8.8)与式(8.9)进行比较，为使 $y(x_{n+1})-y_{n+1}=O(h^3)$，令 h,h^2 项系数相等，则有下列方程组

$$\begin{cases} \omega_1 + \omega_2 = 1 \\ \omega_2\alpha_2 = \dfrac{1}{2} \\ \omega_2\beta_{21} = \dfrac{1}{2} \end{cases}$$

此方程有无穷多个解，从而有无穷多个二阶龙格-库塔方法。按此方程组解出的每一组解，对应的龙格-库塔方法都是二阶的。

常用的二阶龙格-库塔方法有

①当 $\omega_1=\omega_2=\dfrac{1}{2},\alpha_2=\beta_{21}=1$ 时，有

$$\begin{cases} y_{n+1} = y_n + \dfrac{1}{2}(K_1 + K_2) \\ K_1 = hf(x_n, y_n) \\ K_2 = hf(x_n + h, y_n + K_1) \end{cases}$$

这正好是改进的欧拉公式。

②当 $\omega_1=0,\omega_2=1,\alpha_2=\beta_{21}=\dfrac{1}{2}$ 时，有

$$\begin{cases} y_{n+1} = y_n + K_2 \\ K_1 = hf(x_n, y_n) \\ K_2 = hf(x_n + \dfrac{1}{2}h, y_n + \dfrac{1}{2}K_1) \end{cases}$$

这种方法称为中间点法。

③当 $\omega_1=\dfrac{1}{4},\omega_2=\dfrac{3}{4},\alpha_2=\beta_{21}=\dfrac{2}{3}$ 时，有

$$\begin{cases} y_{n+1} = y_n + \frac{1}{4}(K_1 + 3K_2) \\ K_1 = hf(x_n, y_n) \\ K_2 = hf(x_n + \frac{2}{3}h, y_n + \frac{2}{3}K_1) \end{cases}$$

这种方法称为**休恩(Heun)方法**。需要指出的是,将休恩方法的参数代入式(8.8),可以说明休恩方法是局部截断误差项最少的方法,同时也说明二阶龙格—库塔方法不可能达到三阶。

2. 三阶龙格-库塔方法

此时 $r=3$,一般格式为

$$\begin{cases} y_{n+1} = y_n + \omega_1 K_1 + \omega_2 K_2 + \omega_3 K_3 \\ K_1 = hf(x_n, y_n) \\ K_2 = hf(x_n + \alpha_2 h, y_n + \beta_{21} K_1) \\ K_3 = hf(x_n + \alpha_3 h, y_n + \beta_{31} K_1 + \beta_{32} K_2) \end{cases}$$

把 K_1, K_2, K_3 代入 y_{n+1} 的表达式中,再在 (x_n, y_n) 处作泰勒展开,然后与 $y(x_{n+1})$ 在点 x_n 处的泰勒展开式作比较,并且要使 $y(x_{n+1}) - y_{n+1} = O(h^4)$,可得下列方程组

$$\begin{cases} \omega_1 + \omega_2 + \omega_3 = 1 \\ \alpha_2 = \beta_{21} \\ \alpha_3 = \beta_{31} + \beta_{32} \\ \omega_2 \alpha_2 + \omega_3 \alpha_3 = \frac{1}{2} \\ \omega_2 \alpha_2^2 + \omega_3 \alpha_3^2 = \frac{1}{3} \\ \omega_2 \beta_{32} \alpha_2 = \frac{1}{6} \end{cases}$$

此方程有无穷多个解,因此有无穷多个三阶龙格-库塔方法。

常用的三阶龙格-库塔方法有三阶休恩方法

$$\begin{cases} y_{n+1} = y_n + \frac{1}{4}(K_1 + 3K_3) \\ K_1 = hf(x_n, y_n) \\ K_2 = hf(x_n + \frac{1}{3}h, y_n + \frac{1}{3}K_1) \\ K_3 = hf(x_n + \frac{2}{3}h, y_n + \frac{2}{3}K_2) \end{cases}$$

和三阶库塔方法

$$\begin{cases} y_{n+1} = y_n + \frac{1}{6}(K_1 + 4K_2 + K_3) \\ K_1 = hf(x_n, y_n) \\ K_2 = hf(x_n + \frac{1}{2}h, y_n + \frac{1}{2}K_1) \\ K_3 = hf(x_n + h, y_n - K_1 + 2K_2) \end{cases}$$

3. 四阶龙格-库塔方法

在实际应用中，最常用的龙格-库塔方法是四阶龙格-库塔方法。类似于二、三阶龙格-库塔方法的推导，可得一个含有13个未知量，11个方程组成的方程组。由于推导复杂，这里从略，仅介绍最常用的经典四阶龙格-库塔方法

$$\begin{cases} y_{n+1} = y_n + \frac{1}{6}(K_1 + 2K_2 + 2K_3 + K_4) \\ K_1 = hf(x_n, y_n) \\ K_2 = hf(x_n + \frac{1}{2}h, y_n + \frac{1}{2}K_1) \\ K_3 = hf(x_n + \frac{1}{2}h, y_n + \frac{1}{2}K_2) \\ K_4 = hf(x_n + h, y_n + K_3) \end{cases}$$

和基尔(Gill)方法

$$\begin{cases} y_{n+1} = y_n + \frac{1}{6}[K_1 + (2-\sqrt{2})K_2 + (2+\sqrt{2})K_3 + K_4] \\ K_1 = hf(x_n, y_n) \\ K_2 = hf(x_n + \frac{1}{2}h, y_n + \frac{1}{2}K_1) \\ K_3 = hf(x_n + \frac{1}{2}h, y_n + \frac{\sqrt{2}-1}{2}K_1 + \frac{2-\sqrt{2}}{2}K_2) \\ K_4 = hf(x_n + h, y_n - \frac{\sqrt{2}}{2}K_2 + (1+\frac{\sqrt{2}}{2})K_3) \end{cases}$$

例 8.4 取步长 $h=0.2$，用经典四阶 R-K 公式求解初值问题

$$\begin{cases} y' = 2xy \\ y(0) = 1 \end{cases} \quad (0 \leqslant x \leqslant 1)$$

（分析：按照龙格-库塔法的解题步骤应先算出各 $K_i(i=1,2,3,4)$，再代入 $y_{n+1}=y_n+\frac{1}{6}(K_1+2K_2+2K_3+K_4)$ 计算）

解 已知 $f(x,y)=2xy, x_0=0, y_0=1, h=0.2$，由四阶龙格-库塔公式可得

$K_1 = hf(x_0, y_0) = 0.2f(0,1) = 0.2 \times 2 \times 0 \times 1 = 0$

$K_2 = hf(x_0 + \frac{1}{2}h, y_0 + \frac{1}{2}K_1) = 0.2f(0.1,1) = 0.2 \times 2 \times 0.1 \times 1 = 0.04$

$K_3 = hf(x_0 + \frac{1}{2}h, y_0 + \frac{1}{2}K_2) = 0.2f(0.1,1.02) = 0.2 \times 2 \times 0.1 \times 1.02 = 0.0408$

$K_4 = hf(x_0 + h, y_0 + K_3) = 0.2f(0.2,1.0408) = 0.2 \times 2 \times 0.2 \times 1.0408 = 0.083264$

代入 $y_{n+1}=y_n+\frac{1}{6}(K_1+2K_2+2K_3+K_4)$（其中 $n=0,1,2,\cdots,5$）求解。本例方程的解为 $y=e^{x^2}$，数值解 y_n 与精确解 $y(x_n)$ 的对照如表 8.3 所示。

表 8.3　四阶龙格-库塔方法数值解与精确解对照

x_n	0	0.2	0.4	0.6	0.8	1.0
$y(x_n)$	1	1.040811	1.173511	1.433321	1.896441	2.718107
$y(x_n)$	1	1.040811	1.173511	1.433329	1.896481	2.718282

龙格-库塔方法的推导基于 Taylor 展开方法，因而它要求所求的解具有较好的光滑性。如果解的光滑性差，那么，使用四阶龙格-库塔方法求得的数值解，其精度可能反而不如改进的欧拉方法。在实际计算时，应当针对问题的具体特点选择合适的算法。

有兴趣的读者可以阅读本书参考文献的相关内容。

8.4　线性多步法

8.4.1　线性多步法的基本思想

单步法在计算 y_{n+1}时，只用到前一步的信息 y_n，而没有用到前面几步计算得到的信息。此时要提高精度，需重新计算多个点处的函数值，如 R-K 方法，计算量较大。若能充分利用第 $n+1$ 步前面的多步信息来计算 y_{n+1}，便可获得更高精度的算法，这就是多步法的基本思想。

多步法中最常用的是线性多步法。如果记 $y(x_n)$的近似值为 y_n，$x_n=x_0+nh$，并记 $f_n=f(x_n,y_n)$，则 k 步线性多步法的一般形式为

$$\sum_{j=0}^{k}\alpha_j y_{n+j}=h\sum_{j=0}^{k}\beta_j f_{n+j} \tag{8.10}$$

其中 $\alpha_j,\beta_j(j=0,1,\cdots,k)$都是实常数，且 $\alpha_k\neq 0$，$|\alpha_0|+|\beta_0|\neq 0$。一般可设 $\alpha_k=1$，此时式(8.10)可写为

$$y_{n+k}=-\sum_{j=0}^{k-1}\alpha_j y_{n+j}+h\sum_{j=0}^{k}\beta_j f_{n+j} \tag{8.11}$$

如果 $\beta_k\neq 0$，式(8.11)就是隐式方程；如果 $\beta_k=0$，式(8.11)就是显式方程。如果 $k=1$，式(8.11)就是一种单步法。比如：

$k=1,\alpha_0=-1,\beta_0=1,\beta_1=0$ 时，式(8.11)就是欧拉方法；

$k=1,\alpha_0=-1,\beta_0=\dfrac{1}{2},\beta_1=\dfrac{1}{2}$时，式(8.11)就是梯形方法。

下面介绍线性多步法的阶和局部截断误差的定义。

对于一般的线性多步法式(8.11)，定义算子$\wp$为

$$\wp[y(x);h]=\sum_{j=0}^{k}[\alpha_j y(x+jh)-h\beta_j y'(x+jh)] \tag{8.12}$$

其中 $y(x)$为区间$[a,b]$上任意一个连续可微函数。若 $y(x)$充分可微，将 $y(x+jh)$及 $y'(x+jh)$按泰勒展开式有

$$y(x+jh)=y(x)+\frac{1}{1!}(jh)y'(x)+\frac{1}{2!}(jh)^2y''(x)+\cdots$$

$$y'(x+jh)=y'(x)+\frac{1}{1!}(jh)y''(x)+\frac{1}{2!}(jh)^2y'''(x)+\cdots$$

把它们代入式(8.12)可得

$$\wp[y(x);h]=c_0y(x)+c_1hy'(x)+\cdots+c_ph^py^{(p)}(x)+\cdots \tag{8.13}$$

其中

$$\begin{cases}c_0=\alpha_0+\alpha_1+\cdots+\alpha_k\\ c_1=\alpha_1+2\alpha_2+\cdots k\alpha_k-(\beta_0+\beta_1+\cdots+\beta_k)\\ c_2=\dfrac{1}{2!}(\alpha_1+2^2\alpha_2+\cdots+k^2\alpha_k)-\dfrac{1}{1!}(\beta_1+2\beta_2+\cdots+k\beta_k)\\ \quad\vdots\\ c_q=\dfrac{1}{q!}(\alpha_1+2^q\alpha_2+\cdots+k^q\alpha_k)-\dfrac{1}{(q-1)!}(\beta_1+2^{q-1}\beta_2+\cdots+k^{q-1}\beta_k),(q=2,3,\cdots)\end{cases} \tag{8.14}$$

给出如下定义:

定义 8.2 若式(8.13)中

$$c_0=c_1=\cdots=c_p=0 \quad c_{p+1}\neq 0$$

则称算子$\wp[y(x);h]$对应的线性多步法(8.11)是 p **阶方法**。

定义 8.3 设 $y(x)$是初值问题(8.1)的解,式(8.11)是一种线性多步法,则

$$R_{n+k}=\wp[y(x_n);h]=\sum_{j=0}^{k}[\alpha_jy(x_{n+j})-h\beta_jy'(x_{n+j})]$$

称为式(8.11)在 x_{n+k}处的**局部截断误差**。R_{n+k}按 h 展开的首项称为主局部截断误差。

若式(8.11)是一种 p 阶线性多步法,则由式(8.13)可知

$$R_{n+k}=c_{p+1}h^{p+1}y^{(p+1)}(x_n)+O(h^{p+2})$$

因此,主局部截断误差就是 $c_{p+1}h^{p+1}y^{(p+1)}(x_n)$,而 c_{p+1}称为主局部截断误差系数。

8.4.2 线性多步法的构造

构造线性多步法有多种方法,常用的是数值积分法和泰勒展开法(待定系数法)。

1. 数值积分法

初值问题(8.1)可以写成与之等价的积分方程形式

$$\begin{cases}y(x_{n+k})=y(x_{n-j})+\displaystyle\int_{x_{n-j}}^{x_{n+k}}f(t,y(t))\mathrm{d}t\\ y(x_0)=y_0\end{cases} \tag{8.15}$$

设$\{x_i\}$为等距节点,$x_{i+1}=x_i+h$。拉格朗日插值基函数 $l_i(t)$为

$$l_i(t)=\prod_p\frac{t-x_{n-j}}{x_{n-i}-x_{n-j}} \quad (i=0,1,2,\cdots,p)$$

用拉格朗日插值多项式

$$L_p(t)=\sum_{i=0}^{p}l_i(t)f(x_{n-i},y(x_{n-i}))$$

来近似代替式(8.15)中的被积函数,得到近似计算公式

$$y(x_{n+k})\approx y(x_{n-j})+\sum_{i=0}^{p}f(x_{n-i},y(x_{n-i}))\int_{x_{n-j}}^{x_{n+k}}l_i(t)\mathrm{d}t$$

$$= y(x_{n-j}) + h\sum_{i=0}^{p}\beta_{pi} f(x_{n-i}, y(x_{n-i}))$$

用 y_{n-i} 代替 $y(x_{n-i})$，用 f_{n-i} 表示 $f(x_{n-i}, y_{n-i})$，则可得线性多步法显式公式

$$y_{n+k} = y_{n-j} + h\sum_{i=0}^{p}\beta_{pi} f_{n-i}$$

其中 $\beta_{pi} = \dfrac{1}{h}\displaystyle\int_{x_{n-j}}^{x_{n+k}} l_i(t)\mathrm{d}t(i = 0,1,2,\cdots,p)$。

若令 $t = x_n + sh$，则 $\beta_{pi} = \displaystyle\int_{-j}^{k}\prod_{\substack{l=0\\ l\neq i}}^{p}\frac{s+l}{-i+l}\mathrm{d}s(i = 0,1,2,\cdots,p)$。当 k, j, p 取不同值时，可得到不同类型的具体公式。

如：当 $k=1, j=0, p=0,1,2,\cdots$ 时，可得到**阿达姆斯(Adams)显式方法**：

$$\begin{cases} y_{n+1} = y_n + h[\beta_{p0} f_n + \beta_{p1} f_{n-1} + \cdots + \beta_{pp} f_{n-p}] \\ \beta_{pi} = \displaystyle\int_0^1 \prod_{\substack{l=0\\ l\neq i}}^{p}\frac{s+l}{-i+l}\mathrm{d}s \quad (i = 0,1,2,\cdots,p) \end{cases}$$

表 8.4 给出显式阿达姆斯公式的系数。

表 8.4　显式阿达姆斯公式的系数

β_{pi}	i				
	0	1	2	3	4
β_{0i}	1	—	—	—	—
β_{1i}	$\frac{3}{2}$	$-\frac{1}{2}$	—	—	—
β_{2i}	$\frac{23}{12}$	$-\frac{16}{12}$	$\frac{5}{12}$	—	—
β_{3i}	$\frac{55}{24}$	$-\frac{59}{24}$	$\frac{37}{24}$	$-\frac{9}{24}$	—
β_{4i}	$\frac{1901}{720}$	$-\frac{2774}{720}$	$\frac{2616}{720}$	$-\frac{1274}{720}$	$\frac{251}{720}$

在阿达姆斯显式方法中，最常用的是 $p=3$ 的情形：

$$y_{n+1} = y_n + \frac{h}{24}[55f_n - 59f_{n-1} + 37f_{n-2} - 9f_{n-3}]$$

又如当 $k=0, j=1, p=0,1,2,\cdots$ 得到阿达姆斯隐式公式(用 $n+1$ 代替 n)：

$$\begin{cases} y_{n+1} = y_n + h[\beta_{p0}^* f_{n+1} + \beta_{p1}^* f_n + \cdots + \beta_{pp}^* f_{n-p+1}] \\ \beta_{pi}^* = \displaystyle\int_{-1}^{0} \prod_{\substack{l=0\\ l\neq i}}^{p}\frac{s+l}{-i+l}\mathrm{d}s \quad (i = 0,1,2,\cdots,p) \end{cases}$$

表 8.5 给出隐式阿达姆斯公式的系数。

表 8.5 隐式阿达姆斯公式的系数

β_{pi}^*	i				
	0	1	2	3	4
β_{0i}^*	1	—	—	—	—
β_{1i}^*	$\frac{1}{2}$	$\frac{1}{2}$	—	—	—
β_{2i}^*	$\frac{5}{12}$	$\frac{8}{12}$	$-\frac{1}{12}$	—	—
β_{3i}^*	$\frac{9}{24}$	$\frac{19}{24}$	$-\frac{5}{24}$	$\frac{1}{24}$	—
β_{4i}^*	$\frac{251}{720}$	$\frac{646}{720}$	$-\frac{264}{720}$	$\frac{106}{720}$	$-\frac{19}{720}$

在阿达姆斯隐式方法中，最常用的情形是 $p=3$ 的情形：

$$y_{n+1}=y_n+\frac{h}{24}[9f_{n+1}+19f_n-5f_{n-1}+f_{n-2}]$$

当 $p=3$ 时，阿达姆斯显式、隐式方法都是四阶方法。

2. 泰勒展开法(待定系数法)

用泰勒展开法构造线性多步法就是在线性多步法的一般公式

$$\sum_{j=0}^{k}\alpha_j y_{n+j}=h\sum_{j=0}^{k}\beta_j f_{n+j}$$

中，假设 $y_{n+j}=y(x_{n+j})(j=0,1,2,\cdots,k)$，将 $y(x_{n+j})$ 和 $y'(x_{n+j})$ 在 x_n 处用泰勒公式展开，与推导式(8.13)的方法完全类似，导出局部截断误差按 h 的升幂排列表达式(8.13)，然后再确定相应的待定系数 α_j,β_j。

我们举几种特殊情形给予说明。

考虑线性两步法，此时 $k=2,\alpha_2=1$，则有

$$y_{n+2}+\alpha_1 y_{n+1}+\alpha_0 y_n=h(\beta_2 f_{n+2}+\beta_1 f_{n+1}+\beta_0 f_n)$$

由式(8.14)可得系数 $\alpha_0,\alpha_1,\beta_0,\beta_1,\beta_2$ 满足

$$\begin{cases}c_0=\alpha_0+\alpha_1+1=0\\c_1=\alpha_1+2-(\beta_0+\beta_1+\beta_2)=0\\c_2=\dfrac{1}{2!}(\alpha_1+4)-(\beta_1+2\beta_2)=0\\c_3=\dfrac{1}{3!}(\alpha_1+8)-\dfrac{1}{2!}(\beta_1+4\beta_2)=0\end{cases}$$

解此方程足可得 $\alpha_1=-1-\alpha_0,\beta_0=-\frac{1}{12}(1+5\alpha_0),\beta_1=\frac{2}{3}(1-\alpha_0),\beta_2=\frac{1}{12}(5+\alpha_0)$。

从而一般线性两步方法可写为

$$y_{n+2}-(1+\alpha_0)y_{n+1}+\alpha_0 y_n=\frac{h}{12}[(5+\alpha_0)f_{n+2}+8(1-\alpha_0)f_{n+1}-(1+5\alpha_0)f_n]\tag{8.16}$$

对任意 α_0，有

$$c_4 = \frac{1}{4!}(\alpha_1 + 16) - \frac{1}{3!}(\beta_1 + 8\beta_2) = -\frac{1}{24}(1 + \alpha_0)$$

$$c_5 = \frac{1}{5!}(\alpha_1 + 32) - \frac{1}{4!}(\beta_1 + 16\beta_2) = -\frac{1}{360}(17 + 13\alpha_0)$$

如当 $\alpha_0 \neq -1$ 时，$c_4 \neq 0$，式(8.16)是两步二阶方法。

如当 $\alpha_0 = -1$ 时，$c_4 = 0$，$c_5 \neq 0$，式(8.16)就是两步四阶方法(辛普森公式)

$$y_{n+2} = y_n + \frac{h}{3}(f_{n+2} + 4f_{n+1} + f_n)$$

其截断误差为 $R_{n+2} = -\frac{1}{90}h^5 y^{(5)}(x_n) + O(h^6)$。

又如当 $\alpha_0 = -5$ 时，方法是显式的，否则就称为隐式的，此时式(8.16)称为两步四阶米尔恩(Milne)方法。

考虑线性三步法，此时 $k=3$，$\alpha_3 = 1$，则有

$$y_{n+3} + \alpha_2 y_{n+2} + \alpha_1 y_{n+1} + \alpha_0 y_n = h(\beta_3 f_{n+3} + \beta_2 f_{n+2} + \beta_1 f_{n+1} + \beta_0 f_n)$$

由式(8.14)可得系数 $\alpha_0, \alpha_1, \alpha_2, \beta_0, \beta_1, \beta_2, \beta_3$ 满足的方程为

$$\begin{cases} c_0 = \alpha_0 + \alpha_1 + \alpha_2 + 1 = 0 \\ c_1 = \alpha_1 + 2\alpha_2 + 3 - (\beta_0 + \beta_1 + \beta_2) = 0 \\ c_2 = \frac{1}{2}(\alpha_1 + 4\alpha_2 + 9) - (\beta_0 + \beta_1 + \beta_2) = 0 \\ c_3 = \frac{1}{3!}(\alpha_1 + 8\alpha_2 + 27) - \frac{1}{2}(\beta_1 + 4\beta_2) = 0 \end{cases}$$

此方程组中含有六个未知量四个方程，因此有无穷多组解，也即有无穷多个三步方法。

如令 $\alpha_0 = \alpha_1 = 0$，可得到

$$\alpha_2 = -1 \quad \beta_0 = \frac{5}{12} \quad \beta_1 = -\frac{16}{12} \quad \beta_2 = \frac{23}{12}$$

此时可得到阿达姆斯三阶显式方法

$$y_{n+3} = y_{n+2} + \frac{h}{12}[23f_{n+2} - 16f_{n+1} + 5f_n]$$

其局部截断误差为 $R_{n+3} = \frac{3}{8}h^4 y^{(4)}(x_n) + O(h^5)$。

又如令 $\alpha_0 = \alpha_1 = 0$，$\alpha_2 = -1$，且考虑隐式方法，可得到阿达姆斯四阶隐式方法

$$y_{n+3} = y_{n+2} + \frac{h}{24}[9f_{n+3} + 19f_{n+2} - 5f_{n+1} + f_n]$$

其截断误差为 $R_{n+3} = -\frac{19}{720}h^5 y^{(5)}(x_n) + O(h^6)$。

类似地，还可得到其他线性多步方法，如**米尔恩方法**

$$y_{n+4} = y_n + \frac{4}{3}h[2f_{n+3} - f_{n+2} + 2f_{n+1}]$$

哈明(Hamming)方法

$$y_{n+3} = \frac{1}{8}(9y_{n+2} - y_n) + \frac{3}{8}h[f_{n+3} + 2f_{n+2} - f_{n+1}]$$

在应用线性多步法求解初值问题时,开始几点处的函数值往往用别的方法计算。一般地选用与多步法同阶的单步法,如龙格-库塔方法、泰勒方法等。对线性隐式多步法,除开始几点的函数值需单独计算外,还需迭代求解或采用预估-校正方法求解。

例 8.5 应用四步四阶阿达姆斯显格式求解初值问题

$$\begin{cases} y' = x - y + 1 \quad (0 \leqslant x \leqslant 0.6) \\ y(0) = 1 \end{cases}$$

取步长 $h=0.1$。

解 (分析:应用四步显式法必须有四个起步值,y_0 已知,而 y_1, y_2, y_3 可用精度相同的四阶龙格-库塔方法求出。)

步长 $h=0.1$,节点 $x_n=nh=0.1n(n=0,1,\cdots,6)$,由四阶龙格-库塔法算出

$$y_1 = 1.0048375 \quad y_2 = 1.0187309 \quad y_3 = 1.0408184$$

四步四阶阿达姆斯显式格式为

$$y_{n+1} = y_n + \frac{h}{24}(55f_n - 59f_{n-1} + 37f_{n-2} - 9f_{n-3})$$

已知 $f_n=f(x_n,y_n)=x_n-y_n+1, h=0.1, x_n=0.1n$,则

$$\begin{aligned} y_{n+1} &= y_n + \frac{0.1}{24}[55(x_n - y_n + 1) - 59(x_{n-1} - y_{n-1} + 1) + 37(x_{n-2} - y_{n-2} + 1) - \\ &\quad 9(x_{n-3} - y_{n-3} + 1)] \\ &= \frac{1}{24}(18.5y_n + 5.9y_{n-1} - 3.7y_{n-2} + 0.9y_{n-3} + 0.24n + 2.52) \end{aligned}$$

由此算出

$$y_4 = 1.0703231 \quad y_5 = 1.1065356 \quad y_6 = 1.1488186$$

例 8.6 以四步四阶阿达姆斯显式格式与隐式格式作为预估-校正公式解初值问题

$$\begin{cases} y' = y - \dfrac{2x}{y} \quad (0 \leqslant x \leqslant 1) \\ y(0) = 1 \end{cases}$$

取步长 $h=0.1$,并将结果与精确解进行比较。

解 (分析:由于预估公式与校正公式都是四阶的,所以起步值也应按四阶公式求出。)

已知 $y_0=1$,按四阶龙格-库塔公式算出

$$y_1 = 1.095446 \quad y_2 = 1.183217 \quad y_3 = 1.264912$$

四阶阿达姆斯显式格式作为预估公式(取步长 $h=0.1$),即

$$p_{n+1} = y_n + \frac{0.1}{24}\left[55\left(y_n - \frac{2x_n}{y_n}\right) - 59\left(y_{n-1} - \frac{2x_{n-1}}{y_{n-1}}\right) + 37\left(y_{n-2} - \frac{2x_{n-2}}{y_{n-2}}\right) - 9\left(y_{n-3} - \frac{2x_{n-3}}{y_{n-3}}\right)\right]$$

四阶阿达姆斯隐式格式作为校正公式,即

$$y_{n+1} = y_n + \frac{0.1}{24}\left[9\left(p_{n+1} - \frac{2x_{n+1}}{p_{n+1}}\right) + 19\left(y_n - \frac{2x_n}{y_n}\right) - 5\left(y_{n-1} - \frac{2x_{n-1}}{y_{n-1}}\right) + \left(y_{n-2} - \frac{2x_{n-2}}{y_{n-2}}\right)\right]$$

该问题的精确解为 $y=\sqrt{1+x}$。

数值计算结果和精确解结果及误差如表 8.6 所示。

表 8.6　数值结果和精确解及误差

x_n	近似解 y_n	精确解 $y(x_n)$	误差 $y_n-y(x_n)$
0.0	1.000000	1.000000	0.000000
0.1	1.095446	1.095445	0.000001
0.2	1.183217	1.183216	0.000001
0.3	1.264912	1.264911	0.000001
0.4	1.341641	1.341641	0.000000
0.5	1.414214	1.414214	0.000000
0.6	1.483240	1.483240	0.000000
0.7	1.549193	1.549193	0.000000
0.8	1.612451	1.612452	−0.000001
0.9	1.673320	1.673320	0.000000
1.0	1.732050	1.732051	−0.000001

8.5　算法的稳定性及收敛性

8.5.1　算法的稳定性

稳定性在常微分方程的数值解法中是一个非常重要的问题。因为在常微分方程初值问题的数值方法求解过程中，存在着各种计算误差，这些计算误差如舍入误差等引起的扰动，在传播过程中，可能会大量积累，对计算结果的准确性将产生影响，这就涉及到算法稳定性问题。本节中仅介绍绝对稳定性的概念。

定义 8.4　当在某节点 x_n 上的值 y_n 有大小为 δ 的扰动时，如果在其后的各节点 $x_j(j>n)$ 上的值 y_j 产生的偏差都不大于 δ，则称这种方法是**绝对稳定**的。

稳定性不仅与算法有关，而且与方程中函数 $f(x,y)$ 也有关，讨论起来比较复杂。为简单起见，通常只针对模型方程

$$y'=\lambda y\quad(\lambda<0)\tag{8.17}$$

来讨论。一般方程若局部线性化，也可化为上述形式。模型方程相对比较简单，若一个数值方法对模型方程是稳定的，并不能保证该方法对任何方程都稳定，但若某方法对模型方程如此简单的问题都不稳定的话，也就很难用于其他方程的求解。

下面以欧拉方法为例讨论绝对稳定性。

先考查向前欧拉方法的稳定性。模型方程

$$y'=\lambda y\quad(\lambda<0)$$

的欧拉公式为

$$y_{n+1}=y_n+\lambda h y_n=(1+\lambda h)y_n$$

设 y_n 有误差 δ_n，则实际参与运算的 $\tilde{y}_n=y_n+\delta_n$，由此引起 y_{n+1} 的误差为 δ_{n+1}，实际得到 $\tilde{y}_{n+1}=y_{n+1}+\delta_{n+1}$，即有

$$y_{n+1}+\delta_{n+1}=(1+\lambda h)(y_n+\delta_n)$$

从而有

$$\delta_{n+1}=(1+\lambda h)\delta_n$$

要使$|\delta_{n+1}|<|\delta_n|$,必须有$|1+\lambda h|<1$。因此向前欧拉方法的**绝对稳定域**为$|1+\lambda h|<1$。在复平面上,$|1+\lambda h|<1$是以1为半径,以$-1$为圆心的圆内部,所以向前欧拉方法的绝对稳定域是圆域,如图8.2所示。

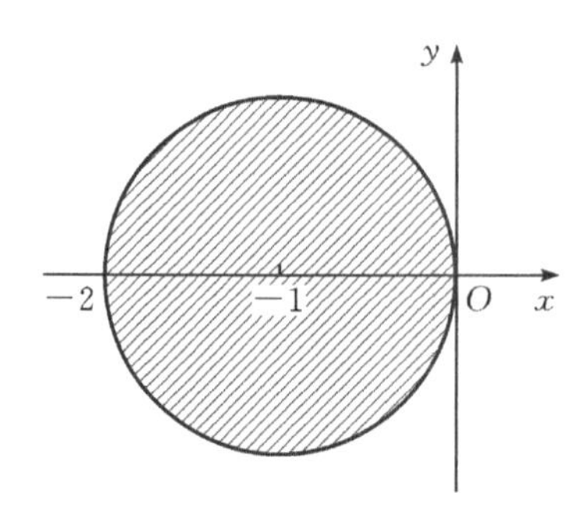

图8.2　向前欧拉方法的绝对稳定域

用向后欧拉方法解模型方程(8.17)的计算公式为

$$y_{n+1}=y_n+\lambda h y_{n+1}$$

解出$y_{n+1}=\frac{1}{1-\lambda h}y_n$,则对于向后欧拉方法,$\delta_n$应满足$\delta_{n+1}=\frac{1}{1-\lambda h}\delta_n$。由于$\lambda<0$,则有$\left|\frac{1}{1-\lambda h}\right|<1$,故恒有$|\delta_{n+1}|<|\delta_n|$,因此向后欧拉方法是绝对稳定的,它的**绝对稳定域**为$|1-\lambda h|>1$。在复平面上,它是以1为中心,以1为半径的圆外部,如图8.3所示。

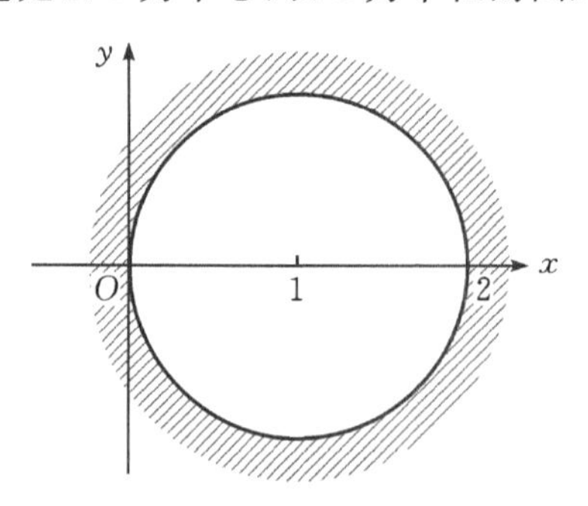

图8.3　向后欧拉方法的绝对稳定域

由图8.2和图8.3可知,向后欧拉方法的绝对稳定域比向前欧拉方法的绝对稳定域大得多,但可以证明这两种方法的收敛阶数是相同的,只是向前欧拉方法是显式方法,向后欧拉方法是隐式方法,这也说明,隐式方法的稳定性一般比同阶的显式方法的稳定性要好得多。

用二阶龙格-库塔方法求解模型方程(8.17)的计算公式为

$$y_{n+1}=y_n+h[\omega_1\lambda y_n+\omega_2\lambda(y_n+\beta_{21}h\lambda y_n)]=[1+(\omega_1+\omega_2)\lambda h+\omega_2\beta_{21}(\lambda h)^2]y_n$$

利用二阶龙格-库塔方法的参数可知

$$y_{n+1}=\left[1+\lambda h+\frac{1}{2}(\lambda h)^2\right]y_n$$

类似于向前欧拉方法的分析,可得二阶龙格-库塔方法的绝对稳定域为

$$\left|1+\lambda h+\frac{1}{2}(\lambda h)^2\right|<1$$

也就是$|1+\lambda h|<1$,它与向前欧拉方法的绝对稳定域相同。

同理可得三阶龙格-库塔方法的绝对稳定域是

$$\left|1+\lambda h+\frac{1}{2!}(\lambda h)^2+\frac{1}{3!}(\lambda h)^3\right|<1$$

绝对稳定区间是(−2.51,0)。四阶龙格-库塔方法的绝对稳定域是

$$\left|1+\lambda h+\frac{1}{2!}(\lambda h)^2+\frac{1}{3!}(\lambda h)^3+\frac{1}{4!}(\lambda h)^4\right|<1$$

绝对稳定区间是(−2.78,0)。

二阶、三阶及四阶龙格-库塔方法的绝对稳定域如图 8.4 所示。

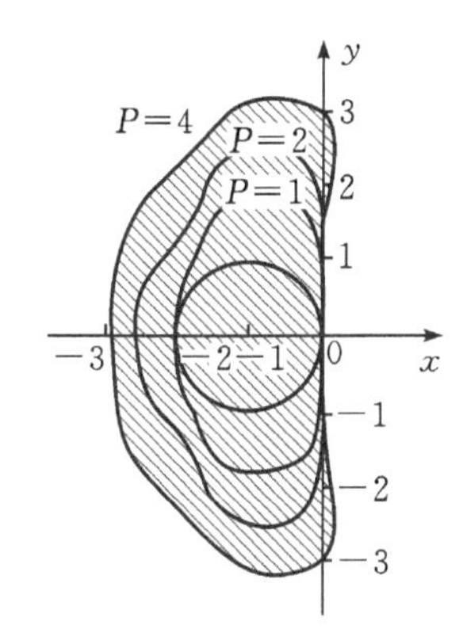

图 8.4　二阶、三阶及四阶龙格-库塔方法的绝对稳定域

8.5.2　算法的收敛性

常微分方程初值问题数值解法的基本思想是将常微分方程转化为差分方程来求解,并用计算值 y_n 近似代替 $y(x_n)$。这种近似代替是否合理,还须看分割区间$[x_{i-1},x_i]$的长度 h 越来越小时,即 $h=x_i-x_{i-1}\to 0$ 时,$y_n\to y(x_n)$是否成立。若成立,则称该方法是**收敛**的;否则称为**不收敛**。

这里仍以欧拉方法为例,来分析收敛性。

欧拉格式如下

$$y_{n+1}=y_n+hf(x_n,y_n)$$

设 $\bar{y}_{n+1}$表示取 $y_n=y(x_n)$时,按欧拉公式的计算结果,即

$$\bar{y}_{n+1}=y(x_n)+hf(x_n,y(x_n))$$

欧拉方法局部截断误差为 $y(x_{n+1})-\bar{y}_{n+1}=\frac{h^2}{2}y''(\xi)$,$\xi\in(x_n,x_{n+1})$。

设有常数 $c=\frac{1}{2}\max\limits_{a\leqslant x\leqslant b}|y''(x)|$,则

$$|y(x_{n+1})-\bar{y}_{n+1}|\leqslant ch^2 \tag{8.18}$$

总体截断误差为

$$|\varepsilon_{n+1}|=|y(x_{n+1})-y_{n+1}|\leqslant|y(x_{n+1})-\bar{y}_{n+1}|+|y_{n+1}-\bar{y}_{n+1}|$$

又

$$\begin{aligned}|y_{n+1}-\bar{y}_{n+1}|&=|y_n+hf(x_n,y_n)-y(x_n)-hf(x_n,y(x_n))|\\&\leqslant|y(x_n)-y_n|+h|f(x_n,y(x_n))-f(x_n,y_n)|\end{aligned} \tag{8.19}$$

由于 $f(x,y)$关于 y 满足李普希兹条件,即有

$$|f(x_n,y(x_n))-f(x_n,y_n)|\leqslant L|y(x_n)-y_n| \tag{8.20}$$

将式(8.20)代入式(8.19),有

$$|y_{n+1}-\bar{y}_{n+1}|\leqslant(1+hL)|y(x_n)-y_n|=(1+hL)|\varepsilon_n|$$

再利用式(8.18)、式(8.20)可得到

$$|\varepsilon_{n+1}|=|y(x_{n+1})-y_{n+1}|\leqslant|y(x_{n+1})-\bar{y}_{n+1}|+|y_{n+1}-\bar{y}_{n+1}|\leqslant(1+hL)|\varepsilon_n|+ch^2 \tag{8.21}$$

即

$$|\varepsilon_n|\leqslant(1+hL)|\varepsilon_{n-1}|+ch^2$$

上式反复递推后,可得

$$\begin{aligned}|\varepsilon_n|&\leqslant(1+hL)^n|\varepsilon_0|+ch^2\sum_{k=0}^{n-1}(1+hL)^k\\&=(1+hL)^n|\varepsilon_0|+\frac{ch}{L}[(1+hL)^n-1]\end{aligned}$$

设 $x_n-x_0=nh\leqslant T$(T 为常数),因为 $1+hL\leqslant e^{hL}$,故$(1+hL)^n\leqslant e^{nhL}\leqslant e^{TL}$,从而可得

$$|\varepsilon_n|\leqslant e^{TL}|\varepsilon_0|+\frac{ch}{L}(e^{TL}-1)$$

若不计初值误差,即 $\varepsilon_0=0$,则有

$$|\varepsilon_n|\leqslant\frac{ch}{L}(e^{TL}-1) \tag{8.22}$$

式(8.22)说明,当 $h\to0$ 时,$\varepsilon_n\to0$,从而 $y_n\to y(x_n)$,所以欧拉方法是收敛的,且其收敛速度为 $O(h)$,即具有一阶收敛速度。

8.6 一阶常微分方程组与高阶常微分方程的数值方法

前面已介绍了一阶常微分方程初值问题的各种数值解法,对于一阶常微分方程组,可类似地得到各种数值解法,而高阶常微分方程可转化为一阶常微分方程组来求解。

8.6.1 一阶常微分方程组的数值方法

对于两个未知函数的一阶常微分方程组的初值问题

$$\begin{cases}y'=f(x,y,z),y(x_0)=y_0\\z'=g(x,y,z),z(x_0)=z_0\end{cases}$$

可以把单个常微分方程 $y'=f(x,y)$中的 f,y 看作向量来处理,这样就可把前面介绍的各种

算法推广到求一阶常微分方程组初值问题中来。

设 $x_n=x_0+nh(n=1,2,3,\cdots)$；$y_n,z_n$ 为节点 x_n 上的近似解，则有下列求解格式：

(1)向前欧拉格式

$$\begin{cases} y_{n+1}=y_n+hf(x_n,y_n,z_n) \\ z_{n+1}=z_n+hg(x_n,y_n,z_n) \\ y(x_0)=y_0 \\ z(x_0)=z_0 \end{cases}$$

这是一步一阶方法，显式格式。

(2)改进的欧拉格式

$$\text{预估式}\quad\begin{cases} \bar{y}_{n+1}=y_n+hf(x_n,y_n,z_n) \\ \bar{z}_{n+1}=z_n+hg(x_n,y_n,z_n) \end{cases}$$

$$\text{校正式}\quad\begin{cases} y_{n+1}=y_n+\dfrac{h}{2}[f(x_n,y_n,z_n)+f(x_{n+1},\bar{y}_{n+1},\bar{z}_{n+1})] \\ z_{n+1}=z_n+\dfrac{h}{2}[g(x_n,y_n,z_n)+g(x_{n+1},\bar{y}_{n+1},\bar{z}_{n+1})] \end{cases}$$

这是一步二阶方法。

(3)四阶标准龙格-库塔格式

$$\begin{cases} y_{n+1}=y_n+\dfrac{1}{6}(K_1+2K_2+2K_3+K_4) \\ z_{n+1}=z_n+\dfrac{1}{6}(L_1+2L_2+2L_3+L_4) \end{cases} \tag{8.23}$$

其中

$$\begin{cases} K_1=hf(x_n,y_n,z_n) \\ L_1=hg(x_n,y_n,z_n) \\ K_2=hf(x_n+\dfrac{h}{2},y_n+\dfrac{K_1}{2},z_n+\dfrac{L_1}{2}) \\ L_2=hg(x_n+\dfrac{h}{2},y_n+\dfrac{K_1}{2},z_n+\dfrac{L_1}{2}) \\ K_3=hf(x_n+\dfrac{h}{2},y_n+\dfrac{K_2}{2},z_n+\dfrac{L_2}{2}) \\ L_3=hg(x_n+\dfrac{h}{2},y_n+\dfrac{K_2}{2},z_n+\dfrac{L_2}{2}) \\ K_4=hf(x_n+h,y_n+K_3,z_n+L_3) \\ L_4=hg(x_n+h,y_n+K_3,z_n+L_3) \end{cases} \tag{8.24}$$

把节点 x_n 上的 y_n 和 z_n 值代入式(8.24)，依次求出 $K_1,L_1,K_2,L_2,K_3,L_3,K_4,L_4$，然后把它们代入式(8.23)，算出节点 x_{n+1}上的 y_{n+1}和 z_{n+1}值。

对于具有三个或三个以上未知函数的常微分方程组的初值问题，也可用类似方法处理，此外多步法也同样可应用于求解多个未知函数常微分方程组的初值问题。

例 8.7 用改进的欧拉方法求解常微分方程组的初值问题

$$\begin{cases} y' = xy - z, y(0) = 1 \\ z' = \dfrac{x+y}{z}, z(0) = 2 \end{cases} \quad (0 < x \leqslant 0.2)$$

取步长 $h=0.1$,保留 6 位小数。

解 改进的欧拉公式为

$$\text{预估式} \begin{cases} \bar{y}_{n+1} = y_n + hf(x_n, y_n, z_n) \\ \bar{z}_{n+1} = z_n + hg(x_n, y_n, z_n) \end{cases}$$

$$\text{校正式} \begin{cases} y_{n+1} = y_n + \dfrac{h}{2}[f(x_n, y_n, z_n) + f(x_{n+1}, \bar{y}_{n+1}, \bar{z}_{n+1})] \\ z_{n+1} = z_n + \dfrac{h}{2}[g(x_n, y_n, z_n) + g(x_{n+1}, \bar{y}_{n+1}, \bar{z}_{n+1})] \end{cases}$$

将 $f(x_n, y_n, z_n) = x_n y_n - z_n, g(x_n, y_n, z_n) = \dfrac{x_n + y_n}{z_n}$ 及 $h=0.1$ 带入上式,得

$$\begin{cases} \bar{y}_{n+1} = y_n + 0.1(x_n y_n - z_n) \\ \bar{z}_{n+1} = z_n + 0.1 \dfrac{x_n + y_n}{z_n} \end{cases}$$

$$\begin{cases} y_{n+1} = y_n + 0.05[(x_n y_n - z_n) + (x_{n+1}\bar{y}_{n+1} - \bar{z}_{n+1})] \\ z_{n+1} = z_n + 0.05\left[\dfrac{x_n + y_n}{z_n} + \dfrac{x_{n+1} + \bar{y}_{n+1}}{\bar{z}_{n+1}}\right] \end{cases}$$

由初值 $y_0 = y(0) = 1, z_0 = z(0) = 2$,计算得

$$\begin{cases} \bar{y}_1 = 0.800000 \\ \bar{z}_1 = 2.050000 \end{cases} \quad \begin{cases} y(0.1) \approx y_1 = 0.801500 \\ z(0.1) \approx z_1 = 2.046951 \end{cases}$$

$$\begin{cases} \bar{y}_2 = 0.604820 \\ \bar{z}_2 = 2.090992 \end{cases} \quad \begin{cases} y(0.2) \approx y_2 = 0.604659 \\ z(0.2) \approx z_2 = 2.088216 \end{cases}$$

8.6.2 高阶常微分方程的数值方法

高阶常微分方程(或方程组)的初值问题,可以通过变量代换化为一阶常微分方程组来求解。例如,对于二阶常微分方程的初值问题

$$\begin{cases} y'' = f(x, y, y') \\ y(x_0) = y_0, y'(x_0) = y'_0 \end{cases} \tag{8.25}$$

作变换 $z = y'$,则(8.24)可化为一阶常微分方程组的初值问题

$$\begin{cases} z' = f(x, y, z) \\ y' = z \\ y(x_0) = y_0, z(x_0) = y'_0 \end{cases} \tag{8.26}$$

对此问题就可用上面的方法求解。此方法同样可以用来处理三阶或更高阶的常微分方程(或方程组)的初值问题。

例 8.8 采用改进的欧拉方法求解二阶常微分方程初值问题

$$\begin{cases} y'' - 2y' + 2y = e^{2x}\sin x \\ y(0) = -0.4, y'(0) = -0.6 \end{cases} \quad (0 \leqslant x \leqslant 1)$$

取步长 $h=0.1$,计算 $y(0.1)$ 的近似值(最后结果保留小数点后 5 位)。

解　令 $z=y'$，则所给常微分方程初值问题等价于

$$\begin{cases} y' = z \\ z' = -2y + 2z + e^{2x}\sin x \\ y(0) = -0.4, z(0) = -0.6 \end{cases}$$

解此一阶常微分方程组，改进的欧拉公式为

$$\begin{cases} \bar{y}_{n+1} = y_n + hz_n \\ \bar{z}_{n+1} = z_n + h(-2y_n + 2z_n + e^{2x_n}\sin x_n) \\ y_{n+1} = y_n + \dfrac{h}{2}(z_n + \bar{z}_{n+1}) \\ z_{n+1} = z_n + \dfrac{h}{2}[(-2y_n + 2z_n + e^{2x_n}\sin x_n) + (-2\bar{y}_{n+1} + 2\bar{z}_{n+1} + e^{2x_{n+1}}\sin x_{n+1})] \end{cases}$$

代入 $h=0.1, y_0=-0.4, z_0=-0.6, x_0=0.0$，计算得

$$\begin{cases} \bar{y}_1 = y_0 + hz_0 = -0.4 - 0.1 \times 0.6 = -0.46000 \\ \bar{z}_1 = z_0 + h(-2y_0 + 2z_0 + e^{2x_0}\sin x_0) = -0.6 + 0.1 \times (0.8 - 1.2 + 0) = -0.64000 \\ y_1 = y_0 + \dfrac{h}{2}(z_0 + \bar{z}_1) = -0.4 + 0.05(-0.6 - 0.64) = -0.46200 \\ z_1 = z_0 + \dfrac{h}{2}[(-2y_0 + 2z_0 + e^{2x_0}\sin x_0) + (-2\bar{y}_1 + 2\bar{z}_1 + e^{2x_1}\sin x_1)] \end{cases}$$

由此可得

$$y(0.1) \approx y_1 = -0.46200$$

例 8.9　应用四阶龙格-库塔方法求解二阶常微分方程初值问题

$$\begin{cases} y'' - y' = x \\ y(0) = 0, y'(0) = 1 \end{cases} \quad (0 \leqslant x \leqslant 1)$$

取步长 $h=0.1$，计算 $y(0.1)$，$y'(0.1)$ 的近似值(最后结果保留小数点后 5 位)。

解　令 $z=y'$，则所给常微分方程初值问题等价于

$$\begin{cases} y' = z \\ z' = z + x \\ y(0) = 0, z(0) = 1 \end{cases}$$

解此一阶常微分方程组，四阶龙格-库塔公式为

$$\begin{cases} y_{n+1} = y_n + \dfrac{1}{6}(K_1 + 2K_2 + 2K_3 + K_4) \\ z_{n+1} = z_n + \dfrac{1}{6}(L_1 + 2L_2 + 2L_3 + L_4) \end{cases}$$

其中

$$\begin{cases} K_1 = hz_n \\ L_1 = h(z_n + x_n) \\ K_2 = h(z_n + \frac{L_1}{2}) \\ L_2 = h\left[(x_n + \frac{h}{2}) + (z_n + \frac{L_1}{2})\right] \\ K_3 = h(z_n + \frac{L_2}{2}) \\ L_3 = h\left[(x_n + \frac{h}{2}) + (z_n + \frac{L_2}{2})\right] \\ K_4 = h(z_n + L_3) \\ L_4 = h[(x_n + h) + (z_n + L_3)] \end{cases}$$

取步长 $h=0.1, x_0=0, y_0=0, z_0=1$ 代入上式,可得

$$\begin{cases} K_1 = hz_0 = 0.1 \times 1 = 0.1 \\ L_1 = h(z_0 + x_0) = 0.1 \times (1+0) = 0.1 \\ K_2 = h(z_0 + \frac{L_1}{2}) = 0.1 \times (1 + \frac{0.1}{2}) = 0.105 \\ L_2 = h\left[(x_0 + \frac{h}{2}) + (z_0 + \frac{L_1}{2})\right] = 0.1 \times \left[(0 + \frac{0.1}{2}) + (1 + \frac{0.105}{2})\right] = 0.11025 \\ K_3 = h(z_0 + \frac{L_2}{2}) = 0.1 \times (1 + \frac{0.11025}{2}) = 0.1055125 \\ L_3 = h\left[(x_0 + \frac{h}{2}) + (z_0 + \frac{L_2}{2})\right] = 0.1 \times \left[(0 + \frac{0.1}{2}) + (1 + \frac{0.11025}{2})\right] = 0.1105125 \\ K_4 = h(z_0 + L_3) = 0.1 \times (1 + 0.1105125) = 0.11105125 \\ L_4 = h[(x_0 + h) + (z_0 + L_3)] = 0.1 \times [(0 + 0.1) + (1 + 0.1105125] = 0.12105125 \end{cases}$$

则

$$\begin{cases} y_1 = y_0 + \frac{1}{6}(K_1 + 2K_2 + 2K_3 + K_4) \\ \quad = 0 + \frac{1}{6}(0.1 + 2 \times 0.105 + 2 \times 0.1055125 + 0.11105125 = 0.10369 \\ z_1 = z_0 + \frac{1}{6}(L_1 + 2L_2 + 2L_3 + L_4) \\ \quad = 1 + \frac{1}{6}(0.1 + 2 \times 0.11025 + 2 \times 0.1105125 + 0.12105125 = 1.11043 \end{cases}$$

由此可得 $y(0.1) \approx y_1 = 0.10369, z(0.1) \approx z_1 = 1.11043$。

8.7 常微分方程求解的波形松弛方法

本节介绍波形松弛方法(也叫动力迭代方法)在求解常微分方程的初值问题和边值问题方面的应用。

通过积分方法可以求出一些特殊类型常微分方程的解析解,但对维数较高而且形式复

杂的常微分方程或者无法求得其解析解，或者所得到的解析解形式复杂难以得到所求解的性质，对这些问题，波形松弛方法成为求解此类问题的一个有效工具。求解常微分方程初值问题及边值问题的迭代方法较多，本节仅介绍在毕卡(Picard)逐次逼近的基础上发展起来的波形松弛方法在求解常微分方程初值问题以及边值问题方面的简单应用，有兴趣的读者可以参阅书后相关参考文献。

8.7.1　常微分方程初值问题的波形松弛方法

考虑常微分方程的初值问题：

$$\begin{cases} \dfrac{\mathrm{d}y(x)}{\mathrm{d}x} = f(x,y) \\ y(x_0) = y_0 \end{cases} \quad x \in [a,b] \tag{8.27}$$

其中 $\boldsymbol{f}:\boldsymbol{R}\times\boldsymbol{R}^n \to \boldsymbol{R}^n$，$\boldsymbol{y}\in\boldsymbol{R}^n$，$\boldsymbol{f}$ 满足解的存在唯一性条件。

为了叙述清楚起见，我们先以二阶自治系统情形为例。

$$\begin{cases} \dfrac{\mathrm{d}y_1}{\mathrm{d}x} = f_1(y_1,y_2) \\ \dfrac{\mathrm{d}y_2}{\mathrm{d}x} = f_2(y_1,y_2) \\ y_1(x_0) = y_{10}, y_2(x_0) = y_{20} \end{cases} \quad x \in [x_0,T] \tag{8.28}$$

类似于线性方程组迭代解法中的迭代格式，有如下动力迭代格式：

1. 雅克比动力迭代

雅克比动力迭代的基本迭代格式为：

$$\begin{cases} \dfrac{\mathrm{d}y_1^{(k+1)}(x)}{\mathrm{d}x} = f_1(y_1^{(k+1)}(x),y_2^{(k)}(x)) \\ \dfrac{\mathrm{d}y_2^{(k+1)}(x)}{\mathrm{d}x} = f_2(y_1^{(k)}(x),y_2^{(k+1)}(x)) \\ y_1^{(k+1)}(x_0) = y_{10} \\ y_2^{(k+1)}(x_0) = y_{20} \end{cases} \quad k = 0,1,2,\cdots,x \in [x_0,T] \tag{8.29}$$

通过逐次迭代，产生一系列函数序列 $\{(y_1^{(k)}(x),y_2^{(k)}(x))^{\mathrm{T}}\}$，如果

$$\lim_{k\to\infty} y_1^{(k)}(x) = y_1(x) \qquad \lim_{k\to\infty} y_2^{(k)}(x) = y_2(x)$$

则 $(y_1(x),y_2(x))^{\mathrm{T}}$ 就是系统(8.28)的解。

雅克比动力迭代的优点在于：对每一个 k 值，如果第 k 步已求出 $y_1^{(k)}(x)$ 和 $y_2^{(k)}(x)$，那么在进行第 $k+1$ 步的求解过程中，式(8.29)中每个方程可以分别独立地求解，这种分解格式特别对高维常微分方程具有很大的优势，因为它可以进行并行计算，只在求出结果时，互相传递信息。

2. 高斯-赛德尔动力迭代

高斯-赛德尔动力迭代的格式为：

$$\begin{cases} \dfrac{dy_1^{(k+1)}(x)}{dx} = f_1(y_1^{(k+1)}(x), y_2^{(k)}(x)) \\ \dfrac{dy_2^{(k+1)}(x)}{dx} = f_2(y_1^{(k+1)}(x), y_2^{(k+1)}(x)) \\ y_1^{(k+1)}(x_0) = y_{10} \\ y_2^{(k+1)}(x_0) = y_{20} \end{cases} \quad k = 0,1,2,\cdots, x \in [x_0, T] \tag{8.30}$$

同样，经过逐步迭代可得解序列$\{(y_1^{(k)}(x), y_2^{(k)}(x))^T\}$，当

$$\lim_{k\to\infty} (y_1^{(k)}(x), y_2^{(k)}(x))^T = (y_1(x), y_2(x))^T$$

时，就可得到$(y_1(x), y_2(x))^T$是系统(8.28)的解。

高斯-赛德尔动力迭代的优点在于由式(8.30)中第一个方程求出解$y_1^{(k+1)}(x)$时，求解第二个方程时就用$y_1^{(k+1)}(x)$，而不用$y_1^{(k)}(x)$，这是因为我们认为在$\{(y_1^{(k)}(x), y_2^{(k)}(x))^T\}$收敛情况下，$y_1^{(k+1)}(x)$比$y_1^{(k)}(x)$更接近于$y_1(x)$，因此，在收敛情况下，我们把第一个方程已经算出的$y_1^{(k+1)}(x)$代入第二个方程同时也能使第一个方程的解序列收敛更快。高斯-赛德尔动力迭代的缺点在于只有当第一个方程求出$y_1^{(k+1)}(x)$时，才能计算第二个方程，因此不能在并行机上进行计算。

例如我们应用高斯-赛德尔动力迭代方法来计算下面两个变量的常微分方程初值问题的解：

$$\begin{cases} \dfrac{dy_1}{dx} = y_2 \\ \dfrac{dy_2}{dx} = -y_1 \\ y_1(0) = 0, y_2(0) = 1 \end{cases} \quad t \in [0, +\infty)$$

初始函数选为$\begin{cases} y_1^{(0)}(t) = 0 \\ y_2^{(0)}(t) = 1 \end{cases}$，迭代一次有

$$\begin{cases} \dfrac{dy_1^{(1)}}{dx} = y_2^{(0)} \\ \dfrac{dy_2^{(1)}}{dx} = -y_1^{(1)} \end{cases} \Rightarrow \begin{cases} y_1^{(1)}(t) = t \\ y_2^{(1)}(t) = 1 - \dfrac{t^2}{2!} \end{cases}$$

迭代两次有

$$\begin{cases} \dfrac{dy_1^{(2)}}{dx} = y_2^{(1)} \\ \dfrac{dy_2^{(2)}}{dx} = -y_1^{(2)} \end{cases} \Rightarrow \begin{cases} y_1^{(2)}(t) = t - \dfrac{t^3}{3!} \\ y_2^{(2)}(t) = 1 - \dfrac{t^2}{2!} + \dfrac{t^4}{4!} \end{cases}$$

迭代三次有

$$\begin{cases} \dfrac{dy_1^{(3)}}{dx} = y_2^{(2)} \\ \dfrac{dy_2^{(3)}}{dx} = -y_1^{(3)} \end{cases} \Rightarrow \begin{cases} y_1^{(3)}(t) = t - \dfrac{t^3}{3!} + \dfrac{t^5}{5!} \\ y_2^{(3)}(t) = 1 - \dfrac{t^2}{2!} + \dfrac{t^4}{4!} - \dfrac{t^6}{6!} \end{cases}$$

……

迭代n次有

$$\begin{cases}\dfrac{\mathrm{d}y_1^{(n)}}{\mathrm{d}x} = y_2^{(n-1)} \\ \dfrac{\mathrm{d}y_2^{(n)}}{\mathrm{d}x} = -y_1^{(n)}\end{cases} \Rightarrow \begin{cases}y_1^{(n)}(t) = \displaystyle\sum_{i=0}^{n-1}(-1)^i\frac{t^{2i+1}}{(2i+1)!} \\ y_2^{(n)}(t) = \displaystyle\sum_{i=0}^{n}(-1)^i\frac{t^{2i}}{(2i)!}\end{cases}$$

显然，迭代序列 $\{(y_1^{(k)}(t), y_2^{(k)}(t))^{\mathrm{T}}\}$ 收敛到 $\{(\sin t, \cos t)^{\mathrm{T}}\}$ 即 $y_1^{(\infty)}(t)=\sin(t)$，$y_2^{(\infty)}(t)=\cos(t)$。事实上我们容易验证该二阶常微分方程初值问题的解为 $y_1(t)=\sin(t)$，$y_2(t)=\cos(t)$。迭代序列收敛到精确解的过程如图 8.5，8.6 所示，给出了 $n=0,1,2,3,4,5$ 时 $y_1^{(n)}(t)$，$y_2^{(n)}(t)$ 的曲线图。

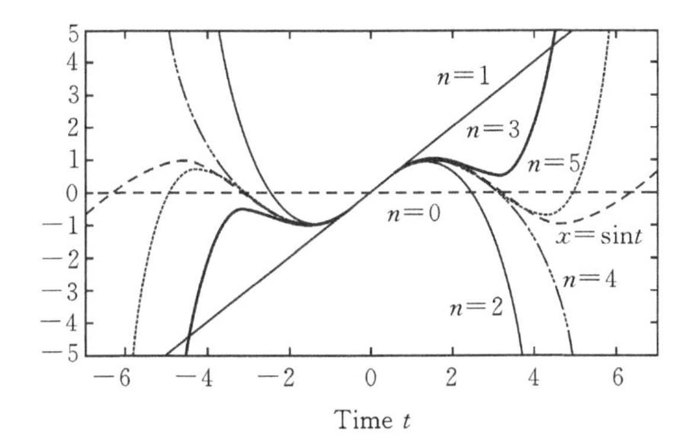

图 8.5　当 $n=0,1,2,3,4,5$ 时用 $y_1^{(n)}(t)$ 逼近 $y_1=\sin t$ 的图形

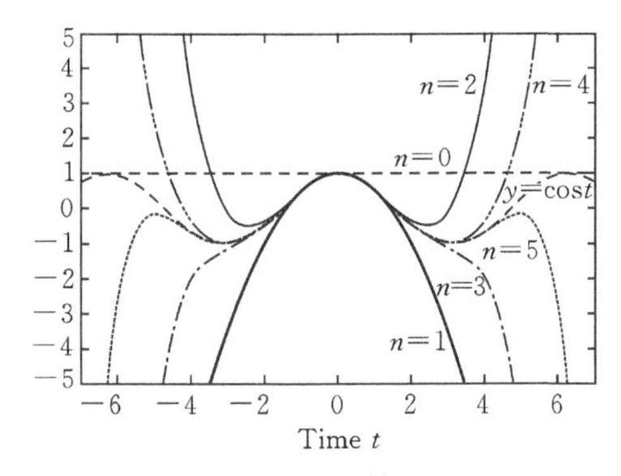

图 8.6　当 $n=0,1,2,3,4,5$ 时用 $y_2^{(n)}(t)$ 逼近 $y_2=\cos t$ 的图形

3. SOR 动力迭代

SOR 动力迭代的基本格式为

$$\begin{cases}\dfrac{\mathrm{d}z_1^{(k+1)}}{\mathrm{d}x} = f_1(z_1^{(k+1)}(x), y_2^{(k)}(x)) \\ \dfrac{\mathrm{d}z_2^{(k+1)}}{\mathrm{d}x} = f_2(z_1^{(k+1)}(x), z_2^{(k)}(x)) \\ y_1^{(k+1)}(x) = \omega z_1^{(k+1)}(x) + (1-\omega)y_1^{(k)}(x) \\ y_2^{(k+1)}(x) = \omega z_2^{(k+1)}(x) + (1-\omega)y_2^{(k)}(x) \\ z_1^{(k+1)}(x_0) = y_{10} \\ z_2^{(k+1)}(x_0) = y_{20}\end{cases} \tag{8.31}$$

如果迭代函数序列收敛，即$\lim\limits_{k\to\infty}(y_1^{(k)}(x),y_2^{(k)}(x))^{\mathrm{T}}=(y_1(x),y_2(x))^{\mathrm{T}}$，则称$(y_1(x),y_2(x))^{\mathrm{T}}$为系统(8.28)的解。

SOR 迭代过程是把前一次得到的结果记为$(z_1^{(k)}(x),z_2^{(k)}(x))^{\mathrm{T}}$，然后把两次所得结果进行加权平均，权系数为$\omega$，所得结果作为下一次进行迭代的初值。SOR 动力迭代的优点是可以使迭代序列收敛速度更快，缺点是计算量大，同时权系数ω(也称为松弛因子)的选取比较困难。

对一般形式的n维非自治微分动力系统(8.27)，其动力迭代格式为：

$$\begin{cases}\dfrac{\mathrm{d}\boldsymbol{z}^{(k+1)}(x)}{\mathrm{d}\boldsymbol{x}}=\boldsymbol{G}(\boldsymbol{x},\boldsymbol{z}^{(k+1)}(x),\boldsymbol{y}^{(k+1)}(x),\boldsymbol{y}^{(k)}(x))\\ \boldsymbol{y}^{(k+1)}(x)=\boldsymbol{g}(\boldsymbol{x},\boldsymbol{z}^{(k+1)}(x),\boldsymbol{y}^{(k)}(x))\\ \boldsymbol{z}^{(k+1)}(x_0)=\boldsymbol{y}_{10}\\ \boldsymbol{y}^{(0)}(x_0)=\boldsymbol{y}_{20}\end{cases}\tag{8.32}$$

此处$\boldsymbol{G}$和$\boldsymbol{f}$是一般的分裂函数，且满足：

$$\boldsymbol{G}:[x_0,T]\times\boldsymbol{R}^n\times\boldsymbol{R}^n\times\boldsymbol{R}^n\to\boldsymbol{R}^n\qquad\boldsymbol{G}(x,\boldsymbol{y},\boldsymbol{y},\boldsymbol{y})=\boldsymbol{f}(\boldsymbol{x},\boldsymbol{y})$$
$$\boldsymbol{g}:[x_0,T]\times\boldsymbol{R}^n\times\boldsymbol{R}^n\to\boldsymbol{R}^n\qquad\boldsymbol{g}(\boldsymbol{x},\boldsymbol{y},\boldsymbol{y})=\boldsymbol{f}(\boldsymbol{x},\boldsymbol{y})$$

事实上，迭代格式(8.32)包括了常微分方程中的毕卡逐次逼近的思想，式(8.32)的一个更简单的形式为：

$$\begin{cases}\boldsymbol{y}'^{(k+1)}(x)=\boldsymbol{F}(\boldsymbol{x},\boldsymbol{y}^{(k+1)}(x),\boldsymbol{y}^{(k)}(x))\\ \boldsymbol{y}^{(k+1)}(x_0)=\boldsymbol{y}_0\end{cases}\tag{8.33}$$

此处函数$\boldsymbol{F}$满足：

$$\boldsymbol{F}:[x_0,T]\times\boldsymbol{R}^n\times\boldsymbol{R}^n\to\boldsymbol{R}^n\qquad\boldsymbol{F}(\boldsymbol{x},\boldsymbol{y},\boldsymbol{y})=\boldsymbol{f}(\boldsymbol{x},\boldsymbol{y})$$

我们把式(8.27)中函数$\boldsymbol{f}$的n个分量记为$f_1,f_2,\cdots,f_n$，且n维向量$\boldsymbol{y}^{(k)}$的n个分量记为$y_1^{(k)},y_2^{(k)},\cdots,y_n^{(k)}$，则式(8.27)的雅克比、高斯-赛德尔、SOR 动力迭代格式按分量写出来分别为

$$\begin{cases}\dfrac{\mathrm{d}y_i^{(k+1)}(x)}{\mathrm{d}x}=f_i(x,y_1^{(k)},\cdots,y_{i-1}^{(k)},y_i^{(k+1)},y_{i+1}^{(k)},\cdots,y_n^{(k)})\\ y^{(k+1)}(x_0)=y_0\end{cases}\quad(i=1,2,\cdots,n;k=0,1,2,\cdots)\tag{8.34}$$

$$\begin{cases}\dfrac{\mathrm{d}y_i^{(k+1)}(x)}{\mathrm{d}x}=f_i(x,y_1^{(k+1)},\cdots,y_{i-1}^{(k+1)},y_i^{(k+1)},y_{i+1}^{(k)},\cdots,y_n^{(k)})\\ y^{(k+1)}(x_0)=y_0\end{cases}\quad(i=1,2,\cdots,n;k=0,1,2,\cdots)\tag{8.35}$$

$$\begin{cases}\dfrac{\mathrm{d}z_i^{(k+1)}(x)}{\mathrm{d}x}=f_i(x,y_1^{(k+1)},\cdots,y_{i-1}^{(k+1)},z_i^{(k+1)},y_{i+1}^{(k)},\cdots,y_n^{(k)})\\ y_i^{(k+1)}(x)=\omega z_i^{(k+1)}+(1-\omega)y_i^{(k)}\\ y^{(k+1)}(x_0)=y_0\end{cases}\quad(i=1,2,\cdots,n;k=0,1,2,\cdots)\tag{8.36}$$

应当注意，在给出上述迭代格式以及迭代函数序列的收敛时没有考虑收敛对自变量取值范围的一致性问题，在应用动力迭代方法求解常微分方程初值问题时一般要注意以下三个问题：

①积分区间上的误差不是一致的。初始函数在起始阶段能有比较好的逼近效果，但是随着自变量 x 的增大情况就会不断恶化。

②每步迭代延长波形逼近真实解所需要的时间不同。

③计算波形和真实解之间的误差未必在每个时间节点减少。从一步迭代到下一步迭代，计算误差可能增加，尤其对于时间值 x 较大的范围。

8.7.2　常微分方程初值问题波形松弛方法的收敛问题

下面讨论线性常微分方程初值问题动力迭代的收敛性，收敛性结论主要基于压缩映像原理。

线性常微分方程初值问题为

$$\begin{cases} \dfrac{\mathrm{d}\boldsymbol{y}}{\mathrm{d}x} + A\boldsymbol{y} = \boldsymbol{g}(x) \\ \boldsymbol{y}(0) = \boldsymbol{y}_0 \end{cases} \qquad x \in [0, T] \tag{8.37}$$

其中 $\boldsymbol{A} = (a_{ij})_{n\times n}$ 为已知矩阵，$\boldsymbol{g}(x)$ 为 n 维向量函数，$\boldsymbol{g}: \boldsymbol{R} \to \boldsymbol{R}^n$，$\boldsymbol{y} \in \boldsymbol{R}^n$，$x \in \boldsymbol{R}$，对初值问题(8.37)，其解析解为

$$\boldsymbol{y}(x) = \mathrm{e}^{-\boldsymbol{A}x}\boldsymbol{y}_0 + \int_0^x \mathrm{e}^{-(x-s)\boldsymbol{A}}\boldsymbol{g}(s)\mathrm{d}s$$

而初值问题(8.37)的动力迭代格式为

$$\begin{cases} \dfrac{\mathrm{d}\boldsymbol{y}^{(k+1)}(x)}{\mathrm{d}x} + \boldsymbol{M}\boldsymbol{y}^{(k+1)}(x) = \boldsymbol{N}\boldsymbol{y}^{(k)}(x) + \boldsymbol{g}(x) \\ \boldsymbol{y}^{(k+1)}(0) = \boldsymbol{y}_0 \end{cases} \tag{8.38}$$

其中 $\boldsymbol{A} = \boldsymbol{M} - \boldsymbol{N}$，此处 $\boldsymbol{M}$ 为对角矩阵或块对角矩阵，$\boldsymbol{N}$ 为非对角耦合矩阵，求解式(8.38)可得：

$$\boldsymbol{y}^{(k+1)}(x) = \int_0^x \mathrm{e}^{-(x-s)\boldsymbol{M}}\boldsymbol{N}\boldsymbol{y}^{(k)}(s)\mathrm{d}s + \mathrm{e}^{-\boldsymbol{M}x}\boldsymbol{y}_0 + \int_0^x \mathrm{e}^{-(x-s)\boldsymbol{M}}\boldsymbol{g}(s)\mathrm{d}s \tag{8.39}$$

令 $\boldsymbol{\Phi}(x) = \mathrm{e}^{-\boldsymbol{M}x}\boldsymbol{y}_0 + \int_0^x \mathrm{e}^{-(x-s)\boldsymbol{M}}\boldsymbol{g}(s)\mathrm{d}s$，定义算子 $\boldsymbol{K}$ 为：

$$\boldsymbol{K}\boldsymbol{u}(x) = \int_0^x \gamma(x-s)\boldsymbol{u}(s)\mathrm{d}s \qquad \gamma(x) = \mathrm{e}^{-x\boldsymbol{M}}\boldsymbol{N}$$

则式(8.39)可写成不动点迭代形式：

$$\boldsymbol{y}^{(k+1)}(x) = \boldsymbol{K}\boldsymbol{y}^{(k)}(x) + \boldsymbol{\Phi}(x) \tag{8.40}$$

容易证明式(8.40)的不动点是式(8.37)的解，且式(8.37)的解是式(8.40)的不动点。以 $y(x)$ 表示式(8.37)的解，令 $\boldsymbol{\varepsilon}^{(k)}(x) = \boldsymbol{y}^{(k)}(x) - \boldsymbol{y}(x)$，则由式(8.40)可得：

$$\boldsymbol{\varepsilon}^{(k+1)}(x) = \boldsymbol{K}\boldsymbol{\varepsilon}^{(k)}(x)$$

从而有

$$\boldsymbol{\varepsilon}^{(k)}(x) = \boldsymbol{K}^k\boldsymbol{\varepsilon}^{(0)}(x) \tag{8.41}$$

此处 $\boldsymbol{K}^k$ 表示算子 $\boldsymbol{K}$ 的 k 重卷积。

显然式(8.41)收敛的充分必要条件为 $\rho(\boldsymbol{K}) < 1$。为了获得第 k 步误差 $\boldsymbol{\varepsilon}^{(k)}(x)$ 对初始误差 $\boldsymbol{\varepsilon}^{(0)}(x)$ 的真实估计，首先给出如下定义。

定义 8.5　令 $\|\cdot\|$ 表示 C^n 中的任一种确定范数，则在 $[0, T]$ 上连续函数的最大范数定义为：

$$\| \boldsymbol{u} \|_T = \max_{0 \leqslant x \leqslant T} \| \boldsymbol{u}(x) \|$$

由定义 8.5 可以证明：

$$\| \boldsymbol{K}^k \| \leqslant \int_0^x \| \tilde{\boldsymbol{\gamma}}^k(x) \| \mathrm{d}x \tag{8.42}$$

此处$\tilde{\boldsymbol{\gamma}}^k$ 表示算子 $\boldsymbol{\gamma}$ 的 k 重卷积 $\boldsymbol{\gamma} \times \boldsymbol{\gamma} \times \cdots \times \boldsymbol{\gamma}$，且 $\boldsymbol{\gamma} \times \boldsymbol{u}(x) = \int_0^x \boldsymbol{\gamma}(x-s)\boldsymbol{u}(s)\mathrm{d}s$。由于已给 $T < +\infty$，故有

$$\| \boldsymbol{\gamma} \|_T \leqslant c \tag{8.43}$$

且 $c = \mathrm{e}^{T\|\boldsymbol{M}\|} \| \boldsymbol{N} \|$，则

$$\| \tilde{\boldsymbol{\gamma}}^k(x) \| \leqslant c \int_0^x \| \tilde{\boldsymbol{\gamma}}^{k-1}(s) \| \mathrm{d}s$$

令 $\| \tilde{\boldsymbol{\gamma}}^0(x) \| = 1$，则由归纳可得

$$\| \tilde{\boldsymbol{\gamma}}^k(x) \| \leqslant c \cdot \frac{(cx)^{k-1}}{(k-1)!} \quad (k = 1,2,\cdots), \quad x \in [x_0, T]$$

结合式(8.40)有如下结论：

定理 8.3 由动力迭代算法(8.37)以及 $\boldsymbol{K}$ 和 $\boldsymbol{\gamma}(x)$ 的定义，并由式(8.42)可得算子 $\boldsymbol{K}$ 的一个界为：

$$\| \boldsymbol{K}^k \| \leqslant \frac{(cT)^k}{k!} \tag{8.44}$$

注：由于$\lim\limits_{k \to \infty} \frac{(cT)^k}{k!} = 0$，故定理 8.3 表明对所有有限 T 值，由式(8.38)或式(8.40)产生的函数序列$\{y^{(k)}(x)\}$收敛，收敛的速度可由 $\boldsymbol{K}$ 的分解表达式进行分析。

$$\| R_\lambda(\boldsymbol{K}) \| = \| (\boldsymbol{K} - \boldsymbol{I}\lambda)^{-1} \| \leqslant |\lambda| \left\| \left(\boldsymbol{I} - \frac{1}{\lambda}\boldsymbol{K}\right)^{-1} \right\|_T$$

$$\leqslant |\lambda| \left\| \sum_{l=0}^{\infty} \frac{1}{|\lambda|^l} \| \boldsymbol{K}^l \|_T \leqslant |\lambda| \mathrm{e}^{\frac{cT}{|\lambda|}}$$

因此对任何固定 $T < +\infty$ 和非零 λ，$R_\lambda(\boldsymbol{K})$是有界的。

8.7.3 常微分方程边值问题的波形松弛方法

常微分方程边值问题的基本形式为：

$$\begin{cases} \dfrac{\mathrm{d}\boldsymbol{y}(x)}{\mathrm{d}x} = \boldsymbol{f}(x, \boldsymbol{y}(x)) \\ \boldsymbol{y}(0) = \boldsymbol{y}(T) \end{cases} \quad x \in [0, T] \tag{8.45}$$

对边值问题的动力迭代，其基本格式完全类似于对初值问题的迭代。只要把迭代格式(8.34)、(8.35)、(8.36)中相应的初值条件 $\boldsymbol{y}^{(k+1)}(x_0) = \boldsymbol{y}_0$ 改为 $\boldsymbol{y}^{(k+1)}(0) = \boldsymbol{y}^{(k+1)}(T)$即可得到常微分方程边值问题的雅克比、高斯-赛德尔、SOR 动力迭代格式。

我们在此仅介绍常微分方程边值问题的动力迭代方法中的一个收敛性条件。

考虑常微分方程边值问题(8.45)的动力迭代格式

$$\begin{cases} \dfrac{\mathrm{d}\boldsymbol{y}^{(k+1)}(x)}{\mathrm{d}x} = \boldsymbol{F}(x, \boldsymbol{y}^{(k)}(x), \boldsymbol{y}^{(k+1)}(x)) \\ \boldsymbol{y}^{(k+1)}(0) = \boldsymbol{y}^{(k+1)}(T) \end{cases} \quad x \in [0, T], k = 0,1,2,\cdots \tag{8.46}$$

其中 $\boldsymbol{F}:[0,T]\times\boldsymbol{R}^n\times\boldsymbol{R}^n\to\boldsymbol{R}^n$，满足 $\boldsymbol{F}(x,\boldsymbol{y},\boldsymbol{y})=\boldsymbol{f}(x,\boldsymbol{y})$，且 $\boldsymbol{y}^{(0)}(x)$是一个初始猜测函数，满足 $\boldsymbol{y}^{(0)}(0)=\boldsymbol{y}^{(0)}(T)$。

令 $\|\cdot\|$ 表示 $\boldsymbol{R}^n$ 中的 2——范数，$<\cdot,\cdot>$表示标准内积，即$<w,w>=\|\boldsymbol{w}\|^2$，假设 $\boldsymbol{F}$ 满足下列条件：

①存在非负函数 $L_1(x)$，使得

$$\|\boldsymbol{F}(x,\boldsymbol{u}_1,\boldsymbol{v})-\boldsymbol{F}(x,\boldsymbol{u}_2,\boldsymbol{v})\|\leqslant L_1(x)\|\boldsymbol{u}_1-\boldsymbol{u}_2\| \tag{8.47}$$

其中 $x\in[0,T]$，$\boldsymbol{v}\in\boldsymbol{R}^n$，$\boldsymbol{u}_1,\boldsymbol{u}_2\in\boldsymbol{R}^n$。

②存在函数 $a(x)$，使得

$$\langle F(x,\boldsymbol{u},\boldsymbol{v}_1),F(x,\boldsymbol{u},\boldsymbol{v}_2)\rangle\leqslant a(x)\|\boldsymbol{v}_1-\boldsymbol{v}_2\| \tag{8.48}$$

其中 $x\in[0,T]$，$\boldsymbol{u}\in\boldsymbol{R}^n$，$\boldsymbol{v}_1,\boldsymbol{v}_2\in\boldsymbol{R}^n$，且 $\int_0^T a(x)\mathrm{d}x<0$。

先给出如下引理：

引理 8.1 设 $a(x)\in\boldsymbol{R}$，$Q(t)\in\boldsymbol{R}$，$x\in[0,T]$，如果 $\varphi(x)$满足

$$\begin{cases}\dfrac{\mathrm{d}\varphi(x)}{\mathrm{d}x}+a(x)\varphi(x)\leqslant Q(x) & x\in[0,T]\\ \varphi_0(0)=\varphi_0\end{cases}$$

则有

$$\varphi(x)\leqslant \mathrm{e}^{-\int_0^x a(\tau)\mathrm{d}\tau}\varphi_0+\int_0^x \mathrm{e}^{\int_s^x a(\tau)\mathrm{d}\tau}Q(s)\mathrm{d}s\quad x\in[0,T]$$

证明 首先证明当 $Q(x)\equiv 0$，且当 $x\in[0,T]$时 $\varphi_0=0$，引理结论成立。因为

$$\mathrm{e}^{\int_0^s a(\tau)\mathrm{d}\tau}\left(\frac{\mathrm{d}\varphi(s)}{\mathrm{d}s}+a(s)\varphi(s)\right)\leqslant 0\quad s\in[0,T]$$

所以有

$$\int_0^x \mathrm{e}^{\int_s^x a(\tau)\mathrm{d}\tau}\left(\frac{\mathrm{d}\varphi(s)}{\mathrm{d}s}+a(s)\varphi(s)\right)\mathrm{d}s=\int_0^x \mathrm{d}\left(\mathrm{e}^{\int_0^s a(\tau)\mathrm{d}\tau}\varphi(s)\right)=\mathrm{e}^{\int_0^x a(\tau)\mathrm{d}\tau}\varphi(x)-\varphi_0\leqslant 0$$

即有 $\varphi(x)\leqslant 0,x\in[0,T]$。其次我们来证明其一般情形。

令 $\psi(x)=\mathrm{e}^{-\int_0^x a(\tau)\mathrm{d}\tau}\varphi_0-\int_0^x \mathrm{e}^{\int_s^x a(\tau)\mathrm{d}\tau}Q(s)\mathrm{d}s,x\in[0,T]$，则 $\psi(x)$满足下列初值问题

$$\begin{cases}\dfrac{\mathrm{d}\psi(x)}{\mathrm{d}x}+a(x)\psi(x)\leqslant Q(x) & x\in[0,T]\\ \psi_0(0)=\varphi_0\end{cases}$$

我们定义 $y(x)=\varphi(x)-\psi(x),x\in[0,T]$，则有

$$\begin{aligned}\frac{\mathrm{d}y(x)}{\mathrm{d}x}&=\frac{\mathrm{d}\varphi(x)}{\mathrm{d}x}-\frac{\mathrm{d}\psi(x)}{\mathrm{d}x}=\frac{\mathrm{d}\varphi(x)}{\mathrm{d}x}+(a(x)\psi(x)-Q(x))\\&=\left(\frac{\mathrm{d}\varphi(x)}{\mathrm{d}x}-Q(x)\right)+a(x)\psi(x)\leqslant a(x)(\psi(x)-\varphi(x)),x\in[0,T]\end{aligned}$$

即

$$\begin{cases}\dfrac{\mathrm{d}y(x)}{\mathrm{d}x}+ay(x)\leqslant 0 & x\in[0,T]\\ y(0)=0\end{cases}$$

由前述情形可知，$y(x)\leqslant 0,x\in[0,T]$，即 $\varphi(x)\leqslant\psi(x),x\in[0,T]$，从而完成了证明。

定理 8.4 对式(8.45)和式(8.46),有

$$\| \boldsymbol{y}^{(k+1)} - \boldsymbol{y} \| (x) \leqslant e^{\int_0^x a(\tau)d\tau} (1 - e^{\int_0^T a(\tau)d\tau})^{-1} \int_0^T e^{\int_s^T a(\tau)d\tau} L_1(s) \| \boldsymbol{y}^{(k)} - \boldsymbol{y} \| (s) ds + \int_0^x e^{\int_s^x a(\tau)d\tau} L_1(s) \| \boldsymbol{y}^{(k)} - \boldsymbol{y} \| (s) ds, \quad k = 0,1,\cdots \tag{8.48}$$

证明 首先,令$\boldsymbol{\varepsilon}^{(k+1)}(x) = \boldsymbol{y}^{(k+1)}(x) - \boldsymbol{y}(x)$,由式(8.47)和式(8.48),有

$$\begin{aligned}
&< \frac{d\boldsymbol{\varepsilon}^{(k+1)}(x)}{dx}, \boldsymbol{\varepsilon}^{(k+1)}(x) > \\
&= < \boldsymbol{f}(x, \boldsymbol{y}^{(k)}(x), \boldsymbol{y}^{(k+1)}(x)) - \boldsymbol{f}(x, \boldsymbol{y}(x), \boldsymbol{y}(x)), \boldsymbol{\varepsilon}^{(k+1)}(x) > \\
&= < \boldsymbol{f}(x, \boldsymbol{y}^{(k)}(x), \boldsymbol{y}^{(k+1)}(x)) - \boldsymbol{f}(x, \boldsymbol{y}(x), \boldsymbol{y}^{(k+1)}(x)), \boldsymbol{\varepsilon}^{(k+1)}(x) > + \\
&\quad < \boldsymbol{f}(x, \boldsymbol{y}(x), \boldsymbol{y}^{(k+1)}(x)) - \boldsymbol{f}(x, \boldsymbol{y}(x), \boldsymbol{y}(x)), \boldsymbol{\varepsilon}^{(k+1)}(x) > \\
&\leqslant L_1(x) \| \boldsymbol{\varepsilon}^{(k)}(x) \| \| \boldsymbol{\varepsilon}^{(k+1)}(x) \| + a(x) \| \boldsymbol{\varepsilon}^{(k+1)}(x) \|^2
\end{aligned}$$

又由于$< \frac{d\boldsymbol{\varepsilon}^{(k+1)}(x)}{dx}, \boldsymbol{\varepsilon}^{(k+1)}(x) > = \| \boldsymbol{\varepsilon}^{(k+1)}(x) \| \frac{d}{dx} \| \boldsymbol{\varepsilon}^{(k+1)}(x) \|$,则对$\| \boldsymbol{\varepsilon}^{(k+1)}(x) \| \neq 0$,我们有

$$\frac{d}{dx} \| \boldsymbol{\varepsilon}^{(k+1)}(x) \| \leqslant L_1(x) \| \boldsymbol{\varepsilon}^{(k)}(x) \| + a(x) \| \boldsymbol{\varepsilon}^{(k+1)}(x) \| \tag{8.49}$$

由引理 8.1 可知:

$$\| \boldsymbol{\varepsilon}^{(k+1)}(x) \| \leqslant e^{\int_0^x a(\tau)d\tau} \| \boldsymbol{\varepsilon}^{(k+1)}(0) \| + \int_0^x e^{\int_s^x a(\tau)d\tau} L_1(s) \| \boldsymbol{\varepsilon}^{(k)}(s) \| ds \tag{8.50}$$

此不等式对$\| \boldsymbol{\varepsilon}^{(k+1)}(x) \| = 0$也成立。由于$\| \boldsymbol{\varepsilon}^{(k+1)} \| (0) = \| \boldsymbol{\varepsilon}^{(k+1)} \| (T)$,由式(8.50)有

$$\| \boldsymbol{\varepsilon}^{(k+1)}(0) \| \leqslant (1 - e^{\int_0^T a(\tau)d\tau})^{-1} \int_0^T e^{\int_s^T a(\tau)d\tau} L_1(s) \| \boldsymbol{\varepsilon}^{(k)}(s) \| ds \tag{8.51}$$

把式(8.51)代入式(8.50),则有式(8.48)成立。

由引理 8.1 和定理 8.4,可以得到:

定理 8.5 对常微分方程边值问题式(8.45)和式(8.46),如果函数 $\boldsymbol{f}$ 满足条件式(8.47)和式(8.48),且

$$\sup_{0 \leqslant x \leqslant T} e^{\int_0^x a(\tau)d\tau} (1 - e^{\int_0^T a(\tau)d\tau})^{-1} \int_0^T e^{\int_s^T a(\tau)d\tau} L_1(s) ds < 1$$

则动力迭代序列$\{\boldsymbol{y}^{(k)}(x)\}$收敛到式(8.45)的解。

证明 由于

$$\| \boldsymbol{\varepsilon}^{(k+1)}(x) \| \leqslant e^{\int_0^x a(\tau)d\tau} (1 - e^{\int_0^T a(\tau)d\tau})^{-1} \int_0^T e^{\int_s^T a(\tau)d\tau} L_1(s) \| \boldsymbol{\varepsilon}^{(k)}(s) \| ds + \int_0^x e^{\int_s^x a(\tau)d\tau} L_1(s) \| \boldsymbol{\varepsilon}^{(k)}(s) \| ds$$

定义范数$\| \cdot \|_e$如下:

$$\| \boldsymbol{\varepsilon}(\cdot) \|_e = \sup_{0 \leqslant x \leqslant T} \{ e^{-\lambda x} \| \boldsymbol{\varepsilon}(x) \| \}$$

此处$\| \cdot \|$是$\boldsymbol{R}^n$中的范数且λ是正常数,而

$$\sup_{0 \leqslant x \leqslant T} e^{\int_0^x a(\tau)d\tau} (1 - e^{\int_0^T a(\tau)d\tau})^{-1} \int_0^T e^{\int_s^T a(\tau)d\tau} L_1(s) ds$$

是有界的,因为此表达式内的函数在$[0,T]$上是连续的,且

$$e^{-\lambda x}\int_0^x e^{\int_s^x a(\tau)d\tau}L_1(s)e^{\lambda s}ds \leqslant \begin{cases} 0 & x=0 \\ \dfrac{M}{\lambda} & 0\leqslant x\leqslant T \end{cases} \tag{8.52}$$

此处 $M=\sup\limits_{0\leqslant x\leqslant T}\sup\limits_{0\leqslant s\leqslant T} e^{\int_s^T a(\tau)d\tau}L_1(s)$，因此我们有

$$\|\boldsymbol{\varepsilon}^{(k+1)}(\cdot)\|_c \leqslant L\|\boldsymbol{\varepsilon}^{(k)}(\cdot)\|_c \tag{8.53}$$

此处

$$L=\sup_{0\leqslant x\leqslant T} e^{\int_0^x a(\tau)d\tau}(1-e^{\int_0^T a(\tau)d\tau})^{-1}\int_0^T e^{\int_s^T a(\tau)d\tau}L_1(s)ds+\lambda^{-1}\sup_{0\leqslant x\leqslant T}\sup_{0\leqslant s\leqslant T}e^{\int_s^T a(\tau)d\tau}L_1(s)$$

根据条件式(8.52)及定理假设条件，可以选取充分大 λ，使 $L<1$，即就是迭代格式(8.53)收敛，从而$\{\boldsymbol{\varepsilon}^{(k+1)}(x)\}$收敛到零，证毕。

下面我们就 $L_1(x)=L_1$ 为常数，且 $a(x)=L_2<0$ 为常数给出一个数值计算的例子。

例 8.10 考虑如下二维系统：

$$\begin{cases} \dfrac{dy_1(x)}{dx}=-2y_1(x)+y_2(x) \\ \dfrac{dy_2(x)}{dt}=\dfrac{1}{2}\tanh(y_1(x))-2y_2(x)+0.3\sin x & x\in[0,2\pi] \\ y_1(0)=y_1(2\pi),y_2(0)=y_2(2\pi) \end{cases}$$

此处 $\tanh(y)=\dfrac{e^y-e^{-y}}{e^y+e^{-y}}$，我们取如下动力迭代格式：

$$\begin{cases} \dfrac{dy_1^{(k+1)}(x)}{dx}=-2y_1^{(k+1)}(x)+y_2^{(k)}(x) \\ \dfrac{dy_2^{(k+1)}(x)}{dt}=\dfrac{1}{2}\tanh(y_1^{(k)}(x))-2y_2^{(k+1)}(x)+0.3\sin x & x\in[0,2\pi],k=0,1,\cdots \\ y_1^{(k+1)}(0)=y_1^{(k+1)}(2\pi),y_2^{(k+1)}(0)=y_2^{(k+1)}(2\pi) \end{cases}$$

下表给出了迭代次数与误差的数值。

迭代次数	误差
1～4	2.3706×10^{-1}, 1.0568×10^{-1}, 2.3537×10^{-2}, 1.0493×10^{-2}
5～8	2.3350×10^{-3}, 1.0410×10^{-3}, 2.3180×10^{-4}, 1.0334×10^{-4}
9～12	2.2975×10^{-5}, 1.0243×10^{-5}, 2.2773×10^{-6}, 1.0152×10^{-6}

思考问题：偏常微分方程的适定性问题能不能用波形松弛方法求解？为什么？

8.8 常微分方程边值问题的数值方法

由于高阶常微分方程经过变量代换可以化为一阶常微分方程组，因此常微分方程组边值问题的一般形式为：

$$\begin{cases} \boldsymbol{y}'(x)=\boldsymbol{F}(x,\boldsymbol{y}) \\ \boldsymbol{y}(a)=\boldsymbol{y}(b) \end{cases} \quad x\in[a,b]$$

其中 $\boldsymbol{F}:\boldsymbol{R}\times\boldsymbol{R}^n\rightarrow\boldsymbol{R}^n$，$\boldsymbol{y}\in\boldsymbol{R}^n$。假设 $F(x,y)$满足解的存在唯一性条件。

在实际工程技术中经常遇到二阶常微分方程

$$y'' = f(x,y,y') \quad x \in [a,b] \tag{8.54}$$

为了确定唯一解，需要附加两个定解条件。当定解条件取为解在区间$[a,b]$两端点的状态时，相应的定解条件称为两点边值问题。

边值条件有下面三类提法：

第一类边界条件：

$$y(a) = \alpha \qquad y(b) = \beta$$

当$\alpha=0$或$\beta=0$时，称为齐次边界条件，否则称为非齐次边界条件。

第二类边界条件：

$$y'(a) = \alpha \qquad y'(b) = \beta$$

当$\alpha=0$或$\beta=0$时，称为齐次边界条件，否则称为非齐次边界条件。

第三类边界条件：

$$y(a) - \alpha_0 y'(a) = \alpha_1 \qquad y(b) - \beta_0 y'(b) = \beta_1$$

其中$\alpha_0 \geqslant 0, \beta_0 \geqslant 0, \alpha_0 + \beta_0 > 0$，当$\alpha_1 = 0$或$\beta_1 = 0$时，称为齐次边界条件，否则称为非齐次边界条件。

常微分方程(8.54)附加第一、二、三类边界条件后，分别称为第一、二、三类边值问题。下面仅介绍二阶常微分方程两点边值问题的打靶法和有限差分方法。

8.8.1 打靶方法

以二阶常微分方程第一类边值问题为例来讨论打靶法，它的基本原理时将边值问题转化为相应的初值问题

$$\begin{cases} y'' = f(x,y,y') \\ y(a) = \alpha \qquad\qquad x \in [a,b] \\ y'(a) = z \end{cases} \tag{8.55}$$

来求解。

令$y_1 = y'$，可以把式(8.55)化为

$$\begin{cases} y' = y_1 \\ y'_1 = f(x,y,y_1) \\ y(a) = \alpha \\ y_1(a) = z \end{cases} \quad x \in [a,b] \tag{8.56}$$

至此，问题转化为求适当的z，使初值问题(8.56)的解$y(x,z)$在$x=b$处的值满足右端边界条件

$$y(b,z) = \beta$$

这样初值问题(8.56)的解$y(b,z)$就是相应边值问题的解。而求初值问题(8.56)，可用前面介绍的数值方法来求解，比如牛顿方法或其他迭代方法等。先用线性插值方法，在$z=z_0$即$y'(a)=z_0$时求解初值问题(8.55)得解$y(b,z_0)=\beta_0$，若$|\beta-\beta_0|\leqslant\varepsilon$（$\varepsilon$为允许误差），则$y(x_j,z_0)(j=0,1,2,\cdots,m)$是初值问题(8.56)的数值解。也就是相应边值问题的解。若$|\beta-\beta_0|>\varepsilon$，则调整初始条件为$y'(a)=z_1$，重新解初值问题(8.55)得解$y(b,z_1)=\beta_1$，若$|\beta-\beta_1|\leqslant\varepsilon$（$\varepsilon$为允许误差），则$y(x_j,z_1)(j=0,1,2,\cdots,m)$为所求，否则再修正$z_1$为$z_2$，由

线性插值可得一般公式

$$z_{k+1}=z_k-\frac{y(b,z_k)-\beta}{y(b,z_k)-y(b,z_{k-1})}(z_k-z_{k-1})\quad(k=1,2,\cdots)\tag{8.57}$$

计算到 $|y(b,z_k)-\beta|\leqslant\varepsilon$ 为止。从而得到相应的边值问题的解为 $y(x_j,z_k)(j=0,1,2,\cdots,m)$。

上述过程好比打靶，z_k 为从 (a,α) 处子弹发射的斜率，$y(b)=\beta$ 为靶心，当 $|y(b,z_k)-\beta|\leqslant\varepsilon$ 时，就认为打中靶心，即得到解，否则进行修正再继续打靶，如图 8.7 所示。

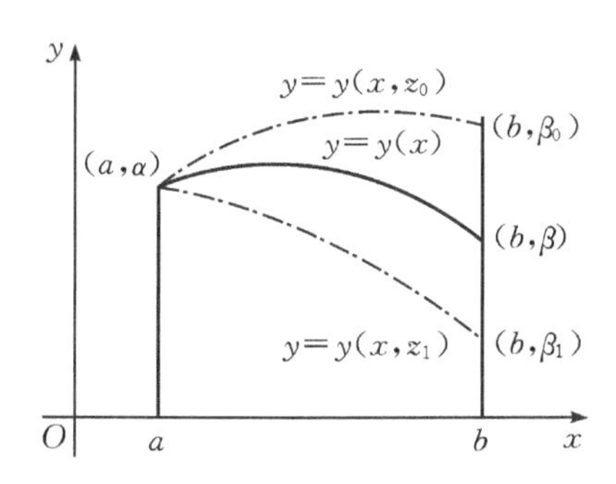

图 8.7 常微分方程两点边值问题的打靶法

例 8.11 试用打靶法求解二阶常微分方程两点边值问题

$$\begin{cases}4y''+xy'=2x^3+16\\ y(2)=8\\ y(3)=\dfrac{35}{3}\end{cases}\quad x\in[2,3]$$

要求误差 $\varepsilon\leqslant\frac{1}{2}\times10^{-6}$，精确解为 $y=x^2+\frac{8}{x}$。

解 把边值问题转化为相应的初值问题为

$$\begin{cases}y'=y_1\\ y'_1=-\dfrac{yy_1}{4}+\dfrac{x^3}{2}+4\\ y(2)=8\\ y_1(2)=z_k\end{cases}$$

对每个 z_k，用经典的四阶龙格-库塔方法计算，并取 $h=0.02$，选 $z_0=1.5$ 可求得

$$y(3,z_0)=11.4889\qquad\left|y(3,z_0)-\frac{35}{3}\right|=0.1777>\varepsilon$$

再选 $z_1=2.5$ 可求得

$$y(3,z_1)=11.8421\qquad\left|y(3,z_1)-\frac{35}{3}\right|=0.0755>\varepsilon$$

由式(8.57)可求 z_2，得

$$z_2=z_1-\frac{y(3,z_1)-\frac{35}{3}}{y(3,z_1)-y(3,z_0)}(z_1-z_0)=2.0032251$$

求解得

$$y(3,z_2)=11.6678\qquad\left|y(3,z_2)-\frac{35}{3}\right|=0.0011333>\varepsilon$$

重复上述过程可得 $z_3=1.999979$，$z_4=2.000000$，从而 $y(3,z_3)=11.66659$，$y(3,z_4)=11.66667$，$\left|y(3,z_4)-\frac{35}{3}\right|<\varepsilon$。因此 $y(x_j,z_4)(j=0,1,2,\cdots,m)$ 为所求，见表 8.7.

表 8.7 打靶法数值结果

x_j	y_j	$y(x_j)$	$\lvert y(x_j)-y_j\rvert$
2	8	8	0
2.2	8.4763636378	8.4763636363	0.15×10^{-8}
2.4	9.0933333352	9.0933333333	0.18×10^{-8}
2.6	9.8369230785	9.8369230769	0.16×10^{-8}
2.8	10.6971428562	10.6971428571	0.10×10^{-8}
3	11.6666666669	11.6666666667	0.02×10^{-8}

对第二、三类边值问题也可类似处理，如对第二类边值问题可转化为初值问题

$$\begin{cases} y'=y_1 \\ y'_1=f(x,y,y_1) \\ y(a)=z_k \\ y_1(a)=y'(a)=\alpha \end{cases}$$

阶此初值问题 $y(b,z_k)$ 及 $y_1(b,z_k)=y'(b,z_k)$，若 $|y_1(b,z_k)-\beta|\leqslant\varepsilon$，则 $y(b,z_k)$ 为对应边值问题的解。

8.8.2 有限差分方法

差分方法是求解常微分方程边值问题的一种基本方法，它利用差商代替导数，将常微分方程离散化成差分方程来求解。考虑形式为

$$\begin{cases} y''=f(x,y,y') \\ y(a)=\alpha \\ y(b)=\beta \end{cases} \qquad x\in[a,b] \tag{8.58}$$

的第一类边值问题。

把 $[a,b]$ 分成 n 等分，分点为 $x_i=a+ih$，$i=0,1,2,\cdots,n$，$h=\frac{b-a}{n}$。若在 $[a,b]$ 内点 $x_i(i=1,2,\cdots,n-1)$ 处，由泰勒展开式有

$$y''(x_i)=\frac{y(x_{i+1})-2y(x_i)+y(x_{i-1})}{h^2}-\frac{h^2}{12}y^{(4)}(\xi)$$

$$y'(x_i)=\frac{y(x_{i+1})-y(x_{i-1})}{2h}+O(h^2)$$

略去余项，并令 $y_i\approx y(x_i)$，则式(8.58)的离散化差分方程为

$$\begin{cases} y_{i+1}-2y_i+y_{i-1}=h^2f\left(x_i,y_i,\frac{y_{i+1}-y_{i-1}}{2h}\right) \\ y_0=\alpha \\ y_n=\beta \end{cases} \qquad (i=1,2,\cdots,n-1) \tag{8.59}$$

用式(8.59)近似逼近边值问题式(8.58),其截断误差为 $O(h^2)$。

对边值问题(8.58),有如下定理。

定理 8.6 对边值问题(8.58),若函数 $f,\frac{\partial f}{\partial y},\frac{\partial f}{\partial y'}$在区域 $D=\{(x,y,y')\mid a\leqslant x\leqslant b,y\in\mathbf{R},y'\in\mathbf{R}\}$中连续,且在 D 内$\frac{\partial f}{\partial y}\geqslant 0$,$\left|\frac{\partial f}{\partial y'}\right|\leqslant M$,则边值问题(8.58)有唯一解,若还有 $h\leqslant\frac{2}{M}$,则式(8.59)有唯一解。

证明略去。

若 $f(x,y,y')$是 y'和 y 的线性函数,即有

$$f(x,y,y')=p(x)y'(x)+q(x)y(x)+r(x)$$

其中 p,q,r 为已知函数,则由常微分方程理论可知,通过变量代换总可以消去方程中的 y'项,不妨设变化后的方程为

$$\begin{cases}y''-q(x)y(x)=r(x)\\ y(a)=\alpha\\ y(b)=\beta\end{cases}$$

其相应的差分格式为

$$\begin{cases}\dfrac{y_{i+1}-2y_i+y_{i-1}}{h^2}-q_iy_i=r_i\\ y_0=\alpha\\ y_n=\beta\end{cases}\quad(i=1,2,\cdots,n-1)\tag{8.60}$$

其中 $q_i=q(x_i)$,$r_i=r(x_i)$,上式整理可得

$$\begin{cases}y_0=\alpha\\ y_{i-1}-(2+h^2q_i)y_i+y_{i+1}=h^2r_i\quad(i=1,2,\cdots,n-1)\\ y_n=\beta\end{cases}\tag{8.61}$$

可见只要 $q_i\geqslant 0$,则方程组的系数矩阵为弱对角占优的三对角矩阵,从而可用追赶法求解,误差估计式为

$$|y(x_i)-y_i|\leqslant\frac{M}{24}h^2(x_i-a)(b-x_i)$$

其中 $M=\max\limits_{a\leqslant x\leqslant b}|y^{(4)}(x)|$。

类似地,对第二、三类边值条件经离散化后分别得到差分近似

$$\frac{-y_2+4y_1-3y_0}{2h}=\alpha\qquad\frac{3y_n-4y_{n-1}+y_{n-2}}{2h}=\beta$$

及

$$\frac{-y_2+4y_1-3y_0}{2h}-\alpha_0y_0=\alpha_1\qquad\frac{3y_n-4y_{n-1}+y_{n-2}}{2h}+\beta_0y_{n-1}=\beta_1$$

将它们分别代替式(8.61)中的边界条件,可得到相应的关于 $y_0,y_1,\cdots,y_n$ 的 $n+1$ 个方程的线性方程组。

例 8.12 试用差分方法求解线性边值问题

$$\begin{cases} y'' = -\dfrac{2}{x}y' + \dfrac{2}{x^2}y + \dfrac{\sin(\ln x)}{x^2} \\ y(1) = 1 \\ y(2) = 2 \end{cases} \quad x \in [1,2]$$

解 本题的精确解为

$$y = C_1 x + \frac{C_2}{x^2} - \frac{1}{10}[3\sin(\ln x) + \cos(\ln(x)]$$

其中 $C_1 = 1.178414026$，$C_2 = -0.0784114026$。若取 $h=0.1$，$n=10$，此处 $p(x) = -\dfrac{2}{x}$，$q(x)=\dfrac{2}{x^2}$，$r(x)=\dfrac{\sin(\ln x)}{x^2}$，由式(8.61)列出三对角线性方程组，用追赶法求解，并与精确解比较，计算结果见表8.8。

表 8.8 差分方法数值结果

i	x_i	y_i	$y(x_i)$	$\lvert y(x_i)-y_i \rvert$
0	1.0	1.00000000	1.00000000	0
1	1.1	1.09260052	1.09262930	2.88×10^{-5}
2	1.2	1.18704313	1.18708484	4.17×10^{-5}
3	1.3	1.28333687	1.28338236	4.55×10^{-5}
4	1.4	1.38140205	1.38144595	4.39×10^{-5}
5	1.5	1.48112026	1.48115942	3.92×10^{-5}
6	1.6	1.58235990	1.58239246	3.26×10^{-5}
7	1.7	1.68498902	1.68501396	2.49×10^{-5}
8	1.8	1.78888175	1.78889853	1.68×10^{-5}
9	1.9	1.89392110	1.89392951	8.41×10^{-6}
10	2.0	2.00000000	2.00000000	0

思考问题：常微分方程的数值方法能不能用到偏常微分方程适定性问题的求解上去？为什么？

习题 8

1. 用向前欧拉法和向后欧拉法解初值问题

$$\begin{cases} y' = 2x \quad (0 \leqslant x \leqslant 0.5) \\ y(0) = 0 \end{cases}$$

取步长 $h=0.1$，并将数值解与精确解对照。

2. 写出应用四阶龙格-库塔法求解

$$\begin{cases} y' = x + y \quad (0 \leqslant x \leqslant 1) \\ y(0) = 1 \end{cases}$$

计算格式。

3. 应用四阶龙格-库塔格式求解

$$\begin{cases} y'=y-\dfrac{2x}{y} & (0\leqslant x\leqslant 1) \\ y(0)=1 \end{cases}$$

取步长 $h=0.2$,将结果与精确解对照。

4. 应用 4 步阿达姆斯显格式求解初值问题

$$\begin{cases} y'=3x-2y & (0\leqslant x\leqslant 0.5) \\ y(0)=1 \end{cases}$$

取步长 $h=0.1$,计算结果保留小数后六位。

5. 求解一阶常微分方程组初值问题

$$\begin{cases} y'=\dfrac{1}{z} \\ z'=-\dfrac{1}{y} & (0\leqslant x\leqslant 1) \\ y(0)=1, z(0)=1 \end{cases}$$

6. 设有常微分方程初值问题

$$\begin{cases} y'+y=0 & (x\geqslant 0) \\ y(0)=1 \end{cases}$$

试证:(1)用改进欧拉方法求的近似解为(h 为步长)

$$y_n=\left(1-h+\frac{h^2}{2}\right)^n \quad (n=0,1,2,\cdots)$$

(2)对任意给定的点 $x=x_n=nh$,当 $h\to 0$ 时,y_n 趋近于常微分方程的精确解。

7. 试证明:求解初值问题

$$\begin{cases} y'=f(x,y) \\ y(x_0)=c \end{cases}$$

的数值格式

$$y_{n+1}=y_n+\frac{h}{2}(3f(x_n,y_n)-f(x_{n-1},y_{n-1}))$$

为二阶格式。

8. 证明线性二步法

$$y_{n+1}+(b-1)y_n-by_{n-1}=\frac{1}{4}h[(b+3)f_{n+1}+(3b+1)f_{n-1}]$$

当 $b\neq -1$ 时,方法是二阶的;当 $b=-1$ 时,方法是三阶的。

参考文献

[1]关治，陈景良. 数值计算方法[M]. 北京：清华大学出版社，1990.

[2]李庆阳，易大义，王能超. 现代数值分析[M]. 北京：人民教育出版社，1995.

[3]同济大学计算数学教研室编. 数值分析基础[M]. 上海：同济大学出版社，1998.

[4]李庆阳，关治，白峰杉. 数值计算原理[M]. 北京：清华大学出版社，2000.

[5]邓建中，刘子行. 计算方法[M]. 2 版，西安：西安交通大学出版社，2001.

[6]封建湖，车刚明，聂玉峰. 数值分析原理[M]. 北京：科学出版社，2001.

[7]吴勃英. 数值分析原理[M]. 北京：科学出版社，2003.

[8]蔺小林，蒋耀林. 现代数值分析[M]. 北京：国防工业出版社，2004.

[9]蔺小林. 计算方法[M]. 西安：西安电子科技大学出版社，2009.

[10]蔺小林. 现代数值分析方法[M]. 北京：科学出版社，2014.

[11]王德人. 非线性方程解法与最优化方法[M]. 北京：人民教育出版社，1980.

[12]ORTEGA J. M. ，REINBOLDT W. C. ，朱季纳译. 多元非线性方程组迭代解法[M]. 北京：科学出版社，1983.

[13]李庆阳，莫孜中，祁力群. 非线性方程组的数值解法[M]. 北京：科学出版社，1987.

[14]曹志浩. 数值线性代数[M]. 上海：复旦大学出版社，1996.

[15]程云鹏. 矩阵轮[M]. 2 版. 西安：西北工业大学出版社，2000.

[16]黄友谦，李岳生. 数值逼近[M]. 2 版. 北京：高等教育出版社，1987.

[17]王仁宏. 数值逼近[M]. 北京：高等教育出版社，1999.

[18]C. W. GEAR. 常微分方程初值问题的数值解法[M]. 费景高，刘德贵，高永春，译. 北京：科学出版社，1983.

[19]李荣华，冯国忱. 微分方程数值解法[M]. 3 版. 北京：高等教育出版社，1995.

[20]胡建伟，汤怀民. 微分方程数值解法[M]. 北京：科学出版社，2000.

[21]蒋耀林. 波形松弛方法[M]. 北京：科学出版社，2009.

[22]蒋耀林. 工程数学的新方法[M]. 北京：高等教育出版社，2012.

[23]U. MIEKKALA，O. NEVANLINNA. Iterative Solution of Linear Differential Equations. In Acta Numerica，1996，259 - 307.

[24]Y L JIANG，O. WANG，Monotone Waveform Relaxation for Nonlinear Differential Algebraic Equations. SIAM J. Numer. Anal.，2000，38(1)：170 - 185.

[25]X L LIN，Y L JIANG，Z WANG. Multi-Splitting Waveform Relaxation Methods for Determining Periodic Solution of Linear Differential Algebraic Equations. Proceedings of the 4th International Conference on Natural Computation and the 5th International Conference on Fuzzy Systems and Knowledge Discovery，2008，1：311 - 317.

习题参考答案

习题 1

1. (1)$\frac{1}{2}\times10^{-4}$, 0.1177×10^{-2}, 3； (2)$\frac{1}{2}\times10^{-4}$, 0.1246×10^{-3}, 4；

(3)$\frac{1}{2}\times10^{-2}$, 0.1539×10^{-3}, 4； (4)$\frac{1}{2}\times10^{0}$, 0.125×10^{-3}, 4

2. 1 **3.** δ **4.** $0.02n$ **6.** $\frac{1}{2}\times10^{-3}$

9. (1)$\arctan\frac{1}{1+(1+x)x}$； (2)$-\ln(x+\sqrt{x^2-1})$； (3)$(x+\sqrt{x^2-1})\sin x$

10. -0.0161；-62.0839

11. (1)令 $z=x-1$，$((((z+8)z+11)z+7)z-2)z+3$； (2)$\frac{1}{2}\left(1+\frac{1}{2}-\frac{1}{100}-\frac{1}{101}\right)$

习题 2

1. $x=(1,1,2)^{\mathrm{T}}$

2. (1)$x=(1,2,3)^{\mathrm{T}}$； (2)$x=(1,-1,1,-1)^{\mathrm{T}}$

3. (1)$x=(-1,1,1)^{\mathrm{T}}$； (2)$x=(50,100,150,100,50)^{\mathrm{T}}$

4. $x=(1,-1,1,-1)^{\mathrm{T}}$

5. $x=(1.11111,0.77778,2.55556)^{\mathrm{T}}$

7.
$$\begin{cases} l_{i1}=a_{i1} & (i=1,2,\cdots,n) \\ u_{1j}=\dfrac{a_{j1}}{l_{11}} & (j=2,3,\cdots,n) \\ l_{ik}=a_{ik}-\displaystyle\sum_{r=1}^{k-1}l_{ir}u_{rk} & (i=k,\cdots,n) \\ u_{kj}=\dfrac{a_{kj}-\displaystyle\sum_{r=1}^{k-1}l_{kr}u_{rj}}{l_{kk}} & (j=k+1,\cdots,n) \end{cases}$$

8. (1)设 u 为上三角阵

$x_n = \frac{b_n}{u_{nn}}$

$x_i = \frac{b_i - \sum_{j=i+1}^{n} u_{ij} x_j}{u_{ii}} \qquad (i = n-1, n-2, \cdots, 1)$

(2)$\frac{n(n+1)}{2}$

(3)记 u^{-1}元素为 s_{ij},u 元素为 u_{ij}

$$\begin{cases} s_{ii} = \frac{1}{u_{ii}} (i = 1,2,\cdots,n) \\ s_{ij} = -\sum_{k=i+1}^{j} \frac{u_{ik} s_{kj}}{u_{ii}} \\ (i = n-1, n-2, \cdots, 2, 1, j = i+1, \cdots, n) \end{cases}$$

9. (1)$\boldsymbol{A}$ 不能分解为三角阵乘积; (2)$\boldsymbol{B}$ 可以但不唯一,C 可以且唯一

10. $\|\boldsymbol{A}\|_\infty = 1.1$ $\|\boldsymbol{A}\|_1 = 0.8$ $\|\boldsymbol{A}\|_2 = 0.825$ $\|\boldsymbol{A}\|_F = 0.8426$

15. $\text{cond}(\boldsymbol{A})_\infty = 39601$,$\text{cond}(\boldsymbol{A})_2 = 39206$

17. (1)两种方法均收敛

(2)用 J 迭代法迭代 18 次 $\boldsymbol{x}^{(18)} = (-3.9999964, 2.9999739, 1.9999999)^{\mathrm{T}}$

用 GS 迭代法迭代 8 次 $\boldsymbol{x}^{(8)} = (-4.000036, 2.999985, 2.000003)^{\mathrm{T}}$

18. (1)J 迭代法不收敛,GS 迭代法收敛。(2)J 迭代法收敛,GS 迭代法不收敛。

19. (1)$|a| > 2$; (2)收敛

20. $\omega = 1.03$ 迭代 5 次可达精度要求,$x^{(5)} = (0.5000043, 0.1000001, -0.4999999)^{\mathrm{T}}$

$\omega = 1$ 迭代 6 次可达精度要求,$x^{(6)} = (0.5000038, 0.1000002, -0.4999995)^{\mathrm{T}}$

$\omega = 1.1$ 迭代 6 次可达精度要求,$x^{(6)} = (0.5000035, 0.9999989, -0.5000003)^{\mathrm{T}}$

习题 3

1. $x_{10} = 0.0908020313$,$k \geqslant 20$

2. (1)收敛。

$x_0 = 2.5$ $x_1 = 2.154434690$ $x_2 = 2.103612029$

$x_3 = 2.095927410$ $x_4 = 2.094760545$ $x_5 = 2.094551593$

$x_6 = 2.094556309$ $x_7 = 2.094552215$ $x_8 = 2.094551593$

$x_9 = 2.094551498$ $x_{10} = 2.094551484$ $x_{11} = 2.094551482$

故 $x^* = x_{11}$

(2)发散。

$x_0 = 2.5$ $x_1 = 5.3125$ $x_2 = 72.46643066$

$x_3 = 10272.0118$ $x_4 = 3.444250536 \times 10^{15}$ $x_5 = 2.0422933398 \times 10^{46}$

x_6 溢出

(3)收敛。

$x_0 = 2.5$ $x_1 = 2.154434690$ $x_2 = 2.103612029$

$x_3=2.094848645$ $x_4=2.094596637$ $x_5=2.094558343$

$x_6=2.094551482=x_7$

3. (1) $x_0=2.5$ $x_1=2.154434690$ $x_2=2.103612029$

$x_3=2.094848645$ $x_4=2.094596637$ $x_5=2.094558343$

$x_6=2.094551482=x_7$

(2) $x_0=2.5$ $x_1=5.3125$ $x_2=72.46643066$

$x_3=2.377059677$ $x_4=4.215684107,\cdots$ $x_{27}=2.094551482$

(3) $x_0=2.5$ $x_1=2.164170110$ $x_2=2.0945551507$

$x_3=2.094551482=x_4$

4. 1.04476

5. 提示:应用迭代格式 $x_{k+1}=\varphi^{-1}(x_k)$。对 $x=\tan x$ 写成等价形式:$x=\arctan x$ 迭代格式为

$x_{k+1}=\arctan(x_k)+\pi$ $x_0=4.5$ $x_1=4.493720035$ $x_2=4.493424114$

$x_3=4.493448699$ $x_4=4.49341131$ $x_5=4.493409547$

6. 取 $x_0=0.0,\varepsilon=10^{-5}$,则 $x^*\approx x_{17}=-10.567137810$

7. $-\dfrac{n-1}{2\sqrt[n]{a}};\dfrac{n+1}{2\sqrt[n]{a}}$ **8.** 1.442250

9. 取 $b(x^*)=-\dfrac{f'(x^*)+f''(x^*)}{2f'(x^*)}$时,$\varphi''(x^*)=0$

10. 取 $x^{(0)}=(0.5,0.5)^{\mathrm{T}},\varepsilon=\dfrac{1}{2}\times10^{-3}$,2-范数,则

$$(x_1^*,x_2^*)\approx(x_1^{(12)},x_2^{(12)})=(0.600548129,0.484487626)$$

11. $x_1^{(3)}=-0.82,x_2^{(3)}=1.91$

12. 分别收敛于(1.336355377,1.754235198),(−0.9012661908,−2.086587595),(−3.0016224887,0.1481079950)

习题 4

1. $\dfrac{5}{6}x^2+\dfrac{3}{2}x-\dfrac{7}{3}$ **2.** 1.6832 **4.** 17.87833; 17.877155; 17.877143

5. $\dfrac{5}{42}x^3-\dfrac{1}{14}x^2-\dfrac{55}{21}x+1$; $f(-1)\approx-\dfrac{5}{42}-\dfrac{1}{14}-\dfrac{55}{21}+1=\dfrac{24}{7}$

7. $f(1.682)\approx2.5957,f(1.813)\approx2.9833$ **8.** 0.567143

9. $f(0.45)\approx-0.798626,|R|<\dfrac{1}{2}\times10^{-2}$ **10.** $2x^3-9x^2+15x-6$

11. (提示:本题所求的 $S(x)$ 为自然三次样条函数,可见边界条件 $M_0=M_4=0$)

$$S(x)=\begin{cases}1.0717x^3-0.0714x-8 & (0\leqslant x\leqslant1)\\ 1.0714\,(2-x)^3+1.7143\,(x-1)^3-8.0714(2-x)-1.7143(x-1) & (1<x\leqslant2)\\ 1.7173\,(3-x)^3+4.0714\,(x-2)^3-1.7143(3-x)+14.9286(x-2) & (2<x\leqslant3)\\ 4.0714\,(4-x)^3+14.9286(4-x)+56(x-3) & (3<x\leqslant4)\end{cases}$$

$S(2.2)=s_3(2.2)=2.5246$

12. $b=-2, c=3$

习题 5

3. $y=\frac{58}{35}-\frac{3}{7}x^2$　　**4.** $a=18-6\mathrm{e}, b=10-4\mathrm{e}$

5. (1) $p(x)=0.1145+0.6643x$; (2) $q(x)=-0.1053+0.6366x$

6. $y=\frac{1}{-1.8015+2.8465x}$　　**7.** $\begin{pmatrix} x_1 \\ x_2 \\ x_3 \end{pmatrix}=\begin{pmatrix} 2.75 \\ -0.25 \\ 0.25 \end{pmatrix}$

习题 6

1. (1) $\lambda=2.536528$　　$\boldsymbol{x}=(0.7482116, 0.64966116, 1.0000000)^{\mathrm{T}}$

(2) $\lambda=7.290059306$　　$\boldsymbol{x}=(1, 0.5229002, 0.2419181)^{\mathrm{T}}$

2. $\lambda_1=2.536528$　　$\boldsymbol{x}_1=(0.53148338, 0.46147338, 0.71032933)^{\mathrm{T}}$

$\lambda_2=-0.0166473$　　$\boldsymbol{x}_2=(-0.72120712, 0.6834928, 0.09372796)^{\mathrm{T}}$

$\lambda_3=1.4801215$　　$\boldsymbol{x}_3=(-0.44428106, -0.56210938, 0.69760117)^{\mathrm{T}}$

3. $\lambda=-13.22018$　　$\boldsymbol{x}=(1, -0.23510, -0.17162)^{\mathrm{T}}$

5. $\boldsymbol{H}=\frac{1}{3}\begin{pmatrix} -1 & -2 & 2 \\ -2 & 2 & 1 \\ 2 & 1 & 2 \end{pmatrix}, \boldsymbol{Hx}=\begin{pmatrix} -3 \\ 0 \\ 0 \end{pmatrix}; \boldsymbol{P}=\boldsymbol{P}_{13}\boldsymbol{P}_{12}=\begin{pmatrix} \frac{1}{3} & \frac{2}{3} & -\frac{2}{3} \\ \frac{-2}{\sqrt{5}} & \frac{1}{\sqrt{5}} & 0 \\ \frac{2}{3\sqrt{5}} & \frac{4}{3\sqrt{5}} & \frac{5}{3\sqrt{5}} \end{pmatrix}, \boldsymbol{Px}=\begin{pmatrix} 3 \\ 0 \\ 0 \end{pmatrix}$

6. 提示：$\boldsymbol{A}_{n-1}=\boldsymbol{H}_{n-2}\boldsymbol{H}_{n-3}\cdots\boldsymbol{H}_2\boldsymbol{H}_1\boldsymbol{A}\boldsymbol{H}_1\boldsymbol{H}_2\cdots\boldsymbol{H}_{n-3}\boldsymbol{H}_{n-2}$，又 $\boldsymbol{A}_{n-1}\boldsymbol{y}=\lambda\boldsymbol{y}$，所以

$$\boldsymbol{H}_{n-2}\boldsymbol{H}_{n-3}\cdots\boldsymbol{H}_2\boldsymbol{H}_1\boldsymbol{A}\boldsymbol{H}_1\boldsymbol{H}_2\cdots\boldsymbol{H}_{n-3}\boldsymbol{H}_{n-2}\boldsymbol{y}=\lambda\boldsymbol{y}$$

$$\boldsymbol{A}(\boldsymbol{H}_1\boldsymbol{H}_2\cdots\boldsymbol{H}_{n-3}\boldsymbol{H}_{n-2}\boldsymbol{y})=\lambda(\boldsymbol{H}_1\boldsymbol{H}_2\cdots\boldsymbol{H}_{n-3}\boldsymbol{H}_{n-2}\boldsymbol{y})$$

7. 提示：先证如果 $\boldsymbol{H}\in\boldsymbol{R}^{m\times n}, \boldsymbol{B}\in\boldsymbol{R}^{m\times n}$，则有

$$\det(\boldsymbol{I}_m+\boldsymbol{AB})=\det(\boldsymbol{I}_n+\boldsymbol{BA})$$

这是因为

$$\begin{pmatrix} \boldsymbol{I}_m & \boldsymbol{0} \\ \boldsymbol{B} & \boldsymbol{I}_n \end{pmatrix}\begin{pmatrix} \boldsymbol{I}_m & \boldsymbol{A} \\ -\boldsymbol{B} & \boldsymbol{I}_n \end{pmatrix}=\begin{pmatrix} \boldsymbol{I}_m & \boldsymbol{A} \\ \boldsymbol{0} & \boldsymbol{I}_n+\boldsymbol{BA} \end{pmatrix}, \quad \begin{pmatrix} \boldsymbol{I}_m & \boldsymbol{A} \\ -\boldsymbol{B} & \boldsymbol{I}_n \end{pmatrix}\begin{pmatrix} \boldsymbol{I}_m & \boldsymbol{0} \\ \boldsymbol{B} & \boldsymbol{I}_n \end{pmatrix}=\begin{pmatrix} \boldsymbol{I}_m+\boldsymbol{AB} & \boldsymbol{A} \\ \boldsymbol{0} & \boldsymbol{I}_n \end{pmatrix}$$

而

$$\begin{vmatrix} \boldsymbol{I}_m & \boldsymbol{0} \\ \boldsymbol{B} & \boldsymbol{I}_n \end{vmatrix}=1, \quad \begin{vmatrix} \boldsymbol{I}_m & \boldsymbol{A} \\ \boldsymbol{0} & \boldsymbol{I}_n+\boldsymbol{BA} \end{vmatrix}=|\boldsymbol{I}_n+\boldsymbol{BA}|, \quad \begin{vmatrix} \boldsymbol{I}_m+\boldsymbol{AB} & \boldsymbol{A} \\ \boldsymbol{0} & \boldsymbol{I}_n \end{vmatrix}=|\boldsymbol{I}_m+\boldsymbol{AB}|$$

故有

$$|\boldsymbol{I}_m+\boldsymbol{AB}|=\begin{vmatrix} \boldsymbol{I}_m & \boldsymbol{A} \\ -\boldsymbol{B} & \boldsymbol{I}_n \end{vmatrix}=|\boldsymbol{I}_n+\boldsymbol{BA}|$$

因此

$$\det\boldsymbol{H}=\det(\boldsymbol{I}-2\boldsymbol{u}\boldsymbol{u}^{\mathrm{T}})=\det(1-2\boldsymbol{u}^{\mathrm{T}}\boldsymbol{u})=1-2=-1$$

8. $c=\min\{-1,-4,2\}=-4$，　$d=\max\{3,4,4\}=4, f_0(\lambda)=1$，　$f_1(\lambda)=1-\lambda$

$f_2(\lambda)=(-1-\lambda)f_1(\lambda)-4$，　$f_3(\lambda)=(3-\lambda)f_2(\lambda)-f_1(\lambda)$，　$\lambda_3\in(-4,0)$，　$\lambda_{1,2}\in(0,4)$

$\lambda_3\approx-2.25$，　$\lambda_2\in(2,3)$，　$\lambda_1\in(3,4)$，　$\lambda_2\approx2.25$，　$\lambda_1\approx3.25$

习题 7

1. 梯形公式 $\int_0^1 \mathrm{e}^{-x}\mathrm{d}x\approx0.6839$，其误差为 $|R(f)|\leqslant\frac{1}{12}$；

辛普森公式 $\int_0^1 \mathrm{e}^{-x}\mathrm{d}x\approx0.6323$，其误差为 $|R(f)|\leqslant\frac{1}{2880}$；

柯特斯公式 $\int_0^1 \mathrm{e}^{-x}\mathrm{d}x\approx0.6321$，其误差为 $|R(f)|\leqslant\frac{2}{945\times4^6}$

2. 具有 3 次代数精度

3. (1) $A=\frac{1}{3}, B=\frac{4}{3}, C=\frac{1}{3}$，具有 3 次代数精度；

(2) $A=\frac{1}{3}, B=\frac{1}{3}, C=\frac{4}{3}$，具有 3 次代数精度

4. $x_0=\frac{3}{7}-\frac{2}{7}\sqrt{\frac{6}{5}}$，　$x_1=\frac{3}{7}+\frac{2}{7}\sqrt{\frac{6}{5}}$；　$A_0=1+\frac{1}{3}\sqrt{\frac{5}{6}}$，　$A_1=1-\frac{1}{3}\sqrt{\frac{5}{6}}$

5. 提示：在$[-1,1]$上，三次勒让德多项式的零点 $x_0=-\sqrt{0.6}, x_1=0, x_2=\sqrt{0.6}$，由三点高斯-勒让德公式导出

对 $\int_0^1\frac{\sin x}{1+x}\mathrm{d}x$，令 $x=\frac{1}{2}(t+1)$，则

$$\int_0^1\frac{\sin x}{1+x}\mathrm{d}x=\frac{1}{2}\int_{-1}^1\frac{\sin\left(\frac{t}{2}+\frac{1}{2}\right)}{\frac{3}{2}+\frac{1}{2}t}\mathrm{d}t=\int_{-1}^1\frac{\sin\left(\frac{t}{2}+\frac{1}{2}\right)}{3+t}\mathrm{d}t$$

最后得　$\int_0^1\frac{\sin x}{1+x}\mathrm{d}x\approx0.2842485$

6. $f'(1.0)=-0.24792$，　$f'(1.1)=-0.21694$，　$f'(1.2)=-0.18596$

7. $A_0=\frac{1}{12h}, A_1=-\frac{2}{3h}, A_3=\frac{2}{3h}, A_4=-\frac{1}{12h}$，具有 4 次代数精度

习题 8

1. 向前欧拉格式　　$y_{n+1}=y_n+0.2x_n$

向后欧拉格式　　$y_{n+1}=y_n+0.2x_{n+1}$

精确解 $y=x^2$

n	x_n	向前欧拉法 y_n	向后欧拉法 y_n	精确解 $y(x_n)$
0	0	0	0	0
1	0.1	0	0.02	0.01
2	0.2	0.02	0.06	0.04
3	0.3	0.06	0.12	0.09
4	0.4	0.12	0.20	0.16
5	0.5	0.20	0.30	0.25

比较计算结果知，向前欧拉法 $y_n<y(x_n)$，而向后欧拉法 $y_n>y(x_n)$，二者精度相同，都是一阶方法。

2. 应用四阶龙格-库塔公式于本题的计算格式为

$$\begin{cases} y_{n+1}=y_n+\frac{1}{6}(K_1+2K_2+2K_3+K_4) \\ K_1=h(x_n+y_n) \\ K_2=h(x_n+\frac{h}{2}+y_n+\frac{K_1}{2}) \\ K_3=h(x_n+\frac{h}{2}+y_n+\frac{K_2}{2}) \\ K_4=h(x_n+h+y_n+K_3) \\ y_0=1 \end{cases}$$

3. $h=0.2$，四阶龙格-库塔法的解与精确解列表如下

节点	龙格-库塔法	精确解
0.0	1.000000	1.000000
0.2	1.183229	1.183216
0.4	1.341667	1.341641
0.6	1.483281	1.483240
0.8	1.612513	1.612452
1.0	1.732140	1.732051

4. 首先由四阶龙格-库塔法求出起步值 y_1,y_2,y_3，即

$$y_1=0.832783,\quad y_2=0.723067,\quad y_3=0.660429$$

该问题的四阶四步阿达姆斯显式格式为

$$y_{n+1}=y_n+\frac{0.1}{24}(-27x_{n-3}+111x_{n-2}-177x_{n-1}+165x_n-18y_{n-3}-74y_{n-2}+118y_{n-1}-110y_n)$$

由 y_0,y_1,y_2,y_3 的已知值，代入上式算得

$$y_4=0.636466,\quad y_5=0.643976$$

5. 由四阶阿达姆斯显式格式与隐式格式构造预估-校正公式

$$\begin{cases}\bar{y}_{n+1}=y_n+\dfrac{h}{24}(55f_n-59f_{n-1}+37f_{n-2}-9f_{n-3})\\ \bar{z}_{n+1}=z_n+\dfrac{h}{24}(55g_n-59g_{n-1}+37g_{n-2}-9g_{n-3})\\ y_{n+1}=y_n+\dfrac{h}{24}(9f(x_{n+1},\bar{y}_{n+1},\bar{z}_{n+1})+19f_n-5f_{n-1}+f_{n-2})\\ z_{n+1}=z_n+\dfrac{h}{24}(9g(x_{n+1},\bar{y}_{n+1},\bar{z}_{n+1})+19g_n-5g_{n-1}+g_{n-2})\end{cases}$$

其中 $f_n=z_n, g_n=2z_n-2y_n+e^{2x_n}\sin x_n$

取步长 $h=0.2$,计算结果为

x_n	y_n	z_n
0.0	1	1
0.2	1.2214	0.8187
0.4	1.4933	0.6696
0.6	1.8239	0.5483
0.8	2.2278	0.4489
1.0	2.7210	0.3675

6. (1) $\bar{y}_n=y_{n-1}+h(-y_{n-1})=(1-h)y_{n-1}$

$$y_n=y_{n-1}+\frac{h}{2}(-y_{n-1}-\bar{y}_n)=(1-h+\frac{h^2}{2})y_{n-1}$$

$$=(1-h+\frac{h^2}{2})^2y_{n-2}=\cdots=(1-h+\frac{h^2}{2})^ny_0$$

由 $y_0=1$,可得 $y_n=(1-h+\frac{h^2}{2})^n$。

(2)对任意给定的 $x=x_n=nh$,有

$$\lim_{n\to\infty}y_n=\lim_{n\to\infty}(1-h+\frac{h^2}{2})^n=\lim_{h\to 0}(1-h+\frac{h^2}{2})^{\frac{x}{h}}$$

$$=\lim_{h\to 0}\left[(1-\frac{2h-h^2}{2})^{\frac{-2}{2h-h^2}}\right]^{\frac{2h-h^2}{-2}\cdot\frac{x}{h}}=e^{-x}$$

$y=e^{-x}$是该初值问题的精确解

7. 提示:本题欲证 $T_{n+1}=y(x_{n+1})-\tilde{y}_{n+1}=O(h^3)$,可将 $y(x_{n+1})$在 x_n 展开为

$$y(x_{n+1})=y(x_n)+hy'(x_n)+\frac{h}{2}y''(x_n)+O(h^3)$$

而

$$y_{n+1}=y_n+\frac{h}{2}(3f(x_n,y_n)-f(x_{n-1},y_{n-1}))=y_n+\frac{3}{2}hy'_n-\frac{h}{2}y'$$

$$=y_n+\frac{3}{2}hy'_n-\frac{h}{2}(y'_n-hy''_n+O(h^2))=y_n+hy'+\frac{h}{2}y''_n+O(h^3)$$

$$\tilde{y}_{n+1}=y(x_n)+hy'(x_n)+\frac{h}{2}y''(x_n)+O(h^3)$$

于是 $T_{n+1}=O(h^3)$，则 $e_{n+1}=O(h^2)$，此格式为二阶格式

8. 设点 $x=x_{n+1}$ 处的局部截断误差为 T_{n+1}，令 $y_n=y(x_n)$，$y'_n=y'(x_n)$，又知 $y(x_{n+1})=y(x_n+h)$。

$$y_{n+1}=-(b-1)y_n+by_{n-1}+\frac{h}{4}[(b+3)f_{n+1}+(3b+1)f_{n-1}]$$

$$\tilde{y}_{n+1}=-(b-1)y(x_n)+by(x_n-h)+\frac{h}{4}[(b+3)y'(x_n+h)+(3b+1)y'(x_n-h)]$$

在 $x=x_n$ 处作泰勒展开，有

$$\begin{aligned}
T_{n+1}&=y(x_{n+1})-\tilde{y}_{n+1}\\
&=y(x_n+h)+(b-1)y(x_n)-by(x_n-h)-\frac{h}{4}[(b+3)y'(x_n+h)+\\
&\quad(3b+1)y'(x_n-h)]\\
&=\left[y(x_n)+hy'(x_n)+\frac{h^2}{2}y''(x_n)+\frac{h^3}{3!}y'''(x_n)+O(h^4)\right]+(b-1)y(x_n)-\\
&\quad b\left[y(x_n)-hy'(x_n)+\frac{h^2}{2}y''(x_n)-\frac{h^3}{3!}y'''(x_n)+O(h^4)\right]-\\
&\quad \frac{h}{4}(b+3)\left[y'(x_n)+hy''(x_n)+\frac{h^2}{2}y'''(x_n)+O(h^3)\right]-\\
&\quad \frac{h}{4}(3b+1)\left[y'(x_n)-hy''(x_n)+\frac{h^2}{2}y'''(x_n)+O(h^3)\right]\\
&=(1+b-1-b)y(x_n)+(1+b-\frac{1}{4}(b+3)-\frac{1}{4}(3b+1))hy'(x_n)+\\
&\quad(\frac{1}{2}+\frac{b}{2}-\frac{1}{4}(b+3)-\frac{1}{4}(3b+1))h^2y''(x_n)+\\
&\quad(\frac{1}{6}+\frac{b}{6}-\frac{1}{8}(b+3+3b+1)h^3y'''(x_n)+O(h^4)\\
&=-\frac{1}{3}(b+1)h^3y'''(x_n)+O(h^4)
\end{aligned}$$

则当 $b\neq-1$ 时，局部截断误差 $T_{n+1}=O(h^3)$，$e_{n+1}=O(h^2)$，方法是二阶的；

当 $b=-1$ 时，局部截断误差 $T_{n+1}=O(h^4)$，$e_{n+1}=O(h^3)$，方法是三阶的